中国轻工业"十三五"规划教材

# 纤维化学与物理

XIANWEI HUAXUE YU WULI

## （第二版）

- 主 编／程海明
- 副主编／陈 胜 林绍建

U0251589

四川大学出版社
SICHUAN UNIVERSITY PRESS

项目策划：蒋　玙
责任编辑：蒋　玙
责任校对：周维彬
封面设计：墨创文化
责任印制：王　炜

图书在版编目（CIP）数据

纤维化学与物理 / 程海明主编 . — 2 版 . — 成都：
四川大学出版社，2021.8
ISBN 978-7-5690-4983-1

Ⅰ．①纤… Ⅱ．①程… Ⅲ．①纤维化学－高等学校－
教材②纤维－物理性能－高等学校－教材 Ⅳ．
① TS102.1

中国版本图书馆 CIP 数据核字（2021）第 182802 号

| 书名 | 纤维化学与物理（第二版） |
| --- | --- |
| 主　编 | 程海明 |
| 出　版 | 四川大学出版社 |
| 地　址 | 成都市一环路南一段 24 号（610065） |
| 发　行 | 四川大学出版社 |
| 书　号 | ISBN 978-7-5690-4983-1 |
| 印前制作 | 四川胜翔数码印务设计有限公司 |
| 印　刷 | 郫县犀浦印刷厂 |
| 成品尺寸 | 185mm×260mm |
| 印　张 | 17.75 |
| 字　数 | 432 千字 |
| 版　次 | 2021 年 12 月第 2 版 |
| 印　次 | 2021 年 12 月第 1 次印刷 |
| 定　价 | 58.00 元 |

◆ 读者邮购本书，请与本社发行科联系。
　 电话：(028)85408408/(028)85401670/
　 (028)86408023　邮政编码：610065
◆ 本社图书如有印装质量问题，请寄回出版社调换。
◆ 网址：http://press.scu.edu.cn

四川大学出版社
微信公众号

# 前　言

"纤维化学及物理学"是轻化工程专业各方向（包括造纸工程方向、皮革工程方向、染整工程方向）教学中不可缺少的专业基础核心课程。为了适应"新工科"人才培养需求，尤其是随着传统轻工业转型升级、生物质资源利用领域对人才的需求的增加，急需将近年来在高性能纤维、绿色纤维、特色纤维等领域新的研究成果引入"纤维化学与物理"课程和教材。

《纤维化学与物理》教材内容涵盖了纤维材料（合成纤维、植物纤维和动物纤维）从结构到性能的基本内容，适合轻化工程专业各方向的教学，全书以纤维为主线，对纤维的结构特征、化学性质、物理性能等进行全面的论述，重点突出动物纤维相关知识的拓展。本次修订是在保留第 1 版教材原有特色的基础上，对其中所欠缺的植物纤维前沿知识、动物纤维前沿知识和化学纤维前沿知识进行补充，增补了近年研究成果，修改和补充了各章末尾的习题与思考题。

本次修订还对《纤维化学与物理》中部分章节如高分子物理基础和蛋白质基础的部分内容进行了简化。

全书共分为 5 章：

第 1 章概论。主要包括纤维的来源与分类、纤维的生产概述、纤维的发展及应用前景等。绿色纤维部分增加了近年来绿色天然纤维、绿色人造纤维和绿色合成纤维的研究成果与发展趋势。

第 2 章纤维材料物理。主要包括聚合物的结构、聚合物的分子运动与热转变、纤维的基本性质。在第 1 版的基础上，将原来在第 1 章中的纤维的吸湿性、纤维的线密度、纤维的力学性能指标整合到本章，删除了聚合物的橡胶弹性和黏弹性内容，增加了纤维的导热系数、燃烧性能和纤维的二向色性。对影响纤维吸湿性的内因、纤维的拉伸性质、纤维的耐热性等内容进行了细化和补充，还对聚合物的结构、分子运动与热转变进行了语言上的修订和部分图表增补。

第 3 章动物蛋白纤维。主要包括胶原纤维、角蛋白纤维和丝蛋白纤维，围绕每种纤维的结构与性能进行重点阐述，使用了一定篇幅来介绍动物皮纤维的形态学。在第 1 版的基础上补充了蛋白纤维的一些最新进展，删除了蛋白质化学基础相关内容，使内容更加紧凑。

第 4 章纤维素纤维。主要包括纤维素纤维的结构特点、物理性质和化学性质。

第 5 章合成纤维。主要包括聚酯纤维、聚酰胺纤维、聚丙烯腈纤维等主要合成纤维的合成、纺丝过程和物化性能。

本教材由程海明主编。第 2 章由四川大学轻工科学与工程学院陈胜编写，第 3 章和第 4 章由四川大学轻工科学与工程学院程海明编写，第 5 章由四川大学轻工科学与工学院林绍建编写，第1章由三位老师联合编写。

本教材获得中国轻工业"十三五"规划教材立项建设，编写过程中得到许多前辈和同仁的指导和帮助。本教材编写参考了大量国内外文献资料，限于篇幅没有一一列出。本教材初稿完成后，由四川大学廖隆理教授审阅并提出了重要的修改建议，在此一并表示感谢！

教材在使用过程中，得到了国内其他高校同行以及学生的反馈，发现了一些疏漏和错误，本次修订进行了更正。

由于编者水平有限，书中内容和文字难免存在不足和不妥，恳请各位读者批评指正。

编　者

2021 年 3 月

# 目　　录

# 第1章 概　论

## 1.1　纤维的来源与分类

纤维(Fiber)是一类重要的高分子材料。由于新型纤维材料的不断涌现，很难对纤维给出一个确切的定义。从形态学上来说，纤维一般是指直径在几微米到几十微米，长度与截面直径之比(长径比)比较大(通常大于1000)，具有一定柔性和强度的细长物体。本书涉及的纤维是指制革、造纸和纺织染整等行业所用的纤维。

纤维按原料来源进行分类，可分为天然纤维(Natural fibers)和化学纤维(Chemical fibers)两类，其中，化学纤维又可分为人造纤维(Man-made fibers)和合成纤维(Synthetic fibers)两类。纤维的主要品种见表1-1。

**表 1-1　纤维的主要品种**

| 分类 | | 中文名 | 英文名 | 英文缩写 |
|---|---|---|---|---|
| 天然纤维 | 植物纤维 | 棉花纤维 | Cotton | CO |
| | | 麻纤维 | Hemp | HA |
| | 动物纤维 | 羊毛纤维 | Wool | WO |
| | | 蚕丝蛋白纤维 | Silk | SE |
| 化学纤维 | 人造纤维 | 黏胶纤维 | Viscose | CV |
| | | 醋(酸)酯纤维 | Acetate | CA |
| | | 大豆蛋白纤维 | Soybean | SPE |
| | 合成纤维 | 聚乳酸纤维 | Polyactic acid | PLA |
| | | 聚酰胺纤维 | Polyamide | PA |
| | | 聚对苯二甲酸乙二醇酯纤维 | Polyethylene terephthalate | PET |
| | | 聚氨酯纤维 | Polyurethane | PU |
| | | 聚丙烯腈纤维 | Polyacrylonitrile | PAN |
| | | 聚丙烯纤维 | Polypropylene | PP |
| | | 聚乙烯醇纤维 | Polyvinyl alcohol | PVA |
| | | 聚醋酸乙烯纤维 | Polyvinyl acetate | PVAC |

### 1.1.1 天然纤维

#### 1.1.1.1 植物纤维

植物纤维来源于植物体的纤维素，是自然界中最丰富的可再生资源。在生物界中，结合于有机体中的碳高达 $27 \times 10^{10}$ t，其中 99% 以上的碳来自植物，约 40% 的植物中的碳是结合在纤维素中的，这意味着植物界中的纤维总量为 $26.5 \times 10^{10}$ t。

植物纤维原料品种繁多，大体上可分为两类：木材纤维原料(如针叶木、阔叶木等)和非木材纤维原料(如竹类、禾草类、韧皮类、籽毛类等)。

植物纤维是造纸工业的主要原料，许多植物纤维(如棉、麻类)也是纺织工业的重要原料，革制品工业也离不开植物纤维。

#### 1.1.1.2 动物纤维

动物纤维包括胶原纤维、角蛋白纤维和蚕丝蛋白纤维。它们的基本组成物质均为蛋白质。

胶原纤维是动物皮板的主要成分，是制作皮革服装、皮鞋、真皮沙发以及包袋的主要材料，具有良好的亲和性和穿着舒适性，强度好。胶原纤维是皮革工业的重要原料，制革的全过程是将皮胶原纤维处理加工成适应人们需要的产品的过程。胶原纤维及胶原蛋白在生物医学领域也有广泛的应用。

角蛋白纤维主要是指动物的毛发纤维。羊毛纤维是最早被利用的纺织纤维之一，至今仍是纺织工业的重要原料。羊毛纤维制品具有许多优良特性，如光泽柔和、手感丰富、弹性和悬垂性良好、不易沾污、吸湿性强、保暖性好、抗皱性较好、耐磨性优良等。除羊毛纤维外，还有骆驼毛纤维、兔毛纤维、海马毛纤维、山羊绒纤维、牦牛绒纤维等。

蚕丝蛋白纤维。蚕有家蚕和野蚕两类。家蚕在室内饲养，以桑树叶为饲料，吐的丝称为桑蚕丝或家蚕丝(俗称真丝)。野蚕有柞蚕、蓖麻蚕、木薯蚕等，从野蚕蚕茧中只能获取少量的纤维作丝使用。蚕丝蛋白纤维具有柔和悦目的光泽、柔软平滑的手感、轻盈美丽的外观，以及吸湿性好、穿着滑爽舒适等优良性能，因此是高档纺织原料之一。

### 1.1.2 化学纤维

#### 1.1.2.1 人造纤维

人造纤维是以天然高分子化合物为原料，经化学处理和机械加工而制得的纤维。人造纤维包括人造纤维素纤维和人造蛋白质纤维。

人造纤维素纤维主要为再生纤维素纤维，如黏胶纤维、铜氨纤维、醋(酸)酯纤维等。

人造蛋白质纤维有酪素纤维、玉米蛋白纤维、花生蛋白纤维、大豆蛋白纤维等，属于再生植物蛋白质纤维类。如大豆蛋白纤维，是以天然食用蛋白质为原料，采用化学、生物的方法从榨取油脂(大豆中约含 20% 油脂)的大豆豆渣(含 35% 蛋白质)中提取球状蛋白质，通过添加功能性助剂，与含腈基、羟基等的高聚物接枝、共聚、共混，制成一定浓度的蛋白质纺丝溶液，改变蛋白质空间结构，经湿法纺丝而成的人造纤维。其生产过程对环境、空气、人体、土壤、水质等无污染，纤维本身易生物降解，主要成分是大豆蛋白质（23%～55%）和高分子聚乙烯醇（45%～77%）。大豆蛋白纤维密度小，单丝线密度低，强度与伸长率较高，耐酸、耐碱性较好，具有羊绒般的手感，蚕丝般的光泽，棉纤维的吸湿、导湿性和穿着舒适性，以及羊毛的保暖性。

### 1.1.2.2　合成纤维

合成纤维是以石油、天然气、煤及农副产品等为原料，由单体经一系列化学反应，合成高分子化合物，再经纺丝成型加工制得的纤维。并不是从任何有机高分子化合物都能成功制成有机高分子纤维。定性地说，有机高分子纤维的大分子互相缠结，整体看形成线状，并且各处具有一定的结晶，能防止大分子间滑移，使纤维富有力学性能。因此，成纤高分子化合物应具备以下条件：尽可能是线形的，具有一定的链长（相对分子质量为 $10^4 \sim 10^6$），具有结晶性，含极性基团。

根据主链元素种类，合成纤维又分为碳链类合成纤维和杂链类合成纤维。

碳链类合成纤维有聚丙烯腈纤维（腈纶）、聚丙烯纤维（丙纶）、聚乙烯醇缩醛纤维（维纶）、聚氯乙烯纤维（氯纶）等。

杂链类合成纤维有聚酯纤维（涤纶）、聚酰胺纤维（锦纶、芳纶）、聚氨酯弹性纤维（氨纶）、聚酰亚胺纤维（PI 纤维）、聚苯并咪唑纤维（PBI 纤维）、聚苯撑三叠氮纤维（PTA 纤维）等。

对成纤高分子化合物一般要求如下：①成纤高分子化合物的大分子必须是线形的、能伸直的分子，支链尽可能少，没有庞大侧基；②高分子化合物的分子之间有适当的相互作用力，或具有一定规律性的化学结构和空间结构；③高分子化合物应具有适当高的分子量和适当的分子量分布；④高分子化合物应具有一定的热稳定性，其熔点、软化点或分解温度应比允许使用温度高得多。

1. 合成纤维种类

根据成丝长度，合成纤维可分为长丝和短纤维。

（1）长丝（Filament）。

化学纤维制造过程中，纺丝流体（熔体或溶液）经纺丝成形和后加工工序后，得到的长度以千米计的纤维称为长丝。长丝包括单丝、复丝和帘线丝。

①单丝（Mono-filament）：原指用单孔喷丝头纺制而成的一根连续单纤维，但在实际应用中，往往也包括 3～6 孔喷丝头纺成的 3～6 根单纤维组成的少孔丝。较粗的合成纤维单丝（直径为 0.08～2.00 mm）称为鬃丝，用作绳索、毛刷、日用网袋、渔网或工业滤布；细的聚酰胺单丝用作透明女袜或其他高级针织品。

②复丝（Multi-filament）：由数十根单纤维组成的丝条。化学纤维的复丝一般由百根以下单纤维组成。绝大多数的服用织物都采用复丝织造，因为由多根单纤维组成的复丝比同样直径的单丝柔顺性好。

③帘线丝：由 100 多根到几百根单纤维组成、用于制造轮胎帘子布的丝条。

（2）短纤维(Staple fibers)。

化学纤维的产品被切成几厘米至十几厘米的长度，这种长度的纤维称为短纤维。根据切断长度的不同，短纤维可分为棉型、毛型、中长型短纤维。

①棉型短纤维：长度为25～38 mm，纤维较细（线密度为1.3～1.7 dtex），类似棉花。主要用于与棉混纺，例如用棉型聚酯短纤维（涤纶）与棉混纺，得到的织物称为"涤棉"织物。

②毛型短纤维：长度为70～150 mm，纤维较粗（线密度为3.3～7.7 dtex），类似羊毛。主要用于与羊毛混纺，例如涤纶毛型短纤维与羊毛混纺，得到的织物称为"毛涤"织物。

③中长型短纤维：长度介于棉型短纤维和毛型短纤维之间。

2. 差别化纤维

常规合成纤维的截面为圆形，通过化学或物理改性，可使常规纤维的形态结构、组织结构发生变化，提高或改变纤维的物理、化学性能。具有某种特定性能和风格的化学纤维称为差别化化学纤维，简称为差别化纤维（Differential fibers）。差别化纤维的品种有很多，主要有超细纤维、异型纤维、复合纤维等，还有着色纤维、高收缩纤维、高吸湿高吸水纤维、抗静电和导电纤维及阻燃纤维等。

（1）超细纤维。

单纤维的粗细对于织物的性能影响很大。常规纤维的线密度为1.5～4 dtex，而采用双组分复合裂离法、海岛法、熔喷法等生产的纤维的线密度可以达到0.11～0.55 dtex，称之为超细纤维。与常规纤维相比，超细纤维具有手感柔软滑润、光泽柔和、织物覆盖力强、服用舒适性好等优点。其最大的缺点是抗皱性差，染色时染化料消耗大。超细纤维主要用于高密度防水透气织物、人造皮革、仿麂皮、仿桃皮绒、仿丝绸织物、高性能擦布等。

（2）异型纤维。

在合成纤维纺丝成形加工中，用非圆形喷丝板加工的非圆形截面的纤维，称为异型纤维。异型纤维喷丝孔及横截面形状如图1-1所示。异型纤维总体上具有与常规纤维相似的物理机械性质，但由于截面形态的变化，异型纤维在某些方面又具有自己的特点，被广泛应用于各类仿真面料。例如，异型纤维具有柔和、素雅、真丝般的光泽，而无普通圆形纤维金属般炫目的极光；异型纤维因丝条的表面积增大，相应增加了纤维的覆盖能力，并使透明性减小；异型纤维截面特殊的形状能增加纤维间的抱合力、蓬松性、透气性和丝条的硬挺性，减少了纤维的蜡状感，手感更加舒适；异型纤维提高了纤维间的抱合性能，较低的耐磨性容易使布面的纤维从织物上脱落，从而改善织物的抗起毛起球性。

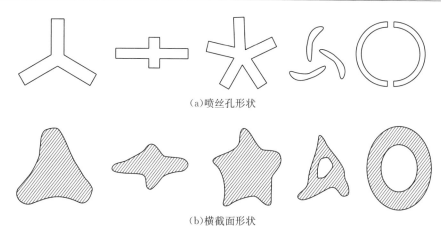

(a)喷丝孔形状

(b)横截面形状

图 1-1　异型纤维喷丝孔及横截面形状

## 1.2　纤维的生产概述

天然纤维的生产由动物体、植物体完成，如动物皮、棉花、蚕丝、羊毛等。

用来制革的动物皮需要经过一系列的物理、化学、生物处理，除去表皮、油脂等非纤维成分，经过鞣质的交联处理后，赋予皮胶原纤维良好的耐化学、微生物性能。

用来造纸的植物纤维，需要经过一系列处理除去其中的半纤维素和木素等非纤维成分。

人造纤维的种类、品种繁多，原料及其生产方法各异，其生产过程可以概括为以下 4 个主要工序。

（1）纺丝聚合物的制备：高分子化合物合成或天然高分子化合物的化学处理和机械加工。

（2）纺丝液制备：纺丝前的熔体或纺丝溶液（原液）的制备。

（3）纺丝：纤维的成型加工。

（4）纺丝后加工：初生纤维的水洗、牵伸、卷曲、干燥、切断、落筒或打包等后加工。

表 1-2 是几种纤维材料的热分解温度和熔点。为什么有的纤维可以采用熔体纺丝，有的纤维要采用溶液纺丝？由表 1-2 可以发现，聚乙烯、等规聚丙烯、聚己内酰胺和聚对苯二甲酸乙二酯的熔点低于热分解温度，可以进行熔体纺丝。聚丙烯腈、聚氯乙烯和聚乙烯醇的熔点与热分解温度接近，甚至高于热分解温度，而纤维素及其衍生物则观察不到熔点，像这类成纤高聚物如果不进行改性，只能采用溶液纺丝方法成型。

表 1-2　不同纤维材料的热分解温度和熔点

| 纤维材料 | 温度/℃ | | | | |
| --- | --- | --- | --- | --- | --- |
| | 玻璃化温度 | 软化点 | 熔点 | 分解点 | 熨烫温度 |
| 棉 | — | — | — | 150 | 200 |
| 羊毛 | — | — | — | 135 | 180 |

| 纤维材料 | 温度/℃ | | | | |
| --- | --- | --- | --- | --- | --- |
| | 玻璃化温度 | 软化点 | 熔点 | 分解点 | 熨烫温度 |
| 蚕丝 | — | — | — | 150 | 160 |
| 锦纶6 | 47，65 | 180 | 215 | 300～350 | — |
| 锦纶66 | 82 | 225 | 253 | — | 120～140 |
| 涤纶 | 80，67，90 | 235～240 | 256 | 300～350 | 160 |
| 腈纶 | 90 | 190～240 | — | 280～300 | 130～140 |
| 维纶 | 85 | 220～230 | 225～230 | 200～220 | 150 |
| 丙纶 | −35 | 145～150 | 163～175 | 350～400 | 100～120 |
| 氯纶 | 82 | 90～100 | 200 | 150～200 | 30～40 |

## 1.2.1 原料准备

对合成纤维来说，原料制备过程是将有关单体通过一系列化学反应聚合成具有一定官能团、一定分子量和分子量分布的线形高聚物。由于聚合方法和聚合物的性质不同，合成的高聚物可能是熔体状态或溶液状态。对于高聚物熔体可直接送去纺丝，称为直接纺丝；也可将聚合得到的高聚物熔体经铸带、切粒等工序制成"切片"，再以切片为原料，加热熔融形成熔体进行纺丝，这种方法称为切片纺丝。直接纺丝和切片纺丝在工业生产中都有应用。对于高聚物溶液也有两种方法：将聚合后的高聚物溶液直接送去纺丝，这种方法称一步法；首先将聚合得到的淤浆分离制成颗粒状或粉末状的成纤高聚物，其次溶解制成纺丝溶液，这种方法称为二步法。

再生纤维的原料制备过程主要是将天然高分子化合物经一系列的化学处理和机械加工，除去杂质，并使其具有能满足再生纤维生产的物理和化学性能。例如，黏胶纤维的基本原料是浆粕(纤维素)，它是将棉短绒或木材等富含纤维素的物质，经备料、蒸煮、精选、精漂、脱水和烘干等一系列工序制备而成的。

## 1.2.2 纺丝

将成纤高分子化合物的熔体或浓溶液，用计量泵连续、定量而均匀地从喷丝头(或喷丝板、喷丝帽)的毛细孔中挤出，而成为液态细流，再在空气、水或特定的凝固浴中固化成初生纤维的过程称为"纤维成形"，或称"纺丝"(Spinning)，这是化学纤维生产过程中的核心工序。调节纺丝工艺条件，可以改变纤维的结构和物理机械性能。化学纤维的纺丝方法主要有两大类：熔体纺丝和溶液纺丝。其中，溶液纺丝根据凝固方式的不同又分为湿法纺丝和干法纺丝。化学纤维生产中绝大部分采用上述三种纺丝方法。此外，还有一些特殊的纺丝方法，如乳液纺丝、悬浮纺丝、干湿法纺丝、冻胶纺丝、液晶纺丝、静电纺丝、相分离纺丝和反应挤出纺丝法等，但用这些方法生产的纤维数量很少。

### 1.2.2.1 熔体纺丝(Melt spinning)

熔体纺丝工艺最早的记载出自1845年的英国专利。1939年熔体纺丝作为制造锦纶

66 纤维的生产工艺获工业化应用。熔体纺丝工艺如图 1-2 所示，熔体纺丝的基本过程包括物料熔融、从喷丝板中挤出、熔体细流冷却固化成形。制成的长丝可以卷绕成筒或进行其他加工。在熔体纺丝工艺中，聚合物喂入挤出机，经过挤压熔融向前送至计量泵；计量泵控制并确保聚合物熔体稳定流入纺丝组件，在组件中溶体被过滤并被压入多孔喷丝板中；挤出的细流在被垂直于丝条的侧吹风快速冷却（骤冷）的同时，由于导丝辊的作用还产生预拉伸，使直径变细；初生纤维被卷绕成一定形状的卷装（对于长丝）或均匀落入盛丝桶中（对于短纤维）。

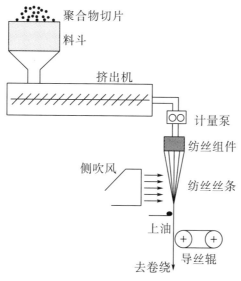

聚合物切片

料斗

挤出机

计量泵

纺丝组件

侧吹风

纺丝丝条

上油

去卷绕

导丝辊

**图 1-2 熔体纺丝工艺**

熔体纺丝的主要工艺参数有：①挤出温度；②聚合物通过喷丝板各孔的质量流速；③卷绕速度或落丝速度；④纺丝线的冷却条件；⑤喷丝孔形状、尺寸及间距；⑥纺程长度。这些参数之间并非完全互不相关。例如，纺程长度常常受纺丝线上冷却效率的控制，高效的冷却可以缩短纺程。由于熔体细流在空气介质中冷却，传热和丝条固化速度快，而丝条运动所受阻力很小，因此，熔体纺丝的纺丝速度要比湿法纺丝高得多。按照纺丝速度，熔体纺丝可分为低速纺丝（1000～1500 m/min）、中速纺丝（1500～3000 m/min）、高速纺丝（3000～6000 m/min）和超高速纺丝（6000～8000 m/min，甚至更高）。为了加速冷却固化过程，一般是在熔体细流离开喷丝板后向丝条吹风冷却。

聚酯纤维、聚酰胺纤维、聚丙烯纤维、聚乳酸纤维等一般采用熔体纺丝成形。

### 1.2.2.2 溶液纺丝（Solution spinning）

腈纶、维纶、黏胶纤维等一般采用溶液纺丝成形。根据纺丝时采用的初生丝的凝固成形方式，溶液纺丝分为干法纺丝（Dry spinning）、湿法纺丝（Wet spinning）、干湿法纺丝（Dry-wet spinning）（又称为干喷湿纺）。聚丙烯腈纤维可以用这三种方法纺丝，下面就以聚丙烯腈纤维为例分别对上述三种纺丝方法进行介绍。

干法纺丝是把加热的聚合物溶液通过喷丝板喷出后，进入一个加热的甬道，与高温的循环气体(通常是氮气)进行热交换,把初生丝中的溶剂蒸发掉一大部分,成形的纤维再从甬道中出来,进入下一道工序,水洗牵伸。

湿法纺丝是喷丝头直接浸入一种凝固浴,所以初生丝也就直接喷入凝固浴中,经过与凝固浴进行传热传质交换,初生丝凝固成形,再经导丝盘拉去水洗牵伸。在工业生产中,为了降低溶剂回收成本,湿法纺丝所用的凝固浴通常是溶解聚合物制备纺丝溶液的同一种溶剂,凝固浴同样可以用其他溶剂与凝固介质的混合溶液来实现。

干湿法纺丝是干法纺丝和湿法纺丝工艺相结合的一种纺丝方法,纺丝细流从喷丝孔出来经过一段空气层,然后再进入凝固浴成形,如图1-3所示。

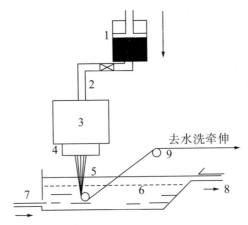

1—纺丝溶液槽;2—溶液输送管道及阀门;3—喷丝头组件;4—喷丝帽;5—空气间隙;
6—凝固浴槽;7—凝固浴循环进口;8—凝固浴循环出口;9—导丝罗拉

图1-3 溶液干湿法纺丝示意图

### 1.2.3 后加工

纺丝成形后得到的初生纤维结构还不完善,物理机械性能较差,如伸长大、强度低、尺寸稳定性差,还不能直接用于纺织加工,必须经过一系列的后加工。后加工随化纤品种、纺丝方法和产品要求而异,其中主要的工序是拉伸(Drawing)和热定型。

拉伸的目的是使纤维的断裂强度提高,断裂伸长率降低,耐磨性和对各种不同形变的疲劳强度提高。拉伸的方式有多种,按拉伸次数分,有一道拉伸和多道拉伸;按拉伸介质(空气、水蒸气、水浴、油浴或其他溶液)分,有干拉伸、蒸汽拉伸和湿拉伸;按拉伸温度分,有冷拉伸和热拉伸。总拉伸倍数是各道拉伸倍数的乘积,一般熔体纺丝纤维的总拉伸倍数为3~7倍,湿纺纤维可达8~15倍,生产高强度纤维时,拉伸倍数更高,甚至达数十倍。

热定型的目的是消除纤维的内应力,提高纤维的尺寸稳定性,并且进一步改善其物理机械性能。热定型可在张力下进行,也可在无张力下进行,前者称为张紧热定型,后者称为松弛热定型。热定型的方式和工艺条件不同,所得纤维的结构和性能也不同。

在化学纤维生产中,无论是纺丝还是后加工都需进行上油。上油的目的是提高纤维的平滑性、柔软性和抱合力,减小摩擦和静电的产生,改善化学纤维的纺织加工性能。上油形式有油槽或油辊上油及油嘴喷油。不同品种和规格的纤维需采用不同的专用油剂。

除上述工序外，在用溶液纺丝法生产纤维和用直接纺丝法生产锦纶的后加工过程中，都要有水洗工序，以除去附着在纤维上的凝固剂和溶剂，或混在纤维中的单体和低聚物。在黏胶纤维的后加工工序中，还需设脱硫、漂白和酸洗工序。在生产短纤维时，需要进行卷曲和切断。在生产长丝时，需要进行加捻和络筒。加捻的目的是使复丝中各根单纤维紧密地抱合，避免在纺织加工时发生断头或紊乱现象，并使纤维的断裂强度提高；络筒是将丝筒或丝饼退绕至锥形纸管上，形成双斜面宝塔形筒装，以便运输和纺织加工。生产强力丝时，需进行变形加工。生产网络丝时，在长丝后加工设备上加装网络喷嘴，经喷射气流的作用，单丝互相缠结而成周期性网络点。网络加工可改进合纤长丝的极光效应和蜡状感，又可提高其纺织加工性能，免去上浆、退浆，代替加捻或并捻。为了赋予纤维某些特殊性能，还可在后加工过程中进行某些特殊处理，如提高纤维的抗皱性、耐热水性、阻燃性等。

# 1.3 纤维的发展及应用前景

当前国内外纤维新材料的发展方向主要是围绕高性能纤维、功能性纤维及其新型材料的研究开发。所谓高性能纤维，是指具有高强度、高模量，在耐高温、抗腐蚀性及耐热性等方面具有超出普通纤维的优异性能。高性能纤维目前被广泛用于交通、水利、军事、卫生、建筑等领域。所谓功能性纤维，是指具有满足人们在某些方面特殊要求的纤维，如具有抗静电、阻燃、高吸湿、抗菌防臭、防紫外线等性能的纤维。生产功能性纤维能使常规纤维品种增加较高的附加值。同时，随着功能性材料的开发和生产技术的应用，功能性纤维的普及必将为传统纤维制造企业带来前景广阔的发展空间。

## 1.3.1 蛋白纤维的功能化应用

### 1.3.1.1 胶原蛋白

胶原蛋白具有优良的生物相容性和低抗原性，在烧伤、创伤、美容、矫形和组织修复等方面具有广泛的应用价值。根据不同的用途，胶原蛋白被制备成胶原注射液、止血粉剂、心脏瓣膜、皮肤移植用海绵、手术线纤维、组织工程支架材料和人工皮肤等。

在烧、创伤治疗中，从皮肤中提取的胶原蛋白经过冷冻干燥制成胶原膜，用于创面覆盖，作为自体皮肤细胞的载体和支架，可以防止感染、促进上皮细胞的增生和创伤的愈合。

在美容、矫形治疗中，胶原蛋白可以用于皮肤及组织缺损的修复。注入的胶原蛋白不仅具有支撑和填充作用，而且还能诱导宿主细胞、毛细血管的生长和成纤维细胞的增殖，促进组织重建。

胶原蛋白海绵用于创伤止血，能诱导血小板附着，激活血液凝固因子，有优良的止血和促进创伤迅速愈合的功效。

医用胶原蛋白制备的主要目的是除去组织中的非胶原成分、抗原物质，获得高纯度的胶原肽、胶原纤维或胶原组织。

### 1.3.1.2　丝素蛋白

丝素蛋白纤维已经从传统的丝织品得到拓展，丝素蛋白基材料在生物医药、智能纺织品、光电学器件等领域有广泛的应用潜力。丝素蛋白脱胶后溶解、透析，获得再生丝素蛋白，再生丝素蛋白可以通过不同的制备技术加工成蛋白膜、支架、凝胶、纳米纤维以及长丝等不同形态。

在生物医用领域，研究表明，丝素蛋白和胶原蛋白一样，能促进细胞的生长。

上海医科大学吴海涛等在 2000 年首次采用蚕丝与软骨细胞进行复合培养，探索了蚕丝作为软骨细胞体外培养支架的可行性，发现蚕丝对软骨细胞具有良好的吸附作用，并能维持软骨细胞正常形态和功能，是适合软骨细胞立体培养的良好天然支架。

蚕丝纤维具有良好的力学性质、生物相容性以及缓慢的降解性，Gregory 等研究显示，蚕丝纤维是制作人工韧带的良好支架材料。在丝上引进磷酸基团时，蛋白纤维就能够吸收钙离子，从而又可用于制造人工肌腱。这些经过修饰的丝纤维有良好的拉伸性能。

David Kaplan 等研究发现，在丝素蛋白以及不同改性的丝素蛋白等介质上的细胞生长情况均良好，总体上来说，RGD-丝基质从各方面似乎更能促进成骨细胞的生长。

这些研究工作表明，丝素蛋白作为一种良好的细胞生长介质，能促进细胞的生长和繁殖。而且可以通过对丝素蛋白进行修饰，使其更适于不同细胞的生长。

丝素蛋白复合材料：由于丝素蛋白的表面和内部结构性质，使其成为一种极具潜力的细胞生长基质材料。但是，有时它的力学性质和体系结构不容易调节，以满足一些特殊应用要求，而合成高分子材料在这方面有独特的优势。利用丝素蛋白良好的生物相容性，对合成高分子材料进行表面改性，则能综合利用两者的优势，按照不同的应用目的制备出符合不同要求的复合材料。

如用丝素蛋白对聚氨酯(PU)的表面性质、对聚-D, L-乳酸(PDLLA)进行改性，得到二维和三维的可用于组织工程的支架材料。研究结果显示，用丝素蛋白改性后的 PU 对于啮齿动物的细胞吸附能力和增殖能力都得到改善；PDLLA 经丝素蛋白改性后，亲水性得到改善。改性后材料吸附细胞的数量明显增多。

总之，无论是丝素蛋白本身，还是其对合成高分子改性后的材料，都能给细胞的生长带来很好的效果。研究丝素蛋白对生物高分子材料的改性，以使其更好地应用于组织工程上，具有非常大的理论和实际应用价值。

### 1.3.1.3　角蛋白

角蛋白（Keratin）提取物具有自组装和聚合成多孔纤维支架的内在能力。此外，已证明源自羊毛和人发的角蛋白生物材料具有细胞结合基序，例如，亮氨酸-天冬氨酸-缬氨酸和谷氨酸-天冬氨酸-丝氨酸结合残基能够支持细胞附着。这些特性共同创造了一个有利的三维基质，允许细胞浸润、附着和增殖。用角蛋白可制备薄膜、水凝胶、海绵、支架以及纤维等生物医用材料。

将角蛋白溶液进行冷冻干燥是制备生物复合材料的最常用技术。Tachibana 等将骨形态发生蛋白 2（BMP-2）捕获在功能化角蛋白海绵中，观察到 BMP-2 加载海绵内部的成骨细胞的分化，而外部生长的细胞未发生分化，这表明 BMP-2 成功地被捕获在基质内部且没有从基质泄漏。

有研究表明，角蛋白薄膜涂层的聚苯乙烯细胞培养板比未涂层的细胞培养板能更好地支持和改善细胞生长。Peyton 等设计了一种以卤氟酮为药物，以角蛋白水凝胶为物理屏障的物理化学黏附抑制剂，该角蛋白水凝胶能够减少啮齿类盲肠磨蚀模型中的黏附数量和密度。角蛋白水凝胶是一种活性生物支架，可增强神经再生，还具有生物降解速度，不会在后期阻碍神经的生长和再生。

## 1.3.2　功能化纤维素材料

现代相关新技术、新工艺在工程上的应用，大大拓展了纤维素及其纤维的使用领域。纤维素的资源化应用，就是以天然植物纤维素这一原始资源为基础，开发现代工业所需要的基本工业原材料，使之二次资源化；纤维素的功能化，即是借助新的工业技术手段，使之具有新的性能和用途。复合化、精细化、高性能化的纤维素功能化材料的研制与生产，将成为未来高新技术材料的重要来源。

### 1.3.2.1　离子交换纤维素

纤维素经过磺化、酯化、氧化及羧基化后就是很好的阳离子交换剂，经过胺化后是良好的阴离子交换剂。实际上，离子交换纤维素是指以天然纤维素为骨架的离子交换剂，一般是粒状的，也有纤维状的。它和通常合成的离子交换树脂相似，具有离子交换性质。由于结构上的特点，纤维素有一定键角并由氢键形成网状交联结构，活性交换基础的距离大多数是 500 nm 左右，容易和大分子进行交换。又由于纤维素在结构上属于开放性的长键，对一些大分子的吸附容量大，所以作用速度快，容易洗脱，分离能力很强。

离子交换纤维素是一类在生物化学上不可缺少的试剂，在层析分离中可作为固定相来分离、提纯许多高分子物质，也可以用来回收、分离、鉴定无机离子，如铀、金、铜等。它广泛用于处理含金属、有机物等的废水，有利于环境保护。

离子交换纤维素的制造形式是多样的，如果在纸张、膜片的制造中掺入适当的粉粒状离子纤维，就可以制成离子交换纸或布。一些农副业或下脚料，如蔗糖、甜菜糖渣、构树皮、红杉皮、木屑以及松木纸浆等都可以经过化学处理，制成有用的离子交换剂。

### 1.3.2.2　超强吸水剂

植物纤维素结构中含有大量的醇羟基，具有亲水性。植物纤维的物理结构呈多毛细管性，比表面积大，因此，它作为吸水材料获得了广泛的应用。但是天然植物纤维的吸水能力不强，为了提高它的性能，可以通过化学反应使之具有更强或更多的亲水基团，得到比自身吸水性高几十倍甚至上千倍的超强吸水性能。

纤维素超强吸水剂是一类新型的功能高分子材料，在与传统材料的竞争中占有优势，且有更大的市场。这类材料在农林园艺中，用于促进植物的生长发育和移植保护，以及水果的保鲜；在医疗卫生上，用于制造吸收性制品、水凝胶镜片、缓释剂及基材；在建筑上，用作止水剂、防水剂、调温剂等；在食品、石油化工、日用品等工业领域也有广泛应用。

### 1.3.2.3　纤维素微晶材料

纤维素纤维由结晶区与非结晶区组成，在温和条件下加水分解，就能得到大小只有微米级结晶的微小粉状物质。微晶纤维素在 20 世纪 50 年代由美国科学家发现，在 60 年代初出现商业产品，当前已出现多种系列的商品品牌。可以这样说，微晶纤维素是植物纤维素的另一种形式的多功能高分子材料。

微晶纤维素可以用任何形式的天然植物纤维素及其衍生物制得。通过控制前处理、解链及机械剪切等工艺，可以得到所需级别和用途的微晶纤维素产品。商品微晶纤维素的聚合度（如 20～300）视纤维素原料的品质而有区别。微晶聚集颗粒的尺寸为 1500～3000 nm，呈棒状或薄片状。微晶纤维素为高度结晶体，其密度相当于纤维素单晶的密度，约为 $1.539～1.545 \ \text{g/cm}^3$。

微晶纤维素具有色白、稳定、无味无臭、可食用、不吸湿、无黏性、不产生设备腐蚀、生理代谢惰性等。另外，呈粉末状的微晶纤维素还具有高纯度、高结晶度及吸油性等特点。胶体状的微晶纤维素外观呈奶油状，具有可喷涂、可触变及热机械稳定等优点。微晶纤维素在医药工业中，用作赋形剂、填充剂、崩解剂、胶囊剂和缓释剂等；在食品生产上，作为非营养性添加剂。微晶纤维素还是日用化学品领域中优良的添加材料。

### 1.3.2.4　纤维素膜

纤维素酯、醚及其他衍生物可以用来制备多种膜材料，其中最主要的是纤维素酯系膜，而醋酸纤维素膜的研究和应用最深入、广泛。

用天然或人工合成的高分子薄膜，以外界能量或化学位差为推动力，对双组分或多组分的溶质和溶剂进行分离、分级、提纯和富集的方法，统称为膜分离法。膜分离法可用于液相和气相，膜分离过程不发生相变化，能耗较低，因此又称为省能技术。由于该分离过程在常温下进行，因而适用于对热敏感的物质以及有机物和无机物的从细菌到微粒的广泛分离范围。

醋酸纤维素膜应用于水处理领域的研究，其中设计反渗透膜的最多，主要应用在海水或苦咸水的淡化、超纯水的制备以及工业废水的处理等方面。

在纤维素系的高分子材料中增加亲水性基团，膜的透水速度会增加，当进行海水淡化时，盐的透过性也会增加。随着醋酸纤维素的取代度或取代基疏水性的增加，膜的盐分离率上升，而透水速度下降。

对醋酸纤维素采用化学交联或辐射接枝也可以提高取代基的支化度，从而提高大分子链的刚性，并改善膜的抗压密性。在耐微生物侵蚀性能上，由于三醋酸纤维素有较高的乙酰基含量，因而它的耐微生物侵蚀性能优于二醋酸纤维素。

醋酸纤维素分子量分布对反渗透膜性能会产生一定的影响，分子量低而分布窄的醋酸纤维素膜的性能优于分子量高而分布宽的膜性能。透水性好、脱盐率高的膜出现在低分子量区域，强度好的膜出现在高分子量区域。

　　近年来研制的各种醋酸纤维素混合膜将不同取代度的醋酸纤维素混合，如把二醋酸纤维素与三醋酸纤维素进行适当混合，这种渗透膜比起单一的二醋酸纤维素具有长期运行的稳定性、高的透水速度和小的压密系数。我国研制的混合膜已反映出较高的水平，并已商品化。

　　由于中空纤维膜制造技术的迅速发展，近年来又使醋酸纤维系的中空纤维膜在商品化的基础上得到相应的发展，如三醋酸纤维素中空纤维膜。三醋酸纤维素膜具有对溶质良好的分离率、抗压密性高、耐微生物侵蚀以及良好的耐氯性，但是由于三醋酸纤维素的乙酰基含量高，因而膜的透水速度较低。为了克服这个缺点，将三醋酸纤维素制成中空纤维状，以提高膜的装填密度，达到提高产水率的目的。用熔体纺丝法可制得对称结构的中空纤维膜，膜在 5.6 MPa 下对 1% 的 NaCl 溶液具有 98.7% 的分离率和 0.03 $m^3/(m^3 \cdot d)$ 的透水速度，这种膜适用于低盐度苦咸水淡化和制备电子工业用水等。

　　去除重金属也是醋酸纤维素膜的一个重要应用领域。Tian 等采用静电纺丝法结合聚甲基丙烯酸（PMAA）表面改性法制备了吸附重金属离子的无纺布－醋酸纤维素膜，并研究了重金属离子 $Cu^{2+}$、$Hg^{2+}$、$Cd^{2+}$ 在该膜上的吸附。研究表明，该膜对 $Hg^{2+}$ 具有较高的吸附选择性，而且用饱和的乙二腈四乙酸溶液可以很容易地将吸附的金属离子从膜表面脱附。该方法制备的醋酸纤维素膜可重复用于水中金属离子的吸附。Aburideh 等通过在膜表面进行热退火来改善聚砜－醋酸纤维素薄膜的性能，热退火提高了过滤膜对水中氟的去除率，处理后的饮用水符合世界卫生组织要求的标准。这些研究为醋酸纤维素膜在水处理中的应用提供了更多的可能，使人们可以喝到更健康的水，并且减少水污染带来的环境问题。

　　纤维素膜材料具有拉伸性能好、机械强度高、易于染色等优点，还可广泛应用于电极材料、纺织品、可穿戴设备等领域，见表 1-3。

表 1-3　纤维素膜材料及其性能、用途

| 种类 | 主要材料 | 膜性能 | 用途 |
|---|---|---|---|
| 防水透湿膜 | 醋酸纤维素、水性无氟交联剂、水性无氟疏水剂 | 高强度，无氟，防水透湿 | 功能性纺织品 |
| 纤维素纳米颗粒-聚乙烯醇复合膜 | 微晶纤维素、可溶纸浆、聚乙烯醇复合膜 | 伸长率、拉伸强度和模量可调节 | 耐拉伸强化膜 |
| 高导电性的阳离子膜 | 醚化和致密化的天然木材 | 高拉伸强度，离子电导率高于天然木材的 25 倍 | 高导电性阳离子膜 |
| 柔性超薄液态金属 Janus 薄膜 | 纤维素纳米棉、液态金属纳米颗粒、聚乙烯醇 | 具有电、光、热各向异性导电特性，基体墨水集成特性，剪切摩擦启动的直写技术 | 光转换开关，温度调节电子产品，多层电路 |
| 热电转化纤维素膜 | 天然木材、钠离子 | 增强热梯度下的离子选择性扩散，提高热量产生的电压 | 灵活的、生物相容性强的热电转换装置 |
| 抗紫外纤维素膜材料 | 微晶纤维素、4,4-二羟基苯甲酮、2,4-甲苯二异氰酸酯 | 缓释农药，具有紫外线保护能力，农药降解很少 | 农用地膜，农药缓释 |
| 荧光性纤维素膜材料 | 乙基纤维素、荧光素、萘乙酸 | 缓释农药，荧光指示 | 农用地膜，农药缓释 |

### 1.3.2.5  纳米纤维素

纳米纤维素（Nanocelluloe，NC）是通过物理、化学或生物处理等方法，从纤维原料中分离出的至少有一维在纳米尺寸范围内的纤维素材料，其扫描电镜图和透射电镜照片如图 1-3 所示。纳米纤维素不仅具有天然纤维素无毒、再生、可降解的性质，而且具有纳米材料的典型特性，如密度低、比表面积大、吸附能力强、机械强度高等。基于以上特性，纳米纤维素在生物医药、电子、复合材料、造纸、能源等领域均有广阔的应用前景。根据纤维素来源、加工条件、尺寸、功能和制备方法，纳米纤维素可分为三类：纤维素纳米晶体（Cellulose Nanocrytal，CNC）、纤维素纳米纤丝（Cellulose Nanofibril，CNF）和细菌纤维素（Bacterial Cellulose，BC）。纤维素纳米晶体的主要制备方法及特征见表 1-4。

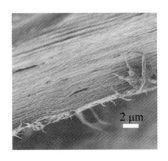
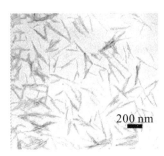

（a）纳米纤维素纤丝扫描电镜图　　　（b）纳米纤维素晶体透射电镜照片

**图 1-3　纳米纤维素的扫描电镜图和透射电镜照片**

**表 1-4　纤维素纳米晶体的主要制备方法及特征**

| 原料 | 方法 | 特征 |
| --- | --- | --- |
| 农业废料<br>（西米种子壳） | 硫酸水解＋超声波处理 | 纤维素 II（72%）晶型结构，棒状（平均直径 5 mm）和球形（直径 10～15 mm）颗粒，Zeta 电位－37.8 mV |
| 漂白硫酸盐桉木浆 | 有机酸水解 | 良好的分散性，高结晶度（81%）和高热稳定性，平均直径 15 mm |
| 微晶纤维素 | 柠檬酸/盐酸水解 | 直径 15～20 mm，长度 200～250 nm，结晶度 91.2%，出色的悬浮稳定性和热稳定性 |
| 漂白硫酸盐桉木浆 | 复合酶水解 | 棒状 CNC（长度 600 mm，直径 30 nm），球形 CNC（直径 40 nm） |
| 棉纤维 | DMSO 预处理＋纤维素酶水解 | 长度 70～280 mm、直径 10～40 mm 的棒状颗粒 |
|  | NaOH 预处理＋纤维素酶水解 | 直径 20 mm 的球形颗粒 |
|  | 超声波预处理＋纤维素酶水解 | 直径 6 mm 的球形颗粒 |
| 漂白阔叶木浆 | 磷钨酸水解 | 直径 15～40 mm、长度 600～800 mm 的棒状 CNC，纤维素 I 型，良好的热稳定性和分散性 |
| 微晶纤维素 | 磷钨酸水解＋超声波处理 | 直径 15～35 mm 的棒状 CNC，得率 85%，结晶度 88%，在水中有良好的分散性 |
| 桉木木粉 | DES 处理＋高压均质 | 平均直径 10 mm，平均长度 260 mm，结晶度 60%，CNC 膜有良好的透光率 |

纳米纤维素的杨式模量和张应力相较于纤维素有指数级的增加,当纳米纤维素作为工程塑料的增强填充剂,其含量高达 70% 时,使工程塑料具有普通工程塑料 5 倍的高强度,以及与硅晶相似的低热膨胀系数,同时保持高的透光率。利用这种特性可开发出柔性显示屏、精密光学器件配件,以及汽车或火车车窗等新产品。用纳米纤维素做高解析度动态显示器件的研究,有望作为电子书籍、电子报刊、动态墙纸、可写地图和识字工具的新材料。

## 1.3.3 高性能纤维

高性能纤维是指具有特殊的物理化学结构,对来自外界的力、热、光、电等物理作用和酸、碱、氧化剂等化学作用具有特殊耐受能力,具有特殊性能、用途或功能的化学纤维。高性能纤维产业的发展对国民经济发展和国防现代化建设具有十分重要的作用,是支撑高新技术产业发展不可或缺的关键材料,是一个国家科学技术整体发展水平的体现。《中国制造 2025》中提出,到 2020 年,国产高强碳纤维及其复合材料技术成熟度将达到 9 级,实现在汽车、高技术轮船等领域的规模应用;2025 年,国产高强中模、高模高强碳纤维及其复合材料技术成熟度将达到 9 级;2025 年,国产对位芳纶纤维及其复合材料技术成熟度将达到 9 级;重点发展超高分子量聚乙烯纤维。

目前,高性能纤维主要包括三类:烯烃类高性能纤维、芳香族高性能纤维以及无机高性能纤维。

### 1.3.3.1 烯烃类高性能纤维

**1. 超高分子量聚乙烯纤维**

超高分子量聚乙烯(UHMWPE)纤维是由相对分子质量为 1000000~5000000 的聚乙烯所纺出的纤维。超高分子量聚乙烯纤维具有很强的化学惰性、耐强酸、强碱溶液和有机溶剂的腐蚀,所以纤维强度基本上不受化学环境影响,同时还具有良好的耐低温性,一般使用温度可以低至 -150℃。UHMWPE 纤维耐候性良好,即使日晒 1500 h 后,纤维强度保持率不低于 80%,耐紫外性能也非常优越。另外,UHMWPE 纤维是目前世界上强度最高与密度最小的纤维,在军工国防、航空航天、海洋产业、体育器材、医疗卫生和建筑等领域具有重要的应用。20 世纪 90 年代末,我国开始 UHMWPE 纤维生产工艺和装备的研究以及中试生产。目前,我国 UHMWPE 纤维生产厂商约有 20 家,产能约为 0.9 万吨,产品质量已达到国际先进水平。

**2. 高强高模聚乙烯醇纤维**

高强高模聚乙烯醇(PVA)纤维与尼龙等纤维相比较,具有强度高、模量大、延伸度低、耐冲击强度高、耐候性好、吸水性好、耐酸、耐碱等优点,具有很高的应用价值。在建筑领域,PVA 纤维可以增强水泥,PVA 纤维的分子中的羟基能够与水泥中水化物的羟基形成氢键,使 PVA 纤维在水泥中能够很好地分散,提高了它和水泥的相容性。高强高模量 PVA 纤维与混凝土混合后,建筑材料的挠曲强度可提高约 200%,弯曲强度可从 195 kg/cm² 提高到 225 kg/cm²。此外,高强高模量 PVA 纤维的断裂比功优于芳纶,冲击总损耗功接近芳纶,而价格约为芳纶的一半,且易于黏接。

### 1.3.3.2 芳香族高性能纤维

#### 1. 芳纶

芳纶是一种高强度、高模量、低密度和耐磨性好的有机合成高科技纤维，是攸关国民经济和国防事业发展的战略性材料之一。其中，对位芳纶在车用摩擦材料、防弹材料和光学纤维等领域具有重要的应用；间位芳纶在电绝缘、高温防护服、高温传送带和高温过滤等领域具有重要的应用。

#### 2. 聚对苯撑苯并双噁唑纤维

聚对苯撑苯并双噁唑（PBO）是由苯杂环组成的刚性共轭体系，是含芳香杂环的苯氮聚合物中性能最优异的一种化合物。PBO 纤维的纤维强度为 58 GPa，理论模量是 460 GPa，它的强度和模量是聚对苯二甲酰对苯二胺的 2 倍。PBO 纤维分解温度大于 650℃，极限氧指数（LOI）为 68，在火焰中不燃烧、不收缩，受冲击时，纤维可大量原纤化而吸收大量的冲击能，被誉为"21 世纪的超级纤维"。PBO 纤维的抗老化性能、耐热性和耐燃烧性都比芳纶好，而且它的耐冲击性比芳纶、碳纤维都要高很多。但是，PBO 纤维的弱点是耐光性较差，纯 PBO 纤维易受紫外线影响而使纤维的强度下降，使用时应采取遮光措施。

#### 3. 聚酰亚胺纤维

聚酰亚胺纤维主链中有芳杂环形结构，刚性大，熔点高，耐热性好，抗氧化强，可在 300℃以上长期使用。同时，聚酰亚胺纤维具有高抗蠕变性、低热膨胀系数、热稳定性、高电绝缘、低介电常数与损耗、耐酸腐蚀和耐辐射等优点，可制成耐高温过滤材料、防护材料和增强结构材料。在水泥、电力、航天航空、微电子、轨道交通等许多高新技术领域具有巨大的商业价值。由于聚酰亚胺纤维的优异特性，使其成为国家战略性新兴产业中的新材料，也是发达国家重点关注的新材料。

### 1.3.3.3 无机高性能纤维

#### 1. 碳纤维

碳纤维是含碳量高于 90％的无机高分子纤维。碳纤维具有高强度、高模量、耐腐蚀、耐高温、耐摩擦等性能。碳纤维主要是用于补强作用，一般与树脂等聚合物共混形成增强材料。在航空航天和工业领域，将碳纤维与其他物质共混，可在提高复合材料的力学性质的同时减少重量，这样有利于减少能源的消耗。在医学领域，碳纤维可以用来制备假肢以及人造骨骼、韧带、关节等，具有对人体适合性强、耐磨、耐久、轻量和高强度等优点。

#### 2. 玄武岩纤维

玄武岩纤维是一种纯天然、非人工合成的高技术纤维，是以纯天然火山岩玄武岩为原料，在 1450℃～1500℃熔融后，通过铂铑合金拉丝漏板高速拉制而成的连续纤维，除具有高强度、高模量等特点外，还具有耐高温及低温性能佳、耐酸碱、抗氧化、抗辐射、绝热隔音、防火阻燃、过滤性好、抗压缩强度和剪切强度高、适于各种环境下使用等优异性能。因此，玄武岩纤维可广泛用于消防、环保、航空航天、军工、汽车与船舶制造、工程塑料及建筑等领域。玄武岩纤维是我国四大高性能纤维（碳纤维、芳纶、超高分子聚乙烯纤维、玄武岩纤维）之一，被誉为 21 世纪"火山岩变丝""点石成金"的新型环保纤维。

### 1.3.4　绿色纤维

2005 年 8 月，习近平同志以充满前瞻性的战略眼光，首次提出"绿水青山就是金山银山"的绿色发展理念，当前，"绿色发展"已是《中国制造 2025》的基本方针之一，纤维制造业要实现绿色转型升级，绿色纤维的开发、制造和应用是关键。从纺织生态学的角度，绿色纤维也被称为绿色环保纤维、环境友好纤维，通常具有以下一种或多种特征：①纤维在生长或生产过程中未受污染，也不会对环境造成污染；②纤维制品失去使用价值后，可回收再利用或在自然条件下降解消化，不会对生态环境造成危害；③用于纤维生产的原材料无污染或少污染，为可再生资源或可重复利用的材料，不会造成生态平衡的失调和掠夺性的资源开发；④纤维对人体无害，或具有某种保健功能。符合以上一种或多种特征的绿色纤维的开发和应用，目前已经取得了越来越多的成果，有些产品已经实现了工业化生产，如聚乳酸纤维（PLA）、Lyocell 纤维、再生蛋白纤维、甲壳素纤维、海藻纤维等，它们大致可分为绿色天然纤维、绿色人造纤维和绿色合成纤维。

#### 1.3.4.1　绿色天然纤维

通常，天然纤维属于可再生资源，具有一定的环保特征，但在后续染整加工过程中仍然会产生一定程度的污染物排放。科研人员采用基因工程对生产天然纤维的动植物进行改造，可直接生产出具有特定颜色或功能的天然纤维，减少纤维在后续加工或使用过程中造成的环境污染或对人体的伤害，这类纤维称为绿色天然纤维。天然彩色棉纤维可避免棉纤维及其制品因染色处理而对身体、环境产生破坏，而且无须漂洗等繁杂工序，提高了棉纤维制品的生产效率，降低了碳排放，同时对大气、水等资源的污染也大大降低。天然彩色棉纤维经过人们的长期优选和培育，现已具备绿色、棕色、紫色等多种颜色品种，而且色泽和产量大幅提高，广泛用于内衣、婴幼儿服装、床上用品。但是，天然彩棉纤维的成熟度通常较低，纤维强度较常规白棉低，颜色深度和色彩种类等也仍需进一步提升。美国农业生活技术公司将能够产生聚羟基丁酸酯的细菌的基因片段引入棉的基因中，培育出转基因棉纤维，其保温性、强度、抗皱性均高于普通棉纤维，用其制成的衬衫无须进行免烫整理而具备抗皱功能，从而可避免某些抗皱剂对人体健康的潜在影响，还能减少因抗皱整理造成的碳排放和环境污染。

类似对棉植物的基因改造，生产出彩色或功能性棉纤维，通过基因工程技术也可以获得天然彩色羊毛和天然彩色蚕丝。俄罗斯科研人员已繁殖出能长出浅红色、浅蓝色、金黄色和浅灰色等颜色的天然羊毛的绵羊。天然彩色绵羊毛无须经过染色处理，不含染料残留化学物质，强度和耐磨性能优良，具有较长的使用寿命。还可以通过对桑蚕添食生物有机色素的方法获得天然彩色蚕丝。苏州大学已自主研发出以红、黄、蓝三种基本色为主，多种复合色为辅的彩色蚕茧。安徽已实现人工添食彩色蚕茧的产业化生产，所产彩色丝绵色泽均匀、鲜亮，能满足高品质丝绵制品的质量要求，具备优秀的亲肤性、保暖性和透气性，且光泽鲜亮，绿色环保。

### 1.3.4.2　绿色人造纤维

人造纤维是采用天然高分子化合物为原料，经过化学处理与机械加工后经纺丝而制得的化学纤维。人造纤维保持了天然高分子化合物的本质特征，通常具有与天然纤维相似的性能，但其加工过程通常会伴随一些污染物的排放。绿色人造纤维与常规人造纤维的不同之处在于其加工过程产生相对较少的环境危害或相对较少的污染物排放。目前，工业生产量最大的绿色人造纤维是 Lyocell 纤维。Lyocell 纤维也被称为莱赛尔纤维，是以 N-甲基吗啉-N-氧化物（NMMO）为溶剂，通过干法纺丝技术生产得到的人造纤维素纤维。Lyocell 纤维规模化生产的关键在于 NMMO 溶剂的高效率回收，大大降低了传统再生纤维素纤维（黏胶纤维）生产过程带来的大量酸碱废水的排放。同时，NMMO 对纤维素大分子的溶解属于纯物理过程，对其分子链的破坏较小，溶液和纤维中的纤维素大分子聚合度较高。Lyocell 纤维中，纤维素聚合物的分子量与结晶度均介于棉与黏胶纤维之间，兼具天然纤维与合成纤维的优良特性，具有加工过程绿色环保、吸湿透气性良好、抗静电和抗起球的特点。

近年来，武汉大学的张俐娜院士和四川大学的傅强教授等采用氢氧化钠-尿素低温溶解体系溶解甲壳素，通过湿法纺丝技术在含有植酸的凝固浴中纺丝成型，成功纺制出达到纺织应用所需力学性能的人造甲壳素纤维，其纺丝流程如图 1-4 所示，其制备方法同样适用于人造纤维素纤维的生产。人造甲壳素纤维的原料甲壳素源自废弃的虾蟹壳，为生物质可再生资源。由甲壳素或其衍生物壳聚糖制备的纤维除具有生物可降解特性外，还具有抗菌抑菌特性和生物相容性，在免拆除手术缝合线、医用敷料、内衣、袜子、床上用品等领域具有很好的应用前景。

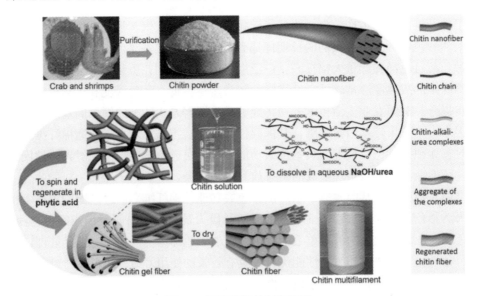

图 1-4　甲壳素纤维制备流程

天津工业大学采用 L-半胱氨酸法溶解羊毛，并成功提取出羊毛角蛋白，通过湿法纺丝进一步制备出再生羊毛角蛋白/氧化石墨烯/多壁碳纳米管复合纤维，其拉伸断裂强度和断裂伸长率分别达到 145 MPa 和 3.09%。近年来，还有一些采用低共熔溶剂溶解、提取和制备再生羊毛、羽毛角蛋白纤维的研究。再生角蛋白纤维可利用羊毛、羽毛的下脚料，制备出满足特定应用需求的再生纤维，也可以与其他高分子材料共混或接枝改性后纺制出蛋白质复合纤维。要生产出具有基本物理性能和使用性能的纯再生角蛋白纤维，关键在于蛋白质的溶解技术。如何有效地利用和把握蛋白质的分子结构和聚集态结构特征，将其快速、无损地溶解，并采用适当的纺丝体系制备出物理机械性能较好的再生蛋白质纤维，仍然是一项挑战。基于牛奶蛋白、蚕蛹蛋白、丝素蛋白、花生蛋白、玉米蛋白、大豆蛋白的新型人造蛋白质纤维也具有绿色环保的特性，使其备受关注，目前工业化生产和商业应用最成功的是大豆蛋白纤维。大豆蛋白纤维是采用化学、生物化学的方法，浸泡去除油脂的大豆粕，提取豆粕中的蛋白质，经分离、提纯和改性后制成一定浓度的蛋白质纺丝液，再经湿法纺丝而成。大豆蛋白纤维以废弃生物质资源为原料，经合成高聚物改性，结合二者优势，手感柔软、滑爽，具有真丝般的光泽、良好的悬垂性和吸湿透气性，其开发路径对其他绿色纤维的研发具有一定借鉴意义。

### 1.3.4.3　绿色合成纤维

除以上基于天然高分子化合物的绿色纤维外，基于生物可降解的合成高分子化合物生产的合成纤维也是绿色纤维的重要分支，且部分生物可降解合成聚合物纤维已经被工业化生产和商业应用。生物可降解高分子材料，又称为绿色生态高分子，在一定的条件下，经过一定时间，能被细菌、霉菌、藻类等微生物降解或水解，从而使高分子主链断裂，相对分子质量逐渐变小，最终成为单体或代谢成二氧化碳和水。常见的化学结构中，生物可降解能力由强到弱依次为：脂肪族酯键＞甲酸酯键＞脂肪族醚键＞亚甲基键。传统的 PET、PBT 纤维不能生物降解，而脂肪族聚酯由于具有良好的生物降解特性，已成为世界范围内开发生物可降解塑料和纤维的热点。

聚乳酸纤维是采用高分子量的脂肪族聚酯聚乳酸为成纤高聚物，通过干法纺丝或熔融纺丝制备而成的一种生物可降解纤维，其力学性能可通过原料聚合度和纺丝工艺调控，断裂强度可达到 8 cN/dtex。聚乳酸的单体可以采用化学合成和生物合成的方法制得。化学合成法制备乳酸采用的试剂毒性大，对环境造成污染，而采用玉米、小麦等淀粉或牛乳为原料，由微生物发酵法可制得左旋乳酸单体，进而经丙交酯（乳酸的环状二聚体）制备和开环聚合技术可得到高分子量的聚乳酸。表 1-5 列举了聚乳酸纤维与其他纤维材料的性能。聚乳酸纤维具有良好的生物可降解特性、生物相容性和优良的力学性能，而且可采用生物质原材料制备，是最有前景的绿色纤维之一。

表 1-5 聚乳酸纤维与其他纤维材料的性能

| 纤维种类 | 密度 | 玻璃化温度/℃ | 熔点/℃ | 强度/(g/d) | 吸湿率/% | 燃烧热/(M/kg) | 折射指数 | 极限氧指数/% | 回潮率/% | 弹性回复(5%下) |
|---|---|---|---|---|---|---|---|---|---|---|
| 聚乳酸（PLA） | 1.25 | 55～60 | 130～175 | 2.5～4.9 | 10.4～0.6 | 19 | 1.35～1.45 | 26 | 0.4～0.6 | 93 |
| 聚酯（PET） | 1.38 | 70 | 255 | 3.0～7.0 | 0.2～0.4 | 25～30 | 1.54 | 20～22 | 0.4 | 65 |
| 尼龙6 | 1.14 | 90 | 215 | 5.5 | 4.1 | 31 | 1.52 | 20～24 | 4.1 | 89 |
| 腈纶 | 1.18 | 70～85 | 320 | 4.0 | 1～2 | 31 | 1.5 | 18 | | 93 |
| 黏胶 | 1.52 | — | — | 2.5 | 11 | 17 | 1.52 | 17～19 | 11 | 32 |
| 棉 | 1.52 | — | — | 4.0 | 7.5 | 17 | 1.53 | 17 | 7.5 | 52 |
| 真丝 | 1.34 | — | — | 4.0 | 10 | — | 1.54 | — | 10 | 52 |
| 羊毛 | 1.31 | — | — | 1.6 | 14～18 | 21 | 1.54 | 24～25 | 14～18 | 69 |

聚己内酯（PCL）也是一种脂肪族聚酯，属于半结晶型聚合物，由己内酯用钛催化剂、二羟基或三羟基引发剂开环聚合物制得。聚己内酯纤维可通过熔融纺丝制得，是一种成本较低的可生物降解合成纤维。通过制备工艺的优化，可以得到断裂强度大于 2.94 cN/dtex 的聚己内酯单丝、复丝或短纤维。聚己内酯的熔点为 57℃ 左右，玻璃化转变温度为 -60℃，在室温下呈橡胶态，因此，聚己内酯纤维很难作为常规纤维使用。但是，聚己内酯的热分解温度较高（350℃），生物降解速度也比聚乳酸慢得多，对许多物质能够很好地吸收，所以可用作需要长时间缓慢释放药物的载体材料。由于其降解速度慢、初始强力高、力学强度持续时间长，适合用于骨折内固定物的生物材料、药物控释载体、手术缝合线、器官修复材料等生物医用领域。

除上述两种生物可降解绿色合成纤维外，聚 3-羟基丁酸酯（PHB）、聚 3-羟基丁酸酯-co-3-羟基戊酸酯（PHBV）、聚羟基乙酸酯（PGA）等生物基脂肪族聚酯均可以制备成生物可降解纤维，但因各自性能的差异，应用场合也均有局限。另外，还有一部分化石基合成高聚物也具有生物可降解的特性，如聚己二酸-对苯二甲酸丁二醇酯（PBAT）等，也可以用于生产生物可降解纤维。此外，基于生物转化技术制备生物基聚合物单体的工作正在大量地开展，如 1,3-丙二醇、丁二酸等的生物合成研究已经呈现出良好的发展态势。

目前，我国纤维事业的发展已经取得了长足进展，传统纤维生产规模大、技术成熟，新型纤维的研发也取得了可喜的进步，有些成果已经填补了国际相关领域的空白。然而，我们应该意识到，我国纤维的生产和发展还有很多不足，这需要从事纤维生产和研发的工作者们继续努力，为我国纤维事业在国际舞台上取得更大发展做出贡献。

## 思考题

1. 纤维的概念如何定义？本教材介绍的纤维材料有哪些来源？
2. 纤维是如何分类的？
3. 天然纤维和化学纤维的种类有哪些？

4. 什么是差别化纤维？有哪些方法可以获得差别化纤维，其性能分别有何特点？

5. 化学纤维的生产过程包括哪些步骤？

6. 化学纤维生产中选用何种纺丝方法的选择原则有哪些？

7. 化学纤维纺丝后为什么要进行后加工？

8. 化学纤维后加工中后拉伸和热定型处理的原因和目的分别是什么？

9. 请查阅文献资料后叙述蛋白纤维功能材料在生物医药的应用状况。

10. 功能化纤维素有哪些？

11. 什么叫高性能纤维？请查阅文献叙述其发展现状与前景。

12. 不同的天然纤维的功能化应用主要利用纤维原材料的哪些结构和性能？

13. 如何理解绿色纤维的概念？

14. 绿色纤维的开发途径有哪些？

# 第 2 章　纤维材料物理

材料的物理性能是分子运动的反映，结构是了解分子运动的基础。纤维材料物理主要包含纤维材料结构、纤维分子运动特性和纤维材料性能三个方面的内容。本书涉及的纤维材料是指制革、造纸、化纤、纺织和染整等行业所用的纤维。这些纤维材料主要源自天然高聚物和合成高聚物。能够通过动植物自然生长或特定的人为加工方法形成纤维材料的高聚物称为成纤高聚物。高聚物又称为高分子化合物、聚合物或大分子。本章首先从高分子物理学的基础出发，介绍成纤高聚物的结构、分子运动与热转变。高分子物理学是高分子学科的重要组成部分。高分子物理学的核心内容包括聚合物的结构、性能以及结构与性能之间的关系。具体来说，是研究高分子的化学组成、微观和亚微观结构、分子运动及状态转变，以及结构特征和变化与其作为材料在使用过程中所表现的性能、功能间的关系。然后介绍纤维材料的基本性质和主要性能，主要包括纤维的吸湿性质、力学性能、热学性质、燃烧性能、电学性质和光学性质等。通过纤维材料物理建立起结构与性能的内在联系，掌握纤维材料结构与性能的关系，就有可能合成具有指定性能的成纤高聚物，或改善现有纤维或成纤高聚物的性能，使其更能满足应用需求，为成纤高聚物的分子设计和纤维材料设计打下科学基础。

## 2.1　高聚物的结构

高聚物的结构是决定其各种性能的物质基础。高聚物分子由成千上万的结构单元聚合而成，具有分子量大、结构复杂的特点。高分子物理课程体系通常将高聚物的结构分为两个主层次：分子结构和聚集态结构。一些更高级的织态结构和生物高分子在生物体中的结构属于更高级的结构。高聚物的结构层次如图 2-1 所示。

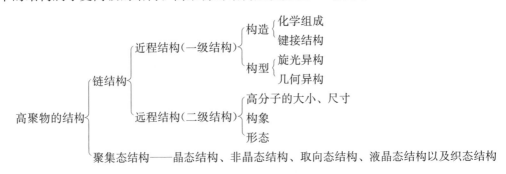

**图 2-1　高聚物的结构层次**

高聚物的分子结构又称为链结构，是指单个分子的化学结构、立体化学结构以及高分子的大小和形态，又细分为近程结构和远程结构。

近程结构包括构造（Constitution）和构型（Configuration），属于化学结构，又称为一级结构（Primary structure）。要改变分子的构造或构型必须经过化学键的断裂和重组。

远程结构包括高分子的大小（分子量及分子量分布）、尺寸、构象（Conformation）和形态，又称为二级结构（Secondary structure）。

聚集态结构是指多个高分子链聚在一起形成的聚合物整体的内部结构，包括晶态结构、非晶态结构、取向态结构、液晶态结构以及织态结构。前四者是描述高分子聚集体中的分子之间如何堆砌的，又称为三级结构（Tertiary structure）。织态结构和高分子在生物体中的结构则属于更高级的结构。

## 2.1.1 分子结构

高分子链的分子结构包括近程结构和远程结构。

### 2.1.1.1 近程结构

高分子的近程结构包括构造和构型。构造是指分子中原子和键的序列而不考虑其空间排列，包括高分子链的化学组成、结构单元的键接方式、取代基和端基的种类、交联、支化以及支链的类型和长度等。构型则是指分子中通过化学键所固定的原子或基团在空间的相对位置和几何排列，包括几何异构和旋光异构。

1. 构造

1）结构单元的化学组成

高分子化合物是由单体通过聚合反应连接而成的链状分子，称为高分子链。高分子链的化学组成不同，聚合物的性能和用途也不相同。根据构成高分子主链原子的不同，可把高分子分成以下几类。

**碳链高分子**：主链由碳原子以共价键连接，它们大多由加聚反应制得，如聚乙烯（PE）、聚丙烯（PP）、聚苯乙烯（PS）、聚氯乙烯（PVC）、聚丙烯腈（PAN）等。这类高聚物通常不易水解。

**杂链高分子**：主链中除含有碳原子外，还有氧、氮、硫等两种或两种以上的原子以共价键连接，如锦纶 6（PA6）、锦纶 66（PA66）、聚对苯二甲酸乙二酯（PET）、纤维素、蛋白质等。这类聚合物是由缩聚反应或开环聚合制得，或生物合成形成，因主链带有极性，较易水解、醇解或酸解。

**元素高分子**：主链中含有硅、硼、磷、铝、钛、砷、锑等无机元素而不含碳元素，如聚二甲基硅氧烷（PDMS）、聚碳硅烷（Polycarbosilane，PCS）等。这类聚合物一般具有无机物的热稳定性与有机物的弹性和塑性。

2）结构单元的键接方式

结构单元的键接方式也是影响聚合物性能的重要因素之一。在缩聚和开环聚合中，结构单元的键接方式一般都是明确的。在加聚过程中，结构不对称的单体在聚合时，其键接方式可以有所不同。例如，单烯类单体（$CH_2$=CHX）聚合时，有一定比例的头—头、尾—尾键合出现在正常的头—尾键合之中（图 2-2）。

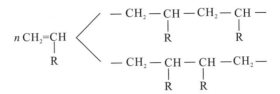

图 2-2　不对称结构单元的键接方式

头—头结构的比例有时可以相当大。例如，据核磁共振测定，自由基聚合的聚偏氟乙烯—$(—CH_2—CF_2—)_n$—中，这种头—头结构占比有 $10\%\sim12\%$；在聚氟乙烯中，占比也达 $6\%\sim10\%$。通常，当位阻效应很小以及链生长端（自由基、阳离子、阴离子）的共振稳定性很低时，会得到较大比例的头—头或尾—尾结构。

单体单元的键合方式对聚合物的性能特别是化学性能有很大的影响。例如，成纤高聚物一般都要求分子链中单体单元排列规整，以提高聚合物的结晶性能和强度。又如，从聚乙烯醇制备维纶时，只有头—尾键合才能与甲醛缩合生成聚乙烯醇缩甲醛。如果是头—头键合，羟基就不易缩醛化，产物中仍保留一部分羟基，这是维纶纤维缩水性较大的根本原因。同时，羟基的数量太多，还会造成纤维的湿态强度下降。

一般头—尾相连占主导优势，而头—头相连所占比例较低。结构单元在分子链上的键接方式会影响聚合物的结晶性能和化学性能。

3) 支化、交联和端基

一般高分子链的形状为线型的，分子长链可以蜷曲成团，也可以伸展成支链，这取决于分子本身的柔顺性及外部条件。也有高分子链为支化或交联结构。例如，缩聚过程中有 3 个或 3 个以上官能度的单体存在，加聚过程中有自由基的链转移反应发生或者双烯类单体中第二双键的活化等，均可生成支化或交联结构的高分子。几种典型的非线型构造高分子如图 2-3 所示。

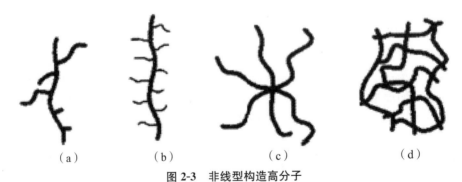

$(a)$　　　　　$(b)$　　　　　$(c)$　　　　　$(d)$

图 2-3　非线型构造高分子

支化高分子根据支链的长短可以分为短支链支化和长支链支化两种类型，根据支化规律又可分为梳形支化、星形支化和无规（树状）支化等类型。

支化对聚合物的性能有很大影响。线型聚合物分子间没有化学键结构，可以在适当溶剂中溶解，加热时可以熔融，易于加工成型。支化聚合物的化学性质与线型聚合物相似，但其物理机械性能、加工流动性能等受支化的影响显著。短支链支化破坏了分子结构的规整性，降低了晶态聚合物的结晶度。长支链支化严重影响聚合物的熔融流动性能。

交联高分子的分子链之间通过链段或化学键连接而形成三维网络，同线型结构和支化结构相对应，把它称为体型结构。交联高分子的一整块材料可以看成一个分子，一般的无规交联聚合物是不溶、不熔的，只有当交联程度不太大时，才能在溶剂中溶胀。热固性树脂和硫化的橡胶都是交联高分子。热固性树脂因其具有交联结构，表现出良好的强度、耐热性和耐溶剂性。橡胶经硫化后为轻度交联高分子，交联点之间链段仍然能够运动，但大分子链之间不能滑移，具有可逆的高弹性能。

在高分子链的自由末端，通常含有与链的组成不同的端基。由于高分子链很长，端基含量是很少的，但却直接影响聚合物的性能，尤其是热稳定性。链的断裂可以从端基开始，所以封闭端基可以提高这类聚合物的热稳定性、化学稳定性，如聚甲醛分子链的端羟基被酯化后可提高它的热稳定性。聚碳酸酯分子链的羟端基和酰氯端基，能促使其本身在高温下降解，热稳定性减小，如在聚合过程中加入单官能团的化合物（如苯酚类），就可以实现封端，同时又可控制分子量。

端基主要影响聚合物的热稳定性，因为聚合物的降解一般从分子链的端基开始。

聚甲醛的端羟基受热后容易分解释放出甲醛，所以聚甲醛合成需要用乙酸酐进行酯化封端，从而消除端羟基，提高热稳定性。

4)共聚物的序列结构

均聚物仅由一种类型重复结构单元(A)组成，而共聚物则由两种或更多种重复结构单元(A，B等)组成。共聚物的类型包括无规共聚物、交替共聚物、嵌段共聚物和接枝共聚物，如图 2-4 所示。

无规共聚物：…AAAAAAABBBAABBBBBAA…

交替共聚物：…ABABABABABABAB…

嵌段共聚物：…AAAABBB…BBBBAAAA…

接枝共聚物：…AAAAAAAAAAAAAAAAAAA…
　　　　　　　B<sub>B</sub>B BBBB…

图 2-4 共聚物的类型

无规共聚物(Random copolymer)是统计共聚物的结构单元的排列完全无规。交替共聚物中，两种结构单元交替排列。它们都属于短序列共聚物。

嵌段共聚物和接枝共聚物是通过连续而分别进行的两步聚合反应得到的，所以称为多步聚合物。它们都属于长序列共聚物，即其中任一组分长度达到聚合物分子的水平。

序列结构、结构单元的序列分布也是表征共聚物的重要结构参数。不同类型的共聚物具有不同的性能和用途。

甲基丙烯酸甲酯一般用本体聚合方法加工成透明性优良的板材、棒材、管材。由于本体法聚合产物的分子量大，因此，高温流动性差，不宜采取注射成型的方法加工。如果将甲基丙烯酸甲酯与少量苯乙烯无规共聚，可以改善树脂的高温流动性，以便采用注射法成型。

苯乙烯和马来酸酐交替共聚产物可用作共混聚合物的增容剂，也可用作缓释剂。

接枝、嵌段共聚对聚合物的改性及设计特殊要求的聚合物提供了广泛的可能性。例如，常用的工程塑料 ABS 树脂除共混型外，大多数是由丙烯腈、丁二烯、苯乙烯组成的三元接枝共聚物。可以以丁苯橡胶为主链，将苯乙烯、丙烯腈接在支链上；或以丁腈橡胶为主链，将苯乙烯接在支链上；还可以以苯乙烯—丙烯腈的共聚物为主链，将丁二烯和丙烯腈接在支链上等。分子结构不同，材料的性能也有差异。总之，ABS 三元接枝共聚物兼有三种组分的特性，其中丙烯腈组分有腈基（—C≡N），极性大，能增强分子间相互作用，使聚合物耐化学腐蚀，提高制品的拉伸强度和硬度；丁二烯组分分子链柔顺性好，能使聚合物呈现橡胶状弹性，这是制品冲击强度提高的主要因素；苯乙烯组分的高温流动性好，便于成型加工，且可改善制品的表面光洁度。因此，ABS 为质硬、耐腐蚀、坚韧、抗冲击的热塑性塑料。高抗冲聚苯乙烯同样可以用少量聚丁二烯通过化学接枝连接到聚苯乙烯基体上，依靠前者改善聚苯乙烯的脆性。

又如，用阴离子聚合法制得的苯乙烯与丁二烯的三嵌段共聚物称为 SBS 树脂，其分子链的中段是聚丁二烯，顺式占 40% 左右，分子量约为 7 万；两端是聚苯乙烯，分子量约为 1.5 万。S/B（质量比）为 30/70。由于聚丁二烯在常温下是一种橡胶，而聚苯乙烯是硬性塑料，二者是不相容的，所以具有两相结构。聚丁二烯段形成连续的橡胶相，聚苯乙烯段形成微区分散在橡胶相中，且对聚丁二烯起着物理交联作用。因此，SBS 是一种加热可以熔融、室温具有弹性、可用注塑方法进行加工而不需要硫化的橡胶，又称为热塑性弹性体，其结构如图 2-5 所示。热塑性弹性体的问世，被公认为橡胶界有史以来最大的革命。

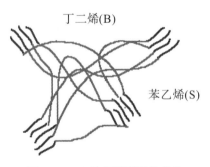

**图 2-5　SBS 热塑性弹性体结构**

2. 构型（Configuration）

构型是指分子中由化学键所固定的原子在空间的几何排列。这种排列是稳定的，要改变构型，必须经过化学键的断裂和重组。构型不同的异构体包括几何异构和旋光异构。

1）几何异构

当主链上存在双键时，形成双键的碳原子上的取代基不能绕双键旋转，否则将会破坏双键中的 π 键。当组成双键的两个碳原子同时被两个不同的原子或基团取代时，由于内双键上的基团在双键两侧排列的方式不同而有顺式构型和反式构型之分，称为几何异构体。以聚 1,4-丁二烯为例，内双键上基团在双键一侧的为顺式，在双键两侧的为反式。图 2-6 表示聚 1,4-丁二烯分子链的两种构型。

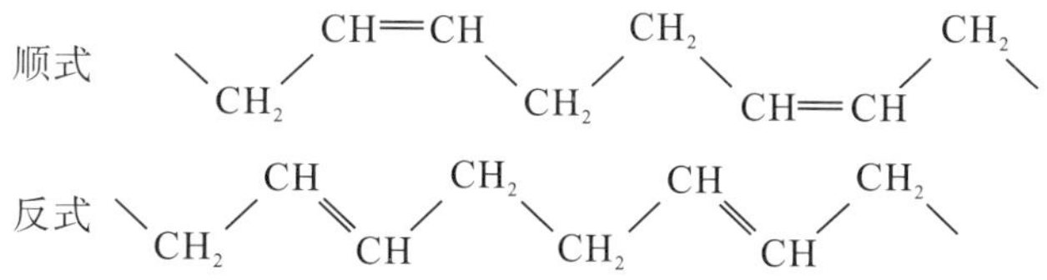

顺式

反式

**图 2-6　聚 1,4-丁二烯分子链的两种构型**

链节取代基的定向和异构主要是由合成方法决定的。当催化体系(包括催化剂或引发剂等)相同时,聚合过程的其他条件如温度、介质、转化率(聚合程度)、调节剂等的作用相对较小。例如,一般自由基聚合只能得到无规立构聚合物,而用 Ziegler-Natta催化剂进行定向聚合,可得到等规或全同立构聚合物。又如,双烯类单体进行自由基聚合,既有 1,2-加成和 3,4-加成,又有顺式和反式加成,且反式结构含量较多。高顺式或高反式 1,4-结构的双烯类聚合物可以分别用钴、镍和钛催化系统或者钒(或醇烯)催化剂配位聚合制得。

不同制备方法或不同催化系统得到的不同大分子构型,实际上虽然不是 100% 的完整度,但对该聚合物的性能起到了决定性的作用。例如,全同立构聚苯乙烯的结构比较规整,能结晶,熔点为 240℃;而通常使用的无规立构聚苯乙烯的结构不规整,不能结晶,软化温度为 80℃。顺式聚 1,4-丁二烯,链间距离较大,室温下是一种弹性很好的橡胶;反式聚 1,4-丁二烯结构也比较规整,容易结晶,室温下是弹性很差的塑料。

共轭双烯烃 1,4 聚合时会形成顺、反两种构型。

如顺式聚异戊二烯(天然橡胶)的周期为 8.1 Å[①],分子易内旋转,具有弹性,规整性差,不易结晶,熔融温度约为 30℃。而反式聚异戊二烯(古塔波胶)的周期为 4.7 Å;分子不易内旋转,无弹性,规整性好,较易结晶,熔融温度约为 70℃。几何构型对 1,4-聚异戊二烯性能的影响见表 2-1。

**表 2-1　几种高聚物的熔点和玻璃化温度**

| 聚合物 | 熔点 $T_m$/℃ | | 玻璃化温度 $T_g$/℃ | |
| --- | --- | --- | --- | --- |
| | 顺式 1,4 | 反式 1,4 | 顺式 1,4 | 反式 1,4 |
| 聚异戊二烯 | 30 | 70 | −70 | −60 |
| 聚丁二烯 | 2 | 140 | −108 | −80 |

2)旋光异构

正四面体的中心原子(如碳、硅、$P^+$、$N^+$)上 4 个取代基或原子如果是不对称的,则可能产生异构体,这样的中心原子叫不对称中心原子。例如,结构单元为 —CH₂—CH— 型的高分子,每一个结构单元中有一个不对称碳原子 C*,每一个链节
　　　　|
　　　　R
就有 D 型、L 型两种旋光异构体,如图 2-7 所示。

---

① 　1 Å = $10^{-10}$ m。

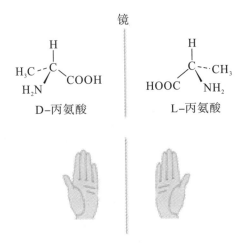

图 2-7　旋光异构体

高分子链全部由一种旋光异构单元键接而成，称为全同立构。高分子链由两种旋光异构单元交替键接而成，称为间同立构。高分子链由两种旋光异构单元无规键接而成，称为无规立构。全同立构和间同立构的高聚物统称为等规高聚物。高分子链的旋光异构构型如图 2-8 所示。

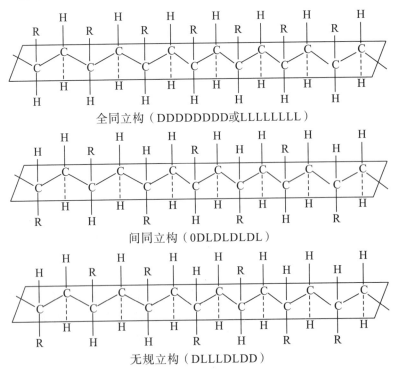

图 2-8　高分子链的旋光异构构型

分子的立体构型不同时，材料的性能也有不同。旋光异构对聚合物性能的影响体现在规整度越高，结晶度就越高。等规聚合物具有很好的立构规整性，能够满足分子链三维有序排列的要求，所以等规聚合物可以结晶。无规聚合物由于规整性较差，一般不会结晶。

例如，全同立构聚丙烯的熔点为 165℃，密度为 0.92 g/cm³，是一种易结晶塑料。而无规立构聚丙烯的软化点为 80℃，密度为 0.85 g/cm³，是一种弹性体。

### 2.1.1.2　远程结构

#### 1. 高分子链的内旋转构象

高分子链由成千上万个单键组成，主链虽然很长，但通常不是伸直的，可以蜷曲起来，使分子具有各种形态，可以蜷曲成椭球形，也可以伸直成棒状，还可以呈锯齿形或螺旋形。这些形态可以随条件和环境的变化而变化。这些变化或形态的呈现主要是由单键的内旋转造成的。因为高分子主链上的 C—C σ 单键的电子云分布具有轴对称性，以 σ 键相连的两个原子可以绕轴旋转，称为内旋转。在有机化学中，用"构象"来表示由于化学键的旋转而导致的原子或基团在空间的几何排列。构象与构型的根本区别在于，构象可以通过单键内旋转改变，而构型不能。

##### 1）乙烷分子的构象

首先以只有两个碳原子的乙烷分子为例来分析内旋转过程中能量的变化。图 2-9 为乙烷分子的位能函数图，横坐标是内旋转角 $\varphi$，纵坐标为内旋转位能函数 $U(\varphi)$。若视线在 C—C 键方向，则两个碳原子上键接的氢原子重合时为顺式，相差 60° 时为反式。顺式重叠构象位能最高，反式交错构象能量最低，这两种构象之间的位能差称为位垒，表示为 $\Delta U(\varphi)$，其值为 11.5 kJ/mol。一般热运动的能量仅 2.5 kJ/mol，所以乙烷分子处于反式交错式的概率远较顺式重叠式大。

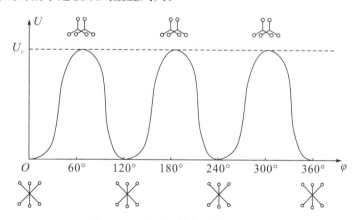

**图 2-9　乙烷分子的内旋转位能曲线**

##### 2）丁烷分子的构象

丁烷分子($CH_3—CH_2—CH_2—CH_3$)中间的 C—C 键，每个碳原子上连接着 2 个氢原子和 1 个甲基，其内旋转位能曲线如图 2-10 所示。

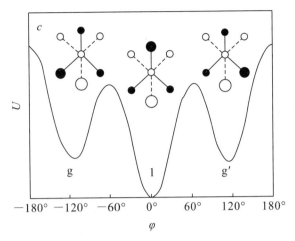

图 2-10 丁烷中 C—C 键的内旋转位能曲线

图 2-10 中，当甲基相对旋转 360°时，会经过三个势能最高的顺式构象和三个势能最低的反式构象。从一种稳定构象变化到另一种稳定构象需要越过内旋转位垒。对丁烷分子，从反式转变成左右旁式的活化能约为 13 kJ/mol。内旋转位垒也称为内旋转活化能，不同结构的物质有不同的内旋转位垒(表 2-2)，表征分子内旋转的难易程度。分子结构不同，内旋转位垒也不同。

表 2-2 不同单键的内旋转位垒

| 化合物 | $E_0/(kJ \cdot mol^{-1})$ | 化合物 | $E_0/(kJ \cdot mol^{-1})$ |
|---|---|---|---|
| $H_3C—C\equiv CH$ | 2.1 | 联苯 | 约 38 |
| $H_3C—CH=CH_2$ | 8.2 | | |
| $H_3C—CH_3$ | 11.7 | 取代联苯 | 约 63 |
| $H_3C—CH_2CH_3$ | 14.2 | | |
| $H_3C—CH(CH_3)_2$ | 16.3 | | |
| $H_3C—C(CH_3)_3$ | 18.4 | $H_3C—OH$ | 4.48 |
| $H_3C—CH_2F$ | 约 18 | $H_3C—SH$ | 4.44 |
| $H_3C—CH_2Cl$ | 16.3 | $H_3C—NH_2$ | 7.95 |
| $H_3C—CH_2Br$ | 11.7 | $H_3C—SiN_3$ | 7.12 |
| $Cl_3C—CCl_3$ | 50.2 | $ClH_2C—CH_2Cl$ | 28.1($\Delta E$=4.6) |
| $Cl_3C—CF_3$ | 55.3 | $H_3CH_2C—CH_2CH_3$ | 16.3 |
| $HOOC—CH(COOH)CH_3$ | 约 63 | | |

3)聚乙烯的构象

随着烷烃分子中碳的数量增加，构象数增多，能量较低而相对稳定的构象数也增加。例如，丙烷有 1 个比较稳定的构象，见图 2-11(a)；正丁烷有 3 个比较稳定的构象。若以符号 t 表示反式构象，g 和 g′分别表示稳定性相同的两种旁式构象，则三种构象的投影如图 2-11(b)所示；依次类推，戊烷可由正丁烷的 3 个比较稳定的构象衍生为 9 个比较稳定的构象，见图 2-11(c)。而正己烷的分子链则可能有 27 个比较稳定的构象，如 ggg、ggt、gtg、tgt、ttt、ggg′、gg′t 等。理论上，含 $n$ 个碳原子的正烷烃具有 $3^{n-3}$ 个可能的稳定构象。

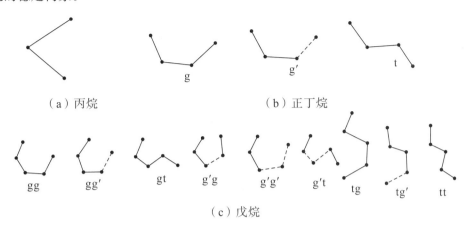

（a）丙烷　　　　　　　　　　（b）正丁烷

（c）戊烷

**图 2-11　几种烷烃的相对稳定构象示意图（以实线表示 g，点线表示 g′）**

为此，以聚合度为 1000 的聚乙烯大分子为例，2000 个 C—C 单键如果任意选择反式交错和旁式交错的微构象，则聚乙烯大分子将有 $3^{2000-3}$ 个稳定构象。

由以上讨论可知，分子内旋转受阻的结果使得高分子链在空间可能有的构象数远小于自由内旋转的情况，但仍然是一个很大的数字，故长链同样呈线团状卷曲形态。当然，受阻程度越大，可能有的构象数目越少。

总的来说，高分子链典型的构象有四种，即无规线团（Random coil）、伸直链（Extended chain）、折叠链（Folded chain）和螺旋链（Helical chain），如图 2-12 所示。无规线团是线型高分子在溶液和熔体中，以及在非晶态中的主要形态。折叠链、螺旋链和伸直链主要存在于晶态聚合物中。一些生物大分子有特殊的构象形式，如 DNA 的双螺旋结构、胶原分子的三螺旋结构等，如图 2-13 所示。

伸直链

无规线团　　　　　　　　折叠链　　　　　　　　螺旋链

**图 2-12　高分子链的不同构象**

 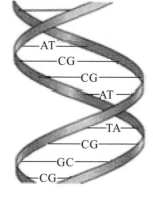

胶原三螺旋结构          **DNA** 双螺旋结构

**图 2-13  生物大分子的构象形式**

2. 高分子链的柔性

高分子链能够改变其构象的性质叫作高分子链的柔性。由于长链结构和单键的内旋转，大分子链可以在空间呈现出各种几何形状（构象）。由于分子热运动，这些几何形状（构象）不断地变化，高分子链的柔性就来自这些构象之间的相互转变。

1）链段的概念

当高分子链中某一个单键发生内旋转时，它的运动不是孤立的，会带动与其相邻的化学键一起运动，从而在主链上形成由若干个化学键组成的独立运动的小单元——链段。

链段就是指由高分子链中划分出来的可任意运动的最小链长部分，每个链段可能包含若干个链节。

高分子链的柔性与链段的长度有关。链段越长，柔性越小；链段越短，柔性越好。表 2-3 给出了几种高聚物材料链段含结构单元数。

**表 2-3  几种高聚物材料链段含结构单元数**

| 高聚物 | 链段含结构单元数 |
| --- | --- |
| 聚乙烯(PE) | 2.7 |
| 聚甲醛(POM) | 1.25 |
| 聚苯乙烯(PS) | 5.1 |
| 聚甲基丙烯酸甲酯(PMMA) | 4.4 |
| 纤维素 | 5 |
| 甲基纤维素 | 16 |

高分子链的内旋转存在两种极端的情况：一种情况是单键的内旋转完全自由，分子链中每个单键都是独立运动的单元，高分子链被称为理想柔性链；另一种情况是单键不能发生内旋转，没有链段的运动，整个大分子链成为一个运动单元，高分子链被称为理想刚性链。然而，真实高分子链处于两者之间。

图 2-14 中，令(1)键固定在 $z$ 轴上，由于(1)键的自转，引起(2)键绕(1)键公转，$C_3$ 可以出现在以(1)键为轴、顶角为 $2\alpha$ 的圆锥体底面圆周的任何位置上。(1)、(2)键

固定时，同理，由于(2)键的自转，(3)键公转，$C_4$ 可以出现在以(2)键为轴、顶角为$2\alpha$ 的圆锥体底面圆周的任何位置上。实际上，(2)、(3)键同时在公转。因此，$C_4$ 活动余地更大了，依次类推。一个高分子链中，每个单键都能内旋转，因此，很容易想象，理想高分子链的构象数是无限的，长链能够很大程度地卷曲。

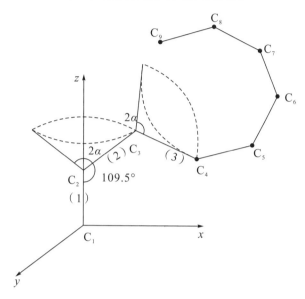

**图 2-14　高分子链的内旋转构象**

实际上，碳原子上总是带有其他原子或基团，C—H 等键电子云间的排斥作用使 C—C 单键内旋转受到阻碍，旋转时需要消耗一定的能量。

2)影响高分子链的柔性的因素

高分子链的柔性是因为它可以有无数的构象。高分子的分子结构决定了其实现可能构象的难易程度，因而直接影响高分子链的柔性。另外，外界因素对高分子链的柔性也有影响。具体有以下几种情况：

(1)分子结构。

①主链结构。

主链结构对高分子链的柔性的影响十分显著。

a. 主链为单键。

若主链全部由单键组成，一般链的柔性较好，如聚乙烯、聚丙烯、乙丙橡胶等。但是，不同的单键，柔性也不同，一般键长越长，键角越大，柔性越好，其顺序为：—Si—O—>—C—N—>—C—O—>—C—C—。因此，主链中含有部分 Si—O 单键或 C—O 单键的聚合物的分子链比全碳链结构的聚合物的分子链柔性更好。例如，聚己二酸己二酯分子链的柔性比聚乙烯好，是一种涂料；聚二甲基硅氧烷分子链的柔性非常好，是一种在极低温度下仍能使用的特种合成橡胶。

b. 主链含双键。

若主链含孤立双键，虽然孤立双键本身不能旋转，但由于双键两端碳原子少了两个非键合原子，使得双键两侧单键的内旋转更容易发生，因此，带有孤立双键的高分子链一般具有较好的柔性。如聚丁二烯中双键相邻的内旋转势能只有 2.1 kJ/mol，在室温下已接近自由旋转；主链含孤立双键的天然橡胶、顺丁橡胶分子链的柔性优于聚乙烯、聚丙烯，在室温下具有良好的弹性。

c. 主链含共轭双键。

如果分子主链上形成共轭结构，共轭双键的 $\pi$ 电子云没有轴对称性，单键内旋转的能力消失，因此，大分子的柔性显著下降。如聚乙炔、聚苯撑等均是典型的刚性大分子。

d. 主链含芳环。

环状结构不能发生内旋转，所以大分子链的柔性一般都比较差，但刚性很好，机械强度和耐热性也很好。如芳纶(芳香族聚酰胺纤维)具有高强度、高模量和耐高温的特性，可作为防弹背心的材料。

另外，生物大分子纤维素和甲壳素由于分子中含有环状结构单元，且分子间或分子内易生成氢键，妨碍了分子链内旋转，所以链刚性。

②取代基。

极性：极性越大，分子间相互作用力越大，单键内旋转越困难，链柔性就越差。取代基极性大小顺序为：—CN>—Cl>—CH$_3$。因此，聚丙烯腈分子链的柔性比聚氯乙烯差，聚氯乙烯分子链的柔性比聚丙烯差。

若极性取代基沿分子链的排布十分邻近，非键合原子间呈现斥力，这类分子链的柔性较小，如聚氯乙烯与聚 1,2-二氯乙烯相比较，其链柔性较大。

取代基体积：取代基体积越大，空间位阻效应越强，内旋转阻力越大，链柔性变差。如取代基体积大小顺序为：苯基(—C$_6$H$_5$)>甲基(—CH$_3$)>氢(—H)，所以链柔性的大小顺序为：PE>PP>PS。

取代基数量：取代基数量多，空间位阻增大，内旋转困难，链柔性变差。聚甲基丙烯酸(PMA)与聚甲基丙烯酸甲酯(PMMA)相比，取代基数目少，因此，它们之间的链柔性关系为：PMMA<PMA。

取代基对称性：主链上具有对称取代基一般会使分子链间距离增大，分子链间相互作用力减小，单键内旋转更容易发生，链柔性较好。比较聚丙烯(PP)和聚异丁烯(PIB)的情况，链柔性关系为：PIB>PP。

极性取代基的比例越大，即沿分子链排布距离小或数量多，则分子链内旋转越困难，柔性越差。例如，聚氯丁二烯分子链的柔性大于聚氯乙烯，聚氯乙烯分子链的柔性大于聚1,2-二氯乙烯。

分子链中极性取代基的分布对柔性也有影响，如聚偏二氯乙烯分子链的柔性大于聚氯乙烯，这是由于前者取代基对称排列，左旁式、右旁式具有相同的能量，内旋转较容易。

对于非极性取代基，基团体积越大，空间位阻越大，内旋转越困难，柔性越差。聚苯乙烯分子链的柔性比聚丙烯小，聚丙烯分子链柔性又比聚乙烯小。

③支化、交联。

支化：短支链使分子链间距离加大，分子间作用力减弱，从而对链柔性具有一定改善作用；长支链起到阻碍单键内旋转的作用，导致链柔性下降。

交联：使链段的运动能力降低，使链柔性下降。具体影响程度取决于交联程度。

轻度交联：交联点之间的距离比较大，如果仍大于原线型大分子中链段的长度，链段的运动仍然能够发生，链柔性不会受到明显影响。

重度交联：交联点之间的距离较小，若小于原线型大分子链段的长度，链段的运动将被交联键冻结，链柔性变差，而刚性变大。

含硫 2%～3% 的橡胶，对链的柔性影响不大；当交联达到一定程度时，如含硫 30%以上，则会大大影响链的柔性。

（2）外界因素。

除分子结构对高分子链的柔性有影响外，外界因素对高分子链的柔性也有很大影响。

①温度。

温度是影响高分子链的柔性最重要的外因之一。温度升高，分子热运动能量增加，内旋转变容易，构象数增加，柔性增加。例如聚苯乙烯，室温下链柔性差，聚合物可作塑料使用，但加热至一定温度时，也呈现一定的柔性；顺式聚 1,4-丁二烯，室温下链柔性好，可用作橡胶，但冷却至 −120℃ 时，却变得硬而脆了。

②外力。

当外力作用速度缓慢时，柔性容易显示；当外力作用速度快时，高分子链来不及通过内旋转而改变构象，柔性无法体现出来，分子链显得僵硬。

③溶剂。

溶剂分子和高分子链之间的相互作用对高分子的形态也有着十分重要的影响。

需要指出的是，高分子链的柔性和实际材料的刚柔性不能混为一谈，两者有时是一致的，有时却不一致。判断材料的柔性，必须同时考虑分子内的相互作用以及分子间的相互作用和聚集状态，才不会得出错误的结论。

3. 相对分子质量及相对分子质量分布

高聚物的相对分子质量和相对分子质量分布也属于高聚物远程结构的范畴。高聚物的相对分子质量及其分布是指按某种统计方法计算得到的平均相对分子质量。聚合物的相对分子质量或聚合度是一个统计平均值。平均相对分子质量的统计可有多种标准，其中最常见的是重均相对分子质量和数均相对分子质量，另外还有 $z$ 均相对分子质量、黏均相对分子质量。

假定在某一高分子试样中含有若干种相对分子质量不相等的分子，该试样的总质量为 $w$，总摩尔数为 $n$，种类数用 $i$ 表示，第 $i$ 种分子的相对分子质量为 $M_i$，摩尔数为 $n_i$，重量为 $w_i$，在整个试样中的重量分数为 $W_i$，摩尔分数为 $N_i$，则这些量之间存在下列关系：

$$\sum_i n_i = n, \sum_i w_i = w$$

$$\frac{n_i}{n} = N_i, \frac{w_i}{w} = W_i$$

$$\sum_i N_i = 1, \sum_i W_i = 1$$

$$w_i = n_i M_i$$

常用的平均相对分子质量有：

以数量为统计权重的数均相对分子质量，定义为

$$\overline{M}_n = \frac{w}{n} = \frac{\sum\limits_i n_i M_i}{\sum\limits_i n_i} = \sum_i N_i M_i \tag{2-1}$$

以质量为统计权重的重均相对分子质量，定义为

$$\overline{M}_w = \frac{\sum\limits_i n_i M_i^2}{\sum\limits_i n_i M_i} = \frac{\sum\limits_i w_i M_i}{\sum\limits_i w_i} = \sum_i W_i M_i \tag{2-2}$$

以 $z$ 值为统计权重的 $z$ 均相对分子质量，$z_i$ 定义为 $w_i M_i$，则 $z$ 均相对分子质量定义为

$$\overline{M}_z = \frac{\sum\limits_i z_i M_i}{\sum\limits_i z_i} = \frac{\sum\limits_i w_i M_i^2}{\sum\limits_i w_i M_i} = \frac{\sum\limits_i n_i M_i^3}{\sum\limits_i n_i M_i^2} \tag{2-3}$$

用黏度法测得稀溶液的平均相对分子质量为黏均相对分子质量，定义为

$$\overline{M}_\eta = \left( \sum_i W_i M_i^\alpha \right)^{1/\alpha} \tag{2-4}$$

式中，$\alpha$ 指 $[\eta] = KM^\alpha$ 公式中的指数。

例：有 100 g 相对分子质量为 $10^5$ 的试样，现加入 1 g 相对分子质量为 $10^3$ 的组分，混合后数均相对分子质量（$M_n$）和重均相对分子质量（$M_w$）分别为多少？

解：$W_1 = 100, M_1 = 10^5, W_2 = 1, M_2 = 10^3$。

$n_1 = W_1/M_1 = 10^{-3}, n_2 = W_2/M_2 = 10^{-3}$。

数均相对分子质量：$M_n = (n_1 M_1 + n_2 M_2)/(n_1 + n_2)$
$$= (10^{-3} \times 10^5 + 10^{-3} \times 10^3)/(10^{-3} + 10^{-3}) = 50500$$

重均相对分子质量：$M_w = (W_1 M_1 + W_2 M_2)/(W_1 + W_2)$
$$= (100 \times 10^5 + 1 \times 10^3)/(100 + 1) = 99020$$

高分子相对分子质量的多分散性（Polydispersity）：高分子是由链节相同、聚合度不同的大分子混合而成的，所以高分子化合物可称为聚合同系物的混合物。

相对分子质量分布（$d$）表示高分子相对分子质量的多分散性，$d$ 称为多分散系数：

$$d = \frac{M_w}{M_n} \tag{2-5}$$

若 $d=1$，即聚合物中各个聚合物分子的相对分子质量是相同的，如果其结构也相同，这样的聚合物叫单分散性聚合物。只有极少数像 DNA 等生物高分子才是单分散的。

聚合物有许多重要特性的一个根本原因是相对分子质量大。因此，随着相对分子质量增大，聚合物的许多性能发生了变化，变化趋势为：柔性增大，但达到临界相对分子质量 $M_C$ 约 $10^4$ 后符合统计规律，柔性与相对分子质量无关；机械性能提高；黏度增加；熔点提高；熔融指数下降；可加工性下降；溶解速率下降；结晶速率下降。

4. 高聚物相对分子质量的测定方法

聚合物相对分子质量的测定可分为绝对法和相对法，表 2-4 总结了各种平均相对分子质量的测定方法的适用范围、方法类型和相对分子质量意义。应该指出的是，各种测定方法都有其优缺点。

表 2-4　各种相对分子质量的测定方法

| 方法名称 | 适用范围 | 相对分子质量意义 | 方法类型 |
|---|---|---|---|
| 端基分析法 | $3 \times 10^4$ 以下 | 数均 | 绝对法 |
| 冰点降低法 | $5 \times 10^3$ 以下 | 数均 | 相对法 |
| 沸点升高法 | $3 \times 10^4$ 以下 | 数均 | 相对法 |
| 气相渗透法 | $3 \times 10^4$ 以下 | 数均 | 相对法 |
| 膜渗透法 | $2 \times 10^4 \sim 1 \times 10^6$ | 数均 | 绝对法 |
| 光散射法 | $2 \times 10^4 \sim 1 \times 10^7$ | 重均 | 绝对法 |
| 超速离心沉降速度法 | $1 \times 10^4 \sim 1 \times 10^7$ | 各种平均 | 绝对法 |
| 超速离心沉降平衡法 | $1 \times 10^4 \sim 1 \times 10^6$ | 重均，数均 | 绝对法 |
| 黏度法 | $1 \times 10^4 \sim 1 \times 10^7$ | 黏均 | 相对法 |
| 凝胶渗透色谱法 | $1 \times 10^3 \sim 1 \times 10^7$ | 各种平均 | 相对法 |

## 2.1.2　聚集态结构

高聚物的聚集态结构是指高分子化合物分子链之间的堆砌和排列形式，是高聚物的三级结构（Tertiary structure）。1987 年，诺贝尔化学奖获得者 Jean-Marie Lehn 指出，一切通过分子间相互协同作用而建立起来的聚集体统称为超分子，所以高聚物的聚集态结构也可称为超分子结构。

高分子的链结构是决定高分子基本性能的主要因素，而高分子本体的性质会受到高分子的聚集状态的直接制约。材料结构与性能的关系是材料设计的基础，为建立这种关系，必须对高分子聚集态的结构特征及其影响因素进行深入的了解。

高分子究竟以怎样的规则聚集在一起呢？这要取决于内因和外因两个方面。内因是高分子的链结构，它从根本上决定了实现各种聚集状态的可能性；外因是聚合物材料的加工与成型过程以及其他外场作用，它为实现其可能的形态提供条件。

高分子的聚集态结构包括结晶态（Crystalline state）、非晶态（Amorphous state）、取向态（Orientation state）、液晶态（Liquid crystal state）等。

### 2.1.2.1 聚合物的分子间作用力

分子是由原子以化学键结合而成的，这种化学键也称为主价键，或称为主价力，是分子内相邻原子之间强烈的相互作用力。化学键完全饱和的原子还有吸引其他分子中饱和原子的能力，这种作用力称为次价键，或称为次价力，属于分子间作用力。高分子的分子间作用力不仅存在于各分子链之间，而且同一分子链中各部分间也存在着这种相互作用力。

高分子中的次价键主要包括氢键（Hydrogen bond）和范德华力（Van De Waals force），范德华力包括取向力（Orientation force）、诱导力（Induction force）和色散力（Dispersion force），其含义见表 2-5。

表 2-5　各种范德华力和氢键的含义

| 分子间作用力 | | 含义 |
| --- | --- | --- |
| 范德华力 | 取向力 | 也称为静电力，当极性分子相互靠近时，由于同极相斥、异极相吸，分子发生相对移动，这种由分子的固有偶极取向而产生的作用力叫作取向力 |
| | 诱导力 | 当非极性分子与极性分子靠近时，非极性分子发生正、负电荷重心的相对位移，从而产生了诱导偶极，极性分子的永久偶极和非极性分子的诱导偶极之间形成的作用力称为诱导力 |
| | 色散力 | 也称为伦敦力，当两个非极性分子相互靠近时，电子的运动和原子核的振动会引起电子云与原子核之间的相对位移，因此产生了瞬时偶极，由瞬时偶极之间产生的相互作用力称为色散力 |
| 氢键 | | 极性很强的 X—H 键上的氢原子与另一个键上电负性很大的原子 Y 上的孤对电子相互吸引而形成的一种键（X—H…Y） |

范德华力和氢键既存在于分子之间，又存在于分子内的非键合原子之间，表现为基团之间的相互作用。这两种作用力虽然比化学键要小得多，但它们对物质的熔点、沸点、熔融热、溶解热、黏度等许多物理化学性质都有重要影响。聚合物分子因其大分子量和长链式结构使得分子间的作用力积累得非常大，这是高分子区别于小分子的显著特点之一。分子间作用力的大小对分子的聚集态结构乃至其性能具有十分重要的作用。

范德华力是普遍存在于非键基团间的相互作用力，其作用能比化学键小 1～2 个数量级（静电力的作用能为 12～21 kJ/mol，诱导力的作用能为 6～12 kJ/mol，色散力的作用能为 1～8 kJ/mol），作用范围为 0.3～0.5 nm，没有方向性和饱和性。

氢键是由于氢原子同电负性很大的其他原子键合时表现出很大的电正性，以致它与另外的电负性原子产生较强的相互吸引而形成的"键"。以 X 和 Y 表示两个电负性很强而原子半径较小的原子，则氢键可表示为 X—H…Y。其中 X—H 基本上是共价键，而 H…Y 是较强的有方向性的静电力。H 的半径很小，且无内层电子，允许 Y 原子的充分接近，致使氢键的作用较范德华力强，一般为 10～30 kJ/mol。氢键的强弱取决于 X 和 Y 的电负性大小以及 Y 的半径，X 和 Y 的电负性越大（注意，X 的电负性在很大程度上与其相邻的原子有关），Y 的半径越小，则氢键越强。氢键具有饱和性和方向性，这是范德华力所不具备的。

分子间作用力不同，各种物质表现出来的许多性质都有明显的不同。例如，沸点、熔点、汽化热、熔融热、溶解度、黏度和强度等都直接与分子间作用力的大小有关。由于高分子的相对分子质量大，分子链很长，高分子的分子间作用是很显著的，甚至可超过化学键的键能。高分子的状态只有固态和液态，不能以气态存在，原因在于高分子受热时，能量不足以克服范德华力的作用而脱离本体，而当进一步持续升高温度时，以气态逸出前高分子的主价键已经遭到破坏，发生了高分子的降解作用。

与小分子物质相同，聚合物分子间作用力的强弱也可用内聚能或内聚能密度来表示。内聚能定义为克服分子间作用力，1 mol 的凝聚体（液体或固体）分子汽化时所需要的能量 $\Delta E$。

对于小分子化合物，其内聚能近似等于恒容蒸发热或升华热，可以直接由热力学数据估算其内聚能密度。然而，聚合物不能汽化，故无法直接测定它的内聚能和内聚能密度，只能用它在不同溶剂中的溶解能力来间接估计。主要方法是最大溶胀比法和最大特性黏数法。

部分线型聚合物的内聚能密度列于表 2-6 中。

表 2-6　几种线型聚合物的内聚能密度

| 聚合物 | 重复单元 | 内聚能密度 $CED/(MJ/m^3)$ |
|---|---|---|
| 聚乙烯 | $—CH_2CH_2—$ | 260 |
| 聚异丁烯 | $—CH_2C(CH_3)_2—$ | 272 |
| 聚异戊二烯 | $—CH_2C(CH_3)CHCH_2—$ | 280 |
| 聚苯乙烯 | $—CH_2—CH(C_6H_5)—$ | 306 |
| 聚甲基丙烯酸甲酯 | $—CH_2—C(CH_3)(COOCH_3)—$ | 347 |
| 聚对苯二甲酸乙二酯 | $—CH_2CH_2—OCOC_6H_4COO—$ | 477 |
| 锦纶 66 | $—NH(CH_2)_6NH—CO(CH_2)_4CO—$ | 774 |
| 聚丙烯腈 | $—CH_2—CH(CN)—$ | 992 |

内聚能密度在 300 $MJ/m^3$ 以下的聚合物都是非极性聚合物，分子间的作用力主要是色散力，比较弱，分子链属于柔性链，具有高弹性，可用作橡胶。聚乙烯例外，它易于结晶而失去弹性，呈现出塑料特性。内聚能密度在 400 $MJ/m^3$ 以上的聚合物，由于分子链上有强的极性基团或者分子间能形成氢键，相互作用很强，因而有较好的力学强度和耐热性，加之易于结晶和取向，可成为优良的纤维材料。内聚能密度为 300～400 $MJ/m^3$ 的聚合物，分子间相互作用居中，适合用作塑料。因此，分子间作用力大小对聚合物凝聚态结构和性能有着很大的影响，也决定着材料的使用性能。

### 2.1.2.2　聚合物晶态结构

成纤高聚物大多数是具有结晶性的聚合物，其晶态结构对材料的性能有重要的影响。对常规聚合物的晶态结构理论的掌握有利于材料分析、设计、加工和性能评价。聚合物晶态结构研究的对象是单个晶粒的大小、形状及其聚集方式。下面对聚合物晶体的基本结构、结晶形态和结晶模型分别进行简单介绍。

1. 晶体的晶胞和晶系

在高聚物的聚集态结构中，晶态结构是最规整的结构之一，可以借助小分子晶体结构的概念和研究方法进行研究。对于小分子物质，当物质内部的质点(可以是原子、分子、离子)在三维空间呈周期性重复排列时，该物质称为晶体。但是，由于高分子是长链分子，所以呈周期性排列的质点是大分子链中的结构单元。

1)空间格子(空间点阵)

把组成为晶体的质点抽象为几何点，由这些等同的几何点的集合所形成的格子称为空间格子，也称为空间点阵。

根据点阵的性质，把分布在同一直线上的点阵叫作直线点阵，分布在同一平面中的点阵叫作平面点阵，分布在三维空间的点阵叫作空间点阵。

2)晶胞和晶系

在空间格子中划分出一个个大小和形状完全一样的平行六面体，以代表晶体结构的基本重复单位，这种三维空间中具有周期性排列的最小单位称为晶胞，如图 2-15 所示。

为了完整地描述晶胞的结构，采用六个晶胞参数来表示其大小和形状。这六个参数是平行六面体的三边长度(三晶轴的长度 $a$、$b$、$c$)以及它们之间的夹角 $\alpha$、$\beta$、$\gamma$。

晶胞的类型一共有 7 种，即立方、四方、斜方、单斜、三斜、六方和菱方，构成 7 个晶系。凡是具有相同晶胞形状的晶体都属于同一晶系。7 个晶系的晶胞及其参数见表 2-7。

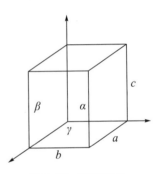

图 2-15  晶胞参数

表 2-8  7 个晶系的晶胞及其参数

| 图形 | 晶系名称 | 晶胞参数 | 图形 | 晶系名称 | 晶胞参数 |
|---|---|---|---|---|---|
|  | 立方 | $a=b=c$，$\alpha=\beta=\gamma=90°$ |  | 斜方(正交) | $a\neq b\neq c$，$\alpha=\beta=\gamma=90°$ |
|  | 六方 | $a=b\neq c$，$\alpha=\beta=90°$，$\gamma=120°$ |  | 单斜 | $a\neq b\neq c$，$\alpha=\gamma=90°$，$\beta\neq90°$ |
|  | 四方 | $a=b\neq c$，$\alpha=\beta=\gamma=90°$ |  | 三斜 | $a\neq b\neq c$，$\alpha\neq\beta\neq\gamma\neq90°$ |
|  | 菱方 | $a=b=c$，$\alpha=\beta=\gamma\neq90°$ |  |  |  |

3)晶面和晶面指数

结晶格子内所有的格子点全部集中在相互平行的等间距的平面群上，这些平面叫作晶面，晶面的间距为 $d$。从不同的角度去观察某一晶体，将会见到不同的晶面。所以，不同的晶面就需要有不同的标记。一般常以晶面指数(Miller 指数)来标记某个晶面。

图 2-16 表示一个晶体的空间点阵为平面所切割，即此晶面和三晶轴交于 $M_1$、$M_2$、$M_3$ 三点，以晶胞的边长作为对应晶轴上的单位长度，三点的截距分别为 $OM_1 = 3$，$OM_2 = 2$，$OM_3 = 1$，全部为单位长度的整数倍。如取三个截距的倒数，则为 1/3、1/2、1/1，通分则得 2/6、3/6、6/6，弃去公分母，将 2、3、6 作为 $M_1$、$M_2$、$M_3$ 晶面的指标，则（236）就是晶面指数。又如（$M_1$，$M_2$，$\infty$）晶面的截距为 $3a$、$2b$、$\infty$，则晶面指数为（230）。其他晶面的密勒指数如图 2-17 所示。

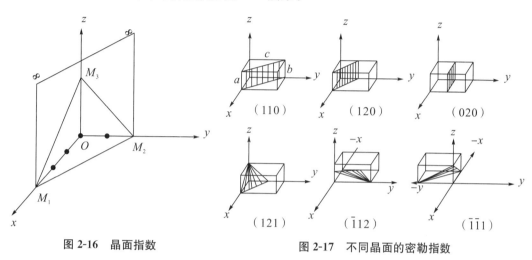

图 2-16　晶面指数

图 2-17　不同晶面的密勒指数

大量实验证明，如果高分子链本身具有必要的规整结构，同时给予适宜的条件（温度等），就会发生结晶，形成晶体。高分子链可以从熔体结晶，从玻璃体结晶，也可以从溶液结晶。结晶聚合物最重要的实验证据为 X 射线衍射花样和衍射曲线。

X 射线是一种波长比可见光波长短很多的电磁波。X 射线射入晶体后，晶体中按一定周期重复排列的大量原子产生的次生 X 射线会发生干涉现象。在某些方向上，当光程差恰好等于波长的整数倍时，干涉增强，当入射 X 射线波长一定时，对于粉末晶体，因为许多小的微晶具有许多不同的晶面取向，所以可得到以样品中心为共同顶点的一系列 X 射线衍射线束，而锥形光束的光轴就是入射 X 射线方向，它的顶角是 $4\theta$，如图 2-18 所示。如果照相底片垂直切割这一套圆锥面，将得到一系列同心圆；如果用圆筒形底片，则得到一系列圆弧。

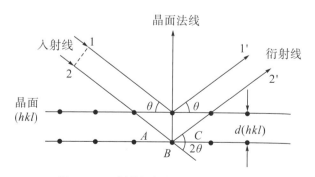

图 2-18　X 射线衍射布拉格条件几何图

衍射条件按布拉格方程表示如下：

$$2d\sin\theta = n\lambda \tag{2-6}$$

式中　$d$——晶面间距；

　　　$\theta$——入射线与点阵平面之间的夹角（即入射角）；

　　　$\lambda$——入射光波长；

　　　$n$——衍射级数，$n=1$，$2$，$3$等整数。

在聚合物中，用最强 X 射线强度时，$n$ 常为 1。

非晶态聚合物的 X 射线衍射图不是同心圆——德拜环，而是相干散射形成的弥散环，或称无定形晕（Amorphous halos）。

聚苯乙烯 X 射线衍射表明其聚集态既包含分子链无规排列堆砌的非晶态结构，也包含分子链规整排列的结晶结构（图 2-19）。高分子的晶态结构和非晶态结构与小分子化合物的晶态结构和非晶态结构有明显不同。聚合物的长链结构使高分子的结晶不够完善，存在许多缺陷。同样，由于高分子主链方向的有序程度高于垂直于主链方向的有序程度，所以高分子非晶态的有序性要高于小分子非晶态的有序性。

无规立构　　　　　　　　　　　　等规立构

**图 2-19　聚苯乙烯 X 射线衍射图谱**

2. 结晶聚合物的晶胞组成

聚合物分子链在晶态中要么采取平面锯齿形构象，要么采取螺旋形构象。当分子链在晶体中做规则排列时，只能以分子链的链轴相互平行的方式进行排列。

分子链轴方向就是晶胞的主轴，定义为晶胞的 $C$ 轴。在 $C$ 轴方向上，原子间通过化学键连接，而在其他两个方向上只存在分子间作用力，这样晶体在 $C$ 轴方向上的行为就与其他方向上的行为不相同了。

根据聚乙烯晶体的晶胞参数可确定其晶胞结构为斜方晶系。晶胞三边长分别为 $a=0.736$ nm，$b=0.492$ nm，$c=0.253$ nm，如图 2-20 所示。

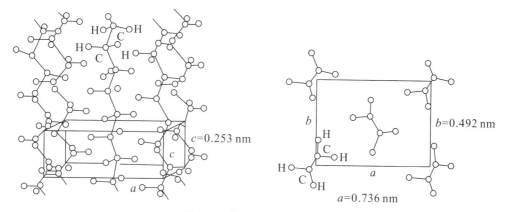

图 2-20　聚乙烯的晶胞结构

全同聚丙烯 α 晶型晶体的晶胞结构属于单斜晶系，其晶胞尺寸为 $a = 0.665$ nm，$b = 2.096$ nm，$c = 0.650$ nm，$\beta = 99°20'$，如图 2-21 所示。

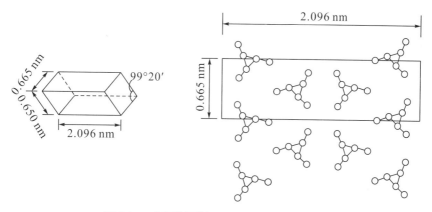

图 2-21　全同聚丙烯 α 晶型晶体的晶胞结构

结晶条件的变化会引起分子链构象的变化以及分子链堆砌方式的变化，从而使同一种聚合物在不同结晶条件下可能形成完全不同晶型的晶体。这种同一聚合物可形成几种不同晶型的现象称为同质多晶现象。如聚乙烯的稳定晶型是斜方（正交）晶型，但在拉伸条件下可以形成三斜或单斜晶型。全同聚丙烯除 α 晶型（单斜）外，在不同的结晶条件下还可以形成 β 晶型（六方）、γ 晶型（三方）、δ 晶型（拟六方晶型）。

高聚物的结晶过程分为成核阶段和生长阶段。成核阶段：高分子规则排列成一个足够大的热力学稳定的晶核。生长阶段：高分子链段向晶核扩散迁移，晶体逐渐生长。晶核形成与晶体生长这两个阶段是一种"串联"的过程。结晶速度也应该包括成核结束、结晶生长速度及由它们共同决定的结晶总速度。

3. 聚合物结晶形态

结晶形态学研究的对象是单个晶粒的大小、形状及其聚集方式。高聚物结晶形态学研究的基本工具是光学显微镜和电子显微镜。特别是应用电子显微镜可以直接观察到微小的晶粒及其聚集体，发现多种高聚物的结晶形态，它们是在不同的结晶条件下形成的形态极为不同的宏观或亚微观的晶体，如图 2-22 所示。

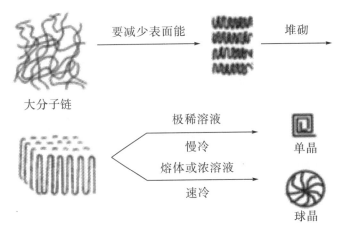

图 2-22　聚合物的结晶过程

几何结晶学已经阐明，某些小分子晶体物质的外形往往都是有规则的多面体，具有一定的对称性。例如，食盐生成正方形单晶，云母生成片状单晶。这里的单晶，即结晶体内部的微粒在三维空间呈有规律、周期性的排列，或者说，晶体的整体在三维方向上由同一空间格子构成，整个晶体中质点在空间的排列为长程有序。所以，单晶的特点为一定外形、长程有序。

对于某些晶体，如金属，外观上似乎没有完整的外形，但是在显微镜放大条件下，仍然可以看出它们都是由很多具有一定形状的细小晶体堆砌而成的多晶体。所以，多晶是由无数微小的单晶体无规则地聚集而成的晶体物质。

影响晶体形态的因素是晶体生长的外部条件和晶体的内部结构。外部条件包括溶液的成分、晶体生长所处的温度和强度、晶体所受作用力的方式和大小等。

随着结晶条件的不同，聚合物可以形成形态极不相同的晶体，其中主要有单晶、球晶、树枝状晶、纤维状晶和串晶、伸直链晶体、柱晶等。

1）单晶（Single crystal）

早期，人们认为高分子链很长，分子间容易缠结，所以不容易形成外形规整的单晶。但是在 1957 年，Keller 等首次发现了浓度约为 0.01% 的聚乙烯溶液在极缓慢冷却时可生成菱形片状或截顶菱形的，在电子显微镜下可观察到的螺旋形生长的具备单晶形态的片晶，其边长为数微米到数十微米。它们的电子衍射图呈现出单晶所特有的典型的衍射花样，如图 2-23 所示。随后，又陆续制备并观察到聚甲醛、尼龙、线型聚酯等单晶。

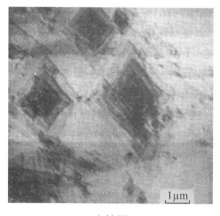

电镜图　　　　　　　　　　　　　　　　电子衍射图

图 2-23　聚乙烯单晶

聚合物单晶横向尺寸可以从几微米到几十微米，但其厚度一般都在 10 nm 左右，最大不超过 50 nm。而高分子链通常长达数百纳米。电子衍射数据证明，单晶中分子链是垂直于晶面的。因此可以认为，高分子链规则地近邻折叠，进而形成片状晶体——片晶(Lamella)，这就是 Keller 的"折叠链模型"。

2)球晶(Spherulite)

当结晶性聚合物从浓溶液中析出或从熔体冷却结晶时，在不存在应力或流动的情况下，都倾向于生成球晶这种更为复杂的结晶形态。球晶呈圆球形，直径通常为 $0.5\sim100\ \mu m$，大的甚至达厘米数量级。球晶是高聚物结晶的一种最常见的特征形式。例如，聚乙烯、等规聚丙烯薄膜未拉伸前的结晶形态就是球晶，锦纶纤维卷绕丝中都不同程度地存在着大小不等的球晶，如图 2-24 所示。不少结晶聚合物的挤出或注射制件的最终结晶形态也是球晶。$5\ \mu m$ 以上的较大球晶很容易在光学显微镜下被观察到。在偏光显微镜两正交偏振器之间，球晶呈现出特有的黑十字(Maltese cross)消光图像，图 2-25 是等规聚苯乙烯球晶偏光显微镜图，图上可以看到清晰的圆球状轮廓。

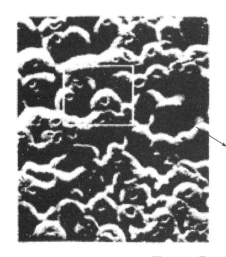

图 2-24　聚乙烯球晶电镜图

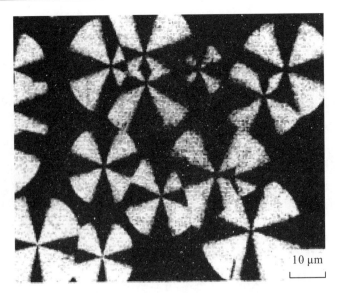

10 μm

图 2-25　等规聚苯乙烯球晶偏光显微镜图

实验可以观察到球晶是由一个晶核开始，片晶辐射状生长而成的球状多晶斑集体。微束(细聚焦)X射线图像进一步证明，结晶聚合物分子链通常是沿着垂直于球晶半径方向排列的。

大量关于球晶生长过程的研究表明，成核初期阶段先形成一个多层片晶，然后逐渐向外张开生长，不断分叉形成捆束状形态，最后形成填满空间的球状晶体，如图 2-26 所示。晶核少，球晶较小时，呈现球形；晶核多并继续生长扩大后，成为不规则的多面体。

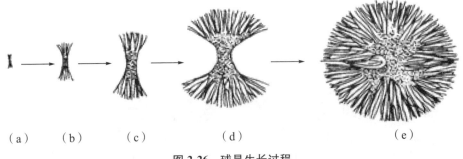

（a）　　（b）　　（c）　　（d）　　　　　　（e）

图 2-26　球晶生长过程

3)树枝状晶

当溶液中析出结晶，结晶温度较低或溶液浓度较大或分子量过大时，聚合物不再形成单晶。结晶的过度生长将导致较为复杂的结晶形式。在这种条件下，高分子的扩散成了结晶生长的控制因素，这时，突出的棱角在几何学上将比生长面上邻近的其他点更有利，能从更大的立体角接受结晶分子，因此，棱角处倾向于在其余晶粒前向前生长变细、变尖，从而更增加树枝状生长的倾向，最后形成树枝状晶，如图 2-27 所示。在树枝状晶的生长过程中，也会重复发生分叉支化，但这是在特定方向上择优生长的结果。

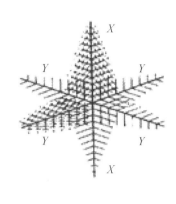

图 2-27　树枝状晶

4)纤维状晶和串晶

当存在流动场时，高分子链伸展，并沿着流动方向平行排列。在适当的情况下，可以发生成核结晶，形成纤维状晶，如图 2-28 所示。应力越大，伸直链成分越多。纤维状晶的长度可以不受分子链平均长度的限制，电子衍射实验进一步证实，分子链的取向是平行纤维轴的。因此，这样得到的纤维有极好的强度。

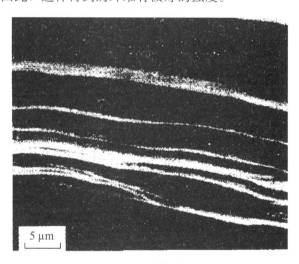

5 μm

图 2-28　纤维状晶

高分子溶液温度较低时，边搅拌边结晶，在纤维状晶的表面将外延生长许多片状附晶，可以形成一种类似于串珠式结构的特殊结晶形态——串晶，如图 2-29 所示。应力越大，伸直链组分越多。这种聚合物串晶具有伸直链结构的中心线，中心线周围间隔地生长着折叠链的片晶，它是同时具有伸直链和折叠链两种结构单元组成的多晶体。由于具有伸直链结构的中心线，因而提供了材料的高强度、抗溶剂、耐腐蚀等优良性能。例如，聚乙烯串晶的杨氏模量相当于普通聚乙烯纤维拉伸 6 倍时的模量。在高速挤出淬火所得聚合物薄膜中也发现有串晶结构，这种薄膜的模量和透明度大为提高。

 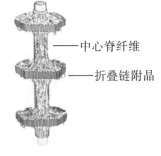

——中心脊纤维

——折叠链附晶

（a）电镜照片　　　　　　　　（b）结构示意图

**图 2-29　聚乙烯的串晶**

5）伸直链晶体

近年来，发现聚合物在极高压力下进行熔融结晶或者对熔体结晶进行加压热处理，可以得到完全伸直链晶体，如图 2-30 所示。这种晶体中分子链平行于晶面方向，片晶的厚度基本上等于伸直了的分子链长度，其大小与聚合物分子量有关，但不随热处理条件而变化。晶体的熔点高于其他结晶形态，接近厚度趋于无穷大时的晶体熔点。因此，伸直链结构是聚合物中目前公认的热力学上最稳定的一种聚集态结构。

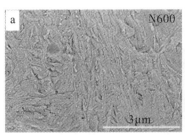 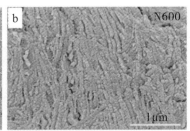

**图 2-30　伸直链晶体**

4. 晶态聚合物的结构模型

随着人们对高聚物结晶认识的逐渐深入，为进一步直观而形象地认识聚合物结晶的微观结构，人们提出了不同的模型，用来解释实验现象和探讨晶态聚合物结构与性能之间的关系。例如，20 世纪 40 年代 Bryant 提出的缨状微束模型、50 年代 Keller 提出的折叠链模型以及 60 年代 Flory 提出的插线板模型等。由于历史条件（不同历史时期实验条件、检测手段和理论基础）的限制，各种模型都存在一定的片面性，某些观点的争论或差异尚无定论。下面对几种主要的晶态聚合物结构模型进行简单的介绍。

1）缨状微束模型

从许多结晶聚合物的 X 射线图可以发现衍射花样和弥散环同时出现，测得的晶区尺寸远小于高分子链长度，从这些实验事实出发，人们提出在结晶聚合物中同时存在两相结构，晶区和非晶区同时存在，互相贯穿。在晶区中，分子链平行排列，一条分子链可以同时贯穿几个晶区和非晶区，不同的晶区在通常情况下为无规取向；在非晶区中，分子链的堆砌是完全无序的。这种结构用如图 2-31 所示的缨状微束模型描述，该模型也被称为两相结构模型。缨状微束模型可以解释许多实验现象，例如，高聚物的宏观密度比晶胞的密度小，这是由于晶区和非晶区共存；高聚物对于化学反应和物理作用具有不均匀性，这是因为非晶区比晶区有较大的可渗入性；等等。

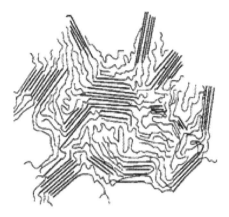

图 2-31　缨状微束模型

2）折叠链模型

晶态聚合物通常含有 30%～40% 的非晶区。在"单晶"研究的基础上，Keller 提出，晶区中分子链在片晶内呈规则近邻折叠，夹在片晶之间的不规则排列链段形成非晶区，这就是折叠链模型，如图 2-32 所示。继"近邻规则折叠链模型"之后，为了解释一些实验现象，Fischer 又对上述模型进行了修正，提出了"近邻松散折叠链模型"，此模型中折叠环圈的形状是不规则和松散的。此外，在多层片晶中，分子链可以跨层折叠，即在一层折叠几个来回以后，转到另一层中再折叠，称为"跨层折叠链模型"。溶液生长单晶中的扇形化作用已被许多实验证实，这是支持折叠链模型的实验证据，因为扇形化作用正是单晶中分子链发生规则折叠的结果。

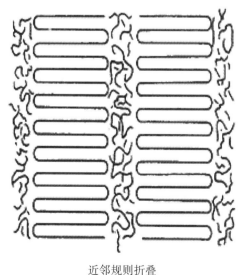 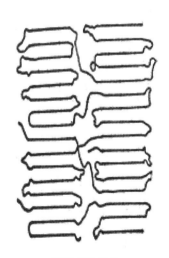

近邻规则折叠　　　　　　　　　　　近邻松散折叠

图 2-32　折叠链模型

3)插线板模型(Switchboard model)

聚乙烯熔体在−196℃下仍然能结晶。在极低温度下，聚乙烯分子运动所需时间很长，分子链无法通过链段运动对构象进行充分调整而做规整折叠形成结晶，则折叠链模型不成立。Flory 根据这一实验现象，从高分子无规线团形态概念出发，提出了插线板模型。

插线板模型的基本内容：聚合物结晶时，分子链做近邻规整折叠的可能性非常小，只可能在原有分子链构象的基础上在某些局部进行调整，然后就近进入相邻的晶格形成晶体。所以，当分子链从晶片中穿出来后，并不一定从与其相邻的地方再折叠回去，而有可能进入非晶区后再进入另一个晶片；如果它返回原来的晶片，也不可能是近邻返回，而可能要跨越几个晶格。因此，仅就一层晶片而言，其中分子链的排列方式与老式电话交换台的插线板相似，如图 2-33 所示，称为插线板模型。

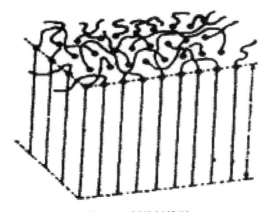

图 2-33　插线板模型

按照插线板模型，晶片内部相互平行、规则排列的链段相当于插线板孔内的插杆，而晶片表面的分子链段就像插杆后的电线一样，毫无规则，构成了非晶区。

小角中子散射方法对晶态和熔融态聚合物分子链构象测定的结果支持插线板模型。

5. 结晶度

实际上，在晶态聚合物中，通常晶区与非晶区同时存在。结晶度是指试样中结晶部分含量的量度，通常以质量分数(质量结晶度 $x_c^m$)或者体积分数(体积结晶度 $x_c^V$)来表示。

$$x_c^m = \frac{m_c}{m_c + m_a} \times 100\% \tag{2-7}$$

$$x_c^V = \frac{V_c}{V_c + V_a} \times 100\% \tag{2-8}$$

式中　$m_c$、$V_c$——分别表示试样中结晶部分的质量和体积；

　　　$m_a$、$V_a$——分别表示试样中非晶部分的质量和体积。

由于部分结晶聚合物中的晶区与非晶区的界限很不明确，无法准确测定结晶部分的量。因此，结晶度的概念缺乏明确的物理意义，其数值随测定方法的不同而不同。较为常用的测定结晶度的方法有密度法、X 射线衍射法、差示量热扫描法、红外光谱法等。这些方法分别在某种物理量和结晶程度之间建立定量或半定量的关系，故可分别称为密度结晶度、X 射线结晶度等，可用来对材料结晶程度进行相对的比较。

### 2.1.2.3　聚合物的非晶态结构

聚合物的非晶态结构问题与晶态结构问题是密切相关的，并且可以说前者是后者的基础。因为高聚物结晶通常是从非晶态的熔体中形成的，所以非晶态结构的研究和晶态结构的研究总是相互联系和相互推动的。非晶态聚合物通常是指完全不结晶的聚合物，非晶态高聚物的本体性质直接取决于非晶态结构。但是，在结晶高聚物中，实际上也都包含非晶区，非晶区结构也对其本体性质有着不可忽视的作用。因此，研究聚合物的非晶态结构具有重要意义。

从分子结构的角度来看，处于非晶态的聚合物包括：①由于分子链结构规整性差以至于不能结晶的聚合物，如无规 PS、无规 PMMA 等；②链结构具有规整性，但结晶速度太慢以至于在通常条件下不能充分结晶的聚合物，如 PC、PET 等；③在低温下可以结晶，但在常温下不能结晶的聚合物，如天然橡胶、顺丁橡胶等；④加热到结晶熔点以上的结晶聚合物。

高分子链如何堆砌在一起形成非晶态结构，一直是高分子科学界探索和争论的课题。20 世纪 70 年代以来，出现了两种对立的学说：一是 Flory 学派的无规线团模型[图 2-34(a)]，二是 Yeh 等的局部有序模型[图 2-34(b)]。

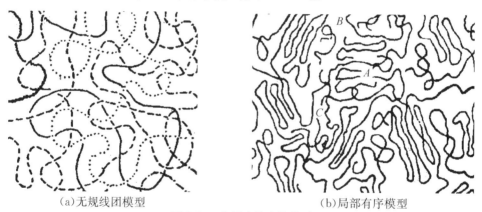

（a）无规线团模型　　　　　　　　　（b）局部有序模型

**图 2-34　非晶态聚合物模型**

1. 无规线团模型及实验证据

早在 20 世纪 50 年代初期，Flory 就用统计热力学推导得出以下结论：在非晶态聚合物中，高分子链无论是在 $\theta$ 溶剂还是在本体中，均具有相同的旋转半径，呈现无规线团状，线团分子之间是无规缠结的，因而非晶态高聚物在聚集态结构上是均相的。但是，当时没有直接的实验证据。

20 世纪 70 年代，由于小角中子散射(SANS)技术的发展及其在非晶态聚合物结构研究中所取得的结果，有力地支持了无规线团模型。中子是一种不稳定的粒子，半衰期为 12 min。中子是中性的，它和原子核碰撞可产生弹性散射和非弹性散射。SANS 是一种弹性中子散射技术，该技术在高分子方面的应用主要是根据 H 和 D(氘)的散射振幅差别较大，将 D 代替 H 后，物质热力学性质在大多数情况下没有变化，而在散射振幅上呈现差别，使散射能力相差很大，中子散射反差很大。迄今为止，人们采用 SANS

测定了多种氘代非晶态聚合物固体"稀溶液"（即以氘代聚合物为标记分子，把它分散在相应的非氘代聚合物本体中，反之亦然）中分子链的旋转半径，同时研究了这些聚合物在其他有机溶剂中的中子散射情况，证明在所有情况下，旋转半径与重均分子量均成正比，聚合物本体中的分子链具有与它在 $\theta$ 溶剂时相同的形态，即呈现为无规线团状。标记聚合物的小角 X 射线衍射（SAXS，散射角小于 $2°$，而广角 X 射线衍射角为 $10°\sim 30°$），得到了与 SANS 同样的结果。例如，不同溶剂和不同分子量的 PMMA 用中子散射及其他方法测得的分子旋转半径与重均相对分子质量的关系如图 2-35 所示。由图 2-35 可见，旋转半径对重均相对分子质量作图均为直线。当溶剂为二氧六环时（良溶剂）斜率最大，丙酮（中等溶剂）次之，氯代正丁烷（$\theta$ 溶剂）的斜率最小。

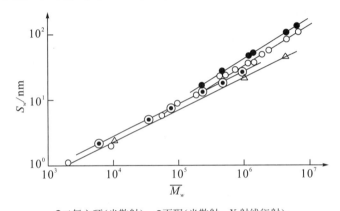

●二氧六环（光散射）；○丙酮（光散射，X 射线衍射）；
△氯代正丁烷（小角 X 射线衍射）；◉有机玻璃本体（小角中子散射）

**图 2-35　PMMA 的分子旋转半径与重均相对分子质量的关系**

2. 局部有序模型及实验证据

早在 20 世纪 50 年代末，采用电子显微镜就能观察到非晶弹性体具有条纹结构，其称为局部有序排列的长链束，从而提出了链束结构模型。R. Hosemann 于 1967 年用小角 X 射线散射研究了聚乙烯和聚氧化乙烯，针对聚合物的非晶部分提出了"准晶模型"。Yeh 等用电子显微镜观察了许多非晶态聚合物，发现了球粒结构，于 1972 年提出了"折叠链缨状胶束球粒模型"（两相球粒模型）。该模型认为，非晶聚合物中具有 $3\sim10$ nm 的局部有序性。球粒由两个部分组成：粒子相、粒间相。粒子相又分为有序区和粒界区。

两相球粒模型的重要特征是存在一个粒间区。这个无序区可以解释橡胶回缩力的本质，即粒间区首先为回缩力提供了所需的熵。无序区又集中存在着过剩的自由体积，由此可以解释非晶态聚合物的延性、塑性形变。模型中有序区的存在，为聚合物能迅速结晶并生成折叠链结构提供了依据。通常非晶态聚合物的密度比完全无序模型的计算值要高，有序的粒子相和无序的粒间相并存的两相球粒模型又可对这一问题进行有效的解释。某些非晶态高聚物缓慢冷却或热处理后密度增加，电镜下还观察到球粒增大，这可以用粒子相有序程度的增加和粒子相的扩大来解释。

### 2.1.2.4　聚合物的取向态结构

聚合物的取向态结构（Oriented structure）是指在某种外力作用下，分子链或其他结构单元沿着外力作用方向择优排列的结构。很多高分子材料都具有取向结构。例如，双轴拉伸和吹塑的薄膜，各种纤维材料以及熔融挤出的管材、棒材等。尤其是经过拉伸和热定型后加工的化学纤维通常具有很高程度的取向态结构。取向态结构对材料的力学、光学、热学性能影响显著。例如，锦纶等合成纤维的生产广泛采用牵伸工艺来大幅度提高其拉伸强度；摄影胶片片基、录音录像磁带等薄膜材料实际使用强度和耐折性大大提高，存放时不会发生不均匀收缩。取向高分子材料会发生光的双折射现象，即在平行于取向方向与垂直于取向方向上的折射度出现了差别。取向通常还使材料的玻璃化温度提高。对于晶态聚合物，其密度和结晶度提高，材料的使用温度提高。

1. 取向现象

由于高分子链的长径比非常大，在结构上表现出悬殊的不对称性，在外力场的作用下，分子链及链段就会沿外力方向平行排列，形成取向。材料取向后就形成了新的聚集态结构，称为取向态结构。

非晶态聚合物有两种取向单元：链段取向和整链取向，如图 2-36 所示。

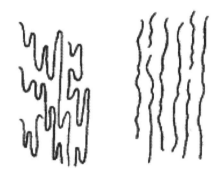

图 2-36　非晶态聚合物的链段取向及整链取向

晶态聚合物的取向除非晶区中可能发生链段或整链取向外，还可能有微晶的取向。组成球晶的片晶发生倾斜、滑移、取向、分离，最后形成取向的折叠链片状晶体或完全伸直链的晶体。就球晶而言，某种程度的拉伸过程可使其变形直至形成微原纤结构（球晶内所有片晶以其长周期方向几乎平行于变形方向排列），如图 2-37 所示。

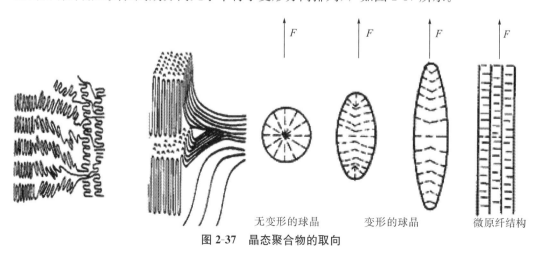

无变形的球晶　　变形的球晶　　微原纤结构

图 2-37　晶态聚合物的取向

按照外力作用的方式不同，取向又可分为单轴取向和双轴取向两种类型。

（1）单轴取向。材料只沿一个方向拉伸，长度增加，厚度和宽度减小，高分子链或链段倾向于沿拉伸方向排列，如图 2-38（a）所示。

（2）双轴取向。材料沿两个互相垂直的方向（$x$、$y$ 方向）拉伸，面积增加，厚度减小，高分子链或链段倾向于与拉伸平面（$xy$ 平面）平行排列，但在 $xy$ 平面内分子的排列是无序的，如图 2-38（b）所示。

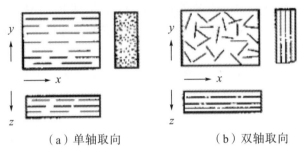

（a）单轴取向　　　　　（b）双轴取向

**图 2-38　取向聚合物中分子链排列示意图**

单轴取向最常见的例子是合成纤维的牵伸。薄膜也可以单轴拉伸取向，但是这种薄膜平面会出现明显的各向异性。在平行于取向方向上，原子间主要以化学键相连；在垂直于取向方向上，则是范德华力。薄膜的强度在平行于取向方向上有所提高，但在垂直于取向方向上则降低了。实际使用中，薄膜将在这个最薄弱的方向上发生破坏，因而实际强度甚至比未取向的薄膜还差。双轴取向的薄膜，分子链取平行于薄膜平面的任意方向，在平面内就是无序各向同性的了。

2. 取向机理

聚合物取向过程是分子链和链段通过运动调整构象去适应外力的分子运动过程。链段取向的黏滞阻力小，在较低温度下即可进行；分子链取向的黏滞阻力大，不容易进行。在外力作用下首先发生的是链段取向，然后才可能是整个大分子链取向。在取向过程中存在着两个方向相反的作用：

（1）沿一定方向施加的外力——促使分子链和链段沿外力方向伸展产生取向，由无序状态向有序状态转变。

（2）分子的热运动——促使分子排列由有序的取向状态向无序状态转变。

由有序的取向状态向无序状态的回复过程称为解取向。在取向的同时还存在解取向，解取向是取向的逆过程，取向容易，解取向也容易；取向过程快，解取向过程也快。

由于在取向的同时还存在解取向，最终得到的取向态实际是取向和解取向达到动态平衡时的状态。这是一种热力学不稳定状态，在外力作用下，链段和分子链发生取向，形成取向态，外力消失后，链段和分子链又会自发地发生解取向而恢复到原来状态。也就是说，在热力学上，解取向过程是自发过程，而取向过程必须依靠外力场。为了维持取向状态，获得取向材料，必须在取向后使温度迅速降到玻璃化温度以下，将分子链和链段的运动"冻结"起来。

3．取向研究的应用

1)合成纤维纺丝

纤维要求有较高的径向强度。在合成纤维的生产过程中要采用牵伸工艺，使大分子链沿纤维方向取向，以增加强度。例如，在尼龙等合成纤维的生产中广泛采用牵伸工艺来大幅度提高其拉伸强度。目前，一些研究工作者正在利用拉伸取向来获得以伸直链晶片为主的超高模量和超高强度的纤维。例如，高强度、高模量的超高分子量聚乙烯纤维的制备就是通过超倍拉伸实现分子链的高度取向，从而获得高性能纤维。此外，在牵伸提高纤维取向度从而提高其拉伸强度的同时，断裂伸长率降低了很多。这是由于取向过度，分子排列过于规整，分子间相互作用力太大，纤维弹性太小，呈现脆性。在实际使用上，一般要求常规纤维具有10%～20%的弹性伸长，即要求高强度和适当的弹性相结合。为了使纤维同时具有这两种性能，在加工成型时，可以利用分子链取向和链段取向速度的不同，用慢的取向过程使整个高分子链得到良好的取向，以达到高强度，之后再用快的取向过程使链段解取向，以使其具有弹性。

2)双向拉伸薄膜和吹塑薄膜

薄膜材料在两个方向上都需要强度，所以要对薄膜进行双轴拉伸。当挤出机挤出熔融的聚合物片状物料后，在适当的温度条件下沿相互垂直的两个方向同时对片状的聚合物熔体进行拉伸，使制品的厚度减少而面积增大，最后形成薄膜。

一些要求二维强度高而平面内性能均匀的薄膜材料(电影胶卷片基、录音录像磁带等)都是采用双轴拉伸薄膜制成的。对于某些外形比较简单的薄壁塑料制品，利用取向提高强度的实例也很多。例如，用PMMA制作战斗机的透明机舱，取向后使冲击强度提高；以PVC或ABS为原料生产安全帽时，采用真空成型工艺来获得取向制品，以提高安全帽承受冲击力的能力。此外，各种中空塑料制品（瓶、箱、筒等）广泛采用吹塑成型工艺，也是通过取向提高制品强度。

## 2.1.2.5　聚合物的液晶态结构

物质在熔融状态或溶液状态下虽然获得了液态物质的流动性，但在材料内部仍然保留分子排列的一维或二维有序，在物理性质上表现出各向异性，形成兼有晶体和液体部分性质的过渡状态，这种中间状态称为液晶态，处于这种状态下的物质叫液晶(Liquid crystal)。拥有这种性质的高分子称为液晶高分子。

1．液晶物质的分子结构特征

液晶物质的分子结构主要具有以下特征：

(1)形成液晶的物质通常具有刚性的分子结构，而且长径比≫1，整个分子呈棒状或近似棒状的构象，称为液晶原。

(2)分子间具有强大的分子间力，在液态下仍能维持分子的某种有序排列。所以，液晶分子结构中含有强极性基团和高度可极化基团或者能够形成氢键的基团。

(3)分子结构中必须具有一定的柔性部分(如烷烃链)，以利于液晶的流动。

作为一类全新的高性能材料，液晶高分子在现代高科技领域中占有重要地位。液晶高分子具有高强度、高模量，用于制造防弹衣、缆绳及航天航空器的大型结构部件；热膨胀系数最小，用于光导纤维的被覆；微波吸收系数小，耐热性好，用于制造微波炉具；具有铁电性，用于显示器件、信息传递和热电检测等。

液晶高分子的理论研究不仅可以对高分子液晶态做出理论解释，而且能对其设计和制造提供理论依据。首先对长链棒状分子形成液晶溶液做出理论解释的是美国物理学家Onsager 和美国高分子科学家 Flory。

2. 液晶的分类

根据液晶态形成的条件，可以将其分为以下三类。

(1)热致性(Thermotropic)液晶：通过升高温度使结晶物质熔融后在某一温度范围内形成液晶态的物质。

(2)溶致性(Lyotropic)液晶：通过加入溶剂使结晶物质在溶剂中溶解，在一定的浓度范围内形成液晶态的物质。

(3)压致性液晶：通过施加压力使结晶物质在流动态下仍呈现有序结构的物质。

根据液晶态内部分子排列的形式和有序性，也可以把液晶分成以下三种类型（图2-39）。

 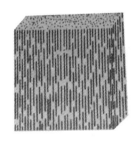 

(a) 近晶型液晶　　　　　(b) 向列型液晶　　　　　(c) 胆甾型液晶

**图 2-39　三类液晶的结构示意图**

(1)近晶型（Smectic）液晶：棒状分子依靠官能团提供的垂直于分子长轴方向上的分子间作用力互相平行排列，形成层状结构。层片内分子的长轴垂直于层片平面，分子的排列保持二维有序。分子可以在层片内活动，但不能来往于各层之间。层与层之间可以相互滑移，而垂直于层片方向上的流动则相当困难。这种结构的液晶表现出黏度的各向异性。近晶型液晶是所有液晶中具有最接近结晶结构的一类，并因此得名。

(2)向列型（Nematic）液晶：棒状大分子间相互平行排列，但重心则呈无序分布，所以只保持了固体的一维有序性，实际上可看作由取向分子组成。当向列型液晶中的棒状分子在外力作用下流动时，很容易沿流动方向取向，并在流动取向中相互穿越，因此，这类液晶具有相当大的流动性。

(3)胆甾型（Cholesteric）液晶：液晶分子依靠端基的相互作用平行排列形成层状结构。在相邻两层间，由于伸出层片平面的光学活性基团的作用，分子长轴的取向依次扭转一定角度，形成了螺旋面结构。分子的长轴方向在旋转 360° 后回复到原来的方向，两个取向相同的层之间的距离就称为胆甾型液晶的螺距。由于扭转的分子层的作用，使得反射的白光发生色散，而透射光发生偏振旋转，从而造成胆甾型液晶具有彩虹般的颜色和旋光性。许多胆甾醇的衍生物具有这类液晶的特性，因此，将这类液晶命名为胆甾型液晶。

3. 高分子液晶的结构与性能

根据高分子液晶原在大分子链中所处的位置，可以将其分为以下两类。

(1)主链型高分子液晶：刚性液晶原位于大分子主链。主链型高分子液晶包括芳香族聚酯、芳香族聚酰胺、聚苯并噻唑等。

主链型高分子液晶是刚性液晶原位于主链中的高分子。但更普通的是在刚性结构单元上引入柔性间隔段和连接基团。用来生产高强纤维 Kevlar 的聚对苯二甲酰对苯二胺(PPTA)属于完全刚性主链的溶致液晶高分子，其结构式为

其他重要的溶致液晶高分子还有聚苯并噻唑、纤维素衍生物、多肽等，其自身熔点太高，必须使用强酸等制成液晶溶液再加工成型。除上述非双亲性刚棒分子外，还有一类称为双亲性溶致液晶，即双亲性分子溶于水时，其极性头互相靠近，非极性基团与水远离，形成液晶相。又如，以芳族聚酯液晶高分子为代表的热致液晶高分子不仅可以纺制高强度纤维，还可以作为新一代的工程塑料。

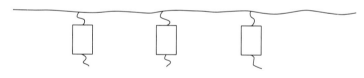

(2)侧链型高分子液晶：侧链型高分子液晶可以是刚性液晶原与柔性的大分子主链直接连接，也可以是刚性液晶原通过柔性链段再与柔性主链相连。主链结构包括聚丙烯酸酯、聚甲基丙烯酸酯、聚硅氧烷、聚苯乙烯，而液晶原包括联苯类、对苯二甲酸类等。

4. 影响液晶行为的因素

(1)主链型高分子液晶：链柔性是影响液晶行为的主要因素。

①完全刚性主链型高分子液晶：熔点很高，一般不会出现热致液晶行为，但可以在适当溶剂中形成溶致液晶。

②含柔性链段主链型高分子液晶：由于在刚性液晶原之间引入了柔性链段，主链柔性增大，聚合物熔点下降，可以出现热致液晶行为；如果柔性链段含量太大，聚合物有可能不形成液晶。

(2)侧链型高分子液晶：影响其液晶行为的因素较多。

①主链：主链柔性影响液晶的稳定性，一般随主链柔性的增加，液晶的转变温度降低。

②柔性连接链段：通过降低高分子主链对刚性液晶原排列与取向的限制，更加有利于液晶态的形成与稳定。

③液晶原：液晶原长径比增加，可以使液晶相(区域)温度变宽，稳定性提高。

5. 高分子液晶的应用

1)液晶显示

利用向列型液晶对电的灵敏响应特性和光学特性，可以将液晶用于显示。把透明的向列型液晶薄膜夹在两块导电玻璃板之间，在施加适当电压的点上，液晶薄膜将迅速变成不透明。目前，液晶显示已广泛应用于数码显示、电脑电视屏幕、广告牌等方面。

2)液晶纺丝

高分子液晶溶液具有高浓度下的低黏度和低剪切速率下的高取向度的特性。

使用高分子液晶溶液进行纺丝具有以下优点：避免通常高分子溶液的高浓度带来的高黏度问题；采用较低的牵伸倍数取得较高的取向度，从而避免纤维在高倍牵伸时纤维产生应力和受到损伤。例如，在 90℃下，聚对苯二甲酰对苯二胺浓硫酸溶液浓度提高到 20% 左右时处于液晶相，仍然能够保持较低的黏度进行纺丝，从而获得具有高度取向的高性能纤维。

3)高性能材料

高分子液晶的刚性链结构使其具有高强度和高模量，因此，这些高分子液晶可以制造具有特殊用途的材料，如防弹衣、高强度缆绳、航天航空器的大型结构部件等。

利用高分子液晶材料热膨胀系数低的特点，可将其用于光导纤维的被覆；利用高分子液晶材料微波吸收系数小、耐热性好的特点，可将其用于制造微波炉具。

## 2.1.2.6 共混高聚物

共混高聚物(Multi component polymer)体系中存在两种或两种以上不同的聚合物组分，不论组分之间是否以化学键相互连接，都属于高分子-高分子混合物。由于共混高聚物与金属材料领域的合金有许多相似之处，所以也常被称为高分子合金。

聚合物共混的目的包括：①综合各聚合物组分的性能，取长补短，弥补单一聚合物组分性能的不足；②通过共混改善和提高聚合物的物理性能，如机械强度、耐热性、加工性；③制备具有特殊性能的新型聚合物材料；④降低聚合物材料的成本。

共混高聚物的制备方法可分为两类：一类称为物理共混，包括机械共混、溶液浇铸共混、乳液共混等；另一类称为化学共混，包括溶液接枝、溶胀聚合、嵌段共聚等。

共混高聚物可能是非均相体系，也可能是均相体系，依赖于共混组分之间的相容性(Compatibility)。

从热力学的角度，聚合物共混相容性是指聚合物之间的相互溶解性，或指两种聚合物形成分子尺度混合的均相体系的能力。

从溶液热力学知：

$$\Delta G = \Delta H - T\Delta S \tag{2-9}$$

一般高分子的分子量相当大，故当两种聚合物共混时，熵的变化很小，$\Delta G$ 的正负取决于 $\Delta H$ 的正负和大小。$\Delta H$ 为负，$\Delta G<0$；$\Delta H$ 为正，要看 $|\Delta H|$ 是否小于 $T|\Delta S|$ 方可判断。如果共混体系中两种聚合物的 $\Delta G>0$，必然会形成多相结构；如果两种聚合物的 $\Delta G<0$，则可形成互容均相体系，但也可能互相分离而形成非均相体系。

实际上，大多数聚合物共混体系的 $\Delta H$ 为正。因此，要满足 $\Delta G<0$ 的条件是困难

的，$\Delta G$ 往往为正，所以绝大多数高分子-高分子混合物都不能达到分子水平的混合，均为不相容的非均相共混体系，也称为多相聚合物体系或不相容共混体系。

1. 热力学不相容共混体系

共混体系不能达到分子尺度的分散，只能形成具有两相结构的非均相共混体系。共混体系的形态和分散程度取决于共混物中两组分聚合物的热力学混容性。

热力学混容性太差，共混物中两组分聚合物的分散性很差，材料表现出宏观相分离。这种形态下材料的物理机械性能甚至差于纯组分聚合物，几乎没有任何使用价值。

热力学混容性较好，两组分可以实现良好、均匀的分散，形成微观相分离结构。这种分散均匀、具有微相分离结构的共混形态会表现一些突出的性能，在某些性能上远远超过共混组分，所以具有较大的应用价值。

在物理共混中，加入第三组分相容剂，是改善两组分间相容性的有效途径。

相容剂是具有与 A、B 两种聚合物共混组分相同或相似化学组成的接枝或嵌段共聚物，也可以是与 A、B 两种聚合物的化学组成不同但能分别与之相容的嵌段或接枝共聚物。例如，聚乙烯/聚苯乙烯共混体系中，以乙烯和苯乙烯的嵌段或接枝共聚物为相容剂。又如，聚酰胺(PA)与聚烯烃共混，采用"原位"增容方法，即聚烯烃在自由基引发剂存在下与马来酸酐(MAH)作用，后者可接枝于烃链，但由于 MAH 不能均聚，故不可能形成高分子支链，再将这一含有活性酸酐基团的聚合物与聚酰胺熔融共混，由于酸酐与 PA 的端氨基作用形成了聚烯烃与聚酰胺的接枝共聚物，在共混体系中起到了相容剂的作用。

2. 不相容共混体系是热力学亚稳定体系

在加热条件下对两种聚合物施加强烈剪切，可以将两种聚合物强制分散成比较均匀的多相分散体系。

(1)从热力学角度来看，体系中共混组分总是趋向于分相——不稳定体系。

(2)由于高分子材料的黏度很大，分子链和链段的运动处于被冻结的状态，这种重新凝聚分相的过程进行得相当缓慢，才使得这种热力学上不稳定的状态维持，以至于在聚合物材料的有限使用寿命内几乎观察不到。从动力学角度来看，体系是稳定的，高分子-高分子混合物处于一种亚稳定态或准稳定态。

3. 聚合物非均相共混体系的织态结构

为了揭示多组分聚合物结构与性能的关系，已经对其形态学进行了大量的研究工作，电子显微镜在这些研究中发挥了巨大的作用。按照密堆积原理和实验观察结果，对非均相多组分聚合物的织态结构提出了如图 2-40 所示的几种模型。一般含量少的组分形成分散相，而含量多的组分形成连续相，随着分散相含量的逐渐增加，分散相从球状分散变成棒状分散，到量组分含量相近时，则形成层状结构，这时两个组分在材料中都成连续相。因此，在聚合物非均相共混体系中存在单相连续形态和共连续形态。

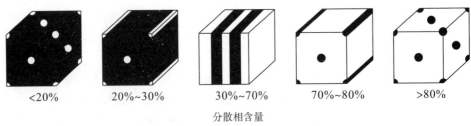

| <20% | 20%~30% | 30%~70% | 70%~80% | >80% |

分散相含量

**图 2-40　分散相含量增加，连续相含量减少**

1) 单相连续形态

聚合物共混体系中只有一个相是连续相，该连续相称为基体，其他相分散在连续相中，称为分散相。

(1) 分散相颗粒形状不规则。

分散相由分布在连续相中的形状很不规则的颗粒组成，而且分散相颗粒的尺寸分布也较大，存在许多大尺寸颗粒。由机械共混法制得的共混物一般具有这种形态结构，而且具有这种共混形态的共混物力学性能较差。

(2) 分散相颗粒形状规则。

分散相颗粒一般为规则的球形，颗粒内部不包含或只包含极少量的连续相成分。

(3) 分散相为胞状结构。

分散相为胞状结构的分散形态较前两种复杂，其特点是在分散相颗粒中还包含连续相成分的更细小颗粒，即在分散相内部也存在连续相和分散相——连续相成分的细小颗粒构成了分散相内部的分散相，而原本构成颗粒的分散相成分则成了连续相。

具有这种形态的典型代表是 ABS 树脂，ABS 树脂是由橡胶相和 AS 树脂相共混而成的。橡胶相作为分散相分散在 AS 树脂的基体中，其粒径为 $0.1\sim0.5\ \mu m$，但是在橡胶颗粒内还包裹着更细小的 AS 颗粒，构成了这种胞状结构的共混形态。

胞状形态对于橡胶增韧塑料比较有利，因为它使橡胶相的表观体积分数增大，增韧效果更加明显。

(4) 呈层片状分散形态。

分散相呈层片状分散在连续相基体中，当分散相浓度较高时，这些片层可以互相交叠。这种共混形态在两种情况下较为有利：通过共混提高聚合物的阻隔性能，将阻隔性能优异的聚合物（聚酰胺、EVOH 等）以层片状形态分散在聚乙烯中；制备高抗静电聚合物，将亲水性聚合物与聚烯烃或聚酰胺共混，让其以微层片状均匀分散并富集于连续相的表层中。

形成这类共混形态的必要条件是分散相的熔体黏度要适当大于连续相聚合物的黏度，而且共混时需要有适当的剪切作用。

2) 两相互为连续相形态

两相互为连续相形态也称为共连续形态，包括层状结构和互锁结构。一般当共混物发生旋节线分离或两组分含量相近时，通常形成这种形态。

嵌段共聚物经常形成多相体系，其形态结构与组成密切相关。一般含量多的组分形成连续相，含量少的组分形成分散相。开始时，分散相是以球粒形态分散在连续相基体中；随着分散相含量的增加，分散相从球粒分散转变为棒状分散，然后发展到形成层状结构，这时两个组分都已成为连续相。如果分散相含量继续增加，就会发生相反转——原来的连续相成为分散相，而原来的分散相则成为连续相。

4. 共混形态对性能的影响

聚苯乙烯(PS)具有良好的机械强度、透明性、加工流动性、电绝缘性等，突出缺点是脆性大、韧性太差。20 世纪 50 年代，美国 DOW 化学公司使用在苯乙烯聚合过程中添加少量橡胶的方法制得了具有优良抗冲性能的聚苯乙烯——HIPS，其制备过程如下：

(1)将质量组成为 5%～10% 的橡胶(丁苯或顺丁橡胶)溶解在苯乙烯单体中。

(2)在充分搅拌下进行单体的预聚合：最初溶解有顺丁橡胶的苯乙烯单体为均相体系，随着单体中 PS 浓度的不断增加，顺丁橡胶逐渐发生相分离。当 PS 转化率达到 9%～12% 时，溶有 PS 的单体成为连续相，而顺丁橡胶成为分散相，其中包含大量的苯乙烯单体。在连续相内的苯乙烯单体继续聚合的同时，分散相内的苯乙烯单体也继续聚合，使体系的黏度增高。当转化率达到 50% 左右时，体系的黏度变得非常高。

(3)后聚合：升高温度，在搅拌或者不搅拌的条件下完成聚合。

聚合体系内部的化学反应包括：苯乙烯单体均聚形成聚苯乙烯；苯乙烯单体在顺丁橡胶分子链上进行接枝，生成接枝物，该接枝物集中分布在橡胶分散粒子的外层。

聚合产物是以聚苯乙烯为连续相、聚丁二烯为分散相的海—岛共混形态，在相界面间富集苯乙烯与丁二烯的接枝物，橡胶分散相内含有大量的聚苯乙烯均聚物。

具有这种形态的聚苯乙烯受到冲击作用时，分散的橡胶相可以帮助分散吸收大量的冲击能量，使材料的抗冲击性能大大提高；刚硬的 PS 连续相继续保持材料原有的刚性(模量、强度)，使之不至于因为橡胶的混入而明显下降；PS 连续相的 $T_g$ 也保证了共混材料的耐热性不受到橡胶分散相的影响。所以，这种橡胶增韧的 PS 既大幅度提高了材料的韧性，又不降低材料的刚性和耐热性。

按照共混物的性能与应用，聚合物共混物可分为以下几种类型：

(1)以塑料为连续相(即基体)、橡胶为分散相的共混物，如三元乙丙橡胶(EPDM)、改性聚丙烯(PP)，以橡胶为分散相的主要目的是增韧，以克服基体塑料的脆性。

(2)以橡胶为连续相、塑料为分散相的共混体系，如少量聚苯乙烯和丁苯橡胶共混，其目的主要是提高橡胶的强度。

(3)两种塑料的共混体系，如聚苯醚(PPO)和聚苯乙烯(PS)形成相容的均相体系，其熔体流动温度和黏度下降很多，大大改善了 PPO 的加工性能；聚碳酸酯(PC)与尼龙(PA)的合金在 PC 系列合金中是耐药品性最好的一种，可有效地改善 PC 的耐环境应力开裂性能，但两者共混时，必须加入第三组分增容剂才能形成微相结构。

(4)两种橡胶的共混体系，主要目的是降低成本、改善加工流动性以及产品的其他性能。例如，将丁苯橡胶与顺丁橡胶共混，可以降低成本、改善加工性能、改善产品的耐磨损和抗挠性。

按照聚合物各组分的凝聚态结构特点，聚合物共混物又可分为以下几种类型：

(1)非晶态/非晶态共混聚合物，如聚己内酯(PCL)与聚氯乙烯混合(一定比例下)。

（2）晶态/非晶态共混聚合物，如全同立构聚苯乙烯/无规立构聚苯乙烯共混物等。

（3）晶态/晶态共混聚合物，如 PET/PBT 共混体系。

按照共混物的链结构特点，聚合物共混物包括均聚物与均聚物共混体系、接枝或嵌段共聚物与相应均聚物共混体系、无规共聚物和均聚物共混体系、刚性链/半刚性链或柔性链聚合物共混体系等。

# 2.2 聚合物的分子运动与热转变

高聚物有着不同于低分子物质的结构特征，这是高聚物材料具有一系列优异性质的基础。微观结构特征要在材料的宏观物理性质上表现出来，则必须通过材料内部分子的运动。因此，聚合物的分子运动是聚合物微观结构和宏观性能的桥梁。

聚合物的结构是材料性能的物质基础。不同结构的聚合物具有不同的物理力学性能。而性能又必须通过分子运动才能表现出来。同一结构的聚合物，环境改变，分子运动方式不同，可以显示出完全不同的性能。

聚合物结构和性能之间的关系是高分子物理学的基本内容。由于结构是决定分子运动的内在条件，而性能是分子运动的宏观表现，所以，了解分子运动的规律可以从本质上揭示出不同高分子纷繁复杂的结构与千变万化的性能之间的关系。例如，常温下的橡皮柔软而富有弹性，可以用来作轮胎、减震胶板。但是，一旦冷却到 $-100\,℃$，便失去了弹性，变得像玻璃一样又硬又脆。又如，聚甲基丙烯酸甲酯在室温下是坚硬的固体，一旦加热到 $100\,℃$ 附近，就变得像橡皮一样柔软。诸如此类的事实充分说明，对于同一种聚合物，如果所处的温度不同，分子运动状况就不相同，材料所表现出的宏观物理性质也大不相同。因此，学习聚合物分子运动的规律，了解聚合物在不同温度下呈现的力学状态、热转变与松弛，以及影响转变温度的各种因素，对于合理选用材料、确定加工工艺条件以及材料改性等都是非常重要的。

## 2.2.1 聚合物分子运动的特点

由于聚合物分子量很大，与低分子化合物相比，其结构要复杂得多，则其分子运动也更加复杂和多样化。这一部分将扼要介绍高分子的分子运动特点，以便之后详细讨论高聚物材料性能时，作为联系已经建立的高聚物结构概念。

### 2.2.1.1 运动单元的多重性

从长链高分子结构的角度来看，除整个高分子主链可以运动外，链内各个部分还可以有多重运动，如分子链上的侧基、支链、链节、链段等都可以产生相应的各种运动。具体地说，高分子的热运动包括四种类型。

1. 高分子链的整体运动

高分子链的整体运动是分子链质量中心的相对位移。例如，宏观熔体的流动是高分子链质心移动的宏观表现。高分子链除做整体运动外，在某些条件下也可以像小分子那样振动或转动。

2. 链段运动

链段运动是高分子区别于小分子的特殊运动形式，即在高分子链质量中心不变的情况下，一部分链段通过单键内旋转而相对于另一部分链段运动，使大分子可以伸展或卷曲。例如，宏观上的橡皮拉伸、回缩。

3. 链节、支链、侧基的运动

链节数 $n \geqslant 4$ 的主链—$(—CH_2—)_n C$ 中，可能有 $C_8$ 链节的曲柄运动；杂链聚合物聚芳砜中，可产生杂链节砜基的运动等。实验表明，这类运动对聚合物的韧性有着重要影响。侧基或侧链的运动多种多样，例如，与主链直接相连的甲基的转动，苯基、酯基的运动，较长的—$(—CH_2—)_n C$ 支链运动等。上述运动简称次级松弛，比链段运动需要更低的能量。

4. 晶区内的分子运动

晶态聚合物的晶区中也存在分子运动，如晶型转变、晶区缺陷的运动、晶区中的局部松弛模式、晶区折叠链的"手风琴式"运动等。

在几种运动单元中，整个分子链称为大尺寸运动单元，链段和链段以下的运动单元称为小尺寸运动单元。有时也把大尺寸单元的运动称为高分子的布朗运动，小尺寸单元的运动称为微布朗运动。

## 2.2.1.2　分子运动的时间依赖性

在一定的温度和外场(力场、电场、磁场)作用下，聚合物从一种平衡态通过分子运动过渡到另一种与外界条件相适应的新的平衡态总是需要时间的，这种现象即为聚合物分子运动的时间依赖性。分子运动依赖于时间的原因在于，整个分子链、链段、链节等运动单元的运动均需要克服内摩擦阻力，这些运动是不可能瞬时完成的。

如果施加外力将橡皮拉长 $\Delta x$，然后撤去外力，$\Delta x$ 不能立即变为零，其形变恢复过程在开始时较快，之后越来越慢，如图 2-41 所示。橡皮被拉伸时，高分子链由卷曲状态变为伸直状态，即处于拉紧的状态；撤去外力后，橡皮开始回缩，高分子链由伸直状态逐渐过渡到卷曲状态，即松弛状态，该过程简称松弛过程，可表示为

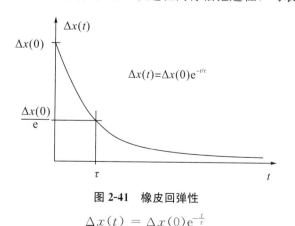

$$\Delta x(t) = \Delta x(0) e^{-t/\tau}$$

**图 2-41　橡皮回弹性**

$$\Delta x(t) = \Delta x(0) e^{-\frac{t}{\tau}} \tag{2-10}$$

式中　$\Delta x(0)$——外力作用下橡皮长度的增量；

$\Delta x(t)$——撤去外力后 $t$ 时间橡皮长度的增量；

$t$——观察时间，一般为物性测量中所用的时间尺度；

$\tau$——松弛时间。

由式(2-10)可知，当 $t=\tau$ 时，$\dfrac{t}{\tau}=1$，$\Delta x(t)=\dfrac{\Delta x(0)}{e}$。所以，$\tau$ 的宏观意义为橡皮由 $\Delta x(t)$ 变到 $\Delta x(0)$ 的 $\dfrac{1}{e}$ 倍时所需要的时间。松弛时间的大小一般取决于材料固有的性质以及温度、外力的大小。聚合物的松弛时间一般都比较长，当外场作用时间较短或者实验观察时间不够长时，不能观察到高分子的运动；只有当外场作用时间或实验观察时间足够长时，才能观察到松弛过程。此外，由于聚合物分子量具有多分散性，运动单元具有多重性，所以实际聚合物的松弛时间不是单一的值，可以从与小分子相似的松弛时间 $10^{-8}$ s 起，一直到 $10^{-1}\sim10^{4}$ s，甚至更长。在一定的范围内，可以认为松弛时间具有一个连续的分布，称为松弛时间谱。此外，还有应力松弛、介电松弛和体积松弛等。

### 2.2.1.3 分子运动的温度依赖性

温度变化对于高聚物分子运动的影响非常显著。温度升高，一方面运动单元热运动能量提高，即使运动单元活化；另一方面使高聚物体积膨胀，分子间距离增加，运动单元活动空间增大。这两方面的作用通常会使松弛过程加快，松弛时间减小。

对于高聚物中的许多松弛过程，特别是那些由于侧基运动或主链局部运动引起的松弛过程，松弛时间与温度的关系符合 Eyring 关于速度过程的一般理论，即

$$\tau = \tau_0 e^{\frac{\Delta E}{RT}} \tag{2-11}$$

式中　$\tau_0$——常数；

　　　$R$——气体常数；

　　　$T$——绝对温度；

　　　$\Delta E$——松弛过程所需要的活化能，kJ/mol。

$\Delta E$ 对应于运动单元进行某种方式运动所需要的能量，可以通过测定各种温度下过程的松弛时间，以 $\ln\tau$ 对 $\dfrac{1}{T}$ 作图，从所得到直线的斜率 $\Delta E/R$ 求出。

由式(2-11)可以看出，温度增加，$\tau$ 减小，松弛过程加快，可以在较短的时间内观察到分子运动；反之，温度下降，$\tau$ 增大，则需要较长的时间才能观察到分子运动。所以，对于分子运动或对于一个松弛过程，升高温度和延长观察时间具有等效性。

## 2.2.2　聚合物的力学状态和热转变

温度对聚合物的分子运动影响显著。模量—温度曲线可以有效地描述聚合物在不同温度下的分子运动和力学行为。这里所说的模量是材料受力时应力与应变的比值，是材料抵抗变形能力的大小。模量越大，材料刚性越大。由于聚合物材料的模量不仅是温度的函数，也是时间的函数，所以实验的时间尺度必须固定。图 2-42 为线形非晶态聚合物的模量—温度曲线，表示交联和结晶的影响。这里，模量 $E$ 即 $E(10)$，是用拉伸应

力松弛实验测定的。括号内的 10 代表测量时间规定为 10 s，为了使所得模量仅为温度的函数。模量对温度的曲线显示了线形非晶态聚合物随着温度升高力学行为的 5 个区域。

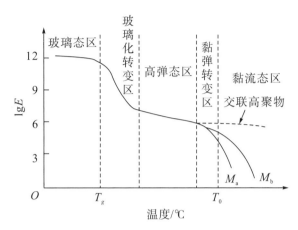

**图 2-42　线形非晶态聚合物的模量—温度曲线**

1. 玻璃态区

在玻璃态区内，聚合物类似玻璃，通常是脆性的。室温下典型的为 PS、PMMA。玻璃化温度以下，玻璃态聚合物的杨氏模量近似为 $10^{12}$ Pa，分子运动主要限于侧基或支链等较小的运动单元的振动和短程的旋转运动。玻璃态下，聚合物材料受外力作用时，由于链段的运动被冻结，只能使主链的键长和键角有微小的改变，产生很小的形变，且形变和力的大小成正比，属于普弹形变，当外力撤除后，形变能立刻回复。

2. 玻璃化转变区

在玻璃化转变区内，20℃～30℃范围内模量下降了近 1000 倍，通常把模量下降速度最大处的温度称为玻璃化温度（$T_g$）。玻璃化转变区可以解释为当聚合物处于玻璃化温度以上时，分子热运动能量较高，能够实现远程、协同分子运动。$T_g$ 以下，仅仅只有 1～4 个主链原子运动；而在玻璃化转变区，有 10～50 个主链原子（即链段）获得了足够的热能以协同方式运动，不断改变构象。所以玻璃化温度也就是聚合物链段产生协同运动的临界温度。

3. 高弹态区

当温度高于玻璃化温度，聚合物的模量在玻璃化转变区急剧下降以后，高聚物便进入高弹态（也称为橡胶态），到达高弹态后，模量几乎恒定，曲线出现一个平台区，模量典型数值为 $10^6$ Pa·s。在此区域内，由于分子间存在物理缠结，聚合物呈现橡胶弹性。如果聚合物为线形，模量将缓慢下降。平台的宽度主要由聚合物的分子量控制，分子量越高，平台越长。未硫化的天然橡胶就是这种材料的典型例子，其制品不能保持一定的形状。对于交联聚合物，蠕变部分已被抑制。对于半晶态聚合物，平台的高度由结晶度控制，平台一直延续到聚合物的熔点（$T_m$）。在高弹态下，分子链可以通过单键的内旋转和链段改变构象来适应外力的作用。例如，受到拉伸力时，分子链可以从蜷曲状态变到伸展状态，因此表现在宏观上可以发生很大的形变，一旦外力撤除，分子链又可以重新回复到蜷曲状态，宏观上表现为弹性回缩。产生这样的形变所需的外力比玻璃态时变形所需外力小得多，而形变量却大得多，这种力学性能称为高弹性，产生的形变称为高弹形变。

4. 黏流转变区

继续升高温度，对于非交联聚合物，会出现一个模量下降的区域，在这个区域内，聚合物既呈现橡胶弹性，又呈现流动性，称为黏流转变区。实验时间较短时，物理缠结来不及松弛，材料仍然表现为橡胶行为；实验时间增加，温度升高，发生解缠作用，导致整个分子产生滑移运动，即产生流动。对于交联聚合物，不存在黏流转变区，因为交联阻止了滑移运动，在达到聚合物的分解温度之前，一直保持在高弹态区状态，如硫化橡胶。

5. 黏流态区

线性非晶聚合物在进一步升高温度的条件下，经过黏流转变区后，变得容易流动，类似糖浆，模量变得极低，处于黏流态区。在这样的温度条件下，大分子获得的热运动能量足以使分子链解缠流动，这种流动是作为众多链段协同运动结果的整链运动。对于半晶态聚合物，模量取决于结晶度，达到熔融温度 $T_m$ 前，结晶部分仍然保持坚硬，当达到熔融温度后，晶区熔融，是否进入黏流态视试样的分子量而定。如果分子量不太大，非晶区的黏流转变温度 $T_f$ 低于晶区的熔点 $T_m$，则晶区熔融后，模量迅速降至非晶材料的相应数值，整个试样便成为黏性的流体；如果分子量足够大，以至于 $T_f$ 大于 $T_m$，则晶区熔融后，将出现高弹态，直到温度进一步升高到 $T_f$ 以上，才进入黏流态。

## 2.2.3 聚合物的玻璃化转变

非晶态聚合物的玻璃化转变(Glass transition)，即玻璃—橡胶转变。对于晶态聚合物，则指其非晶部分的这种转变。由于在晶态聚合物中，晶区对非晶部分的分子运动影响显著，情况比较复杂，所以像聚乙烯等高结晶度的聚合物，对其玻璃化温度至今尚有争议。这里主要讨论非晶态聚合物的玻璃化转变。

玻璃化温度($T_g$)是聚合物的特征温度之一。对于塑料和橡胶，就是按其玻璃化温度是在室温以上还是在室温以下进行区分的。因此，从工艺角度来看，玻璃化温度是非晶态热塑性塑料(如 PS、PMMA、硬质 PVC 等)使用温度的上限，是橡胶或弹性体(如天然橡胶、顺丁橡胶、SBS 等)使用温度的下限。

### 2.2.3.1 玻璃化温度的测定

聚合物在玻璃化转变时，除力学性质(如形变、模量等)发生明显变化外，许多其他物理性质(如比体积、膨胀系数、比热容、热导率、密度、折射率、介电常数等)也都有很大变化。因此，原则上所有在玻璃化转变过程发生突变或不连续变化的物理性质，都可以用来测定聚合物的 $T_g$。通常把各种测定方法分成 4 种类型：体积的变化、热力学性质的变化、力学性质变化的方法和电磁性能的变化。测定体积变化的方法包括膨胀计法、折射率测定法等；测定热力学性质变化的方法包括差热分析法(DTA)和差示扫描量热法(DSC)等；测定力学性质变化的方法包括热机械法(即温度—形变法)、应力松弛法、动态力学松弛法等，如测定动态模量或内耗等；测定电磁性能变化的方法包括介电松弛法、核磁共振松弛法等。以下介绍一类最方便的玻璃化温度测量方法——量热分析法。

聚合物在玻璃化转变时，虽然没有吸热和放热现象，但其比热容发生了突变，差示扫描量热法（DSC）就是利用这一原理进行玻璃化温度分析。在 DSC 曲线上表现为基线向吸热方向偏移，产生一个台阶，据此可确定 $T_g$。图 2-43 为聚砜的 DSC 曲线。

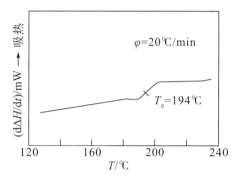

**图 2-43　聚砜的 DSC 曲线（$T_g = 194℃$）**

另一种量热分析法叫作 DTA，即差热分析法。其与 DSC 类似，是在程序温度控制下测量试样和参比物（某种热惰性物质，如 $\alpha\text{-}Al_2O_3$）的温差 $\Delta T$ 和温度依赖关系的技术。其灵敏度、分辨率、热量定量等均比 DSC 差。

### 2.2.3.2　玻璃化转变的自由体积理论

玻璃化转变现象的理论解释有很多，其中应用较广的是自由体积理论，最初由 Fox 和 Flory 提出。

高聚物的体积 $[V(T)]$ 包括两个部分：一部分是为分子本身占据的，称为本体体积 $[V_0(T)]$；另一部分是分子间的空隙，称为自由体积 $[V_f(T)]$，它以大小不等的空穴（单体分子数量级）无规分布在聚合物中，提供分子的活动空间，使分子链可能通过转动和位移而调整构象。

$$V(T) = V_0(T) + V_f(T) \tag{2-12}$$

式中　$V_0(T)$——高分子占有体积；

　　　$V_f(T)$——自由体积。

在玻璃化温度以上，自由体积开始膨胀，为链段运动提供了空间保证，链段由冻结状态进入运动状态，随着温度升高，聚合物的体积膨胀除分子本体体积的膨胀外，还有自由体积的膨胀，体积随温度的变化率比玻璃化温度以下大。为此，聚合物的比体积—温度曲线在 $T_g$ 时发生转折，热膨胀系数在 $T_g$ 时发生突变，即当 $T > T_g$ 时，$V_0(T)$ 和 $V_f(T)$ 均随着 $T$ 的变化而变化。

在玻璃化温度以下，链段运动被冻结，自由体积也处于冻结状态，其"空穴"尺寸和分布基本上保持固定。聚合物的玻璃化温度为自由体积降至最低值的临界温度。在此温度以下，自由体积提供的空间已不足以使聚合物分子链发生构象调整，随着温度升高，聚合物的体积膨胀只是由于分子振幅、键长等的变化，即分子本体体积的膨胀，即当 $T \leqslant T_g$ 时，$V_0(T)$ 继续随着 $T$ 的变化而变化，而 $V_f(T)$ 为一恒定值，不随 $T$ 变化。

### 2.2.3.3 影响玻璃化温度的因素

玻璃化转变对应于聚合物链段运动的冻结与解冻过程，从而可从分子运动的观点讨论聚合物材料 $T_g$ 的变化规律。凡是有利于分子运动的因素都将引起玻璃化温度的降低，凡是不利于分子运动的因素都将引起玻璃化温度的升高。

1. 化学结构

1）主链结构

分子链的柔性是决定聚合物 $T_g$ 的最重要的因素。主链柔性越好，玻璃化温度越低。

主链由饱和单键构成的聚合物，如 C—C、C—O、Si—O 等构成的聚合物，因为其分子链可以围绕单键进行内旋转，所以 $T_g$ 都不高，特别是没有极性侧基取代时，其 $T_g$ 更低。不同的单键中，内旋转位垒较小的，$T_g$ 较低。主链由饱和单键构成的聚合物的玻璃化温度见表 2-8。

**表 2-8　主链由饱和单键构成的聚合物的玻璃化温度**

| 聚合物 | 聚二甲基硅氧烷 | 聚甲醛 | 聚乙烯 |
|---|---|---|---|
| 结构单元 | $\left(\!\!\begin{array}{c}CH_3\\Si\text{—}O\\CH_3\end{array}\!\!\right)_{\!n}$ | $(CH_2\text{—}O)_n$ | $(CH_2\text{—}CH_2)_n$ |
| $T_g/℃$ | −123 | −83 | −68 |

主链中含有孤立双键的聚合物，虽然双键本身不能内旋转，但双键旁的 $\alpha$ 单键更易旋转，所以 $T_g$ 都比较低。例如，丁二烯类橡胶都有较低的玻璃化温度。主链中含有孤立双键的聚合物的玻璃化温度见表 2-9。

**表 2-9　主链中含有孤立双键的聚合物的玻璃化温度**

| 聚合物 | 结构单元 | $T_g/℃$ |
|---|---|---|
| 聚丁二烯 | $(CH_2\text{—}CH\text{=}CH\text{—}CH_2)_n$ | −95 |
| 天然橡胶 | $(CH_2\text{—}C\text{=}CH\text{—}CH_2)_n$，CH_3 | −73 |
| 丁苯橡胶 | $(CH_2\text{—}CH\text{=}CH\text{—}CH_2\text{—}CH_2\text{—}CH)_n$，苯基 | −61 |

若双键不是孤立双键而是共轭双键，如聚乙炔（—C≡C—C≡C—C≡C—），则分子链不能内旋转，刚性极大，$T_g$ 很高。

主链中引入苯基、联苯基、萘基等芳杂环后，分子链刚性增加，故 $T_g$ 增高。聚碳酸酯、聚苯醚的玻璃化温度见表 2-10。

表 2-10　聚碳酸酯、聚苯醚的玻璃化温度

| 聚合物 | 聚碳酸酯 | 聚苯醚 |
|---|---|---|
| 结构单元 | | |
| $T_g/℃$ | 150 | 220 |

2）取代基

旁侧基团的极性对分子链的内旋转和分子间的相互作用会产生很大的影响。侧基的极性越强，分子链间作用力越大，$T_g$ 越高。一些烯烃类聚合物的 $T_g$ 与取代基极性的关系见表 2-11。

表 2-11　一些烯烃类聚合物的 $T_g$ 与取代基极性的关系

| 聚合物 | $T_g/℃$ | 取代基 | 取代基的偶极矩/($\times 10^{29}$ C·m) |
|---|---|---|---|
| 聚乙烯 | −68 | 无 | 0 |
| 聚丙烯 | −10，−18 | —CH$_3$ | 0 |
| 聚丙烯酸 | 106 | —COOH | 0.56 |
| 聚氯乙烯 | 87 | —Cl | 0.68 |
| 聚丙烯腈 | 104 | —CN | 1.33 |

此外，增加分子链上极性基团的数量，也能提高聚合物的 $T_g$。但当极性基团的数量超过一定值后，由于它们之间的静电斥力超过吸引力，反而导致分子链间距离增大，$T_g$ 下降。例如，氯化聚氯乙烯（CPVC）的 $T_g$ 与含氯量的关系见表 2-12。

表 2-12　氯化聚氯乙烯的 $T_g$ 与含氯量的关系

| 含氯量/% | 61.9 | 62.3 | 63.0 | 63.8 | 64.4 | 66.8 |
|---|---|---|---|---|---|---|
| $T_g/℃$ | 75 | 76 | 80 | 81 | 72 | 70 |

取代基的位阻增加，分子链内旋转受阻程度增加，$T_g$ 升高，见表 2-13。

表 2-13　取代基位阻对聚合物 $T_g$ 的影响

| 聚合物 | 结构单元 | $T_g/℃$ | 聚合物 | 结构单元 | $T_g/℃$ |
|---|---|---|---|---|---|
| 聚乙烯 | $+CH_2—CH_2+_n$ | −68 | 聚苯乙烯 | | 100 |
| 聚 4-甲基-1-戊烯 | | 29 | 聚乙烯基咔唑 | | 208 |

应当强调指出，侧基的存在并不总是使 $T_g$ 增大。例如，取代基在主链上的对称性

对 $T_g$ 有很大影响，见表 2-14。

表 2-14　取代基对称性对聚合物 $T_g$ 的影响

| 聚合物 | 结构单元 | $T_g/℃$ | 聚合物 | 结构单元 | $T_g/℃$ |
|---|---|---|---|---|---|
| 聚氯烯 | $-\!\!\left(CH_2-\underset{H}{\overset{Cl}{C}}\right)\!\!_n-$ | 87 | 聚丙烯 | $-\!\!\left(CH_2-\underset{CH_3}{\overset{H}{C}}\right)\!\!_n-$ | $-10$ |
| 聚偏二氯乙烯 | $-\!\!\left(CH_2-\underset{Cl}{\overset{Cl}{C}}\right)\!\!_n-$ | $-19$ | 聚异丁烯 | $-\!\!\left(CH_2-\underset{CH_3}{\overset{CH_3}{C}}\right)\!\!_n-$ | $-70$ |

聚偏二氯乙烯中极性取代基对称双取代，内旋转位垒降低，柔性增加，其 $T_g$ 比聚氯乙烯低；而聚异丁烯的每个链节上，有两个对称的侧甲基，使主链间距离增大，链间作用力减弱，其 $T_g$ 比聚丙烯低。又如，当聚合物中存在柔性侧基时，随着侧基的增大，在一定范围内，由于柔性侧基使分子间距离增大，相互作用减弱，即产生"内增塑"作用，所以 $T_g$ 反而下降。如聚甲基丙烯酸酯类聚合物的结构单元为

$$-\!\!\left(CH_2-\underset{COOC_nH_{2n+1}}{\overset{CH_3}{C}}\right)\!\!_n-$$

侧基柔性对 $T_g$ 的影响见表 2-15。这是由于在 $n<18$ 范围内，$n$ 值越大，分子间作用力的减小以补偿侧基位阻增大所产生的影响。

表 2-15　侧基柔性对聚甲基丙烯酸酯 $T_g$ 的影响

| $n$ | 1 | 2 | 3 | 4 | 5 | 6 | 8 | 12 | 18 |
|---|---|---|---|---|---|---|---|---|---|
| $T_g/℃$ | 105 | 65 | 35 | 20 | $-5$ | $-5$ | $-20$ | $-65$ | $-100$ |

3）分子量

当分子量较低时，聚合物的 $T_g$ 随分子量的增加而增加。分子量超过一定值（临界分子量）后，$T_g$ 将不再依赖于分子量，这是因为分子链端的活动能力要比中间部分大。从自由体积的概念出发，又可以说每个链端均比链中间部分有较大的自由体积，因此，含有较多链末端的聚合物（低分子量）比含有较少链末端的聚合物（高分子量）要在更低的温度才能达到同样的自由体积分数。Fox 和 Flory 导出 $T_g$ 与 $\overline{M_n}$ 的关系如下：

$$T_g = T_g(\infty) - \frac{K}{M_n} \tag{2-13}$$

式中　$T_g(\infty)$——临界分子量时聚合物的 $T_g$；

　　　　$K$——特征常数。

对于 PS，$T_g(\infty)=100℃$，$K=1.8\times10^5$。

由于常用聚合物的分子量要比上述临界分子量大得多，所以分子量对聚合物的 $T_g$ 值基本无影响。

4）链间的相互作用

高分子链间相互作用降低了链的活动性，因而 $T_g$ 增高。例如，聚癸二酸丁二酯与尼龙 66 的 $T_g$ 相差 100℃ 左右，主要原因是后者存在氢键。

分子链间的离子键对 $T_g$ 的影响很大。例如，聚丙烯酸中加入金属离子，$T_g$ 会大大提高，其效果又随离子的价数而定，用 $Na^+$ 使 $T_g$ 从 106℃ 提高到 280℃，用 $Cu^{2+}$ 取代 $Na^+$，$T_g$ 提高到 500℃。一些聚合物的玻璃化温度见表 2-16。

表 2-16　聚合物的玻璃化温度

| 聚合物 | $T_g$/℃ | 聚合物 | $T_g$/℃ |
| --- | --- | --- | --- |
| 聚乙烯 | −68(−120) | 聚丙烯酸锌 | >300 |
| 聚丙烯（全同立构） | −10(−18) | 聚甲基丙烯酸甲酯（间同立构） | 115(105) |
| 聚异丁烯 | −70(−60) | 聚甲基丙烯酸甲酯（全同立构） | 45(55) |
| 聚异戊二烯（顺式） | −73 | 聚甲基丙烯酸乙酯 | 65 |
| 聚异戊二烯（反式） | −60 | 聚甲基丙烯酸正丙酯 | 35 |
| 顺式聚 1,4-丁二烯 | −108(−95) | 聚甲基丙烯酸正丁酯 | 21 |
| 反式聚 1,4-丁二烯 | −83(−50) | 聚甲基丙烯酸正己酯 | −5 |
| 聚 1,2-丁二烯（全同立构） | −4 | 聚甲基丙烯酸正辛酯 | −20 |
| 聚 1-丁烯 | −25 | 聚氟乙烯 | 40(−20) |
| 聚 1-辛烯 | −65 | 聚氯乙烯 | 87(81) |
| 聚 4-甲基-1-戊烯 | 29 | 聚偏二氯乙烯 | −40(−46) |
| 聚甲醛 | −83(−50) | 聚偏二氟乙烯 | −19(−17) |
| 聚 1-戊烯 | −40 | 聚 1,2-二氯乙烯 | 145 |
| 聚氧化乙烯 | −66(−53) | 聚氯丁二烯 | −50 |
| 聚乙烯基甲基醚 | −13(−20) | 聚四氟乙烯 | 126(−65) |
| 聚乙烯基乙烯基醚 | −25(−42) | 聚丙烯腈（间同立构） | 104(1300) |
| 聚乙烯基正丁基醚 | −52(−55) | 聚甲基丙烯腈 | 120 |
| 聚乙烯基异丁基醚 | −27(−18) | 聚乙酸乙烯酯 | 28 |
| 聚乙烯基叔丁基醚 | 88 | 聚乙烯咔唑 | 208(150) |
| 聚二甲基硅氧烷 | −123 | 聚乙烯基甲醛 | 105 |
| 聚苯乙烯（无规立构） | 100(105) | 聚乙烯基丁醛 | 49(59) |
| 聚苯乙烯（全同立构） | 100 | 三乙酸纤维素 | 105 |
| 聚 $\sigma$-甲基苯乙烯 | 192(180) | 聚对苯二甲酸二乙酯 | 65 |
| 聚邻甲基苯乙烯 | 119(125) | 聚对苯二甲酸丁二酯 | 40 |
| 聚间甲基苯乙烯 | 72(82) | 尼龙 6 | 50(40) |
| 聚邻苯基苯乙烯 | 110(126) | 尼龙 10 | 42 |
| 聚对苯基苯乙烯 | 138 | 尼龙 11 | 43(46) |
| 聚对氯苯乙烯 | 128 | 尼龙 12 | 42 |
| 聚 2,5-二氯苯乙烯 | 130(115) | 尼龙 66 | 50(57) |

| 聚合物 | $T_g/℃$ | 聚合物 | $T_g/℃$ |
|---|---|---|---|
| 聚 $a$-乙烯萘 | 162 | 尼龙 610 | 40(44) |
| 聚丙烯酸甲酯 | 3(6) | 聚苯醚 | 220(210) |
| 聚丙烯酸乙酯 | −24 | 聚乙烯基吡咯烷酮 | 175 |
| 聚丙烯酸 | 106(97) | 聚茚烯 | 321 |

注：1. 括号中是参考数据。
2. 同一聚合物 $T_g$ 测定值之间的差别与所用试样有关，又与测试的方法和条件有关。特别是对于结晶度高的聚合物，由于结晶的影响，致使测定 $T_g$ 的部分方法失效或效果不灵敏，故测得的数值大大高于真实值。

2. 增塑、共聚和共混

1)增塑

添加某些低分子组分使聚合物 $T_g$ 下降的现象称为外增塑作用，所加的低分子物质称为增塑剂。通常，增塑剂加入聚合物后，分子链间作用力会减弱，因此 $T_g$ 下降。另外，增塑剂分子分散在高分子链间，增加了高分子链间的自由体积，也会导致 $T_g$ 下降。例如纯聚氯乙烯的 $T_g=87℃$，室温下为硬质塑料，但加入 45% 邻苯二甲酸二丁酯后，$T_g$ 可降至−30℃，室温下呈现橡胶弹性，成为软质塑料。

增塑剂应当具有相容性好、挥发性低、无毒等性质。

如果以 $T_{g,p}$ 和 $T_{g,d}$ 分别表示纯聚合物和增塑聚合物的玻璃化温度，则可以按式(2-14)、式(2-15)两个关系式，根据混合的体积分数 $\varphi$ 或质量分数 $\omega$ 粗略估计增塑聚合物的 $T_g$。

$$T_g \approx T_{g,p}\varphi_p + T_{g,d}\varphi_d \qquad (2\text{-}14)$$

$$\frac{1}{T_g} \approx \frac{\omega_p}{T_{g,p}} + \frac{\omega_d}{T_{g,d}} \qquad (2\text{-}15)$$

2)共聚

共聚对 $T_g$ 的影响取决于共聚方法(无规、交替、接枝或嵌段)、共聚物组成及共聚单体的化学结构。

无规共聚物由于两种聚合物组分的序列长度都很短，不能分别形成各自的链段，故只能出现一个 $T_g$。无规共聚物的 $T_g$ 通常介于两种或几种均聚物的 $T_g$ 之间，故可以通过调节共聚单体的配比来连续改变共聚物的 $T_g$。交替共聚物可以看作由两种单体组成一个单体单元的均聚物，故也只能有一个 $T_g$。接枝或嵌段共聚物存在一个 $T_g$ 还是两个 $T_g$，取决于两种均聚物的相容性。

当两组分完全达到热力学相容时，只出现一个 $T_g$；若不能相容时，由于A、B组分各自在分子链中的序列长度较长，能分别形成各自独立运动的链段，故可显示出两个 $T_g$。通常这两个 $T_g$ 接近但又不完全等于两组分各自均聚物的 $T_g$。

3)共混

共混聚合物的 $T_g$ 基本上由两种相混的聚合物的相容性决定。如果两种聚合物热力学互容，则共混物的 $T_g$ 与相同组分无规共聚物的 $T_g$ 相同，即 $T_g$ 介于相应聚合物的 $T_g$ 之间；如果两种聚合物部分相容，那么共混物就像多相共聚物那样出现宽的转变温度范围或者相互内移的两个转变温度；如果两种聚合物完全不相容，则其共混物有两相存在，每一相均有对应于共混组分的 $T_g$ 值。这方面问题通过动态力学或介电性能研究最有效。

3. 交联

分子间交联阻碍了链段的运动，因而交联可以提高聚合物的 $T_g$。轻度交联时，不影响链段运动，对 $T_g$ 无明显影响。交联度提高，$T_g$ 增高。高度交联时，交联点之间链长比玻璃化转变所需的链段还要短，交联聚合物就不存在玻璃化转变了。例如，硫化天然橡胶的含硫量增加时，$T_g$ 的变化见表 2-17。

表 2-17　硫化天然橡胶的含硫量对 $T_g$ 的影响

| 含硫量/% | 0 | 0.25 | 10 | 20 | >30 |
|---|---|---|---|---|---|
| $T_g$/℃ | −65 | −64 | −40 | −24 | 硬橡皮 |

#### 2.2.3.4　玻璃化温度以下的松弛——次级转变

高分子运动单元具有多重性。在玻璃化温度以下，尽管链段运动被冻结了，但还存在着需要能量更小的小尺寸运动单元的运动，这种运动简称次级转变或多重转变。这些小尺寸运动单元可以是大分子主链上的短链段、侧基、支链、侧基上的某些基团等。

随着研究聚合物分子运动实验技术的发展，可用来检测次级转变的方法日益增多。通常，静态方法（如量热法、应力松弛法等）不够灵敏，而高聚物发生次级松弛的过程中，其动态力学性质和介电性质等有较明显的变化，因此，动态方法（如动态力学谱图、介电松弛谱图等）极为有效。

# 2.3　纤维的基本性质

## 2.3.1　纤维的吸湿性

### 2.3.1.1　纤维的吸湿性及其表征

纤维的吸湿性是指纤维从大气中吸水或纤维中的水逸散到大气中的综合性能。纤维的吸湿性在纤维材料及制品的加工生产中十分重要，因为纤维吸湿后会使其性能（如静电性能、力学性能、光学性能等）发生变化。纤维的吸湿性也是服装用纤维的一项重要特性，它能使穿着者皮肤保持适当的湿度，并保护人体不受环境突变的影响，所以服装用（特别是内衣）纺织纤维，吸湿性能是必须考虑的因素之一。

纤维的吸湿性通常采用回潮率和含水率表示。回潮率是指纤维内水分质量与绝对干燥纤维质量之比的百分数 [式(2-16)]，含水率是指纤维内所含水分质量与未经烘干的纤维质量之比的百分数 [式(2-17)]。

$$R = \frac{G_0 - G}{G} \times 100\%$$

(2-16)

$$M = \frac{G_0 - G}{G_0} \times 100\%\qquad(2\text{-}17)$$

式中　$R$——回潮率；

　　　$M$——含水率；

　　　$G_0$——未经烘干纤维的质量；

　　　$G$——绝对干燥纤维的质量。

由于纤维制品在不同的大气状态下具有不同的吸湿性，根据应用场合不同，又有以下几种表示方法：

（1）实际回潮率。纤维制品在实际所处环境条件下具有的回潮率。实际回潮率只表明材料实际含湿情况。

（2）标准回潮率。在标准状态下，纤维制品达到吸湿平衡的回潮率。通过标准回潮率可以了解并比较各种材料的吸湿性。表 2-18 为几种常见纤维的标准回潮率。

表 2-18　几种常见纤维的标准回潮率

| 纤维种类 | 标准回潮率/% | 纤维种类 | 标准回潮率/% |
|---|---|---|---|
| 原棉 | 7～8 | 涤纶 | 0.4～0.5 |
| 细羊毛 | 15～17 | 锦纶 6 | 3.5～5 |
| 桑蚕丝 | 8～9 | 锦纶 66 | 4.2～4.5 |
| 苎麻 | 12～13 | 腈纶 | 1.2～2 |
| 普通黏胶丝 | 13～15 | 丙纶 | 0 |
| 富强纤维 | 12～14 | 维纶 | 4.5～5 |

（3）公定回潮率。公定回潮率是为贸易、计价、检验等需要而制定的回潮率，主要目的是使商业或工作方便。公定回潮率表示在大宗贸易中折算公定质量时加在干燥纤维质量上的水分质量与干燥纤维质量之比的百分率。通常公定回潮率高于标准回潮率，或取其上限。各国对公定回潮率的规定不一致，我国对几种常见纤维公定回潮率的规定见表 2-19。

表 2-19　几种常见纤维的公定回潮率

| 纤维种类 | 公定回潮率/% | 纤维种类 | 公定回潮率/% |
|---|---|---|---|
| 原棉 | 11.1 | 富强纤维 | 13 |
| 棉纱 | 8.5 | 二醋酯纤维 | 9 |
| 羊绒、细羊毛 | 15 | 三醋酯纤维 | 7 |
| 毛织物 | 14 | 涤纶 | 0.4 |
| 驼毛 | 14 | 锦纶 6 | 4.5 |
| 兔毛 | 15 | 锦纶 66 | 4.5 |
| 桑蚕丝 | 11 | 腈纶 | 2 |
| 苎麻 | 12 | 丙纶 | 0 |
| 亚麻 | 12 | 维纶 | 5 |

续表2-19

| 纤维种类 | 公定回潮率/% | 纤维种类 | 公定回潮率/% |
|---|---|---|---|
| 黄麻、洋麻、大麻 | 14.94 | 氨纶 | 1 |
| 黏胶纤维 | 13 | 玻璃纤维 | 2.5 |

### 2.3.1.2　影响纤维吸湿性的因素

影响纤维吸湿性的因素有很多，包括纤维的多层次结构特性，纤维所处的温度、湿度环境，吸湿、放湿历史，以及时间等。以下从影响纤维吸湿性的内因和外因两个方面进行介绍。

1. 影响纤维吸湿的内因

（1）亲水性基团。

从本质上来说，纤维吸湿性取决于化学结构中有无可与水分子形成氢键的亲水性基团及其强弱和数量，这是纤维具有吸湿性的主要原因。亲水性基团极性越强、数量越多，与水分子形成的氢键越强，纤维吸湿性越强。

图 2-44 给出了各种纤维的吸湿等温线。由图 2-44 可以看出，天然纤维的吸湿性优于合成纤维。这是因为蛋白质纤维、纤维素纤维中都含有很多极性基团，如羟基、氨基、羧基、酰胺基等，容易与水形成氢键，从而具有良好的吸湿性能，而合成纤维中的极性基团要相对少得多。几种主要的合成纤维的吸湿性具有以下规律：维纶含有羟基（—OH），经缩醛化后，一部分羟基被封闭，吸湿性减小，但在合成纤维中其吸湿能力最好；锦纶 6 或锦纶 66 每 6 个碳原子上含有一个酰胺基（—CONH—），具有一定的吸湿能力；腈纶只有亲水性弱的极性基团氰基（—CN），吸湿能力小；涤纶和丙纶都缺少亲水性基团，吸湿能力极差。

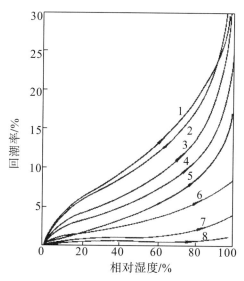

1—羊毛；2—黏胶纤维；3—蚕丝；4—棉；5—醋酯纤维；6—锦纶；7—腈纶；8—涤纶

**图 2-44　各种纤维的吸湿等温线**

75

（2）结晶区与非晶区。

纤维吸湿性还与其物理结构，特别是聚集态结构有关。在结晶区，纤维大分子中的亲水基团在分子间形成较强作用力，分子排列紧密有序，水分子难以进入结晶区，因此，吸湿主要发生在无定形区（非晶区）和结晶区的表面。同样化学结构的纤维，结晶度不同，吸湿性也不同。通常结晶度越大，无定形区比例越小，吸湿性越差。棉纤维经过丝光处理后，无定形区比例增加，吸湿性随之提升；黏胶纤维和棉纤维尽管化学组成相同，但它们的吸湿性却有显著差异，这也是由二者结晶度差异明显造成的。

（3）纤维内部的孔隙。

亲水基团直接与水分子形成水合物成为直接吸附，这部分被吸附的水分称为结合水。当结合水饱和后，水分子继续进入纤维的细胞腔或各种空隙中，使水分子层加厚，形成多分子层吸附或毛细管水，故纤维中各种空隙的多少对于纤维吸湿性也起着重要作用。孔隙越多，吸湿性越强。为了提高疏水性纤维的吸湿性，可在纤维成型加工过程中使纤维内部形成无数毛细孔。

（4）表面吸附。

纤维表面具有吸附某种物质以降低自身表面能的特性，故纤维的表面可以吸附大气中的水汽或其他气体，吸附量与纤维的表面积和组成成分有关。纤维越细，比表面积越大，吸附水分子的能力越强。因此，适当的表面处理，改善纤维的表面结构，是改善疏水性纤维吸湿性的有效方法。

（5）纤维伴生物。

纤维伴生物位于纤维的表面，它改变了纤维的表面特性。例如，脱脂棉纤维的吸湿能力强，是因为除去了棉蜡的影响；麻纤维的果胶多，则吸湿性好；化学纤维表面的油剂性物质会影响其吸湿能力，当油剂表面活性剂的亲水基团朝向空气定向排列时，纤维的吸湿能力强。

2. 影响纤维吸湿的外因

（1）吸湿时间。吸湿与脱湿是一个平衡过程，达到平衡的时间很长。所以在进行各种纤维材料物理性能检验时，需要把它们放置在标准的湿度、温度环境中进行定时调湿。

（2）环境的湿度。相对湿度（$RH$）增大，纤维吸湿性增大。

（3）环境的温度。温度对纤维吸湿性的影响主要从两个方面起作用：一方面，温度越高，水分子热运动的动能越大，逸出纤维表面的概率增加，纤维的吸湿性越小，回潮率也越小；另一方面，温度越高，纤维越容易膨胀，纤维内部的孔隙会增多或变大，纤维吸湿能力又会增强。

### 2.3.1.3 吸湿滞后

同样的纤维，在一定的大气温度、湿度条件下，从脱湿达到平衡和从吸湿达到平衡的两种平衡回潮率不相等，前者大于后者，这种现象称为吸湿滞后。纤维的吸湿滞后现象可以从其吸湿等温线（Moisture sorption isotherm）观察到。纤维在一定的温度下，通过改变相对湿度所得到的平衡回潮率曲线称为吸湿等温线。纤维从干态到湿态对应吸湿过程，从湿态到干态对应解吸过程。图 2-45 给出了纤维素纤维的吸湿和解吸等温线。从图 2-45 可以看出纤维吸湿等温线的特点：曲线都呈反"S"形。当 $RH=0\%\sim15\%$ 时，曲线的斜率较大；当 $RH=15\%\sim70\%$ 时，曲线的斜率较小；当 $RH>70\%$ 时，曲线斜率又明显增大。

对吸湿滞后现象可以解释如下：干燥的纤维素纤维在吸湿过程中，无定形区的氢键不断打开，纤维素分子间的氢键被纤维素与水分子间的氢键代替，虽然形成了新的氢键，但仍保持着纤维素分子间的部分氢键，即新游离出来的羟基较少。在解吸过程中，润湿了的纤维脱水收缩，无定形区纤维素分子之间的氢键重新形成，但由于其也受内部阻力的抵抗，被吸着的水不易挥发，即纤维素与水分子之间的氢键不能全部可逆地打开，故吸着的水较多，产生滞后现象，只有在相对湿度为 $100\%$ 时，才回复到原来状态，此时吸湿和解吸等温线才互相符合。

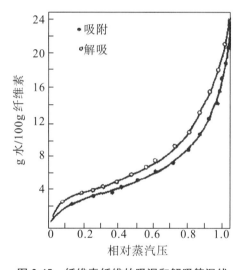

**图 2-45 纤维素纤维的吸湿和解吸等温线**

## 2.3.2 纤维的力学性能

### 2.3.2.1 材料力学性能术语

1. 应力($\sigma$)

外力使材料发生形变，其内部分子间以及分子内各原子间的相对位置和距离就要发生变化，同时材料内部产生相等的反作用力来抵抗这个外力，并力图恢复到变化前的状态，达到平衡时，附加内力与外力大小相等、方向相反。在单位面积上产生的这种反作用力称为应力，其值与单位面积上所受外力大小相等，所以用单位面积所受外力大小来表示应力的大小。

2. 应变($\varepsilon$)

材料在外力作用下，其几何形状和尺寸所发生的变化称为应变或形变。

$$\varepsilon = (L - L_0)/L_0 = \Delta L/L_0 \tag{2-18}$$

式中　$L_0$——原长；

　　　$\Delta L$——伸长长度。

(1)简单拉伸(Drawing)：材料受到一对垂直于材料截面、大小相等、方向相反并在同一直线上的外力的作用。材料在拉伸作用下产生的形变称为拉伸应变，也称为相对伸长率($\varepsilon$)。简单拉伸如图 2-46 所示。

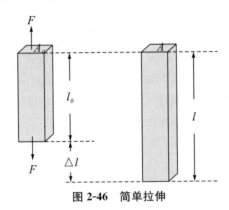

图 2-46　简单拉伸

拉伸应力：$\sigma = F/A_0$($A_0$ 为材料的起始截面积)。

拉伸应变(相对伸长率)：$\varepsilon = (l-l_0)/l_0 = \Delta l/l_0$。

(2)简单剪切(Shearing)。材料受到与截面平行、大小相等、方向相反但不在一条直线上的两个外力的作用，使材料发生偏斜。其偏斜角的正切值定义为剪切应变($\gamma$)。简单剪切如图 2-47 所示。

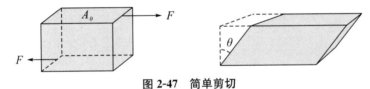

图 2-47　简单剪切

剪切应变：$\gamma = \tan\theta$。

剪切应力：$\sigma_s = F/A_0$。

(3)均匀压缩(Pressurizing)。材料受到均匀压力压缩时发生的体积形变称为压缩应变($\gamma_V$)。均匀压缩如图 2-48 所示。

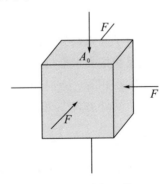

图 2-48　均匀压缩

材料经压缩以后，体积由 $V_0$ 缩小为 $V$，则压缩应变为

$$\gamma_V = (V_0 - V)/V_0 = \Delta V/V_0 \tag{2-19}$$

3. 弹性模量

弹性模量指在弹性形变范围内单位应变所需应力的大小。它表征材料抵抗变形能力的大小，模量越大，越不容易变形，表示材料刚度越大。分别对应于以上三种材料受力和形变的基本类型的模量分别为：

拉伸模量（杨氏模量）$E$：$E = \sigma/\varepsilon$。

剪切模量（刚性模量）$G$：$G = \sigma_s/\gamma$。

体积模量（本体模量）$B$：$B = p/\gamma_V$。

4. 机械强度

当材料所受的外力超过材料的承受能力时，材料就发生破坏。机械强度就是衡量材料抵抗外力破坏的能力，是指在一定条件下材料所能承受的最大应力。根据外力作用方式的不同，机械强度主要有以下三种类型：

（1）抗张强度：衡量材料抵抗拉伸破坏的能力，也称为拉伸强度。

在规定试验温度、湿度和实验速度下，在标准试样上沿轴向施加拉伸负荷，直至试样被拉断。试样断裂前所受的最大负荷 $P$ 与试样横截面积之比为抗张强度 $\sigma_t$：

$$\sigma_t = P/(b \cdot d) \tag{2-20}$$

（2）挠曲强度：也称为弯曲强度。挠曲强度的测定是在规定的试验条件下，对标准试样施加一静止弯曲力矩，直至试样断裂，如图 2-49 所示。

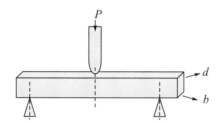

**图 2-49　挠曲强度的测定**

设试验过程中的最大负荷为 $P$，则挠曲强度 $\sigma_f$ 为

$$\sigma_f = 1.5Pl_0/bd^2 \tag{2-21}$$

（3）冲击强度：也称为抗冲强度，定义为试样受冲击负荷时单位截面积所吸收的能量，是衡量材料韧性的一种指标。测定的基本方法与弯曲强度的测定相似，但其作用力是运动而不是静止的，如图 2-50 所示。

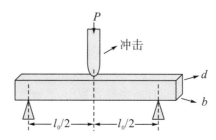

**图 2-50　冲击强度的测定**

试样断裂时吸收的能量等于断裂时冲击头所做的功 $W$，因此冲击强度为

$$\sigma_i = W/bd \qquad (2\text{-}22)$$

#### 2.3.2.2 纤维的拉伸性能

纤维在加工或使用中会受到拉伸、弯曲、压缩和扭转等外力的作用，产生不同的形变，但主要受到的是外力的拉伸。纤维制品的弯曲也与其拉伸性能有关。因此，纤维拉伸性能的研究受到广泛的重视。

纤维制品的拉伸性能主要包括强力和伸长量，除拉伸断裂特性外，纤维受外力作用的变形回复能力也将影响其制品的尺寸稳定性和使用寿命。以下将从纤维的拉伸性能和形变后的回复性能两个方面进行介绍。

1. 纤维的拉伸特性与应力—应变曲线

纤维的拉伸特性是指纤维在拉力作用下所表现出的特性。由于纤维的拉伸特性与纤维的内部结构以及纤维制品密切相关，所以纤维的拉伸特性是纤维最主要的力学特性。

通常，用来表示纤维材料在拉伸过程中受力和变形的曲线称为拉伸曲线，它可以用负荷—伸长曲线表示，也可以用应力—应变曲线表示。

纤维被拉伸时，典型的应力—应变曲线如图 2-51 所示。图中纵坐标是应力（$\sigma$），横坐标是应变（$\varepsilon$）。在曲线上有一个应力出现极大值的转折点 $Y$，叫作屈服点，对应的应力称为屈服应力（$\sigma_y$）；在屈服点之前的 $A$ 段，应力与应变比值恒定，此比值（形变初始阶段直线部分的斜率）称为纤维的初始模量；经过屈服点后，即使应力不再增大，应变仍保持一定的伸长；当材料继续被拉伸时，将发生断裂，材料发生断裂时的应力称为断裂应力（$\sigma_b$），相应的应变称为断裂伸长率（$\varepsilon_b$）。

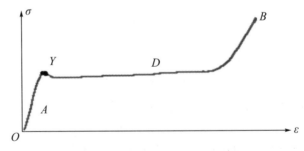

**图 2-51　纤维材料的典型拉伸曲线**

纤维材料的应力—应变曲线的形状取决于成纤高聚物的化学结构（分子量及其分布、支化、交联）、物理结构（结晶及取向、晶区大小与形状、加工形态）以及实验测试条件（温度、拉伸速率等）。根据纤维的应力—应变曲线也可以了解成纤高聚物的力学性能概貌。学者们将各种聚合物的应力—应变曲线分为五类，如图 2-52 所示。其中的术语"软（柔）"和"刚（硬）"用于区分材料模量的低或高，"弱"和"强"是指强度的大小，"脆"是指无屈服现象而且断裂伸长很小，"韧"是指断裂伸长和断裂应力都较高。

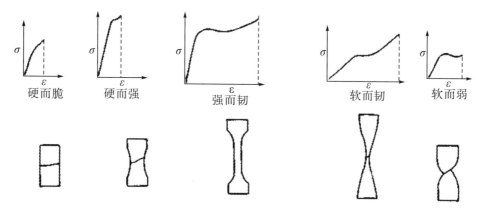

**图 2-52　聚合物五种类型应力—应变曲线**

（1）材料刚（硬）而脆：在较大应力作用下，材料仅发生较小的应变，并在屈服点之前发生断裂，具有高的模量和抗张强度，但受力呈脆性断裂，冲击强度较差。

（2）材料刚（硬）而强：在较大应力作用下，材料发生较小的应变，在屈服点附近断裂，具有高模量和抗张强度。

（3）材料强而韧：具有高模量和抗张强度，断裂伸长率较大，材料受力时，属韧性断裂。

（4）材料软（柔）而韧：模量低，屈服强度低，断裂伸长率大，断裂强度较高。

（5）材料软（柔）而弱：模量低，屈服强度低，中等断裂伸长率，如未硫化的天然橡胶。

图 2-53 表示不同类型的几种具有代表性的纤维的应力—应变曲线。由图 2-53 可知，棉纤维的初始模量较高，断裂强度中等，而断裂伸长和断裂功甚低，纤维表现为刚而脆；羊毛的断裂强度、初始模量与断裂功均较低，而断裂伸长中等，纤维表现为柔而弱；蚕丝的断裂强度与初始模量较高，断裂伸长与断裂功中等，纤维表现为刚而强；涤纶的初始模量、断裂强度、断裂伸长与断裂功均较高，纤维表现为刚而韧；锦纶的初始模量较低，而断裂强度、断裂伸长、断裂功均较高，纤维表现为柔而韧。

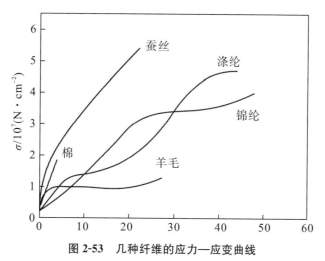

**图 2-53　几种纤维的应力—应变曲线**

2. 纤维的线密度与断裂强度

我国法定计量单位规定，纤维（或纱线）的细度统一用线密度表示（也称为"纤度"），反映纤维（或纱线）的粗细程度。线密度的单位为特（特克斯，tex），用 1 km 长的纤维（或纱线）在公定回潮率时的质量克数表示，1/10 特称为分特（dtex）。在密度一定的情况下，纤维线密度越小，单纤维越细，手感越柔软，光泽柔和且易变形加工。表 2-20 给出了几种主要的天然纤维的相对密度、长度和线密度。

表 2-20　几种天然纤维的相对密度、长度和线密度

| 纤维 | 棉花 | 亚麻 | 苎麻 | 羊毛 | 蚕丝 |
|---|---|---|---|---|---|
| 相对密度 | 1.54～1.56 | 约 1.50 | 1.50 | 1.32 | 1.33～1.45 |
| 长度/mm | 13～70 | 4～70 | 60～250 | 40～70 | — |
| 线密度/ tex | 0.11～0.22 | 约 0.19 | 0.69 | 0.33～0.83 | 0.12～0.19 |

纤维的断裂强度是反映纤维质量的一项重要指标。纤维的断裂强度通常采用基于线密度的相对强度来表示，即纤维在连续增加负荷的作用下直至断裂所能承受的最大负荷与纤维的线密度之比，单位为牛顿/特（N/tex）、厘牛顿/特（cN/tex）。断裂强度高，纤维在加工过程中不易断头、绕辊，最终制成的纱线和织物的牢度也高；但是断裂强度太高，纤维刚性增加，手感变硬。

纤维的干湿程度对其断裂强度有一定影响。纤维在干燥状态下测定的强度称为干强度；纤维在润湿状态下测定的强度称为湿强度。回潮率较高的纤维，湿强度比干强度低，如一般黏胶纤维的湿强度要比干强度低 30%～50%。大多数合成纤维的回潮率很低，湿强度接近或等于干强度。

## 2.3.3　纤维的热学性质与燃烧性能

### 2.3.3.1　纤维的热学性质

纤维的热学性质包括比热容、导热和热对纤维性质的影响，对纤维的加工和使用性能也有直接关系。

1. 纤维的比热容

比热容是物质的基本物理量。纤维的比热容是指单位质量的纤维在温度变化 1℃时所吸收或放出的热量，标准单位为 J/(g·K)。各种干纤维的比热容见表 2-21。纤维的比热容不仅受纤维聚集态结构和形态结构的影响，而且受含水率的影响。纤维的含水率越高，一般比热容越大，可用下列公式计算。另外，在不同温度下测得的纤维的比热容不同，温度升高，比热容增大。

$$c = c_0 + \frac{M \cdot (c_w - c_0)}{100} \tag{2-23}$$

式中　$c$——湿纤维的比热容；

　　　$c_0$——干纤维的比热容；

　　　$c_w$——水的比热容；

$M$——纤维的含水率。

**表 2-21　各种干纤维的比热容**

| 纤维材料 | 比热容/[J/(g·K)] | 纤维材料 | 比热容/[J/(g·K)] |
|---|---|---|---|
| 棉 | 1.21~1.34 | 锦纶 | 1.84 |
| 亚麻 | 1.34 | 锦纶 66 | 2.05 |
| 毛 | 1.36 | 腈纶 | 1.51 |
| 丝 | 1.38~1.385 | 丙纶（50℃） | 1.80 |
| 黏胶纤维 | 1.26~1.36 | 玻璃纤维 | 0.67 |
| 涤纶 | 1.34 | 石棉 | 1.05 |

2．纤维的导热系数

纤维内部和纤维之间有很多空隙，空隙内充满空气。因此，其导热过程是一个比较复杂的过程。对于体积、质量均匀的纤维集合体，通常用导热系数 $\lambda$ 表征其导热性，单位是 kJ/(m·K·h)。$\lambda$ 越小，表示纤维的导热性越低，其绝热性或保温性越好。表 2-22 是各种纤维的导热系数和空气的导热系数的比值。一般来说，各向同性体的导热性是各向同性的，纤维因具有结晶和非晶区取向的各向异性结构，实质上导热系数也显示出各向异性。

**表 2-22　各种纤维的的导热系数和空气导热系数的比值**

| 纤维种类 | 纤维导热系数/空气导热系数 | 纤维种类 | 纤维导热系数/空气导热系数 |
|---|---|---|---|
| 棉 | 17.5 | 涤纶 | 7.0 |
| 毛 | 7.3 | 腈纶 | 8.0 |
| 黏胶纤维 | 11.0 | 氯纶 | 6.4 |
| 醋酯纤维 | 8.6 | 丙纶 | 6.0 |

注：空气导热系数取 0.092 kJ/(m·K·h)。

3．纤维的热收缩性

当纤维遇干热和湿热时，会改变原来大分子间的取向度与结晶状态，松弛有序排列的分子链段，发生分子链的解取向、链折叠和重结晶等现象，使纤维产生不可逆的收缩，这种收缩叫作纤维的热收缩。

根据热力学观点，处于非平衡态的取向聚合物受热后，体系将向平衡态方向转化，其转化程度及转化速率取决于大分子的取向程度、大分子链间的结合作用以及体系温度变化情况。对于真实的纤维，纤维大分子间通过分子间引力、氢键等作用形成复杂的结构，其中有高稳定、高完善程度的结晶部分，相对低稳定的不完善结晶部分，低稳定的结晶和非结晶之间的过渡区，以及不稳定的非结晶区。在纤维受热过程中，以上不同的结构区域对纤维的热收缩有不同的贡献。通常认为聚集态结构特点为结晶度低而非晶区取向程度高的纤维更容易发生热收缩。

为了生产质量好、尺寸稳定的合成纤维，在纤维成形和加工过程中需对其进行热定型。通过热定型处理，消除纤维在成形和拉伸过程中产生的内应力，大分子发生一定程度的松弛，同时伴随纤维结晶度、晶粒大小及完整性分布达到一个新的状态并冻结下来，提高纤维的形状稳定性。

4. 纤维的耐热性

纤维的耐热性表示纤维在高温下保持自身性能的能力。纤维耐热性的好坏是限制其应用的重要因素之一。根据纤维材料受热时力学性能的变化可以评价纤维的耐热性。表 2-23 为几种纤维的耐热性能。从表 2-23 中可以看出，化学纤维的耐热性比天然纤维好；天然纤维中，棉纤维的耐热性比麻和蚕丝好；合成纤维中，涤纶的耐热性比锦纶好。因此，对于在高温下工作的轮胎帘子线，涤纶比锦纶具有更大的优越性。

表 2-23　几种纤维的耐热性能

| 纤维材料 | 软化温度/℃ | 分解温度/℃ | 燃烧温度/℃ | 剩余强度/% | | | |
| --- | --- | --- | --- | --- | --- | --- | --- |
| | | | | 在 100℃下经过 | | 在 130℃下经过 | |
| | | | | 20 天 | 80 天 | 20 天 | 80 天 |
| 棉 | — | 150～180 | 390 | 92 | 68 | 38 | 10 |
| 亚麻 | — | 150～180 | 390 | 70 | 41 | 24 | 12 |
| 苎麻 | — | 150～180 | 390 | 62 | 26 | 12 | 6 |
| 蚕丝 | — | 130～150 | 590 | 73 | 39 | — | — |
| 黏胶 | — | 150～180 | 400～475 | 90 | 62 | 44 | 32 |
| 锦纶 | 180 | 300～350 | 500 | 82 | 43 | 21 | 13 |
| 涤纶 | 235～240 | 300～350 | 560 | 100 | 96 | 95 | 75 |
| 腈纶 | 190～240 | 200～250 | 530 | 100 | 100 | 91 | 55 |

纤维通常是部分结晶的高聚物，温度升高会引起纤维内部结晶部分的消减和无定形部分的增加，从而使纤维的力学性能发生相应改变。同时，随着温度的升高，在热的作用下，大分子在最弱的键上发生裂解，通常是热裂解和化学裂解（氧化和水解等）同时发生，这些裂解作用在高温时都会加速进行。因此，在热的作用下，纤维内部结晶部分的减小和无定形部分的增大、大分子的降解以及分子间作用力的减弱，其结果是使纤维强度下降。强度下降的程度因纤维种类不同而异。研究表明，纤维素纤维（棉、黏胶纤维、亚麻、苎麻等）的耐热性较好；羊毛的耐热性较差，加热到 100℃～110℃时即变黄，强度下降，通常要求干热不超过 70℃，洗毛不超过 45℃；蚕丝的耐热性比羊毛好，短时间可加热到 110℃，纤维强度没有明显变化；在合成纤维中，涤纶和腈纶的耐热性比较好，不仅熔点或分解温度较高，而且长时间受较高温度作用时，强度损失较小，腈纶的耐热性较差，维纶的耐热水性较差，在沸水中会产生变形和部分溶解。常见纤维的热敏感温度（熔融温度、软化温度和推荐熨烫温度）见表 2-24。

表 2-24　常见纤维的热敏感温度

| 纤维种类 | 熔融温度/℃ | 软化温度/℃ | 推荐熨烫温度/℃ |
| --- | --- | --- | --- |
| 棉 | 不熔融 | — | 218 |
| 麻 | 不熔融 | — | 232 |

| 纤维种类 | 熔融温度/℃ | 软化温度/℃ | 推荐熨烫温度/℃ |
|---|---|---|---|
| 丝 | 不熔融 | — | 149 |
| 羊毛 | 不熔融 | — | 149 |
| 醋酯纤维 | 260 | 176～191 | 117 |
| 腈纶 | — | 221～232 | 149 |
| 芳纶 | 不熔融 | — | 不熨烫 |
| 含氟纤维 | 不熔融 | — | |
| 玻璃纤维 | 1493 | 849 | 不熨烫 |
| 改性腈纶 | 不熔融 | — | 93～121 |
| 锦纶 6 | 215～221 | 171 | 149 |
| 锦纶 66 | 249～260 | 229 | 177 |
| 聚乙烯纤维 | 160～177 | 141～166 | 66 |
| 涤纶 | 250 | 226～230 | 163 |
| 聚酯纤维（PCDT） | 248～254 | 243 | 177 |
| 黏胶纤维 | 不熔融 | — | 191 |
| 氨纶 | 230 | 175 | 149 |

从材料结构对热稳定性的影响来看，成纤高聚物的热稳定性可分为物理结构的稳定性和化学结构的稳定性两个方面。这两个方面的结构变化都直接影响纤维材料的物理性能，但后一种变化是不可逆转的，破坏性更大。从物理变化上来看，聚合物受热时要发生软化和熔融；从化学变化上来看，聚合物在热及其与环境的共同作用下要发生环化、交联、降解、氧化、水解等结构变化。

根据结构变化特征，高分子材料的热分解可分为以下三种形式：

（1）链式分解，其特点是先在高分子链端或其他薄弱点生成自由基，并由此开始引发自由基式链锁降解，连续地生成单体，常形象地称为开拉链降解。主链上含有季碳原子的聚合物大都发生这类降解作用，因为所形成的叔碳自由基比较稳定。

（2）无规断链，分子链随机地发生异裂或均裂。如聚乙烯、聚丙烯等材料的热降解就属于这种形式。分解作用最终可不生成单体或单体产率不高。从分子量变化上来看，开拉链分解是链式聚合的逆过程，聚合物的分子量变化不大，直到裂解终了阶段分子量迅速下降；无规裂解反应类似于逐步聚合的逆过程，开始阶段分子量迅速下降，分布变宽。

（3）侧基分解，它是在主链不断裂的前提下发生的小分子消除反应。典型的实例是聚氯乙烯，它在降解时沿分子链相继脱出氯化氢，主链结构因此发生变化，产生共轭双键。聚乙烯醇降解的初期阶段发生脱水作用、聚丙烯腈成环后的脱氢芳构化等都属于伴随有主链结构变化的侧基消除降解。如果侧基较大，也可能发生侧基自身脱去而不改变主链结构。

改善纤维的热稳定性可从两个方面着手：一是可针对具体的降解机理加入相应的稳

定剂，如加入抗氧剂（主要是酚类和胺类）阻碍聚合物的热氧化作用，加入氯化氢吸收剂（碱性物质）减少分解出的氯化氢和聚合物进一步作用，加入自由基捕获剂减少自由基引起的裂解引发等，这些措施均可使成纤高聚物的热稳定性有一定程度的提高。二是可从改变聚合物的化学结构入手，这就需要了解聚合物结构与热稳定性的关系，以期合理地设计高分子结构与正确地选择材料品种。

### 2.3.3.2 纤维的燃烧性能

纤维的燃烧性能是指纤维在空气中燃烧的难易程度。各种纤维的燃烧性能不同。物质的燃烧可以分为两个相继发生的化学过程——分解和燃烧，两者通过着火和热反馈相互产生影响，其中分解（热裂解和热氧裂解）反应是主要的。几种常见纤维的分解温度和燃烧温度可参考表 2-23。从表 2-23 中看出，合成纤维的分解温度和燃烧温度均比植物纤维高。

**1. 点燃温度和火焰最高温度**

易燃纤维容易引起火灾，衣服燃烧时，聚合物的熔融能严重伤害皮肤。在这一方面，各种纤维可能造成的危害程度与纤维的点燃温度、火焰传播速度和范围，以及燃烧时产生的热量有关。几种主要纤维的点燃温度如图 2-54 所示。

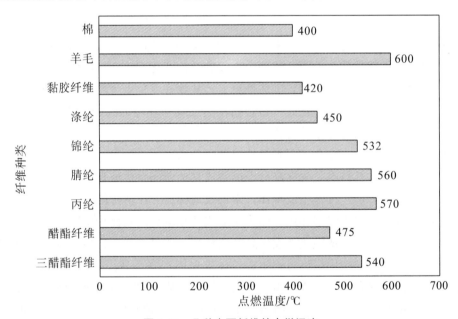

**图 2-54 几种主要纤维的点燃温度**

**2. 纤维的极限氧指数**

为了表征纤维的燃烧性能，广泛采用极限氧指数（Limiting Oxygen Index，LOI）法。极限氧指数是指纤维材料点燃后离开火源，在氧-氮混合气体中维持燃烧所需的最低含氧量的体积百分数。在空气中，氧的体积分数是 21%，若纤维的 LOI<21%，就意味着空气中的氧气足以维持纤维继续燃烧，这种纤维就属于可燃性或易燃性纤维；若纤维的 LOI>21%，就意味着这种纤维离开火焰后，空气中的氧不能满足使纤维继续燃烧的最低条件，纤维离开火焰后会自动熄灭，这种纤维属于难燃性或阻燃性纤维；当纤维的 $LOI > 26\%$ 时，其称为阻燃纤维。部分纤维的极限氧指数见表 2-25。从表 2-25 中可以看出，棉花和几种主要化学纤维的 $LOI$ 都小于 21%，属可燃性或易燃性纤维。为了符合某些纤维或织物的阻燃要求，可采用共聚、共混、表面处理等方法，在纤维或织物中引入有机磷化合物、有机卤素（Cl、Br 等）化合物，或两者并用。表 2-25 中，氯纶、芳纶和碳纤维均属于阻燃纤维。

表 2-25　部分纤维的极限氧指数

| 纤维 | $LOI$/% | 纤维 | $LOI$/% |
|---|---|---|---|
| 棉花 | 20.1 | 涤纶 | 20.6 |
| 黏胶纤维 | 19.7 | 丙纶 | 18.6 |
| 醋酯纤维 | 18.6 | 维纶 | 19.7 |
| 羊毛 | 25.2 | 氯纶 | 37.1 |
| 腈纶 | 18.2 | 芳纶 | 28.2 |
| 锦纶 | 20.1 | 碳纤维 | 60.0 |

3. 纤维的燃烧特性

纤维的燃烧特性包括燃烧速度，火焰的颜色，燃烧时散发出来的气味，燃烧后灰烬的颜色、形状和硬度等。根据纤维的燃烧特性可以鉴别纤维。常见纤维的燃烧特性见表 2-26。

表 2-26　常见纤维的燃烧特性

| 纤维种类 | 接近火焰 | 在火焰中 | 离开火焰 | 气味 | 残留物特征 |
|---|---|---|---|---|---|
| 棉、麻、黏胶纤维、富强纤维 | 不缩不熔 | 迅速燃烧，黄色火焰 | 继续燃烧 | 烧纸味 | 少量灰黑或灰白色灰烬 |
| 醋酯纤维 | 不缩不熔 | 缓缓燃烧 | 继续燃烧 | 乙酸刺激性味 | 黑色硬块或小球 |
| 羊毛、蚕丝 | 卷缩 | 徐徐冒烟，起泡并燃烧 | 缓慢燃烧，有时自灭 | 烧头发味 | 松脆黑色颗粒或焦炭状 |
| 涤纶 | 熔缩 | 边熔化，边缓慢燃烧，冒烟 | 继续燃烧，有时自灭 | 特殊芳香味 | 硬的黑色圆珠 |
| 锦纶 | 熔缩 | 边熔化，边缓慢燃烧 | 继续燃烧，有时自灭 | 氨臭味 | 坚硬淡棕透明圆珠 |
| 腈纶 | 熔缩 | 边熔化，边燃烧 | 继续燃烧，冒黑烟 | 辛辣味 | 松脆黑色不规则小珠 |
| 丙纶 | 熔缩 | 边收缩，边熔化燃烧 | 继续燃烧 | 石蜡味 | 硬灰白色透明圆珠 |
| 维纶 | 收缩 | 收缩，燃烧 | 继续燃烧，冒黑烟 | 特殊香味 | 不规则焦茶色硬块 |
| 氯纶 | 熔缩 | 熔融，燃烧，冒黑烟 | 自灭 | 刺鼻气味 | 深棕色硬块 |
| 氨纶 | 熔缩 | 熔融，燃烧 | 自灭 | 特殊气味 | 白色胶状 |

### 2.3.4 纤维的电学性质

材料的电学性质是材料的基本物性之一。纤维的电学性质是指在外加电压或电场作用下的行为及其所表现出来的各种物理现象,包括在交变电场中的介电性质、在弱电场中的导电性能、在强电场中的击穿现象以及发生在纤维表面的静电起电现象等。下面主要介绍纤维的导电性能和静电现象。

#### 2.3.4.1 纤维的导电性能

1. 纤维导电性能的表示方法

纤维的导电性可用电阻率或电导率表征。电阻率越小或电导率越大,导电性越好。根据欧姆定律,电阻定义为加在试样两端的电压与电流强度的比值,单位为欧姆。

电阻的大小与试样尺寸有关,与长度 $h$ 成正比,与横截面积 $S$ 成反比,因此,用电阻率表示导电性,定义为

$$\rho = R \frac{S}{h} \tag{2-24}$$

电阻率是材料的特性常数,单位为 $\Omega \cdot m$。电导率 $\sigma$ 则定义为电阻率的倒数,单位为 $S \cdot m^{-1}$。按电阻率或电导率的大小,可把材料分为绝缘体、半导体、导体和超导体(表 2-27)。

**表 2-27 导电性评价指标**

| 材料 | 电阻/($\Omega \cdot m$) | 电导率/($S \cdot m^{-1}$) |
|---|---|---|
| 绝缘体 | $10^{18} \sim 10^{7}$ | $10^{-18} \sim 10^{-7}$ |
| 半导体 | $10^{7} \sim 10^{-5}$ | $10^{-7} \sim 10^{5}$ |
| 导体 | $10^{-5} \sim 10^{-8}$ | $10^{5} \sim 10^{8}$ |
| 超导体 | $10^{-8}$ 以下 | $10^{8}$ 以上 |

有时需要分别表示材料表面和内部的不同的导电性,其指标为体积电阻率(体积比电阻)和表面电阻率(表面比电阻)。对于纤维制品,由于截面面积和体积不易测量,故如表示纤维的细度一样不采用截面面积,表示纤维的导电性一般也不采用体积比电阻,而采用质量比电阻。

(1)体积比电阻 $\rho_V$。体积比电阻的测量要使电流流过整个试样,电流必须限于体内电流 $I_V$。体积比电阻的单位是 $\Omega \cdot cm$。

$$\rho_V = R_V \frac{S}{h} = \frac{U}{I_V} \cdot \frac{S}{h} \tag{2-25}$$

实际测量体积比电阻时,试样可看成由表面和体内并联的电路,测得的是 $I_S$ 和 $I_V$ 的加和,电阻为 $R_S R_V / (R_S + R_V)$。需要采用特殊的电极系统,通过保护电极消除其中一种电流,才能得到正确结果。

(2)表面比电阻 $\rho_S$。表面比电阻是描述电流通过纤维表面的电阻,为试样单位正方形表面上两刀形极板间的电阻。当用一个刀形电极测量时,如果电极的长度为 $b$,电

极间的距离为 $l$，所加的电压为 $U$，则表面比电阻由下式计算：

$$\rho_S = R_S \frac{l}{b} = \frac{Ul}{I_s b} \tag{2-26}$$

其单位为 $\Omega$。

（3）质量比电阻 $\rho_m$。质量比电阻在数值上等于试样长度为 1 cm 和质量为 1 g 的材料的电阻，单位为 $\Omega \cdot g/cm^2$，可以表示为

$$\rho_m = \rho_v d \tag{2-27}$$

式中，$d$ 为纤维的密度，$g/cm^3$。

质量比电阻还可以用下式表示：

$$\rho_m = \rho_v d = R \cdot \frac{m}{l^2 d} \cdot d = R \frac{m}{l^2} \tag{2-28}$$

式（2-28）计算质量比电阻较为方便。各种纤维的质量比电阻见表 2-28。化学纤维特别是合成纤维，其质量比电阻通常在 $10^{14}(\Omega \cdot g)/cm^2$ 以上，在加工和使用过程中容易产生静电，造成生产和生活中的一些困难或麻烦。因此，通常希望纺织纤维的质量比电阻能够控制在 $10^9(\Omega \cdot g)/cm^2$ 以下。

表 2-28　各种纤维的质量比电阻

| 纤维 | 质量比电阻/$(\Omega \cdot g \cdot cm^{-2})$ | 纤维 | 质量比电阻/$(\Omega \cdot g \cdot cm^{-2})$ |
|---|---|---|---|
| 棉 | $10^6 \sim 10^7$ | 黏胶纤维 | $10^7$ |
| 羊毛 | $10^8 \sim 10^9$ | 涤纶 | $10^{13} \sim 10^{14}$ |
| 丝 | $10^9 \sim 10^{10}$ | 锦纶 | $10^{13} \sim 10^{14}$ |
| 麻 | $10^7 \sim 10^8$ | 腈纶 | $10^{12} \sim 10^{13}$ |

2. 影响纤维导电性的因素

根据电导理论，材料的导电性是由于物质内部自由电荷的定向迁移产生的，这些自由电荷通常称为载流子。载流子可以是电子、空穴，也可以是正、负离子；它们可以是材料本身产生的，也可能是由所含杂质产生的。这些载流子在外加电场的作用下，在物质内部做定向运动形成电流。材料导电性的好坏与载流子所带的电荷 $q$、迁移速率 $\nu$ 及载流子密度 $N$ 有关。其中，迁移速率 $\nu$ 正比于电场强度，其比例系数称为迁移率，以 $\mu$ 表示，它是材料的特征参数。对于单位立方体的试样（长度和截面积均为 1），有

$$I_u = Nq\mu E \quad U_u = E \tag{2-29}$$

由此，得到微观量与宏观量 $\rho$ 存在下列关系：

$$\rho = \frac{U_u}{I_u} = \frac{1}{Nq\mu} \tag{2-30}$$

纤维大分子是由许多原子以共价键连接而成的，价电子基本上处于稳定的低能状态，所以禁带宽度较宽，导致纤维材料一般都是绝缘体。高分子的化学结构是决定其导电性的首要因素。饱和的非极性高分子具有优异的电绝缘性能，它们的结构本身既不能产生导电离子，又不具备电子电导的结构条件。聚四氟乙烯、聚对苯二甲酸乙二酯等都是众所周知的优良的电绝缘材料，电阻率可达 $10^{16} \Omega \cdot m$ 以上。极性高分子的电绝缘性稍差。聚酰胺、聚丙烯腈和聚氯乙烯等成纤高聚物的电阻率为 $10^{12} \sim 10^{15} \Omega \cdot m$。这些

聚合物中的强极性基团可能发生微量的本征解离，提供导电离子。此外，极性聚合物的介电系数较大，降低了杂质离子之间的库仑力，使电离平衡移动，从而增加了载流子的浓度，因此，极性高分子的电阻率比非极性高分子小。

聚电解质或聚离子的分子链上带有正电荷或负电荷，在溶液中可作为载流子导电（电泳），但因为同时要在极板上发生氧化还原反应，一方面电荷不断消耗；另一方面在极板上形成绝缘的电沉积层，所以这类聚合物实际上难以形成持久性导体。

带有共轭双键的高分子的 π 电子可作为载流子赋予材料导电性。具有芳环结构的有机分子的电阻率随 π 电子的活动区域的增大而减小。按照这一趋势，具有相当大的 π 电子离域区的共轭高分子的电阻率将会降得很低。实际上，共轭高分子的电阻率的下降幅度一般是有限的。因为要实现导电，电子不仅要在分子内迁移，而且必须实现分子间迁移，后者具有一定困难。同时，分子链本身也常带有结构缺陷，使 π 电子的分子内活动区域减小。如聚乙炔、聚对苯等共轭高分子，在很好的取向情况下也只能是半导体材料，要采用特定的小分子对其进行掺杂才可以接近或达到类似金属的导电性。

聚丙烯腈本身是电绝缘体，如果把它牵伸取向制成纤维，再通过加热分解脱氢可使取向纤维芳构化，形成共轭的梯形结构，产物称为黑 Orlon。它在纤维轴方向的电导率可提高到 $10^{-1}$ S·m$^{-1}$。进一步加热则可脱去 $N_2$ 和 HCN，最终形成似石墨结构的碳纤维，电导率可高达 10 S·m$^{-1}$ 数量级。聚氮化硫$\left(\text{SN}\right)_n$ 是一种共轭元素高分子，能够生成纤维状结晶，分子间排列紧密，有利于电子在分子间跨越，所以有良好的导电性，室温下电导率可达 $2 \times 10^5$ S·m$^{-1}$，并且其在超低温下（0.26 K）具有超导性。

经过长期研究，通常认为影响纤维导电性的因素主要包括湿度、温度、纤维的结构和杂质等。

（1）湿度对纤维电阻的影响。对于大多数吸湿性较好的纤维，当空气相对湿度为 30%～90% 时，纤维的含水率 $M$ 与质量比电阻之间存在以下经验公式：

$$\rho_m \cdot M^n = k \tag{2-31}$$

式中，$n$，$k$ 是常数。

吸湿性低的合成纤维一般具有较高的质量比电阻。当相对湿度低于 80% 时，每增加 10% 的相对湿度，纤维质量比电阻下降约 1/10；当相对湿度超过 80% 时，电阻率下降的速度更快。

（2）温度对纤维电阻的影响。合成纤维的体积比电阻在高于或低于玻璃化温度的区域内对温度的依赖性不同。如图 2-50 所示。许多合成纤维比电阻的活化能在温度低于 $T_g$ 时为 25～113 kJ/mol，在温度高于 $T_g$ 时为 175～360 kJ/mol。这是因为，一方面，当温度高于 $T_g$ 时，除偶极基团损耗外，还有偶极弹性损耗，后者与链段构象改变较大有关，这需要更多单体链节的协同运动；另一方面，离子型载流子的迁移率显然还取决于纤维高分子的热运动。

（3）结构对纤维电阻的影响。纤维的超分子结构影响纤维的比电阻。随着纤维结晶度增大，纤维的比电阻变大；随着取向度增加，纤维的比电阻下降。化学结构影响纤维的吸湿性，继而会对其电阻产生影响。

（4）杂质对纤维电阻的影响。杂质对纤维的导电性能有很大影响，许多导电纤维就是利用掺杂大的成分或通过导电成分包覆纤维的方法制得。通过导电粒子（如金属粉末、炭黑、金属氧化物等）与基质聚合物共混或复合纺丝，可制成导电纤维；而导电成分包覆纤维是将导电成分涂覆在非导电主体聚合物纤维的表面，得到具有低体积比电阻（$10^{-3}\sim10^{-2}\,\Omega\cdot cm$）的导电纤维。

### 2.3.4.2　纤维的静电现象及静电消除

#### 1. 纤维的静电现象

当两个固体表面相互接触时，因为它们的物理状态不同，电荷将发生再分配，把它们重新分开后，将带有比接触之前过量的正电荷或负电荷，这种现象称为静电现象。在聚合物工业中，相同或不同材料之间的接触是十分普遍的，因而非常容易发生静电现象，使聚合物从电中性体变为带电体。

纤维的静电现象起因于纤维本身或与其他物体在接触与摩擦时或受挤压后分开等过程中发生的电荷转移，当纤维表面的电荷大量积聚，不能很快散逸时，便产生静电。发生静电现象的机理可以解释为：摩擦时，两个接触表面发热，表面层的分子或基团发生运动，偶极基团受剪切力发生取向，两个摩擦表面间发生电荷的激化，使电子摆脱原子核的束缚从材料表面逸出，电荷由一个表面向另一个表面迁移，形成接触电位差，而摩擦加热加强了这一过程，于是一个表面带正电，另一个表面带负电，造成静电集中。电子摆脱原子核的束缚从材料表面逸出所需要的能量称为电子逸出功。物质的物理状态不同，其内部结构中电荷载体的能量分布也不同，从而使它们具有不同的电子逸出功。当两种聚合物接触时，逸出功较小的物质倾向于失去电子而带正电，逸出功较大的则获得电子而带负电。从介电系数上来看，两种聚合物相互摩擦时，介电系数较大的聚合物一般带正电。这是一般性规律，在实际情况下，物质的形状、摩擦方式、压力等许多因素时常也对带电符号产生影响。一些纤维的起电顺序（带电序列）从正到负依次为：

（＋）羊毛、锦纶、黏胶纤维、纤维素纤维、蚕丝、醋酸纤维、维纶、腈纶、氯纶、丙纶、乙纶（－）

上述带电序列是在温度30℃、相对湿度33％的条件下测得的。当两种纤维材料相互摩擦时，排在这一序列前面的物质通常会带正电，排在这一序列后面的会带负电，两种物质的差距越大，所带电量也越多。从带电序列可以看出，羊毛、锦纶等纤维排在左端，纤维素纤维居中，一般化学纤维排在右端。分析认为，带电序列与纤维大分子所含官能团及其性质有关，若电子容易从官能团中脱离，即供电子能力强者带正电，反之带负电。各种官能团的极性顺序如下：

（＋）$-NH_2>-OH>-COOH>-OCH_3>-OC_2H_5>-COOCH_3>-Cl>-NO_2$（－）

#### 2. 电荷的散逸

纤维在接触与摩擦中的静电荷是不断产生又不断漏泄的，实际观察到的是两个过程动态平衡下的静电。带静电的材料在放置过程中将会缓慢地使静电消失。如果两个摩擦表面分离后所带电荷很快被散逸，那么就不会产生静电。纤维电荷散逸速度一般可以用电荷散逸时间常数 $\tau$ 来表示。不同纤维的散逸速度不同。在相对湿度65％下，几种常见纤维的静电散逸时间常数见表 2-29。表中数据表明，一般合成纤维的比电阻都高，

故 $\tau$ 值高，电荷不易散逸，而天然纤维的比电阻低，$\tau$ 值小，电荷容易散逸。

表 2-29  几种常见纤维的静电散逸时间常数

| 纤维 | $\tau/s$ | 纤维 | $\tau/s$ |
|---|---|---|---|
| 棉 | $2.5\times10^{-2}$ | 涤纶 | $2.5\times10^3$ |
| 羊毛 | 3 | 锦纶 | $1.2\times10^3$ |
| 丝 | $6\times10^2$ | 腈纶 | $4\times10^2\sim6\times10^3$ |
| 黏胶纤维 | $5\times10^{-2}$ | | |

3. 静电的消除

一般来说，静电对纤维的生产和使用、纺织加工、印染整理等都会带来不良影响。表面电荷能引起材料的个别部分相互排斥或吸引等静电作用，给一些加工工艺造成困难。例如，吸水量不超过 5% 的干性聚丙烯腈在纺丝中因纤维与导辊的摩擦所产生的静电荷若不能及时消除，可使纤维的梳理、纺纱、牵伸、加捻、织布和打包等工序难以进行。此外，纤维织物在使用过程中，由于摩擦会产生静电，静电易使织物黏着灰尘，还会产生起毛和起球等现象。更为严重的是，静电作用有时会影响人身或设备的安全，特别是有易燃易爆品的场合，其危险性更大。

为了减少或避免上述困扰，除让带电材料的电荷在放置过程中缓慢散逸外，还可以采用适当途径消除静电。消除静电的方法有两种：一是抑制带电的产生；二是促进带电的消失。但一般很难控制电荷的产生，主要从第二种方法着手，采用反电荷中和、电荷表面传导和内部传导等方法促进带电的消失。由于纤维或织物带电量与纤维材料、摩擦材料、相对湿度、摩擦方式等相关，通常采用以下几种方法消除静电：

（1）提高空气的相对湿度，降低纤维的电阻，使纤维上积聚的电荷迅速散逸。

（2）用能形成相反电荷的两种纤维材料配合在一起，使产生的静电荷相互抵消。

（3）添加抗静电剂。纤维生产中通常采用胺类、季胺类、吡啶盐、咪唑衍生物、高级醇的磷酸酯盐、烷基酚聚氧乙烯的硫酸酯盐等离子和非离子型化合物作为抗静电剂。也可以在织物的整理剂中加入具有一定吸湿性和导电性的高分子化合物，使织物具有抗静电性能。

（4）在织物中混入少量导电纤维，由于自身放电效应，取得抗静电性。

## 2.3.5  纤维的光学性质

当光线照射纤维时，一部分被反射（Reflection），其余进入纤维内部产生折射（Refraction）、吸收（Absorption）、散射（Scattering）等。纤维材料的折射率、透明性、双折射、光散射等光学性质在纤维的实际应用中有重要的意义，而这些光学性质主要取决于纤维的结构。研究纤维的光学性质不仅对纤维的生产和织物的设计、织造、染整加工等有重要意义，而且有助于更深刻地了解纤维的分子结构与性能的关系。

### 2.3.5.1  纤维的折光指数与双折射

当光入射到透光介质中时，光路要发生变化，这种现象称为光折散，如图 2-55 所

示。光的折散由折光指数 $n$ 表征，定义为

$$n = \frac{\sin i}{\sin r} = \frac{\sin r'}{\sin i'} \tag{2-32}$$

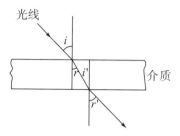

**图 2-55　光在平板介质中的折射**

纤维材料的折光指数为光在真空中的速度与在纤维材料中的速度之比。折光指数具有波长依赖性，不同波长的入射光在介质中要发生色散。在指出折光指数时，应同时标出光的波长。图 2-56 为聚甲基丙烯酸甲酯的折光指数与波长的关系，随着波长的增加，折光指数下降。

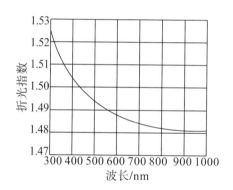

**图 2-56　聚甲基丙烯酸甲酯的折光指数与波长的关系**

折光指数是平均极化率与分子堆砌紧密程度的函数。从分子链的化学组成来看，折光指数一般按下列顺序增高：

—$CF_2$—，—O—，—CO—，—$CH_2$—，—$C_6H_4$—，—$CCl_2$—，—$CBr_2$—

纤维材料是高度不对称的，其极化作用也具有方向性，因此，纤维的光学性质就表现出各向异性，即光波在纤维中各个方向的传播速度不同，光线射入纤维介质时就会分解为两条折射光，存在两个折射率，这种现象叫作双折射。非取向的无定形聚合物的分子链段呈无规分布，宏观上没有双折射现象，表现为光学各向同性。但是，取向与结晶聚合物由于微观上的结构不对称性而表现出双折射效应。纤维在取向方向与垂直于取向方向的折光指数之差可用来表征其取向程度。

进一步分析在纤维内部分解成的两条折射光可知，它们都是偏振光，且振动面相互垂直，其中一条折射光称为寻常光，简称 O 光，它遵循折射定律，在不同方向上的折射率是不变的，其振动面与光轴垂直，折射率以 $n_{\perp}$ 表示；另一条折射光叫作非常光，简称 E 光，它不遵守折射定律，折射率随方向而变，其振动面与光轴平行，折射率以

$n_\parallel$ 表示。在非光轴方向，O 光和 E 光的折射率不同，光在纤维内部的速度 $v_O$ 和 $v_E$ 也不同。大多数纤维是正晶体，在不同方向上，$n_\perp < n_\parallel$，因此，O 光叫作快光，E 光叫作慢光。纤维的双折射率可用 $\Delta n = n_\parallel - n_\perp$ 表示。一些主要纤维的折射率和双折射率（简称双折射）见表 2-30。

表 2-30　一些主要纤维的折射率和双折射率

| 纤维种类 | $n_\parallel$ | $n_\perp$ | $\Delta n = n_\parallel - n_\perp$ |
|---|---|---|---|
| 棉 | 1.573~1.581 | 1.524~1.532 | 0.041~0.051 |
| 羊毛 | 1.553~1.556 | 1.542~1.547 | 0.009~0.012 |
| 蚕丝 | 1.5848 | 1.5347 | 0.0474 |
| 苎麻 | 1.595~1.599 | 1.527~1.54 | 0.057~0.068 |
| 亚麻 | 1.594 | 1.532 | 0.062 |
| 黏胶纤维 | 1.539~1.550 | 1.514~1.523 | 0.018~0.036 |
| 醋酯纤维 | 1.474 | 1.479 | −0.005 |
| 涤纶 | 1.725 | 1.537 | 0.188 |
| 锦纶 6 | 1.568 | 1.515 | 0.053 |
| 锦纶 66 | 1.570~1.580 | 1.520~1.530 | 0.040~0.060 |
| 腈纶 | 1.500~1.510 | 1.500~1.510 | 0.000~0.005 |
| 维纶 | 1.547 | 1.522 | 0.025 |

纤维双折射的大小与分子的取向度和分子本身的不对称程度有关。当纤维中全部大分子链与纤维轴平行排列时，双折射最大；当大分子紊乱排列时，双折射为 0。因此，用双折射的大小可以计算纤维的平均取向度。

### 2.3.5.2　纤维的光泽

光泽（Luster）是纤维的重要性质。光泽的强弱主要取决于纤维表面对光的反射情况。当纤维表面平滑一致，纤维彼此平行排列时，投射到界面的光线将在一定程度上沿一定角度反射，反射光越强，纤维的光泽就越亮。如果纤维表面粗糙不平、排列紊乱，反射光就以不同角度向各个方向漫射，出现漫反射的特征，纤维的光泽就越暗。图 2-57 反映了光的镜面反射和漫反射特征。

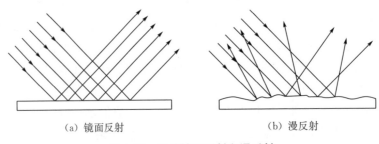

(a) 镜面反射　　　　　　　　　(b) 漫反射

图 2-57　光的镜面反射和漫反射

纤维的直径、形态、表面、断面等结构都会对其光泽特征产生重要影响。粗羊毛的鳞片稀少，且紧贴在毛干上，表面比较光滑，反射光较强，毛的光泽强；细羊毛的鳞片稠密，贴紧程度较差，因而光泽柔和。在制造半光或无光合成纤维时，就是在纺丝溶液或熔体中加入少量折射率不同的小颗粒消光剂（如二氧化钛），造成反射光漫反射，达到消光的目的。此外，纤维断面的形状也是影响纤维光泽的重要因素。锦纶、黏胶纤维和蚕丝分别具有独特的光泽特征，这与它们分别具有圆形、锯齿形和三角形的截面形态而对入射光形成不同的反射有关。棉纤维经丝光处理后，纤维膨胀，部分天然卷曲消失，截面接近圆形，因而其光泽会得到改善。

### 2.3.5.3　纤维的光吸收和二向色性

根据 Lambert-Beer 定律可知，当光透过物质时，透射光强度 $I$ 与入射光强度 $I_0$ 之间有下列关系：

$$I/I_0 = \exp(-\alpha d) \tag{2-33}$$

式中　$\alpha$——吸收系数；

　　　$d$——光通过介质的厚度。

吸收系数 $\alpha$ 由物质本性决定，通常是波长的函数。大多数无定形高聚物在可见光范围内没有特征的选择吸收，吸收系数 $\alpha$ 很小，因此表现为无色透明，如聚甲基丙烯酸甲酯（有机玻璃）。而纤维大多是部分结晶的高聚物，由于光散射而呈现乳白色。纤维的颜色一般是加入染料、颜料等造成的。加入没有溶解性的染料、颜料，则成为有色的不透明体；加入无色不溶的物质（如二氧化钛），则成为无色的不透明体。

在微观领域，分子的光吸收系数不是一个标量，而是具有一定的方向性。若三个主方向上的吸收系数分别为 $\alpha_1$、$\alpha_2$ 和 $\alpha_3$，两个方向的吸收系数之差称为二向色性（Dichroism）。宏观上，材料对光的吸收的二向色性表现为吸收系数具有方向性。这种宏观二向色性既与分子的二向色性有关，又与分子的排列有关。纤维材料中，大分子的高度取向是其区别于常规高分子材料的重要特征，因此，纤维的二向色性更明显，同时二向色性可以作为取向度的一种表征方法。

如果将取向的纤维样品用某种染料染色，由于染料分子会进入纤维内部取向的无定形区，并以一定方向取向吸附，因此，染色纤维在可见偏振光下也会表现出二向色性。当然，这种二向色性反映的是无定形区域和晶区边界处大分子的取向情况。另外，大分子链上某些官能团具有一定的方向性，它对振动方向不同的红外光也有不同的吸收率，也表现出二向色性，这种二向色性称为红外二向色性。红外二向色性反映的是纤维中大分子的取向情况。将对振动方向平行于长链分子轴向的偏振红外光吸收较强的称为 $\pi$ 二向色性；对振动方向垂直于长链分子轴向的偏振红外光吸收较强的称为 $\sigma$ 二向色性。人们常利用染料分子的可见光二向色性和红外二向色性研究纤维大分子链的取向结构。无论是哪种二向色性，其本质均是光的各向异性吸收，只是使用的波长范围不同。

### 2.3.5.4　纤维的耐光性

纤维暴露在太阳光下会受到损伤，主要是紫外线会引起纤维大分子化学结构的破坏，这种破坏体现在纤维的泛黄或色变、纤维的强力下降，甚至纤维的完全降解等。各种纤维对紫外线的破坏作用反应不一，如腈纶本身就是优良的抗紫外线纤维，而锦纶、丙纶等抗紫外线能力就差。常见纤维的耐光性见表 2-31。

表 2-31　常见纤维的耐光性

| 耐光性 | 很好 | 好 | 中等 | 差 |
|---|---|---|---|---|
| 纤<br>维<br>↓ | 玻璃纤维<br>腈纶<br>改性腈纶<br>涤纶 | Lyocell<br>麻<br>棉<br>黏胶纤维 | 三醋酯纤维<br>醋酯纤维<br>聚乙烯纤维 | 锦纶<br>羊毛<br>蚕丝 |

纤维和其他任何物质一样，不同的纤维基材和织物组织结构对紫外线的透射率都不同。耐光性纤维及其织物是指对紫外线有较强的吸收和反射性能的纤维和织物，其制备和加工原理通常是对纤维和织物添加能屏蔽紫外线的物质（抗紫外线添加剂或光稳定剂），进行混合和处理，以提高纤维及其织物对紫外线的吸收和反射能力。耐光性纤维及织物的制造方法主要有三种：①涂层法，借助黏合剂将紫外线屏蔽剂涂于织物表面；②整理法，在纤维或织物的加工过程中，将紫外线吸收剂等覆于其表面；③共混法，将紫外线屏蔽剂在成纤高聚物时期加入，使其具有抗紫外线功能，从而制得防紫外线纤维，经纺丝后再织制成织物。锦纶的抗紫外线能力较差，用于锦纶的抗紫外线添加剂或光稳定剂主要有锰盐和次磷酸、硼酸锰、硅酸铝以及锰盐、铈盐混合物等。

# 思考题

1. 高分子科学中的"近程结构"和"远程结构"分别指什么？
2. 什么是自由内旋转？什么是受阻内旋转？
3. 什么叫作分子构象？若聚丙烯的等规度不高，能不能用改变构象的办法提高其等规度？并说明理由。
4. 什么是链段？它是如何定义的？
5. 影响高分子链柔性的结构因素有哪些？
6. 范德华力是非常小的分子间作用力，为什么在高聚物中却非常重要？
7. 主要的高聚物晶态结构模型有哪些？这些结构模型的主要差异是什么？
8. 影响高聚物结晶的结构因素和外界因素有哪些？
9. 聚合物的结晶度对材料的主要性能产生怎样的影响？
10. 取向和结晶有什么类同和差别？
11. 合成纤维中聚合物的取向是怎样形成的？对纤维性能产生哪些影响？
12. 什么是液晶？液晶的分子结构特征是什么？有哪些因素可能影响高聚物液晶的形态？
13. 聚合物分子运动的主要特点有哪些？
14. 为什么说分子运动是联系聚合物分子结构与性能的桥梁？
15. 为什么时间在高聚物分子运动中特别重要？
16. 什么是高聚物的玻璃化转变？玻璃化转变有何实用意义？

17. 什么是自由体积？自由体积理论是如何解释高聚物的玻璃化转变的？

18. 试解释纤维的吸湿现象。如何理解纤维的吸湿滞后性？

19. 如何将影响纤维吸湿性的内因相关原理应用于纤维材料的改性研究中？

20. 什么是高聚物的应力—应变曲线？根据应力—应变曲线可以判断聚合物的哪些力学性能？

21. 高分子的热分解分为哪几种形式？

22. 如何根据纤维的极限氧指数对纤维的燃烧性能进行分类？

23. 影响纤维的电学性质的因素有哪些？为什么纤维的抗静电性非常重要？

24. 纤维的双折射的本质是什么？

# 第3章　动物蛋白纤维

本教材所述动物蛋白纤维包括胶原纤维、角蛋白纤维和丝蛋白纤维。

动物蛋白纤维的基本组成物质均为蛋白质（Protein）。蛋白质是生物体内最重要的生物大分子之一，氨基酸（Amino Acid，AA）是蛋白质的基本结构单元。通常认为蛋白质是以$\alpha$-氨基酸为基本结构单元通过酰胺键连接而成的肽链，并且绝大多数只含有20种$\alpha$-氨基酸，且这些氨基酸立体异构全为L型构型，由DNA编码的。

$\alpha$-氨基酸具有下列通式：

$$
\begin{array}{ccc}
& NH_2 & \\
| & & \\
H-C-COOH & \quad \text{或} \quad & H-C-COO^- \\
| & & \\
R & & R
\end{array}
$$

中性分子型　　　　　　　　两性离子型

氨基酸的物理化学性质主要由其碱性官能团氨基（—$NH_2$）、酸性官能团羧基（—COOH）、侧链取代基（—R）及其相互作用决定。不同氨基酸之间的差别仅在于$\alpha$-碳原子上的取代基R的不同。除甘氨酸外，其他氨基酸的$\alpha$-碳原子均为不对称碳原子。由$\alpha$-碳原子的不对称性造成的氨基酸几何异构物分别称为L-氨基酸或D-氨基酸。蛋白质中存在的氨基酸均为L-氨基酸。

蛋白质中常见的氨基酸有20种，表3-1中给出了这20种氨基酸的中、英文名称，缩写及取代基R的结构。氨基酸名称中的前三个字母作其名称缩写，即三字母符。在某些场合，如表示蛋白质序列时，人们还用单字母符作为氨基酸的缩写。

表3-1　20种天然氨基酸的名称和R基团的结构

| 中文名称 | 英文名称（三字母符，单字母符） | R基团的结构 |
|---|---|---|
| 1. 甘氨酸 | Glycine(Gly，G) | —H |
| 2. 丙氨酸 | Alanine(Ala，A) | —$CH_3$ |
| 3. 丝氨酸 | Serine(Ser，S) | —$CH_2OH$ |
| 4. 半胱氨酸 | Cysteine(Cys，C) | —$CH_2SH$ |
| 5. 苏氨酸 | Threonine(Thr，T) | —$CH(OH)CH_3$ |
| 6. 缬氨酸 | Valine(Val，V) | —$CH(CH_3)_2$ |
| 7. 亮氨酸 | Leucine(Leu，L) | —$CH_2CH(CH_3)_2$ |
| 8. 异亮氨酸 | Isoleucine(Ile，I) | —$CH(CH_3)CH_2CH_3$ |
| 9. 甲硫氨酸 | Methionine(Met，M) | —$CH_2CH_2SCH_3$ |

| 中文名称 | 英文名称(三字母符，单字母符) | R 基团的结构 |
|---|---|---|
| 10. 苯丙氨酸 | Phenylalanine(Phe，F) | —CH₂—⬡ |
| 11. 色氨酸 | Tryptophan(Trp，W) | |
| 12. 酪氨酸 | Tyrosine(Tyr，Y) | CH₂—⬡—OH |
| 13. 天冬氨酸 | Aspartic acid(Asp，D) | —CH₂COOH |
| 14. 天冬酰胺 | Asparagine(Asn，Q) | —CH₂CONH₂ |
| 15. 谷氨酸 | Glutamic acid(Glu，E) | —CH₂CH₂COOH |
| 16. 谷氨酰胺 | Glutamine(Gln，N) | —CH₂CH₂CONH₂ |
| 17. 赖氨酸 | Lysine(Lys，K) | —CH₂CH₂CH₂CH₂NH₂ |
| 18. 精氨酸 | Arginine(Arg，R) | —CH₂CH₂CH₂NHC—NH₂ ‖ NH |
| 19. 组氨酸 | Histidine(His，H) | —CH₂ |
| 20. 脯氨酸 | Proline(Pro，P) | |

例如，丙氨酸(Alanine)的三字母符缩写为 Ala，单字母符缩写为 A；甲硫氨酸(Methionine)的三字母符缩写为 Met，单字母符缩写为 M；羟脯氨酸(Hydroxyproline)的三字母符缩写为 Hyp，单字母符缩写为 O。

氨基酸的缩写规则是由国际纯粹与应用化学联合会(IUPAC)、国际生化学会(IUB)认可并统一规定的。

按照侧链官能团的极性，氨基酸可分为以下四类：①非极性侧链，即疏水性氨基酸，包括 8 种氨基酸，即丙氨酸、缬氨酸、亮氨酸、异亮氨酸、脯氨酸、苯丙氨酸、色氨酸和甲硫氨酸；②极性但不带电荷的氨基酸，包括 7 种氨基酸，即甘氨酸、丝氨酸、苏氨酸、半胱氨酸、酪氨酸、天冬酰胺和谷氨酰胺，它们的侧链都含有极性基团，可与水形成氢键；③在中性介质中带正电荷的氨基酸（碱性氨基酸），包括 3 种氨基酸，即组氨酸、精氨酸和赖氨酸；④在中性介质中带负电荷的氨基酸（酸性氨基酸），包括 2 种酸性氨基酸，即天冬氨酸和谷氨酸，它们都是二羧基氨基酸，除含有 $\alpha$ 酸羧基外，天冬氨酸还含有 $\beta$ 酸羧基，谷氨酸还含有 $\gamma$ 酸羧基。

需要指出的是，除了以上分类介绍的 20 种主要氨基酸外，在很多蛋白质中还发现了修饰的氨基酸。这些氨基酸在蛋白质完全合成以后进行修饰而变成，是常见氨基酸的衍生物。到目前为止已经确认了 200 种修饰的氨基酸的特征。常见的修饰的氨基酸包括4-羟基脯氨酸和5-羟基赖氨酸。

4-羟基脯氨酸(4-Hydroxyproline，Hyp)属极性氨基酸，主要存在于胶原中。5-羟基赖氨酸(5-Hydroxylysine，Hyl)是碱性氨基酸赖氨酸的衍生物，也主要在胶原中存在。

$$HO-\underset{5CH_2}{\overset{H}{\underset{|}{C_4}}}-\underset{2}{\overset{3CH_2}{CH}}-COOH$$

4-羟基脯氨酸

$$NH_2CH_2CH\underset{OH}{CHCH_2}CH_2CH\underset{NH_2}{CHCOOH}$$

5-羟基赖氨酸

蛋白质是氨基酸通过肽键连接形成具有特定空间结构和生物功能的大分子。迄今为止，人们已经发现了不少于百万种的蛋白质，人体内存在的蛋白质有十多万种。不同的蛋白质有着不同的氨基酸组成和序列，分子量大小差别很大，并且各自具有特定的生物学功能。限于篇幅，有关蛋白质结构与功能的基本知识请参考生物化学或蛋白质化学相应章节内容。

按照蛋白质的形状及溶解性能进行分类，其可分为球蛋白类和纤维蛋白类。

球蛋白为球形或椭球形分子，其整体结构是通过大分子肽链以确定方式盘绕、折叠而成。

球蛋白在水和稀盐溶液中均有良好的溶解性，这主要是由于分子表面带电荷的亲水性氨基酸侧链，它们与水作用形成的水合层对蛋白和溶剂的紧密接触具有重要作用。

纤维蛋白是指在水或盐溶液中实际不溶的纤维状蛋白。纤维蛋白肽链相互平行、顺长排列构成纤维。这类蛋白中最重要的成员有胶原（Collagen）、丝素蛋白（Fibroin）、角蛋白（Keratin）等。纤维蛋白的结构与性质将在以下各节专门讨论。

# 3.1 胶原纤维

胶原是动物界最丰富的蛋白质，约占哺乳动物总蛋白量的 25%。作为动物细胞外基质(Extracellular matrix)的主要组成，胶原几乎存在于所有动物组织中。多年来，人们一直致力于胶原结构和功能的研究，其氨基酸的序列、高级结构、分子内和分子间交联的形式以及分子间的装配等问题受到特别关注。

## 3.1.1 胶原的分类

### 3.1.1.1 胶原类型

脊柱动物组织中至少已经鉴定出 28 种不同类型的胶原。这些胶原分子均由 3 条肽链组合而成，目前至少有 46 种不同氨基酸序列的多肽链被确认。在一些其他蛋白质中也发现胶原肽链的结构域。

按照胶原分子的聚集状态，胶原可以分为纤维胶原（Fibrillar collagen）和非纤维胶原（Non-fibrillar collagen）两大类。Ⅰ、Ⅱ、Ⅲ、Ⅴ、Ⅺ、ⅩⅩⅣ 和 ⅩⅩⅦ 为纤维胶原，其余为非纤维胶原。

不同的组织由不同类型的胶原构成，同一组织也可以含有几种不同类型的胶原，例如，肌腱主要由Ⅰ型胶原构成，软骨由Ⅱ型胶原构成。动物皮肤中Ⅰ型和Ⅲ型胶原是含量最丰富的纤维胶原。

胶原以不同的形式存在于各种组织中，并且其形式和性质总是与这些组织的生物学功能相适应。例如，肌腱的功能是把肌肉的收缩能量转移到骨骼上，它的结构为平行排列的纤维束；软骨构成关节的平滑表面，能够缓冲外界压力，它由细纤维构成网状结构，并浸于类黏蛋白的胶状液中；在皮肤中，粗大的束状纤维通过分枝、编织形成致密三维结构。

表 3-2 和表 3-3 分别给出了若干胶原的 $\alpha$-氨基酸组成和不同类型胶原在组织中的分布。

**表 3-2　若干胶原的 $\alpha$-链氨基酸组成（每 1000 个氨基酸残基中的含量）**

| | $\alpha_1(Ⅰ)$ | $\alpha_2(Ⅰ)$ | $\alpha_1(Ⅱ)$ | $\alpha_1(Ⅲ)$ | $\alpha_1(Ⅳ)$ | $\alpha_2(Ⅳ)$ | $\alpha_1(Ⅴ)$ | $\alpha_2(Ⅴ)$ |
|---|---|---|---|---|---|---|---|---|
| Hyp | 86 | 85 | 93 | 120 | 140 | 127 | 108 | 107 |
| Asp | 45 | 47 | 43 | 47 | 48 | 52 | 51 | 55 |
| Thr | 16 | 17 | 22 | 16 | 18 | 28 | 22 | 27 |
| Ser | 34 | 24 | 26 | 48 | 34 | 26 | 26 | 34 |
| Glu | 77 | 71 | 87 | 71 | 77 | 62 | 99 | 90 |
| Pro | 135 | 120 | 129 | 106 | 79 | 69 | 119 | 92 |
| Gly | 327 | 328 | 333 | 341 | 318 | 313 | 220 | 318 |
| Ala | 120 | 101 | 102 | 95 | 31 | 49 | 46 | 59 |
| Val | 18 | 34 | 17 | 16 | 30 | 24 | 19 | 30 |
| Cys | — | — | — | 2 | — | — | — | — |
| Met | 7 | 4 | 11 | 8 | 15 | 12 | 7 | 10 |
| Ile | 9 | 17 | 9 | 14 | 34 | 42 | 20 | 18 |
| Leu | 21 | 34 | 26 | 18 | 54 | 59 | 40 | 37 |
| Tyr | 4 | 3 | 1 | 4 | 5 | 6 | 1 | — |
| Phe | 12 | 16 | 14 | 9 | 24 | 37 | 12 | 12 |
| Hyl | 5 | 11 | 23 | 7 | 61 | 42 | 36 | 25 |
| Lys | 32 | 21 | 15 | 28 | 5 | 6 | 7 | 18 |
| His | 3 | 8 | 2 | 7 | 6 | 8 | 19 | 10 |
| Arg | 50 | 57 | 51 | 45 | 20 | 45 | 48 | 57 |

**表 3-3　不同类型胶原在组织中的比例（%）**

| | Ⅰ | Ⅱ | Ⅲ | Ⅳ | Ⅴ | 7－S |
|---|---|---|---|---|---|---|
| 皮初生（h，b） | 50 | | 50 | + | <5 | + |
| 成年（h） | 80~85 | | 10~15 | | | |
| 肌腱成年（b） | ≈100 | | | | 1 | |
| 骨（b，h） | ≈100 | | | | | |
| 肺（h） | 60 | | 30 | 5 | 5 | |
| 肝（h） | 30~35 | | 30~40 | ND | 7~10 | ND |

| | Ⅰ | Ⅱ | Ⅲ | Ⅳ | Ⅴ | 7−S |
|---|---|---|---|---|---|---|
| 血管内侧(h) | 30，56 | | 70，44 | ＋ | ND | ＋ |
| 致密层(h) | 67 | | 33 | ＋ | | |
| 透明软骨(h，b) | | 85 | | ＋ | | |
| 晶状体(b) | | | | 100 | | |
| 角膜(b，c) | 91 | | | | | |

注：ND表示常规萃取方法检出，未定量；＋表示荧光免疫法检出，未定量；h、b、c分别表示人、牛和鸡。

### 3.1.1.2　动物皮肤中常见胶原

胶原纤维是动物皮的主要构成物质，真皮中纤维胶原主要为Ⅰ型胶原，还有少量Ⅲ型胶原。Ⅳ型胶原是表皮与真皮之间基膜中特有的胶原类型。

1. Ⅰ型胶原

Ⅰ型胶原是真皮层中最丰富的胶原。Ⅰ型胶原是由三条肽链组成的棒状分子，其中有两条肽链相同，记为 $\alpha_1(Ⅰ)_2\alpha_2(Ⅰ)$。多个Ⅰ型胶原分子侧向聚集形成微原纤维，进而聚集成为原纤维。

2. Ⅲ型胶原

Ⅲ型胶原是血管壁和新生皮肤的主要蛋白组分。在成年动物皮中，Ⅲ型胶原集中分布在粒面和乳头层。Ⅲ型胶原由三条相同肽链构成，记为 $\alpha_1(Ⅲ)_3$。与Ⅰ型胶原不同，Ⅲ型胶原含有半胱氨酸。两个相邻的半胱氨酸位于肽链的螺旋区和C—端肽的结合部。链间双硫键交联就发生在这里。

3. Ⅳ型胶原

Ⅳ型胶原是基膜中的主要胶原，也是构成基膜的主要蛋白质。Ⅳ型胶原的分子量为380 kD，也是由3条肽链构成的，但不能聚集成为纤维，而是多个分子形成网络结构。形成Ⅳ型胶原的肽链有 $\alpha_1(Ⅳ)$、$\alpha_2(Ⅳ)$、$\alpha_3(Ⅳ)$、$\alpha_4(Ⅳ)$ 和 $\alpha_5(Ⅳ)$ 等。与Ⅰ、Ⅱ、Ⅲ型胶原不同，Ⅳ型胶原分子具有三个不同的结构域，中间的螺旋区在两端分别与一个球蛋白区域和一个称为7−S胶原的高硫含量胶原连接（图 3-1）。

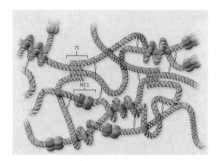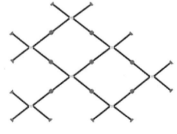

**图 3-1　基膜中Ⅳ型胶原结构及其网络状聚集示意图**

本书将主要讨论成纤维的Ⅰ型胶原。

### 3.1.2　胶原的生物合成

胶原的生物合成通常被认为分成两步：第一步为细胞内生物合成，包括原胶原肽链的表达、修饰、折叠，形成可溶性的原胶原，并分泌到细胞外；第二步为细胞外生物合成，包括原胶原分子在细胞外的酶切、胶原分子自组装形成胶原原纤维（Fibril），以及原纤维间共价交联的形成，如图 3-2 所示。

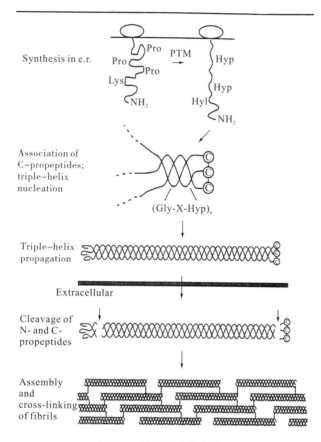

图 **3-2**　胶原的生物合成

### 3.1.2.1　胞内生物合成

胶原的胞内生物合成包括 mRNA 的转译、转译后修饰和原胶原三肽分子的自组装。

前原胶原（Pre-procollagen）mRNA 的转译发生在游离的核糖体上。信号肽与胞内信号识别微粒中间体（SRP）相互作用形成能与内质网相互作用的 SRP-多肽配合体，在内质网中，信号肽酶即开始释放出原胶原 α-链。与胶原 α-链相比较，原胶原 α-链的氨基酸序列更长，除包括胶原 α-链 N—端和 C—端外，分别还有 N—前肽（N-propeptide）和 C—前肽（C-propeptide）。这些释放出的初生原胶原肽链在一系列酶的作用下对特定的赖氨酸、羟基赖氨酸和脯氨酸进行羟基化或糖基化修饰。经过修饰后的原胶原肽链将自组装成原胶原分子。C—前肽在自组装过程中扮演了重要角色。其过程包括单条 C—前肽的折叠，C—前肽分子内双硫键的形成，C—前肽三条肽链的相互联系，C—前肽分子间双硫键的形成，自 C—端向 N—端逐渐自组装形成三螺旋结构的原胶原分子。

### 3.1.2.2 胞外生物合成

胶原的胞外生物合成步骤包括分泌到细胞外的原胶原，在特定酶的作用下剪切（Cleavage）除去胶原的 N—前肽和 C—前肽，即得到胶原分子，多个胶原分子经过侧向聚集和分子间交联最终形成胶原原纤维。

## 3.1.3 胶原的化学结构

胶原的基本单位是胶原分子，胶原分子由 3 条肽链形成细长三股螺旋（Triple helix）。不同胶原分子的 3 条肽链的氨基酸序列组成不同。组成胶原分子的 3 条肽链可以相同，如Ⅲ型胶原，由 3 条相同的 $\alpha_1$（Ⅲ）链组成，称为 Homotrimer；3 条肽链也可以不同，如Ⅰ型胶原，由 2 条 $\alpha_1$（Ⅰ）链和 1 条 $\alpha_2$（Ⅰ）链组成，称为 Heterotrimer。电镜下测得Ⅰ型胶原分子直径约为 1.5 nm，长度约为 280 nm，分子量约为 285 kD，每条肽链螺旋区段由 1000 个以上氨基酸残基构成。

### 3.1.3.1 胶原的氨基酸组成和序列

1. 胶原的氨基酸组成

Ⅰ型胶原的氨基酸组成的主要特征为：含甘氨酸 1/3、丙氨酸 11% 左右，此外，还有大约 12% 的脯氨酸和 9% 的羟脯氨酸，不含色氨酸和半胱氨酸，芳香族氨基酸的含量也很少。

2. 胶原的氨基酸序列

胶原肽链的氨基酸序列分析表明，Ⅰ型胶原的 $\alpha_1$（Ⅰ）链由 1056 个氨基酸残基构成，肽链长度约为 280 nm，胶原肽链由螺旋链和与之连接的非螺旋端肽构成。

（1）螺旋肽段。

Ⅰ型胶原螺旋区段含 1014 个氨基酸残基，即 338 个 Gly-Xaa-Yaa 周期结构，如图 3-3 所示。螺旋肽段由严格的 Gly-Xaa-Yaa 三肽周期序列构成，甘氨酸（Gly）为三肽中的固定组成，脯氨酸（Pro）、羟脯氨酸（Hyp）是三肽中对胶原结构具有决定意义的组分。大量重复出现的几种三肽序列分别是-Gly-Xaa-Yaa-、-Gly-Pro-Yaa-和-Gly-Xaa-Hyp-，其中 Xaa、Yaa 表示除以上三种氨基酸外的其他氨基酸。

GPMGPSGPRGLPGPPGAPGPQGFQGPPGEPGEPGASGPMGPRGPPGPPGKNGDD
GEAGKPGRPGERGPPGPQGARGLPGTAGLPGMKGHRGFSGLDGAKGDAGPAGP
KGEPGSPGENGAPGQMGPRGLPGERGRPGAPGPAGARGNDGATGAAGPPGPTG
PAGPPGFPGAVGKGEAGPQGPRGSEGPQGVRGEPGPPGPAGAAGPAGNPGADG
QPGAKGANGAPGIAGAPGFPGARGPSGPQGPGGPPGPKGNSGEPGAPGSKGDTGA
KGEPGPVGVQGPPGPAGEEGKRGARGEPGPTGLPGPPGERGGPGSRGFPGADGV
AGPKGPAGERGSPGPAGPKGSPGEAGRPGEAGLPGAKGLTGSPGSPGPDGKTGPP
GPAGQDGRPGPPGPPGARGQAGVMGFPGPKGAAGEPGKAGERGVPGPPGAVGP
AGKDGEAGAQGPPGPAGPAGERGEQGPAGSPGFQGLPGPAGPPGEAGKPGEQGV
PGDLGAPGPSGARGERGFPGERGVQGPPGPAGPRGANGAPGNDGAKGDAGAPGA
PGSQGAPGLQGMPGERGAAGLPGPKGDRGDAGPKGADGSPGKDGVRGLTGPIGP
PGPAGAPGDKGESGPSGPAGPTGARGAPGDRGEPGPPGPAGFAGPPGADGQPGAK
GEPGDAGAKGDAGPPGPAGPAGPPGPIGNVGAPGAKGARGSAGPPGATGFPGAAG
RVGPPGPSGNAGPPGPPGPAGKEGGKGPRGETGPAGRPGEVGPPGPPGPAGEKGS
PGADGPAGAPGTPGPQGIAGQRGVVGLPGQRGERGFPGLPGPSGEPGKQGPSGASG
ERGPPGPMGPPGLAGPPGESGREGAPGAEGSPGRDGSPGAKGDRGETGPAGPPGA
PGAPGAPGPVGPAGKSGDRGETGPAGPAGPVGPVGARGPAGPQGPRGDKGETGEQ
GDRGIKGHRGFSGLQGPPGPPGSPGEQGPSGASGPAGPRGPPGSAGAPGKDGLNGL
PGPIGPPGPRGRTGDAGPVGPPGPPGPPGPP

图 3-3  I 型胶原 $\alpha_1$ 链螺旋区的氨基酸序列

在该三肽序列中，由于吡咯烷环的存在，N—C$_\alpha$ 键不能再自由旋转。肽链的自由构象被脯氨酸、羟脯氨酸严格限制，在成对二面角中，$\varphi$ 角只允许一种固定取值，只有 $\psi$ 角能做选择性取值。此外，吡咯烷环的空间位阻也不能忽视。这就决定了胶原肽链既不可以采取 $\alpha$-螺旋，也不能采取 $\beta$-折叠。

(2) 端肽段。

在螺旋区的两端连接的是 C—端肽和 N—端肽。端肽的长度因胶原类型和肽链的不同，在 9～50 个氨基酸之间变化。I 型胶原的 $\alpha_1$(I) 链 N—端肽和 C—端肽分别由 16 个和 26 个氨基酸残基构成，N—端氨基酸为焦谷氨酸(pGlu)。$\alpha_2$(I) 链的端肽链较短，N—端肽和 C—端肽分别由 9 个和 25 个氨基酸残基构成。端肽段的极性氨基酸含量明显高于螺旋肽段，脯氨酸含量很低，也不存在周期性排列，肽链构象为松散折叠。

3. 胶原氨基酸序列的重要特征

(1) 酸性和碱性氨基酸集中对应分布。

胶原肽链中的酸性氨基酸和碱性氨基酸大都对应地集中出现在一定的区段。图 3-4 给出了 $\alpha_1$(I) 链中酸性、碱性氨基酸的分布及 Gly-Pro-Hyp 三肽在 $\alpha_1$(I) 链和 $\alpha_2$(I) 链中的分布。极性氨基酸、非极性氨基酸的区域性集中分布方式与胶原在酸碱性条件下的膨胀行为之间有某种联系。

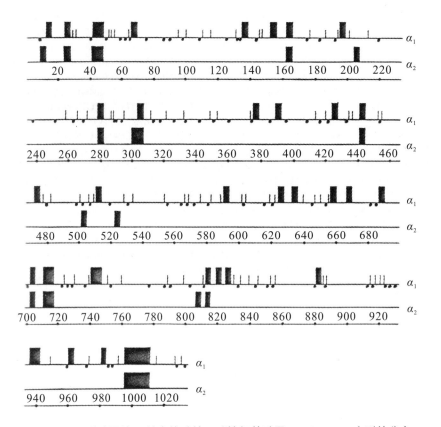

**图 3-4　Ⅰ型胶原的 $\alpha$-链中的酸性、碱性氨基酸及 Gly-Pro-Hyp 序列的分布**

　　注：矩形黑色框表示连续的 Gly-Pro-Hyp 序列，螺旋链上端的垂线表示酸性氨基酸，下部的黑色方框表示碱性氨基酸残基。

　　(2)Gly-Pro-Hyp 三肽序列。

　　胶原肽链存在的 Gly-Pro-Hyp、Gly-X-Hyp 周期性结构对于胶原肽链构象的形成和稳定极为重要。按照它们对构象稳定性贡献的大小可做如下排列：Gly-Pro-Hyp＞Gly-Pro-Y＞Gly-X-Hyp。图 3-4 显示 Gly-Pro-Hyp 周期结构在肽链中的分布。在 750～800 位间缺少 Gly-Pro-Hyp 结构，这可能是该区域容易被酶作用的原因。对胶原模型多肽(Gly-Pro-Hyp)$_{10}$等的研究发现，Gly-Pro-Hyp 三肽结构具有引导胶原三条肽链聚集成三螺旋结构的功能。

　　(3)羟脯氨酸(Hyp)。

　　羟脯氨酸的羟基对于构象的稳定具有重要意义。脯氨酸非羟基化胶原要比正常的羟基化胶原的变性温度低 15℃以上。羟脯氨酸可能参与链间氢键的形成。

　　(4)与糖结合的氨基酸。

　　在 $\alpha_1$(Ⅰ)链螺旋区第 103 位羟赖氨酸处结合着一个半乳糖(Gal)-葡萄糖(Glc)苷。它们与胶原的免疫性有关。

　　胶原与蛋白糖基质的共价结合大都发生在羟基氨基酸侧链处。

### 3.1.3.2　胶原的二级结构

如前所述，胶原分子由 3 条 $\alpha$-链构成。需要指出的是，这里所称的 $\alpha$-链并非 $\alpha$-螺旋，而是较 $\alpha$-螺旋更为伸展的胶原螺旋构象。三根左手螺旋的 $\alpha$-链相互缠绕，构成了胶原的右手复合三螺旋结构（Triple helix），这就是胶原螺旋，是胶原的二级结构。

胶原二级结构的高度稳定性主要得益于大量链间氢键的存在。三根肽链之间彼此有一个氨基酸序列的错列（Stagger），肽链的每个 Gly-Xaa-Yaa 三肽中的 Gly 的 N—H 与另一条链的 Xaa 的 O═C 形成分子间氢键，$N—H_{(Gly)}\cdots O═C_{(Xaa)}$。胶原螺旋的螺旋周期为 10/3，螺距为 2.86 nm。

### 3.1.3.3　胶原的超分子聚集

关于胶原超分子聚集方式的模型描述是建立在对不同聚集态的胶原电镜图像的分析和对链间交联结构的研究基础上的。不同聚集态的胶原具有不同的电镜图像。

1. 胶原分子的侧向聚集

（1）天然胶原的电镜图。

电镜观察到的天然胶原为不分支长链，明暗相间的横纹均布于整个长链。横纹 $D$ 周期约为 67 nm，相当于原胶原分子长度 280 nm 的 1/4。酸溶胶原经过小心透析，也可以呈现天然胶原样的横纹，如图 3-5 所示。

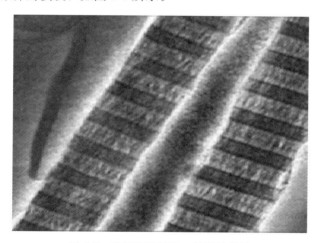

**图 3-5　胶原原纤维的天然横纹结构**

（2）$D$ 周期。

依据对不同状态胶原电镜图像的分析结果，Schmitt 等提出了胶原分子侧向排列的错列模型。该模型认为：平行排列的胶原分子不是齐头齐尾的，而是错开一个确定的距离，交错距离（$D$）即是周期性明暗横纹间距，$D$ 周期（$D$-periodic）约等于 67 nm；处于同一轴线上的前后两个原胶原分子的首尾并不相接，而是空出一段间隙（Gap region）。因为胶原的长度不是正好等于 $4D$，而是大约为 $4.4D$。$D$ 周期对应的氨基酸残基数为 234 个，而胶原肽链的螺旋区段氨基酸残基数为 1014 个，故胶原肽链的长度约为 $4.4D$。如果保持 67 nm 周期不变，间隙的取值应当是 $0.6D$。图 3-6 为胶原分子排列的一维模式。

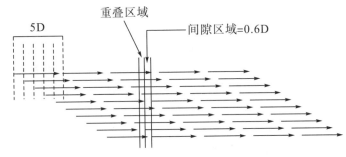

图 3-6　胶原分子排列的一维模式

注：周期性横纹间距 $D$ 为 67 nm，分子错位排列，$D$ 周期包含 234 个氨基酸残基。

只需简单观察即可发现，在同一轴上任意两个前后排列的原胶原分子头尾之间都有一段空洞，而在相邻轴线上的两个原胶原分子头尾之间则存在一段重叠，从垂直于轴线的方向看，每一空洞和重叠的位置正好与其侧向相邻第 5 条轴线上的相应位置重合。这些重合的空间和重叠就是电镜图中以 $D$ 为周期的明暗横纹。

2. 胶原分子间交联

胶原分子的错列模式较好地满足了天然胶原电镜图像的周期性横纹模式。但是在该模型中，同一轴线上前后顺序排列的原胶原分子首尾并不相接。如果不能找到某种强有力的侧向交联结构，则很难解释非连续排列的分子和所形成的高强度纤维之间的矛盾。胶原分子之间形成链间共价交联是胶原侧向聚集稳定性的重要因素。

通过对胶原酸水解产物的分析，胶原分子间的一些交联结构先后被发现。首先被确认的交联结构主要有 Schiff 碱交联、$\beta$-羟醛交联和羟醛组氨酸交联等。这些交联都涉及赖氨酸和羟赖氨酸侧链的 $\varepsilon$-氨基以及该基团的活化。

(1)醛基赖氨酰交联。

有充分证据表明，在胶原的生物合成过程中，部分赖氨酰和羟基赖氨酰的 $\varepsilon$-氨基被氧化为醛基，氨基酸被转化为相应的醛基赖氨酰(Allysine)。催化该反应的赖氨酰氧化酶(Lysyl oxidase)已被从组织中分离并鉴定。反应生成的醛基赖氨酰非常活泼，可以容易地与氨基发生交联反应。

(2)Schiff 碱交联。

Schiff 碱交联结构是最早发现的存在于胶原中的天然交联结构。该交联可能是源自醛赖氨酰的醛基与 $\varepsilon$-氨基之间的缩合反应。

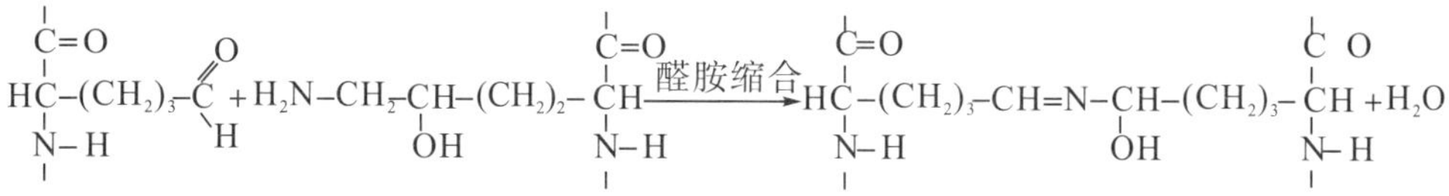

$$\text{HC–(CH}_2)_3\text{C} + \text{H}_2\text{N–CH}_2\text{–CH–(CH}_2)_2\text{–CH} \xrightarrow{\text{醛胺缩合}} \text{HC–(CH}_2)_3\text{–CH=N–CH–(CH}_2)_3\text{–CH} + \text{H}_2\text{O}$$

Schiff 碱(脱氢羟赖氨酸正亮氨酸残基)

在还原剂硼氢化钠($NaBH_4$)的作用下，Schiff 碱的不对称双键被还原，新生成的交联结构对强酸水解作用有更强的抵抗力。

(3)β-羟醛交联。

β-羟醛交联又称为联赖氨酸交联(Allysinaldol)，其 β-羟醛结构被认为是由两分子醛赖氨酰反应生成。β-羟醛很容易通过分子内脱水转化为 β-烯醛。

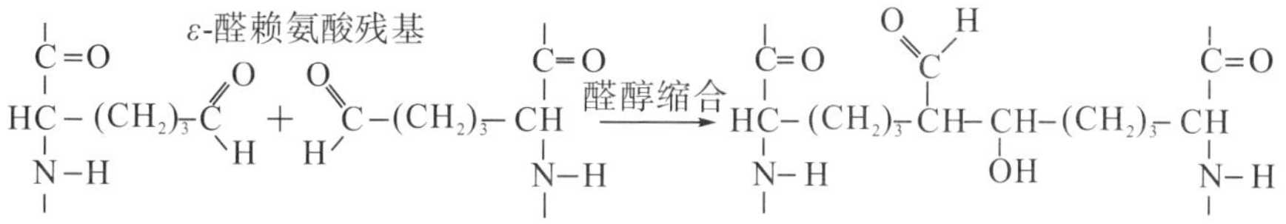

ε-醛赖氨酸残基

$$\text{HC–(CH}_2)_3\text{C} + \text{C–(CH}_2)_3\text{–CH} \xrightarrow{\text{醛醇缩合}} \text{HC–(CH}_2)_3\text{–CH–CH–(CH}_2)_3\text{–CH}$$

联赖氨酸(Allysinaldol)

(4)羟醛组氨酸交联。

羟醛组氨酸交联结构是由 Becher 等在胶原水解溶液中发现，由 Housley 等鉴定的。Yamaochi 等认为，羟醛组氨酸交联可能是由三条 α-链间的醛赖氨酰、醛羟赖氨酰与组氨酰交联而成。

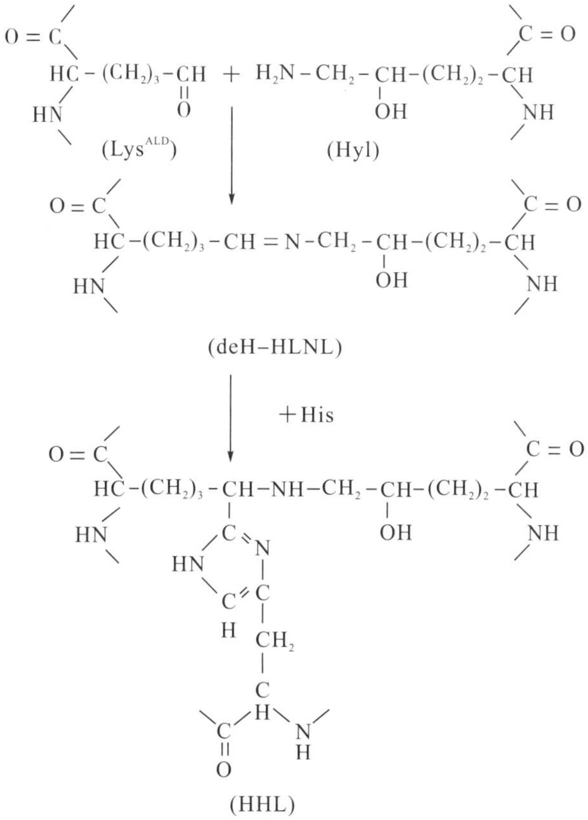

(Lys$^{ALD}$)　　　(Hyl)

(deH–HLNL)

+His

(HHL)

以上交联结构对胶原构象的稳定性有重要意义。但是，这些交联结构都是可还原的。随着动物的老化，胶原的可溶性逐渐下降，胶原中的可还原交联数量也有所下降。这意味着，胶原中可还原交联向更稳定的不可还原性结构转变以及新的不可还原交联结构生成。随着分离和分析技术的提高，新的交联结构将会被进一步发现和确认。

(5)交联结构的位置。

按照胶原分子侧向聚集的规律，每一个肽链的首、尾肽段都与侧向相邻的肽链的首、尾肽段之间存在着局部的相互重叠，肽链两端的 4 个赖氨酰或羟基赖氨酰正好处于这一位置。而且，无论在肽链的 N—端或 C—端，两个相邻赖氨酰之间的距离十分相似。在 N—端，两个氨基酸分别位于 9N 和 87 位，相隔 94 个氨基酸残基；在 C—端，两个赖氨酸分别位于 930[$\alpha_1$(Ⅰ)链]和 16C 位，相隔 99 个氨基酸残基。这就意味着，胶原分子之间可以在其头、尾部重叠的区域通过赖氨酸残基各形成一对侧向共价交联(图 3-7)。

**图 3-7　原胶原分子间侧向交联**

研究还发现，位于 9N 和 16C 位的赖氨酰在交联之前已经被氧化为醛赖氨酰，成为交联的活性基团。交联结构以及发生交联的一对赖氨酰在各自肽链中的位置已经通过肽链的胰蛋白酶或溴化氰片段分析得到证实。

以这种方式交联的原胶原分子，可以形成足够长度的纤丝，其可能具有很高的机械强度。原胶原的这种交联方式和日常生活中用短棒连接成长杆的方法如出一辙。

3. 微原纤维(Microfibril)

微原纤维的两种模式为：一种是由 Smith 首先建议的由五根胶原分子构成的正五角形结构；另一种是 Hulmes & miller 的由五根胶原分子构成的准六角形模式，分子的排列与纤维轴保持大约 5.2°的倾斜角，如图 3-8 所示。

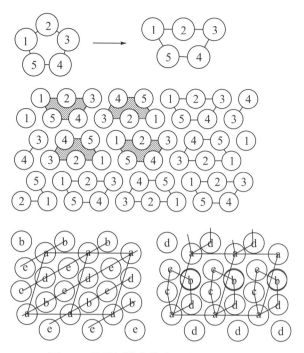

**图 3-8 微原纤维中的胶原分子排列模式**

Orgel 等通过使用同步辐射(Synchrotron radiation)技术获得各向异性解析度(轴向 5 nm，径向 10 nm)，通过对模型肽的比较，测定并获得了天然胶原分子侧向排列的电子密度图，如图 3-9 所示。

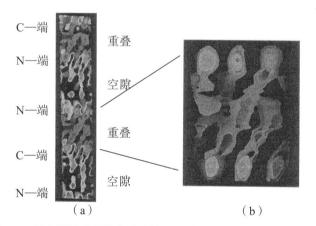

**图 3-9 同步辐射获得的含端肽的 I 型胶原分子横截面电子密度图**

注：纤维横截面的电子密度显示胶原分子的准六角形排列，包含 2×4 个晶胞，轴向厚度为 $c$ 轴晶胞的 0.1。(b)图是(a)图的放大。

该研究确认：I 型胶原的原纤维中，胶原分子以准六角形(Quasihexagonal)的晶格排列，端肽的分子片段也被鉴定。图 3-10 是据此结果推测的原纤维中微原纤维及胶原分子的排列模式。

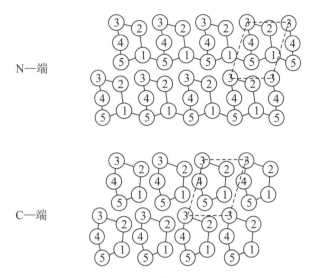

图 3-10　微原纤维中可能的胶原分子排列形式

图 3-10 中的虚线标注一个晶胞，实线表示存在的交联。在 N—端，两个微原纤维的第 1 和第 5 胶原分子之间存在交联。

(1)微原纤维的直径。

按照现代模式，5 个这样的初原胶原分子轴向错位排列形成的微原纤维直径应为 8 nm。试管培养发现，形成的重组原纤维的直径分布很窄，证明了在原纤维形成时，其直径的增加是以 8 nm 为单位的。因此可以认为，直径为 8 nm 的中间结构是胶原原纤维的构造基石。

(2)微原纤维的基本构造。

基于以上讨论，可以得到关于胶原微原纤维的分层次构造模式。其主要内容包括：三肽周期性重复序列肽链、三条左手螺旋肽链形成右手复合螺旋胶原分子、五个胶原分子侧向聚集排列形成微原纤维并通过首尾重叠部位相互交联连接成为长纤丝。

4．原纤维(Fibril)

原纤维的直径很早就被确定了，近年来的研究主要发展了其中的次级结构模式、杂合原纤维以及蛋白糖的存在及其功能，原纤维的结构因此逐渐趋于明确。

(1)原纤维的直径和 D 周期。

由于种类、年龄和组织来源的不同，原纤维的直径可以在 30～500 nm 之间变化。动物皮组织胶原纤维的直径一般为 50～100 nm。脱水可以引起原纤维直径和长度的收缩。其中直径的收缩达 10%～15%。长度的收缩也被观察到。水合胶原的 D 周期为 67 nm，空气干燥的样品的 D 周期为 64 nm，120℃干燥的样品的 D 周期仅为 60 nm，表明分子在轴向也发生了强烈的收缩。

(2)原纤维中不同类型胶原的杂合及其分布。

Ⅲ型胶原常与Ⅰ型胶原共同存在，形成杂合(Hybrid)原纤维。单克隆抗体研究表明，Ⅰ型和Ⅲ型胶原的杂合存在于几乎所有组织中，而不管其直径的大小如何、分子之间如何排列。免疫化学研究认为，Ⅲ型胶原分子位于原纤维表面。因为，Ⅲ型胶原抗体可以与杂合原纤维反应，但是Ⅰ型胶原抗体不能，表明后者被包裹在原纤维的内部。研究发现，无论是在成长过程中的还是成熟的皮胶原原纤维，在其表面都存在自由的Ⅰ型和Ⅲ型抗原决定位点（Epitopes）。但是当直径大于 60 nm 时，仅能检测到Ⅲ型胶原的抗原。X 射线衍射提供证据，表明该杂合纤维具有复合螺旋超分子结构。分子的排列倾斜于纤维轴线。

Ⅰ型胶原和Ⅴ型胶原也被发现共存于角膜基质（Corneal stroma）的原纤维中。通过使用电子显微镜、胶原类型专一性单克隆抗体、双标记（具有胶体金标记的单克隆抗体）免疫电子显微镜等技术，确定两种类型的胶原共同存在于同一原纤中。

（3）蛋白糖的存在和功能。

关于蛋白糖（Proteoglycan）在原纤维中存在的研究报道有很多。Uldbjerg 等通过电子显微镜检测确认，小硫酸皮肤素（Small dermatan sulphate proteoglycan）覆盖于胶原原纤维的表面，但不存在于原纤维内部。故判断，小硫酸皮肤素位于原纤之间。Scott 等认为，硫酸皮肤素位于胶原分子 $D$ 区域的孔隙部位。

小硫酸皮肤素的分子量小于 100000，从不同的组织中分离出来。它们具有分子量为 48000 的蛋白芯以及一个硫酸皮肤素链。在其多糖链中，艾杜糖醛酸占糖醛酸组分的 $40\% \sim 80\%$。

Uldbjerg 研究并确定：与胶原结合的蛋白糖的数量取决于原纤的直径。并且，通过蛋白糖之间的亲合作用实现了原纤维之间的结合。当蛋白糖被软骨素酶处理后，其与胶原不再存在亲合性。

由于硫酸皮肤素聚集于胶原分子 $D$ 周期的孔隙部位，胶原分子形成原纤维的排列可能受到硫酸皮肤素的影响。

（4）微原纤维之间的交联。

如前所述，在相邻的微原纤维单位之间存在共价交联结构，该结构使得原纤维的内部分子排列更精确，形成的晶体更加稳定。

### 3.1.3.4　胶原纤维的形成和结构特征

在光学显微镜下可以观察到胶原纤维的纤维束（Fiber bundle），其断面形状并不规则，截面积的变化也很大，因束间存在的较大的空隙而界定。构成皮纤维的胶原纤维束通过彼此分合、相互穿插、缠绕编织，构成皮肤的纤维结构（图 3-11）。

  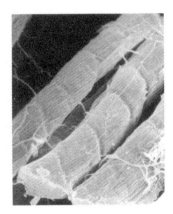

(a)单独的原纤维　　　　　(b)基础纤维之间的交叉　　　　　(c)平行的基础纤维

图 3-11　纤维构成的扫描电镜图

纤维束的次级结构是基础纤维(Elemental fiber)。基础纤维由原纤构成。原纤之间紧密排列，相邻原纤的明暗横纹相互对应，原纤之间的排列呈现相当程度的晶体结构，表明原纤之间存在某些决定组装形式的结构因子；基础纤维表面存在由原纤构成的束带；基础纤维的断面形状不太规则，但是曲面较为光滑，以椭圆较为多见。椭圆的短轴直径约为 $50~\mu m$，长短轴之比一般大于 2。基础纤维之间存在狭窄的但是清晰的边界，边界宽度一般小于 $0.5~\mu m$。纤维束之间的间距则要宽得多，一般介于 $1\sim5~\mu m$ 之间，在后者宽大的空隙中，多有成纤维细胞的残余物存在，如图 3-12 所示。

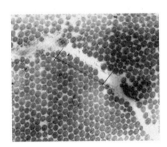 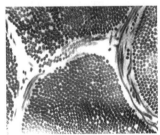 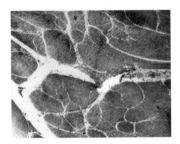

(a)原纤维晶体，×20000　　　(b)基础纤维界面，×10000　　　(c)纤维束与基础纤维界面，×2000

图 3-12　透射电镜观察的基础纤维结构

### 3.1.4　胶原的物理性质

#### 3.1.4.1　胶原基本物理常数

胶原在绝干状态下硬而脆，相对密度为 1.4，天然胶原的等电点为 6.7，热容量为 1.34 J/g。

#### 3.1.4.2　胶原的湿热稳定性和收缩温度($T_s$)

水溶液中的胶原纤维在温度升高时，会突然收缩发生变性。这一引起胶原湿热收缩变性的温度称为收缩温度，注为 $T_s$。胶原的收缩温度因动物种类不同而略有差异，一般为 65℃左右。但是，水生动物皮胶原的收缩温度明显低于陆地动物。表 3-8 给出了若干动物皮的收缩温度。

表 3-8　若干动物皮的收缩温度

| 动物皮 | 收缩温度/℃ | 动物皮 | 收缩温度/℃ |
| --- | --- | --- | --- |
| 猪皮 | 66 | 兔皮 | 59～60 |
| 黄牛皮 | 65～67 | 狗皮 | 60～62 |
| 小牛皮 | 63～65 | 猫皮 | 60～62 |
| 马皮 | 62～64 | 鳄鱼皮 | 44 |
| 山羊皮 | 64～66 | 鲨鱼皮 | 40～42 |
| 绵羊皮 | 58～62 | 江猪皮 | 34～38 |

热收缩的胶原纤维明显变粗变短，强度大大降低，并表现出弹性。X 射线衍射图谱证实，热收缩胶原的天然构象已经破坏。

胶原的热收缩变性与氢键的破坏有关。对于胶原，维持构象稳定的作用力主要来自链间氢键。羟脯氨酸的羟基氢原子与主链上的羰基氧原子之间形成的氢键也具有重要意义，这一点在胶原的羟脯氨酸含量与 $T_s$ 的一致性关系中得到了体现(表 3-9)。羟脯氨酸含量高的，收缩温度也较高。

表 3-9　胶原的收缩温度与羟脯氨酸含量关系

| 材料来源 | 收缩温度/℃ | 总氮量/% | Hyp/% | Pro/% |
| --- | --- | --- | --- | --- |
| 鲨鱼皮 | 40 | 18.3 | 5.8 | 10.2 |
| 鱼皮 | 55 | 18.4 | 7.8 | 13.3 |
| 牛皮 | 65 | 18.3 | 12.9 | 14.1 |

Ramachandran 等认为，羟脯氨酸的羟基参与并且构成了胶原肽链的 3 条 $\alpha$-螺旋链之间的氢键，所形成的氢键如图 3-13 所示。

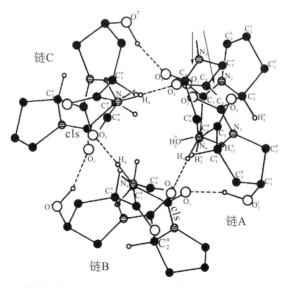

图 3-13　胶原螺旋(Gly-Pro-Hyp)结构的轴向投影(氢键用虚线表示)

### 3.1.4.3 溶胀

动物皮组织中的胶原纤维，在水和酸、碱性溶液中基本不溶解，而是表现为溶胀。溶胀主要发生于酸性或碱性溶液，在 pH 为 2 和 12 时最为强烈。溶胀时，纤维的横向膨胀，轴向收缩，外观呈现半透明状。加入电解质，溶胀会受到抑制。X 射线衍射研究发现，在纯水中，胶原纤维仅有微小溶胀，分子间侧向间距由 1.1 nm 增加到 1.35 nm。当 pH 为 2 时，间距会增加到 1.50 nm。对于胶原溶胀的机理，过去多用 Donnan 平衡理论解释。但是，电荷的相互排斥作用似乎更重要。

### 3.1.4.4 旋光性

大多数蛋白质溶液的比旋光度$[\alpha]_D$为$-60°\sim-30°$，与组成这些蛋白质的各氨基酸残基的平均旋光度值很接近。天然胶原具有特异的旋光度，其比旋光度值为$-400°\sim-350°$，这主要是由 Gly-Pro-Y 链节中多肽链的构象决定的。在胶原肽链丧失了其天然构象后，所测得的比旋光度值就与其氨基酸组成相联系。所以，比旋光度值可以表征系统中螺旋构象的比例。该方法可以被用来测定胶原和明胶溶液中构象的转化。

### 3.1.4.5 表面电性质

胶原是不良电导体，在低频时的介电常数略大于水。溶液中的胶原能够增加溶液的电导率。胶原电导率的温度系数在室温范围内约为 10%。电导率与样品的湿度正向相关，相对湿度为 50%～80% 时，胶原样品的电导率最高。

### 3.1.4.6 胶原的应力—应变模型

肌腱胶原的典型应力—应变曲线可以分为几个区域，如图 3-14 所示。较小的应变区域对应于胶原原纤维中宏观折叠的去除，较大的应变则伴随着原纤维结构的变化。

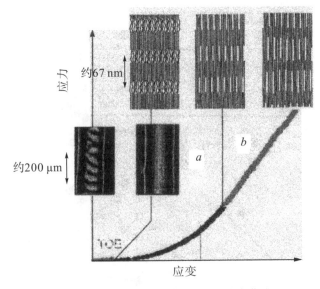

**图 3-14 肌腱胶原的典型应力—应变曲线**

图 3-14 中，在低应力的区域，肌腱可以在很小的外力下延伸，原纤维中的宏观褶皱被除去，该变化可以被偏光显微镜观察到。进一步的结构变化发生在原纤维水平，曲线 a 段的应变对应于分子在空洞位置的纽结的变化；b 段的线性变化对应于分子间的滑动。最新的同步辐射衍射结果暗示，纤丝结构破坏的开始伴随着孔洞和重叠面上细微纤丝的增加。相关研究发现，在空洞区域，分子之间存在纽结，分子的柔性变形发生在空洞区域，因为在这里的 Pro 和 Hyp 的含量较低，其次在该结构区域分子的排列密度较低。NMR 研究显示，胶原分子中存在着转角和轴向的柔软性。

## 3.1.5　胶原的化学性质

### 3.1.5.1　酸碱对胶原的作用

胶原对酸、碱有一定的缓冲能力。酸容量为 $0.82 \sim 0.9$ mmol/g，碱容量为 $0.4 \sim 0.5$ mmol/g，过量的酸碱会引起胶原纤维的膨胀。强酸、强碱长时间处理，胶原会因肽键水解而溶解，这种变化称为胶解。海德曼等通过对酸溶和碱溶明胶的分子量分布进行研究发现，酸对胶原的水解表现出更大的偶然性，酸的水解产物的分子量分布范围较之碱法要宽得多。

### 3.1.5.2　盐类对胶原的作用

不同的中性盐对胶原的作用差别很大。有的可以使胶原膨胀，有的则使胶原脱水沉淀。如在蛋白质变性一节中所述，使胶原膨胀、溶解的盐，大都降低构象的稳定性；而使胶原析出的盐，大都增加构象的稳定性。按照它们对胶原作用的区别，可以把盐分为以下三类：

(1)引起纤维强烈膨胀的盐类，如碘化物、钙盐、钡盐、锂盐等。膨胀作用使纤维缩短、变粗，并引起胶原的变性，使收缩温度降低。

(2)低浓度时有轻微膨胀作用，提高浓度时引起脱水的盐类，NaCl 是该类盐中最有代表性的一种。该类盐对胶原的构象影响不大。

(3)脱水性盐，如硫酸盐、硫代硫酸盐、碳酸盐等。

盐对胶原的膨胀、脱水作用，机理比较复杂，至今仍未完全搞清楚。一般认为，胶原分子的螺旋构象以及维持构象的各种化学键赋予胶原纤维不溶的性质。任何使胶原膨胀的盐类都可能同时降低分子的内聚作用(削弱、破坏化学键)，并增加其亲溶剂性。

中性盐对胶原的盐效应在制革化学中具有重要应用。在浸水中加入多硫化钠，可以促进生皮的充水。用 $(NH_4)_2SO_4$ 脱碱、消肿，利用的是该盐的脱水性。过量 NaCl 的加入可以抑制酸碱导致的胶原纤维膨胀以及因此而产生的纤维水解。

### 3.1.5.3　酶对胶原的作用

天然胶原对酶有很强的抵抗能力，这主要是由于致密的三股螺旋构象对肽键的保护作用。按照它们对胶原肽链的水解能力和方式，可以把酶分为以下几类：

(1)动物胶原酶(Vertebrate collagenase)。

这是从动物胰脏中分离出来的蛋白水解酶,可以水解天然胶原。动物胶原酶对天然胶原的水解作用仅仅发生在 $\alpha$-链螺旋区的第 $775\sim776$ 位 Gly-Leu 之间。在这里,$\alpha$-链被切为两段。经过动物胶原酶处理的胶原,很容易被其他蛋白酶继续水解。

(2)作用于天然胶原非螺旋区段的蛋白酶。

胃蛋白酶(Pepsin)、木瓜蛋白酶(Papain)、胰蛋白酶(Trypsin)、胰凝乳蛋白酶(Chymotrypsin)等均可作用于天然胶原的非螺旋区肽链,但对螺旋区一般无作用。上述酶因此被用于天然胶原的制备中。胃蛋白酶是酸性酶,在 pH 为 $1.5\sim2.0$ 时有最大活力。

(3)细菌胶原酶(Bacterial collagenase)。

细菌胶原酶对胶原肽链中所有含 Gly-X-Y 三肽结构敏感,可以从肽链的两端开始把肽链水解成小片段直至 Gly-X-Y 三肽。细菌胶原酶只能水解胶原而不水解非胶原。在分离生皮中的非胶原时,应用这一原理,可以把胶原与非胶原分离,并使后者富集。细菌胶原酶作用的最适 pH 值处在中性 pH 范围,并要求一定的钙离子作活化剂。细菌胶原酶一般通过生物发酵得到。

(4)其他微生物蛋白酶。

在使用枯草杆菌蛋白酶 AS 1.398、短小芽孢杆菌蛋白酶 209 等微生物来源蛋白酶进行皮革酶脱毛时,常常伴随着明显的胶原纤维的溶解。其中水解胶原纤维的酶已经被部分纯化。该酶有强烈的溶解胶原纤维的能力,但是对非胶原不显示活力。水解产生的可溶性胶原纤维,保持较高的分子量。这点既不同于胰蛋白酶等的作用,也不同于细菌胶原酶的作用。

### 3.1.5.4 胶原的交联改性

胶原的交联改性是皮革化学研究和皮革制造的重要内容。在皮革化学领域,这种交联改性被称为鞣制(Tanning),使用的交联改性剂被称为鞣剂(Tanning agent)。鞣制后的动物皮即转变为皮革(Leather)。本节以皮革制造为例,介绍常见的胶原交联改性方法。

1. 铬鞣和其他无机鞣

(1)铬鞣。

铬鞣是目前应用最广泛、鞣制效果最好的鞣制方法。使用的鞣剂是 $Cr^{3+}$ 的配合物,胶原侧链的羧基作为配体被铬离子结合,形成交联(图 3-15)。在鞣制过程中,随着鞣液 pH 的提高,配合物的分子变大,结合的羧基也增加。铬鞣改性的胶原具有很高的化学、生物和物理稳定性。皮胶原的收缩温度可以被提高到 100℃以上。

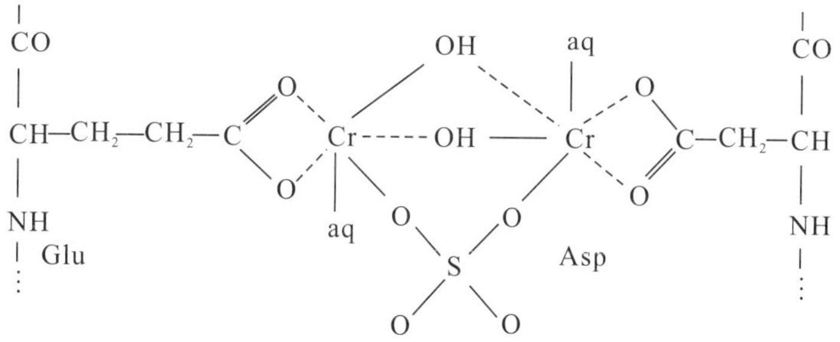

**图 3-15　铬鞣交联**

注：Glu 和 Asp 表示与铬配位交联的酸性氨基酸侧链，aq 表示配合物中的水分子。

铬鞣的缺点是，鞣剂铬对人体健康、环境和生态有较大的危害。为此，制革化学家们正在努力寻找减少铬用量的方法和铬的替代物。

（2）多金属络合物鞣剂。

多金属络合物鞣剂是在铬鞣剂中增加了其他金属离子，以部分替代和减少铬的含量。张铭让及其合作者们所研制的铬-锆-铝(Cr-Zr-Al)多金属络合物鞣剂属于该类鞣剂。

（3）其他无机鞣剂。

除了铬盐，被用作皮革鞣制的无机金属络合物还有铁（$Fe^{3+}$）、锆（$Zr^{4+}$）、铝（$Al^{3+}$）、钛（$Ti^{4+}$）等，它们的交联改性机理与铬鞣剂相似。但是，它们主要用作辅助性鞣制，因为当它们单独使用时，还不能赋予皮革所需要的基本性能。

2. 醛鞣

醛鞣的本质是通过醛类与胶原大分子侧链氨基之间的反应，在胶原肽链之间引入烃类交联。醛鞣改性的胶原纤维组织颜色洁白、柔软、丰满并耐碱和氧化剂作用，收缩温度可达到 90℃左右。醛鞣在酸性条件下开始，终于中性条件。醛鞣主要用于毛皮鞣制。

常用的醛鞣剂有甲醛、戊二醛等。古老的烟熏制革法，本质上也是醛鞣。由于对人体健康有危害，甲醛的使用已被严格限制。

3. 丹宁(Tannin)及植物鞣

丹宁是存在于植物根、茎和果实中的复杂多酚化合物的总称，习惯称为植物鞣质(Vegetable tannin)。天然来源的植物鞣质习惯称为栲胶(Vegetable extract)。没食类和儿茶类化合物是主要的丹宁鞣质。橡椀、坚木等是栲胶的重要原料。

丹宁对胶原的改性反应机制尚不够清晰。一般认为，丹宁与胶原之间不存在化学交联，起主要作用的可能是氢键和其他静电相互作用。

植物鞣是一种古老的鞣制方法，使用大量的鞣剂，鞣制的时间要持续数天至数十天。

合成鞣剂是基于天然丹宁结构特征的合成产物。其基本结构是通过砜桥或次甲基交联起来的酚和萘酚等。

4. 油鞣

油鞣是以高度不饱和的脂肪酸为鞣剂的鞣制方法。关于油鞣的机理，一般认为，高度不饱和的脂肪酸在氧化条件下产生烯醛和部分过氧化物，后者可以容易地与胶原的羧基或氨基形成稳定的结合。脂肪酸的长链同时赋予皮革优良的柔软性。

油鞣过程很长，首先通过强烈的机械作用使得油脂充分分散到纤维内部，然后在空气中脱水，油的氧化和鞣制反应是在密封的容器中进行的，加热到 40℃ 左右。为了促进氧化，还要加入 Cu、Fe、Mn 等金属的化合物。油鞣使用的油脂主要有鲨鱼油、鱼肝油等。油鞣的皮革具有独特的拒水性、可洗涤性，被用于航空燃油的脱水和光学镜头的擦拭。

5. 结合鞣

结合鞣是将两种以上的鞣剂和鞣制方法用于同一动物皮的鞣制改性。结合鞣可以充分发挥每一种鞣剂的优点并克服其不足。常用的结合鞣方法有铬－植结合鞣、植－铝结合鞣、醛－铬结合鞣等。

### 3.1.6 胶原的分离与制备

胶原的分离一般由萃取、分离、提纯三个步骤组成。

1. 萃取

萃取是制备胶原的第一个步骤。用来萃取的皮肤要仔细剥离，除去那些非胶原的成分，并在冷却条件下将皮肤切碎和匀浆。

在萃取过程中，组织自身或环境中的蛋白水解酶会水解、破坏胶原的结构。因此，采取适当的方法对酶的作用进行抑制是非常重要和必不可少的。常用的酶抑制剂有甲基酚氟磺酸(PMSF)、乙二胺四乙酸(EDTA)、N-乙基马来酰胺(EMI)、氨基己酸等。用量为 1～2 nmol/L。

洗涤可以除去可溶性非胶原。洗涤后的样品即可进入萃取。萃取宜在 4℃ 进行。常用的胶原萃取方法有三种，即酸性条件下的低离子强度萃取、中性条件下的中等离子强度萃取、酸性酶有限水解萃取。

(1)酸性条件下的低离子强度萃取。

酸性条件可以破坏分子内离子键和 Schiff 键，从而引起纤维蛋白膨胀、溶解。使用的酸主要有乙酸、柠檬酸、甲酸和盐酸等。盐酸浓度一般为 0.01 mol/L，有机酸要高一点，为 0.1～0.5 mol/L。如果加入盐，溶解的胶原会逐渐沉淀出来。

(2)中性条件下的中等离子强度萃取。

中性条件萃取所需的盐浓度为 0.25～1 mol/L。盐浓度太低，胶原是不能溶解的。常用的中性盐有盐酸三羟甲基氨基甲烷(Tris. HCl)、磷酸盐等。胶原的溶解和分级受中性盐种类和浓度的影响。

(3)酸性酶有限水解萃取。

酸性条件下的有限酶处理主要使用胃蛋白酶。组织被制成悬浮液。处理的主要条件是：乙酸 0.1 mol/L(pH=2～2.5)，胃蛋白酶 0.5～50 mg/g，组织温度 4℃～18℃。胃蛋白酶处理使胶原溶解的原因是该酶可以催化水解胶原的端肽非螺旋区，但对螺旋区无作用。这样获得的胶原仍具有完整的螺旋区段。

组织中胶原的溶解度和得率主要取决于动物的年龄。老化过程中形成的链间交联将最终导致胶原的不溶性。例如，小牛皮中可溶胶原为 7%，成年牛皮则只有 0.35%。除了 IV 型、V 型胶原，其他胶原的最后提纯产物与制备方法关系不大。组织中的非胶原、类黏蛋白，要在萃取之前设法溶解除去。巯基乙醇的加入将促进其溶解。

在碱性条件下处理，容易造成肽键水解。因此，在以获得完整胶原分子为目的的萃取中很少被使用。

2. 分离

分离是对萃取得到的胶原溶液中各类胶原进行初步分级。

(1)盐析分级。

盐析分级是常用的分离方法。盐析分级的方法是恰当控制溶液的盐浓度，使特定的胶原析出，其他的仍保留在溶液中。胶原在盐溶液中的溶解和盐析现象如图 3-16 所示。当有 2 mol/L 尿素存在时，Ⅳ型和Ⅴ型胶原可以在低离子强度萃取中分级沉淀出来。为了促进分离，有时要在中性溶液中加入 EDTA 的葡萄糖，使胶原形成多分散的多聚体。把被处理的组织重复地置于酸性条件，也有同样效果，这个效应称为感胶松弛 (Lytropic relaxation)。

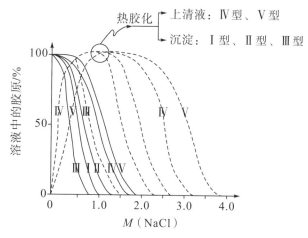

**图 3-16　胶原的溶解和析出**

注：实线为酸萃取，虚线为中性盐萃取，顶部圆圈表示热胶化处理。

除此之外，热胶化分离和变性分离方法也有使用。

(2)热胶化分离。

热胶化分离是利用不同类型的胶原可胶化性的差异，使得部分胶原被胶化而与其他胶原分离的方法。一般是在 37℃ 下处理胶原混合液，一定时间后，Ⅰ型、Ⅱ型、Ⅲ型胶原被胶化而沉淀，而Ⅳ型、Ⅴ型胶原仍然保持天然状态。

(3)变性和复性分离。

已知含双硫键的分子在变性后的复性要比不含双硫键的快得多。Ⅰ型与Ⅲ型胶原的分离可以利用这一性质。在胶原混合液中加入变性剂 2 mol/L 盐酸胍，并在 pH=7.5 和 45℃ 条件下处理，使得两种胶原均变性，然后降温，通过透析除去盐酸胍使之复性，当盐酸胍的浓度降到一定程度时，Ⅲ型胶原迅速复性并沉淀。在该条件下，Ⅰ型胶原仍然留在溶液中。

3. 提纯

经过萃取和分离得到的胶原样品仍在不同程度上含有其他类型的胶原，此外还携带某些类黏蛋白、球蛋白杂质，需经过进一步提纯。胶原的提纯主要使用层析方法，如离子交换层析和凝胶过滤层析等。

## 3.2 角蛋白纤维

角蛋白(Keratin)属于中间纤丝蛋白(Intermediate Filaments，IF)超级家族中的成员，是上皮细胞和毛发中主要的纤丝蛋白。在最终分化(Differentiate)的皮肤角质细胞中，角蛋白占蛋白质总量的 80% 以上。角蛋白广泛存在于人和动物的表皮，是毛发、羽毛、蹄、壳、爪、角中的主要成分，是极其重要的结构蛋白质，起着保护机体免受外界化学、物理和微生物伤害的作用。

### 3.2.1 角蛋白的类型

根据是否纤维化，角蛋白可分为软角蛋白和硬角蛋白两大类。软角蛋白和硬角蛋白的含硫氨基酸含量有所不同，软角蛋白存在于皮肤和其他一些细胞组织中。细胞内的软角蛋白是构成细胞膜、脑灰质、脊髓、视网膜神经等组织的主要成分。纤维化的硬角蛋白在细胞外，是构成毛发、羽毛、蹄、壳、爪、角、鳞片等的主要成分。

角蛋白按照其最终形态，可以分为上皮细胞角蛋白(Epithelial cytokeratin)和毛角蛋白(Hair keratin)。上皮细胞角蛋白也称为软 α-角蛋白，其成员超过 20 个(K1～K20)。表皮角蛋白属于软 α-角蛋白，毛角蛋白则被称为硬 α-角蛋白。上皮细胞角蛋白存在于单层和多层上皮细胞中，而毛角蛋白主要提供给毛及其类似组织的硬角质化结构。

皮肤中所表达出的角蛋白按照其电荷和分子量进行了编号分类：上皮细胞角蛋白成员的编号从 K1 到 K20，毛角蛋白分别被标注为 Ha1～Ha4 和 Hb1～Hb4。

根据等电点不同，皮肤中的角蛋白可分为酸性角蛋白(Ⅰ型)和碱性角蛋白(Ⅱ型)。二维凝胶电泳(2D-PAGE)示意图如图 3-17 所示。

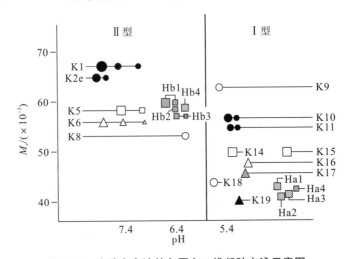

**图 3-17　皮肤中表达的角蛋白二维凝胶电泳示意图**

酸性角蛋白(Ⅰ型)的主要成员为 K9～K20 角蛋白，Ha1～Ha4 毛角蛋白。中偏碱性角蛋白（Ⅱ型）的主要成员为 K1～K8 角蛋白，Hb1～Hb4 毛角蛋白。K1 是中偏碱性角蛋白系列中分子量最大和碱性最强的。从 K1 到 K8 分子量逐渐降低，碱性逐渐减弱。K19 是酸性角蛋白系列中分子量最小和酸性最强的，从 K19 到 K9 分子量逐渐增大，酸性逐渐减弱。

角蛋白的表达具有两个显著特征：一是不同的上皮细胞表达不同的角蛋白；二是Ⅰ型和Ⅱ型角蛋白同时成对表达，图中成对表达的蛋白质以相同符号标出。

毛角蛋白和上皮细胞角蛋白之间存在极为密切的关系。两者的区别是半胱氨酸含量，毛角蛋白分子含有 25～30 个半胱氨酸残基，而上皮细胞角蛋白只有 2～8 个。与高硫的毛角蛋白基质相比，毛角蛋白还是低硫角蛋白。主要的半胱氨酸残基都集中存在于螺旋区段两端的非螺旋短肽，只有个别在螺旋区。

就目前所知，毛角蛋白中以双硫键形式存在的大量半胱氨酸，其实是由毛的基质蛋白提供的。$\alpha$-角蛋白中存在的双硫键交联结构与其结构的稳定性相联系。但是，在活细胞中基本上不存在这种交联结构，因为活细胞中的纤丝需要运动。

## 3.2.2 角蛋白的结构

### 3.2.2.1 分子结构

#### 1. 角蛋白的氨基酸组成

角蛋白分子链由 19 种氨基酸构成，不同角蛋白分子的氨基酸序列和含量有较大差异。因此，不同条件下水解所得的角蛋白分子量也不同。

人类 K14 上皮细胞角蛋白的基因是第一个被克隆并测序的，至今大部分人类上皮细胞角蛋白和毛角蛋白肽链的氨基酸组成和序列已经被确定和报道。K10 角蛋白是在最终分化的表皮中表达的酸性角蛋白。表 3-10 给出了通过核苷酸推导和酸水解得到的 K10 角蛋白的氨基酸组成。

表 3-10 K10 角蛋白的氨基酸组成

| 氨基酸 | 按 cDNA 克隆表达推测值 | 酸水解实测值 |
|---|---|---|
| Asp+Asn | 9.04 | 9.10 |
| Thr | 3.04 | 3.15 |
| Ser | 15.36 | 14.90 |
| Glu+Gln | 12.86 | 12.35 |
| Pro | 0.54 | ND |
| Gly | 23.75 | 24.20 |
| Ala | 3.93 | 4.20 |
| Cys[a] | 0.54 | 0.75 |
| Val | 2.32 | 2.55 |
| Met | 0.89 | 0.75 |

| 氨基酸 | 按 cDNA 克隆表达推测值 | 酸水解实测值 |
|---|---|---|
| IIe | 3.39 | 3.05 |
| Leu | 8.21 | 8.00 |
| Tyr | 4.29 | 3.75 |
| Phe | 3.39 | 3.25 |
| His | 0.71 | 1.05 |
| Lys | 3.75 | 3.90 |
| Try | 0.18 | 0.20 |
| Arg | 4.82 | 4.90 |
| Ser(P)[b] | | 0.9 |

注：ND 表示未检测到。a 和 b 是以相应氨基酸的衍生物被检测到。

数据显示，K10 角蛋白的氨基酸组成具有以下主要特征：极高的甘氨酸含量，约占氨基酸总量的 24%；丝氨酸含量也很高，约占 15%；酸性氨基酸(含天冬酰胺和谷氨酰胺)约占 20%；半胱氨酸含量很低，仅占 0.5%。这显示了结构蛋白的特征。

2. 角蛋白的氨基酸序列

20 世纪 80 年代以来，通过核酸序列测定方法，大部分中间纤丝蛋白链的序列结构被测定。现以人类角蛋白 I 型(K10，K14，K15，K18)和 II 型(K1，K5，K7，K8)为代表，说明中间纤丝蛋白的氨基酸序列和肽链结构特征。其中，K8 与 K18 为简单上皮细胞表达的初级角蛋白对；K5 与 K14 为复层上皮细胞表达的初级角蛋白对；K1 与 K10 为复层上皮细胞的上层基底细胞表达的鳞片表皮角蛋白对。其氨基酸序列如图 3-18 所示。

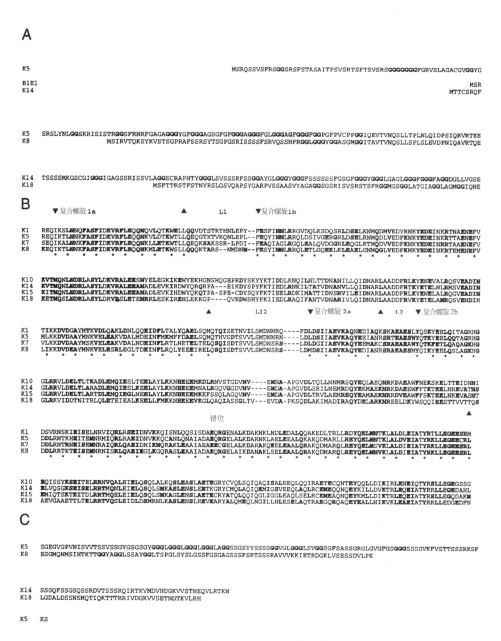

**图 3-18　人类上皮细胞角蛋白的氨基酸序列**

注：列出的Ⅱ型角蛋白包括 K1、K5、K7 和 K8，Ⅰ型角蛋白包括 K10、K14、K15 和 K18。其氨基酸序列分为三个结构域，即头、螺旋区和尾部，分别标注为 A、B、C；次级结构域 1A、1B、2A、2B 以及非螺旋的接头 L1、L2、L12 等均被标注；序列下部的星号表示七肽周期的重复性序列中的 a 和 d 点；N—端和 C—端的富含 Gly 的区域用粗体标注。

氨基酸序列分析结果显示，像所有其他 IF 一样，它们是按照一个通用的模式构建的，其结构包含高度保守的棒状结构域和棒状结构域两侧连接的在序列和尺度上高度变化的端基结构域。图 3-19 给出了中间纤丝的结构模型，提供了关于这类蛋白的结构的最基本和最重要的信息。

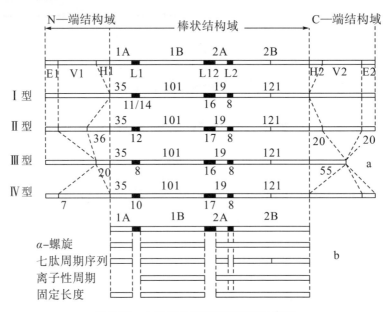

**图 3-19　中间纤丝的蛋白链结构示意图**

注：a. 螺旋片段 1A、1B、2A、2B 被非螺旋片段的接头 L1、L2 和 L12 连接。Ⅰ型、Ⅱ型、Ⅲ型和Ⅳ型链的氨基酸残基数被标注。N—端和 C—端肽结构域被分为次级结构域 E1、V1、H1 和 E2、V2、H2。H1、H2 代表高度一致的次级结构域；V1、V2 代表在大小和化学特性上显著不同的次级结构域；E1、E2 代表中间纤丝蛋白的基本尾部。b. 棒状结构域的 α-螺旋、七肽周期序列、离子性周期以及固定长度被注明。

Parry 等发现，动物毛发纤维的氨基酸重复单元中主要有两种基本的五肽环模式的重复单元，即重复单元 A(C—C—X—P—X) 和重复单元 B(C—C—X—S/T—S/T)，X 代表除这几种之外的构成蛋白质的任何一种氨基酸。在第一种重复单元 A 中又衍生出两种新的重复结构单元 C—C—Q—P—X(A1) 和 C—C—R—P—X(A2)。在 A 或 B 重复单元中，主要由高硫键和极高硫键维持角蛋白的二级、三级结构，但也不是完全由这两种重复单元很规则地排列起来的，这两种基本结构单元之间相互作用，可生成十肽的衍生结构 AB、A1B 或 A2B。有时 A 或 B 重复单元以更加复杂的形式形成含有 19 或 20 个氨基酸残基的重复结构单元 BABA1 或 BA1AA，这种重复模式在 α-角蛋白的中间纤维丝中最常见，典型结构如图 3-19 所示。

以上角蛋白的氨基酸序列具有以下共同特征：

(1)共享的基本结构。所有中间纤丝共享一个公共的结构模式，即一个非螺旋的 N—端头结构域、一个中心 α-螺旋棒状结构域和一个非螺旋的 C—端尾结构域，中心 α-螺旋棒状结构域分为四段，被 3 个非螺旋的接头连接起来。棒状螺旋结构域具有较为固定的由 310 个左右氨基酸构成的肽链。

(2)螺旋区的七肽周期序列和断点。棒状螺旋结构域包含 4 个分别被称为 1A、1B、2A 和 2B 的片段，在这些片段中，存在着七肽周期的非极性氨基酸分布的序列特征。

其中，第一和第四位由非极性的氨基酸残基，如 Leu、Ile、Met 和 Val 构成。但是，在 2B 片段的七肽周期序列的中间存在一个断点，插入了 4 个氨基酸残基。

(3)端肽结构域及其特殊的氨基酸组成。在角蛋白的非螺旋端肽结构域，特别是 C—端结构域，含有大量 Cys 和 Pro 残基，其中包括频繁出现的 Pro-Cys 二肽结构点。这样形成的角蛋白分子链缺少柔顺性，并具有较高的强度；毛囊和毛干中不同功能的毛角蛋白，其 C—端肽的组成和序列也不同。表皮角蛋白一般有较长的 C—端和 N—端肽链，但是缺少 Cys 残基，因而显示很高的柔顺性。

(4)3 个由非螺旋片段构成的接头(Links)。L1、L12 和 L2 实现螺旋链之间的连接。其中，接头 L1 连接 1A 和 1B；接头 L12 连接 1B 和 2A；接头 L2 连接 2A 和 2B。由于每个氨基酸残基在螺旋轴上的投影长度约为 0.1485 nm，可以推算，片段 1(1A—L1—1B)和片段 2(2A—L2—2B)的长度都是 22 nm。因此，中间纤丝的蛋白肽链具有以接头 L12 为中点的轴对称性。

(5)Ⅰ型和Ⅱ型角蛋白肽链成对出现。角蛋白中间纤丝的蛋白链被分为酸性的Ⅰ型(pI 为 4.9~5.7)、中偏碱性的Ⅱ型(pI 为 6.1~7.8)两类。在任何一种角蛋白中间纤丝中，两种类型的链总是成对出现，并构成异链复合螺旋。成对出现的Ⅰ型、Ⅱ型链保持固定的组合，例如 K5/K14、K1/K10、K6/K16、K4/K13 等。

已经发现的所有Ⅰ型角蛋白肽链，均具有高度一致的由 56 个残基构成的 N—端肽和高度固定的由 311 个残基构成的 α-螺旋结构域。角蛋白的专一性和特异性主要由 C—端序列表征。Ⅰ型和Ⅱ型角蛋白的 α-螺旋结构域几乎相同，但是Ⅱ型角蛋白的端肽却要比Ⅰ型角蛋白长得多。

(6)酸碱性氨基酸的周期性分布。所有角蛋白肽链都具有很高的带电氨基酸残基(30%~40%)。在净电荷含量上，Ⅰ型酸性角蛋白肽链在 1A 和 2B 段，与Ⅱ型中偏碱性角蛋白肽链具有明显差别。

序列分析还发现，酸性氨基酸残基(Asp、Glu)和碱性氨基酸残基(Arg、His、Lys)分别集中存在于片段 1B 和片段 2B 中，呈现高度有规律的排列。在片段 1B 中表现出的电荷周期约为 9.5 个氨基酸残基(1.4 nm)。酸性和碱性基团分别集中分布，并且彼此保持 180°的差距。在片段 2B，该周期略大，约为 9.9 个氨基酸残基(1.5 nm)，并且相反电荷的残基也是以 180°相差交替出现。这一结构特征在蛋白链自组装成中间纤丝时具有极大的重要性。

(7)高度固定的序列。在各类链中，棒状结构域的两端存在高度固定的序列，即是在 1A 的起点和 2B 的终点处，长度分别为 2~3 个和 4 个七肽周期。

(8)以 L12 为中点的轴对称。在不同类的中间纤丝蛋白链中，连接着中心棒状结构域的 N—端和 C—端肽非螺旋结构域，在大小、电荷和化学特性上存在很大差别。在Ⅰ型和Ⅱ型角蛋白肽链中，已经确认其次级结构域的结构保持着以接头 L12 为中点的准双侧对称。

(9)端肽链的次级结构。端肽链按照序列的固定性、氨基酸组成特征及其功能分为 H、V 和 E 三种次级结构域。Ⅱ型角蛋白肽链的 H2 次级结构域很短，并且具有高度固定的序列。但是，Ⅰ型角蛋白肽链缺少该结构域。

在 H1 和 H2 的外缘是 V1 和 V2 次级结构域，它们在序列和长度上变化很大。通常在这些区域，少数几个氨基酸的含量如 Gly、Ser 和 Val 特别高，并且有长的重复序列。Ⅰ型、Ⅱ型角蛋白肽链的 E1 和 E2 次级结构域是净碱性的。E1 和 E2 是端肽的尾巴。

N—端肽结构域的二级结构仍然没有被阐明。C—端肽结构域被认为基本是 α-螺旋（类似于Ⅰ型角蛋白肽链）。角蛋白 N—端肽结构域的长度变化很大，毛角蛋白的 N—端短肽约含 50 个氨基酸残基，而分子量为 67 kDa 的表皮角蛋白的 N—端短肽则含有 180 个氨基酸残基。

关于三个接头部位的结构仍然不够清楚。但是，接头 L2 不含 Pro 和 Gly 残基，这一点是不同于其他接头的。另外，其长度是固定的 8 个残基，在各种中间纤丝蛋白中都一样。按照计算机模拟，接头 L2 的构象应当是刚性和有规律的。相反的，接头 L1 和 L12 的链应当是柔顺的，并且可能在两个复合螺旋片段之间充当铰链。

### 3.2.2.2　角蛋白的二级结构

角蛋白分子的二级结构主要为 α-螺旋结构（图 3-20）或 β-折叠结构（图 3-21），相应被称为 α-角蛋白和 β-角蛋白。一般人类头发和羊毛中的角蛋白为 α-螺旋结构，而羽毛及部分鳞片中的角蛋白属于 β-折叠结构。蛇的鳞片中所含角蛋白既有 α-角蛋白，又有 β-角蛋白。

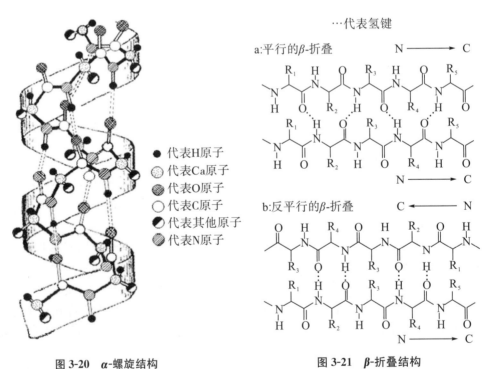

图 3-20　α-螺旋结构　　　图 3-21　β-折叠结构

β-角蛋白主要存在于鸟类及家禽的羽毛纤维中，又称羽毛角蛋白。羽毛角蛋白分子通过二硫键、氢键和其他交联作用后非常稳定。β-折叠结构在热和其他作用影响下，可

转变成 $\alpha$-螺旋结构。$\beta$-角蛋白侧链富含甘氨酸、丝氨酸和丙氨酸残基，其二级结构几乎都呈 $\beta$-片层结构，$\beta$-折叠结构是以平行方式堆积的多层结构，抗张性能高。片层间 Gly-Gly 和 Ser-Ser 之间就像拉链的齿一样锁联起来形成锁联结构，后者与共价键共同承担张力，使 $\beta$-角蛋白具有很强的抗张性能。$\beta$-折叠结构接近完全伸展状态，故其延伸性小。

$\alpha$-角蛋白含有大量的半胱氨酸残基，在二级结构（$\alpha$-螺旋结构）之间形成大量的二硫键。$\alpha$-角蛋白的二级结构几乎都呈 $\alpha$-螺旋结构，是由纵向的 $\alpha$-螺旋结构并列而成的，它的伸缩性能很好，以湿热破坏氢键后，毛发可被拉伸到原有长度的 2 倍，此时肽链变成伸展的 $\beta$-折叠结构。

角蛋白的 $\alpha$-螺旋结构轻度卷绕，称为超螺旋。超螺旋形成二聚体，二聚体是微纤维真正的物理结构亚单元，称为"分子对"，如图 3-22 所示。二聚体中，非螺旋化的 N—端和 C—端区域位于中间 $\alpha$-螺旋棒状区域的两侧，两条链相互缠绕成左手超螺旋，形成两条 $\alpha$-螺旋的卷曲螺旋。$\alpha$-角蛋白的单股螺旋之间通过二硫键把它们紧紧维系在一起。中间棒状区域（通过两个 L12 相连）分为两个螺旋，二者又进一步分别被连接物 L1 和 L2 分隔。毛发纤维中，几百个二聚体相互作用构成微原纤维，几十根微原纤维又相互作用构成毛发的原纤维。

由于 $\alpha$-角蛋白中的二聚体之间及微原纤维之间甚至原纤维之间都含有很多半胱氨酸，即众多的二硫键，使得 $\alpha$-角蛋白很稳定。

### 3.2.2.3　角蛋白的超二级结构

关于角蛋白中间纤丝结构的现代认识是：中间纤丝直径约为 10 nm，包含 8 个环形排列的基原纤（Protofibril），每个基原纤由一对反平行排列的卷曲螺旋组成，每个卷曲螺旋链包含两条走向相同的角蛋白分子。这些卷曲螺旋分子的棒状结构在首尾部重叠并且交联。角蛋白中间纤丝在组织学中被称为毛的微原纤（Microfibril）。角蛋白中间纤丝的结构模型如图 3-22 所示。

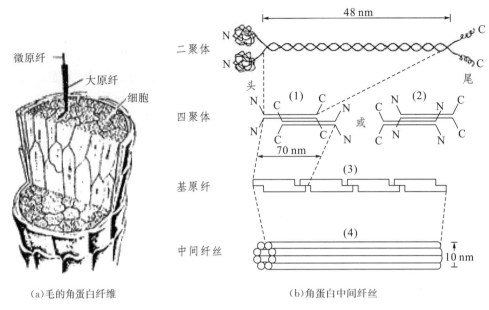

（a）毛的角蛋白纤维                              （b）角蛋白中间纤丝

**图 3-22　角蛋白中间纤丝结构**

1. 双股卷曲螺旋

中间纤丝肽链聚集模型要点：卷曲螺旋由Ⅰ型和Ⅱ型两条肽链参加，片段采取平行取向，链间相对轴错位很小，蛋白肽链倾向于平行有序排列，七肽周期序列最大限度地重叠并且将接头 L1、L12、L2 和 2B 中部断点引起的不连续降到最小。其分子模式如图 3-23 所示。

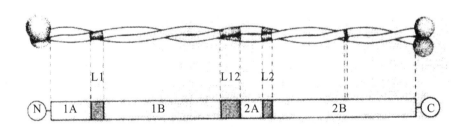

**图 3-23　由 C—端、N—端非螺旋结构域和棒状结构域构成的中间纤丝双螺旋分子**

在该模型中，肽链片段 1A、1B、2A、2B 具有的七肽周期序列导致链之间相互缠绕，形成了左手卷曲螺旋的棒状结构；七肽周期模式的断点发生在 2B 的中央；由于四段螺旋的相关相位是未知的，因此该模型具有一定程度的假设。

透射电镜观察到的中间纤丝蛋白分子的长度为 40～50 nm。卷曲螺旋中，每个氨基酸残基的轴投影接近 0.148 nm。棒状卷曲螺旋区域的总长度约为 44 nm，接头的长度不太明确。假定它们也具有同样的轴投影，则棒状结构域的总长度应为 46～47 nm。N—端和 C—端结构域在一般的电镜观察中不易看到。

这些数据对"角蛋白中间纤丝的组装总是需要一个Ⅰ型和一个Ⅱ型角蛋白肽链参加"的现象，提供了比较充分的解释。至少有两个关键因素：一是Ⅱ型角蛋白肽链 H1

和 H2 结构域可以实现邻近分子间的精确排列，二是Ⅰ型和Ⅱ型角蛋白肽链构成的非均聚合体在热力学上非常稳定。

2. 基原纤

双螺旋链分子侧向聚集形成基原纤的步骤，是组装形成中间纤丝的重要过程。通过对中间纤丝蛋白相互作用特性的研究，人们提出了双螺旋分子之间相互作用的两种模式。在第一种模式中，相邻的双螺旋分子齐头排列，反平行取向；在第二种模型中，相邻的双螺旋分子错位排列，反平行取向，错位距离大约是棒状结构域长度的一半。进一步，两种模式被拓展到四种，即所谓的 A11，A22，A12 和 Anc 模式(图 3-24)。其中，相邻双螺旋分子错位排列、反平行取向的 A11 基原纤模式得到了较多实验和计算数据的支持。

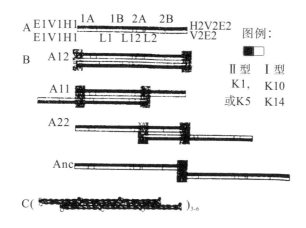

**图 3-24　角蛋白中间纤丝的构成**

注：A 显示了构成复合螺旋的Ⅱ型角蛋白肽链 K1、K5(暗框)和Ⅰ型角蛋白肽链 K10、K14(明框)，由 K5/K14 和 K1/K10 分别构成卷曲螺旋。B 给出了中间纤丝结构中相邻分子之间排列的四种模式。在模式 A12 中，两个反平行排列的分子几乎齐头并列；在模式 A11 中，反平行排列的分子错位排列，使得两分子的 1B 片段能够保持最大限度地重叠；在 A22 模式中，反平行排列的分子错位排列，使得两个 2B 片段能够最大限度地重合；在 Anc 模式中，两条同向分子首尾轻度重叠，重叠长度约为 1.6 nm，1A 和 2B 最外侧的约 10 个氨基酸残基参与重叠。

在这些排列模式中，有五个重要的序列片段频繁相互重叠。这些重叠包括 1A 开端和 2B 结尾(在模式 A12 和 Anc 中)、1A 中段与 L2 接头、2B 与 L2 接头。第四种和第五种重叠涉及与棒状区域相邻的端肽 H1 和 H2 的部分序列，它们也与 1A、2B 和 L2 片段重叠。值得注意的是，这五个序列区域，H1、1A 开端，L2、2B 结尾和 H2，代表了整个分子链中所有高度固定的序列区域；角蛋白中间纤丝分子中第六个高度固定的序列是 2B 中的错位区域。

最近的研究认为，H1(36 个氨基酸残基)和 H2(20 个氨基酸残基)似乎具有确定的长度接近的 $\beta$-折叠结构。所以在 A12 模式中，它们可以彼此契合形成 $\beta$-折叠结构。H1 区域主要带正电荷，可以在 A11、A22 和 A12 模式中与带负电荷的 L2 接头，和 B2 段序列发生离子相互作用。

毛角蛋白酶水解片段的分析为 A11 模式提供了直接的证据。这些片段中包含 4 个 1B。Faser 等通过电子显微镜观察了肌纤蛋白中间纤丝的装配形态，并且计算了与该形态一致的分子间，特别是棒状结构域 1B 片段与片段组合 2(＝2A＋L2＋2B)之间的离子相互作用，提供了分子间相互作用的间接证据。结果认为，正、负电荷基团之间相互作用的电位极大值与离子性侧链的分布和相互重叠的模式相关。当两个片段间的错位达到50％时，相互作用力最大。

3. 环—核结构的中间纤丝

动力学研究认为，卷曲螺旋链之间排列形成基原纤是角蛋白中间纤丝装配的速度限制步骤。一旦该步骤完成，基原纤将会作为快速装配的晶核。试验显示，中间纤丝的中间体具有强烈的自组装趋势。图 3-25 给出了波形蛋白中间纤丝在培养条件下的自组装过程。自组装的启动是通过向"纤丝缓冲液"中添加 NaCl。自组装过程进行得非常迅速，电子显微镜图像显示：在反应开始后的 1～2 s，基原纤即已形成［图 3-25(a)］。

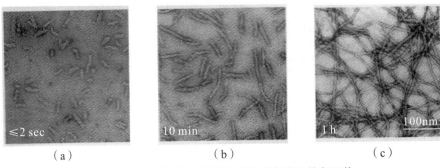

图 3-25　波形蛋白中间纤丝在培养条件下的自组装

中间纤丝分子在培养条件下自主装配成为接近自然状态纤丝的结果表明，中间纤丝中间体有着通过进一步的组装形成稳定结构的强烈趋势。

角蛋白中间纤丝的直径约为 10 nm，与毛的微原纤(Microfibrils)的直径（约 8 nm）相近，一般认为角蛋白中间纤丝即是毛的微原纤。

关于 8 个基原纤的排列方式，曾经提出两种模式：一是 8＋0 的环模式，即由 8 个基原纤构成的固定直径的环；二是 7＋1 的环—核模式，即由 7 个基原纤构成的固定直径的环加上 1 个位于环中央的基原纤。7＋1 的环—核模式得到了实验结果的更多支持。

Watts 等研究了从毛囊下三分之一处获得的还原中间纤丝，并且通过观察冷冻垂直切片的电子显微镜，获得了径向密度的分布结果(图 3-26)，表明在中心也存在一个峰，尽管研究者本人并不这样认为。

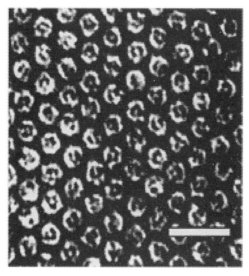

**图 3-26　美丽奴羊毛横切片的电子显微镜图像**

注：图中角蛋白中间纤丝为环—核结构，标尺长度为 25 nm。

#### 3.2.2.4　毛纤维的形态结构

毛是由许多细胞聚集而成的。从其组成和形态可以分为三种主要组分：包覆在毛干外部的鳞片层、组成毛结构最主要部分的皮质层、毛干中心的髓质层。如图 3-27 所示。

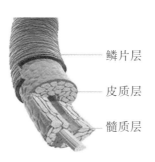

鳞片层
皮质层
髓质层

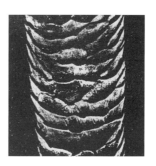

（a）毛纤维的形态结构　　　　　　　　（b）美丽奴羊毛的鳞片层结构

**图 3-27　毛纤维**

（1）鳞片层（Cuticula layer）。

鳞片层由角质化的扁平角蛋白细胞构成，这些薄片细胞重叠覆盖，如同屋瓦，包覆在毛干的最外层。鳞片的根部附着于毛干，梢部向外部分展开。

各种毛的鳞片大小基本相同，平均高度为 36 $\mu$m，宽度为 28 $\mu$m，厚度为 0.5～1 $\mu$m。鳞片在羊毛上的覆盖密度因为毛的种类不同而有较大差异。较粗大的毛，鳞片较稀疏，易于紧贴毛干上，使得毛的表面光滑，光泽较强；较细小的毛，鳞片紧密，反光弱，光泽柔和，近似银光。

鳞片在羊毛表面覆盖的形态主要有环状、瓦状和龟裂状。细羊毛的鳞片主要呈环状覆盖。

鳞片层的主要作用是保护毛不受外界环境的影响和破坏。此外，鳞片层的存在使得毛有毡化特征。

(2)皮质层 (Cortex layer)。

皮质层在鳞片层的里面，是毛最主要的组成部分，也是决定其物理和化学性质的主要结构，皮质层与鳞片层细胞紧密相连，在毛的横截面上可以看到。皮质细胞可以分为两种主要的类型，即正皮质细胞 (Ortho cotex) 和偏皮质细胞 (Para cotex)。正皮质细胞位于毛的弧形的外侧，偏皮质细胞则位于弧形的内侧。有人认为，正皮质细胞的角蛋白含硫量较低，对酶和化学试剂的反应比较敏感，盐基性染料易上染，易吸湿。而偏皮质细胞含硫量较高，化学稳定性高，易被酸性染料着色。

在皮质层中还存在天然色素，使毛具有颜色。

(3)髓质层 (Medulla layer)。

髓质层是由疏松和充满空气的角蛋白细胞组成的。细胞之间的联系较弱，在显微镜下观察，髓质呈暗黑色。髓质层比较发达的毛，保暖性好，但是机械强度较差。

角蛋白纤维的内部结构和纤维结构研究使我们接受：角蛋白具有多元化的组成，同其外部结构一样，在动物的种属之间和种属内部有很多包含细微差异的普适性结构。类似的差异也存在于角蛋白纤维的化学组成上。因此，对角蛋白这一概念的使用要十分慎重。

## 3.2.3　角蛋白的物理性质

角蛋白是长寿命和稳定的蛋白质，即使是非常易溶和可塑的简单上皮细胞角蛋白，其半衰期也达 100 h 以上。以角蛋白为主要成分的毛发，具有很好的物理和机械性能。

(1)吸湿性。

角蛋白的极性侧链具有亲水性，可以吸收大量的水，饱和吸水值可以达到蛋白质自身质量的 30％以上。其中占蛋白质质量 5％的水为结合水。

角蛋白完全不溶于水，即使在沸水中也只有微微溶胀。

(2)拉伸性能。

蚕丝和羊毛角蛋白的应力—应变曲线如图 3-28 所示。它们都存在明显的屈服点。蚕丝角蛋白的屈服应力和断裂强度都高于羊毛。但是羊毛角蛋白的断裂延伸率较蚕丝角蛋白高。羊毛角蛋白因此能在较小的应力下产生较大的形变，在超过屈服应力时尤其如此。

水分含量对蛋白纤维的应力—应变影响很大。蚕丝和羊毛都是吸湿性很强的材料，随纤维中的水分含量提高，其纤维的杨氏模量、屈服点、断裂强度都会下降，断裂延伸率提高。与蚕丝角蛋白比较，羊毛角蛋白的断裂延伸率更大，但是断裂强度下降较小。

温度对蛋白纤维的力学性能也有影响。随着温度的升高，湿羊毛的屈服应力和断裂强度都明显下降，断裂延伸率略有提高，如图 3-29 所示。

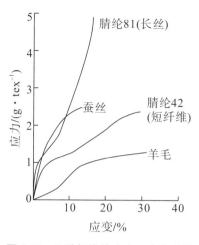

图 3-28　几种纤维的应力—应变曲线

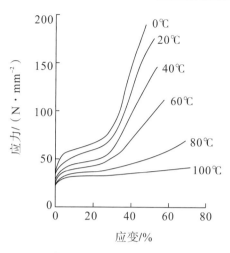

图 3-29　湿羊毛在不同温度下的应力—应变曲线

（3）弹性。

弹性是指受力发生形变的材料在外力消除后重新恢复原状的能力。弹性是纤维的重要物理和机械性能。纤维的弹性受环境条件的影响很大，规定温度为 20℃ 和相对湿度为 65％ 是弹性的标准测定条件。材料的弹性特征因为受力程度不同而表现不同，以屈服点为界，分为两类：当应力形变小于纤维的屈服应力或应变时，外力消除后，被拉伸的纤维基本能够迅速恢复原来的形状，属于普弹形变；如果超过了屈服点，纤维将被迫发生高弹形变或塑性形变，外力消除后，纤维仅能够部分恢复其形状。为了表征材料的弹性大小，引入了形变回复度（回弹率）和回复功两个概念。图 3-30 和 3-31 给出了羊毛角蛋白和若干其他纤维的形变回复度和回复功与形变的关系。可以看出，在形变小于 35％ 的范围内，羊毛角蛋白的回复度高于其他天然纤维。在低形变时，羊毛角蛋白显示较高的回复功，表明在低形变时，间毛角蛋白以弹性形变为主；但是在高形变时，其回复功显著下降，接近于蚕丝，表明在高形变时，羊毛角蛋白塑性形变的比例提高。因此，在一定的形变范围内，羊毛角蛋白比蚕丝有更高的弹性。

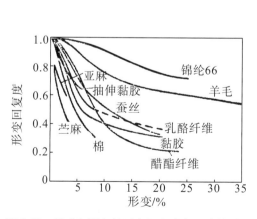

图 3-30　羊毛角蛋白的形变回复度与形变的关系

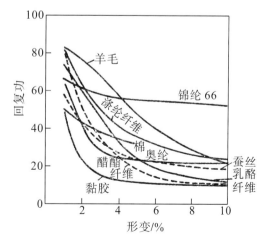

图 3-31　羊毛角蛋白的回复功与形变的关系

羊毛角蛋白与蚕丝在机械性能上的差异与其分子结构特别是超分子的排列相关。蚕丝丝素蛋白的大分子链结构为比较伸展的 $\beta$-折叠结构以及在此基础上形成的高度有序的晶体形态，而羊毛角蛋白中间纤丝的分子为紧密盘旋的 $\alpha$-螺旋结构，肽链构象容许一定的弹性形变，并有在外力作用下转变为伸展的 $\beta$-折叠结构的可能。

### 3.2.4 角蛋白的化学性质

#### 3.2.4.1 酸的作用

角蛋白对酸的作用不敏感。酸对角蛋白的破坏作用主要是对肽键的破坏。该作用主要受酸的种类、浓度、作用温度和时间的影响。

低浓度酸的主要作用是影响蛋白质的盐键，对毛的化学结构和物理性质不会造成不可逆的破坏，即使是在较高的温度和较长的作用时间下，都不会产生严重的后果

在常温和较短时间下高浓度酸的作用，也不会对毛的强度产生明显影响。羊毛甚至可以在短时间内耐受浓度为 $80\%$ 硫酸的作用。

在高温下高浓度酸的作用，可以导致肽键水解，并且伴随角蛋白强度丧失，见表 3-11。有机酸的作用较无机酸温和，甲酸、乙酸等被广泛应用于毛的化学处理工艺中。

表 3-11 毛在酸作用下的变化

| 毛的性质变化 | 处理时间/h | | | | |
|---|---|---|---|---|---|
| | 0 | 1 | 2 | 4 | 8 |
| 含硫量/% | 16.5 | 15.4 | 16.0 | 15.1 | 14.8 |
| 胱氨酸含量/% | 11.2 | 12.1 | 12.9 | 12.5 | 12.4 |
| 结合酸的能力/(mg/100g) | 0.82 | 0.88 | 0.95 | 1.03 | 1.12 |
| 肽键的水解/% | 0.00 | 0.92 | 2.58 | 4.74 | 35.70 |
| 纤维溶解/% | — | 0.3 | 3.6 | 18.10 | 52.60 |
| 强度(占原干强的百分比)/% | 100 | 83 | 75 | 51.0 | 4.0 |
| 湿强度(占原湿强的百分比)/% | 100 | 78 | 49 | 10.0 | 5.0 |

注：处理条件为 1 mol/L 盐酸，80℃。

#### 3.2.4.2 碱的作用

碱对角蛋白有强烈的作用，主要原因是碱对双硫键有强烈的水解破坏作用，角蛋白在碱的作用下，会产生复杂的产物。此外，碱对角蛋白的肽键也会产生破坏作用。

碱对角蛋白的破坏因温度的提高和时间的延长而加剧。例如，0.6 mol/L 的氢氧化钠溶液在 80℃～90℃下，只需 60 min 就可以使毛完全溶化。

碱催化的双硫键水解反应属于双分子 $\beta$-消除反应。在强碱性介质中，氢氧根离子首先攻击肽链中半胱氨酰 $\alpha$-碳原子上的氢原子，并夺取之。失去质子的 $\alpha$-碳原子将多余电子向侧链转移，导致 C—S 键断裂，并生成脱氢丙氨酰。后者进一步分解，转化为半胱氨酰盐，同时释放出一个硫原子。反应如下：

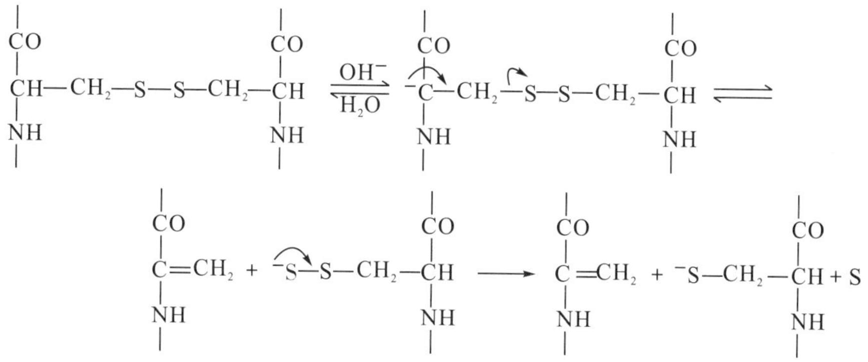

用强碱处理谷胱甘肽，可以从水解产物中分离得到含脱氢丙氨酰的肽。脱氢丙氨酰的双键可以与亲核试剂加成。随着双硫键的不断水解，脱氢丙氨酰和半胱氨酰盐逐渐增多，这两个残基之间可以通过亲核加成与硫醚键交联。此外，精氨酰在碱性条件下脱胍生成的鸟氨酰侧链的氨基也可以与脱氢丙氨酰的双键进行亲核加成，生成链间亚氨基交联。反应如下：

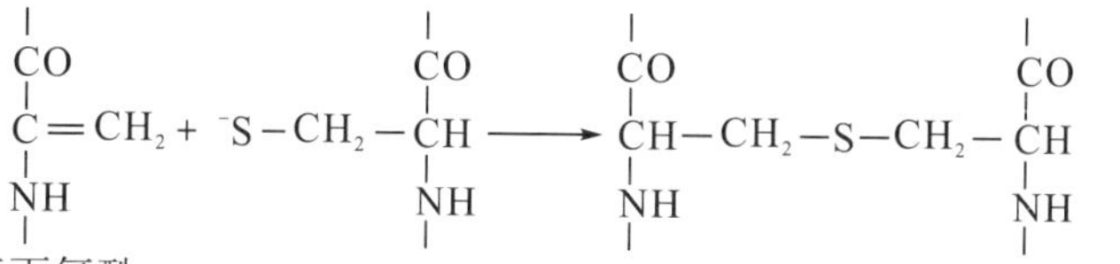

脱氢丙氨酰

硫醚键交联

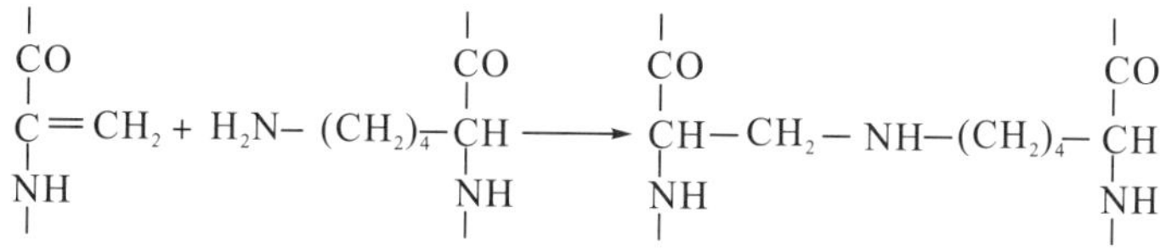

赖氨酰、丙氨酰交联

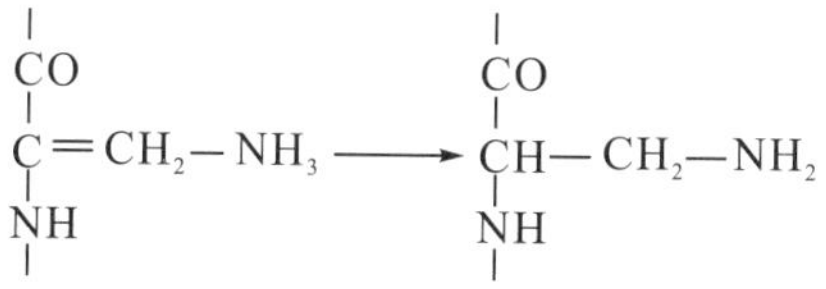

$\beta$-氨基、丙氨酰

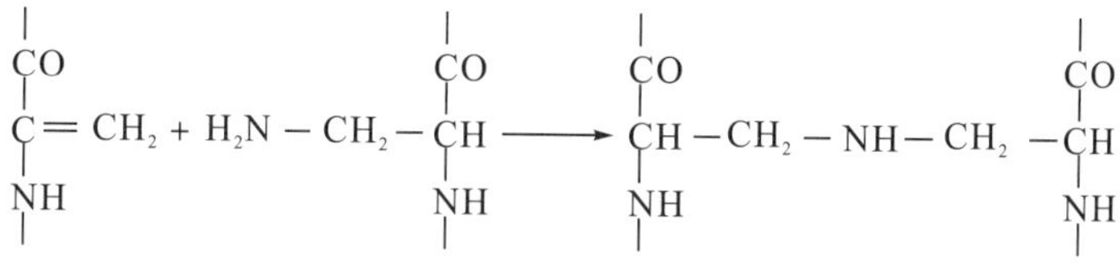

$\beta$-氨基、丙氨酰交联

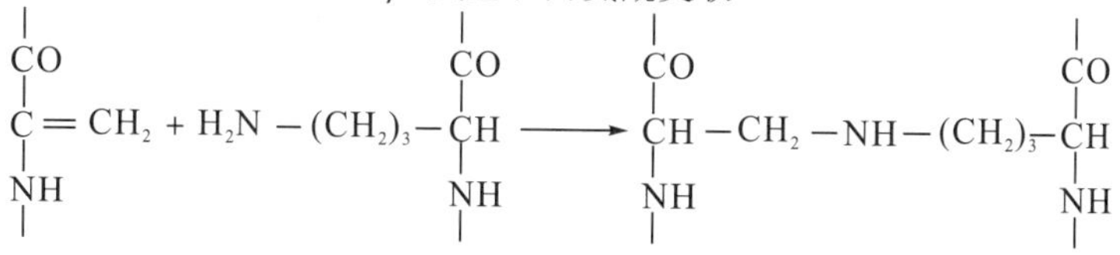

鸟氨酰、丙氨酰交联

这些新的交联可能大大加强其所在部位的稳定性，并可以使角蛋白实现永久定型。如使用 $Ca(OH)_2$ 处理角蛋白，还可能形成有钙离子参与的链间交联。据此认为，这种交联结构对碱甚至硫化物都相当稳定。

半胱氨酰盐和脱氢丙氨酰也可以分别与羟基和酰氨水解释放出来的氨反应，生成次磺基丙氨酰、磺基丙氨酰和 $\beta$-氨基丙氨酰。上述产物均具有继续发生反应的活性基团。由此可见，单独的碱处理很难获得确定的产物。

### 3.2.4.3 还原剂的作用

还原剂对角蛋白的作用，不仅可以使角蛋白溶解，而且对角蛋白的交联和化学改性具有重要作用。还原剂对角蛋白的作用主要发生在双硫键上。硫化(代)物、膦化物、亚硫酸盐等都是双硫键的有效还原剂。

1. 硫代物和硫化物

属于该类化合物的主要有巯基乙醇、邻甲苯硫酚、巯基乙酸和硫化钠等。它们与双硫键的反应属于双硫键交换反应。该反应涉及两个连续的亲核取代，中间产物为不对称的双硫化合物。该反应是可逆的，反应平衡取决于还原剂的电极电位和溶液的 pH 值。为了使反应进行到底，过量的还原剂是必要的。例如，10 倍过量的邻甲苯硫酚可以还原毛角蛋白中 93% 的双硫键。硫代物与双硫键的反应过程如下：

$$
\begin{array}{c}
\text{CHCH}_2\text{—S—S—CH}_2\text{CH} + \text{RSH} \rightleftharpoons \text{CCH}_2\text{—S—S—R} + \text{HS—CH}_2\text{CH} \\[2em]
\text{CHCH}_2\text{—S—S—R} + \text{RSH} \rightleftharpoons \text{CHCH}_2\text{—SH} + \text{R—S—S—R}
\end{array}
$$

以 S35 标记的巯基乙酸与双硫键的反应，提供了过渡中间产物存在的证据。

还原产生的自由巯基，需通过烷基化反应予以封闭。烷基化剂的用量一般与还原剂相当，因为过量的硫代物也需要被封闭。

2. 膦化物

三丁基膦是一种非常有用的角蛋白还原剂，其最大的特点是反应特别专一，条件温和，而且定量化。还原反应后可以获得均一的黏聚纤维。膦化物还原双硫键的反应过程如下：

$$
\text{R—S—S—R} + \text{PR}_3' + \text{H}_2\text{O} \longrightarrow \left[ \begin{array}{c} \text{R—S—S—R} \\ \text{OH}^- \quad \text{PR}_3' \end{array} + \text{H}^+ \right] \longrightarrow 2\text{RS}^- + 2\text{H}^+ + \text{OPR}_3'
$$

在该反应中，膦化物被氧化为膦氧化物。毛角蛋白中的双硫键被还原为半胱氨酸。由于还原剂系统和底物系统的化学反应方式不同，过量的还原剂不会在烷基化反应中与烷基化剂发生竞争反应。适当控制磷化物的量，可以获得部分还原的产物。用三丁基膦还原的毛角蛋白可以用作角蛋白的序列测定。

3. 亚硫酸盐

角蛋白中双硫键与亚硫酸盐的反应是可逆反应。正向反应获得半胱氨酰和 S-磺基丙氨酰。当 pH=4.6 时，反应平衡常数最大。反应过程如下：

$$\text{CHCH}_2\text{—S—S—CH}_2\text{CH} + \text{NaHSO}_3 \rightleftharpoons \text{CHCH}_2\text{—SH} + \text{NaO}_3\text{S—S—CH}_2\text{CH}$$

为使得反应平衡向右移动，必须设法除去反应生成的巯基。碘化甲基汞是一个常用的巯基封闭剂。该反应非常专一，常被用作巯基的标记。反应过程如下：

$$\text{CHCH}_2\text{—SH} + \text{CH}_3\text{HgI} \longrightarrow \text{CHCH}_2\text{—SHgCH}_3 + \text{HI}$$

### 3.2.4.4　氧化剂的作用

氧化剂可以使双硫键断裂，巯基被氧化为磺酸基，导致毛角蛋白溶解。除此之外，甲硫氨酰的甲硫基、组胺酰的咪唑基、色氨酰的吲哚基以及酪氨酰的酚羟基等也会同时被不同程度地氧化。使用的氧化剂主要是过氧酸。另外，过氧化氢、亚氯酸钠、高锰酸钾等也可以氧化角蛋白。

除了氧化剂的种类，反应体系的酸碱性、某些添加剂也会对反应结果产生影响。

1. 过氧化氢

过氧化氢是一种非常有效的氧化剂，在与角蛋白反应时，一般只进攻巯基，但是当有特定的金属离子或有机酸存在时，也能进攻双硫键、色氨酰和酪氨酰的残基。

过氧化氢对双硫键、甲硫基的氧化作用受 pH 影响很大。在低 pH 下，巯基不易被氧化，而甲硫基的氧化会被加速。双硫键对氧化的敏感程度远远低于巯基和甲硫基。

在对毛漂白时，过氧化氢基本上被二氧化硫和亚硫酸盐取代。但是，在酸性环境下，用过氧化氢进行漂白会改善毛的品质。在碱性条件下，漂白的效果较好，但可能有双硫键被氧化。伴随着毛的漂白可能是色素的溶解化。酸性介质中的过氧化氢还因为能够重组双硫键而应用于直毛处理中。

2. 有机过氧酸

有机过氧酸是双硫键的有效氧化剂。有机过氧酸对双硫键的氧化属于不可逆反应，水解产物易于分离。过甲酸、过乙酸是最常用的有机过氧酸。其反应过程如下：

$$\text{CHCH}_2\text{—S—S—CH}_2\text{CH} + \text{5RCO}_3\text{H} + \text{H}_2\text{O} \longrightarrow 2\text{CHCH}_2\text{—SO}_3\text{H} + \text{5RCO}_2\text{H}$$

在角蛋白中，过甲酸、过乙酸仅仅氧化胱氨酰、甲硫氨酰和酪氨酰。当过量的酸被使用时，胱氨酸被定量氧化为磺基丙氨酰，但是不会伤及肽键。该反应可以被用作角蛋白中胱氨酸的定量鉴定。过甲酸也常被用于毛角蛋白的制备。

3. 无机过氧酸

酸性水溶液中的过二硫酸盐（Persulfacte）被用于毛的降解和脱色。该过程明显涉及对胱氨酰、甲硫氨酰、精氨酰、组胺酰、酪氨酰和苯丙氨酰的作用。反应过程释放二氧化碳和氨。该反应对肽键的进攻可能是由于过氧化硫酸盐分解产生自由基。反应过程如下：

$$\text{S}_2\text{O}_8^{2-} \longrightarrow 2\text{SO}_4^- \cdot \xrightarrow{2\text{H}_2\text{O}} 2\text{HSO}_4^- + 2\text{OH} \cdot$$

$$\text{—CHCONHĊHCONH—} \xrightarrow{\text{OH·或SO}_4^-\cdot} \text{—CHCONHĊHCONH—} \xrightarrow[\text{—SO}_4^-\cdot]{\text{S}_2\text{O}_8^{2-}}$$

$$\overset{\text{O—SO}_3^-}{\text{—CHCONHĊCONH—}} \xrightarrow{\text{H}_2\text{O}} \text{—CHCONH}_2 + \text{R}'\text{COCONH—} + \text{HSO}_4^-$$

氧化过程中，毛的含硫氨基酸、芳香族氨基酸、碱性氨基酸的含量和结合酸的能力均下降，但是在碱性溶液和脲素-亚硫酸盐中的溶解度上升。

4. 过硫酸(Peroxymonosulfate acid)

过硫酸具有和过甲酸、过乙酸相似的氧化性，在一般条件下仅氧化毛角蛋白中的胱氨酰、色氨酰和甲硫氨酰，可以用于防缩处理。过量的氧化剂可以将所有的胱氨酰转化为磺基丙氨酰，但是如果氧化剂用量不足，会产生各种中间产物。

### 3.2.4.5 交联反应

通过在还原角蛋白的半胱氨酰之间引入新的交联，可以对毛角蛋白实施有效的化学修饰。为了实现交联反应，首先需要适当活性的双官能团试剂，其次是两个适应反应的侧链基团，当然也不能忽视引入基团的大小和空间结构。二卤代烃、酰化剂、醛类都是常用的交联剂。

1. 芳香族二卤代烃(Aryl dihalide)

在可以引起交联的芳香族二卤代烃中，有两个特别被广泛用于多种纤维蛋白的交联，即 1, 5-二氟-2, 4-二硝基苯（FFDNB）和 P, P′-二氟-m, m′-二硝基苯磺酰（FF-sulfone）。该交联剂可以在肽链中引入产生荧光反应的基团。两个试剂都可以容易地与蛋白质的 N—端氨基、侧链氨基、酪氨酸酚羟基、巯基和咪唑发生取代反应。

（Ⅰ）FFDNB　　　　　　　（Ⅱ）FF-sulfone

当毛角蛋白与 FFDNB 反应时，可以观察到在两个赖氨酰、两个酪氨酰、赖氨酰和酪氨酰以及赖氨酰和半胱氨酰之间形成的二硝基苯桥键。该桥键对酸水解稳定，因此可以用于肽链的分析研究中。

二硝基苯磺酰的反应和生成的桥键与二氟二硝基苯相似。在分离的交联化合物中发现了较多的酪氨酰和赖氨酰的交联结构，表明在毛角蛋白中，这两个氨基酸在空间上非常接近。

2. 卤代烷(Alkylene halide)

被巯基乙酸还原的毛还可以在不破坏其纤维结构的前提下，通过与二卤代烷的反应被进一步修饰。该反应首先是双硫键的还原，生成的巯基与二卤代烷结合，引入二硫醚基团，反应过程如下：

$$W{-}SH+X{-}(CH_2)_n{-}X+HS{-}W \longrightarrow W{-}S{-}(CH_2)_n{-}S{-}W+2HX$$

有人研究了不同链长度的二溴代烷的引入对毛角蛋白抗碱性的影响。结果表明，溴代丙烷具有最好的效果。该反应同时使毛角蛋白的抗拉强度提高，延伸率下降。同时提高了毛角蛋白对酶和蠹虫作用的抵抗力。

不同条件下的二溴乙烷的交联反应显示，只有 40% 的双硫键被转化为乙二硫醚，其余产物都是单官能团取代产物。

3. 酰化剂（Acylating reagents）

酰化剂的范围很广，其中活性酯和酰胺最受关注。广泛应用的酰基活化剂之一是活性酯，例如对硝基酚酯。在温和条件下，活化的二羧酸衍生物被用作毛的交联剂。下面表示的是一级胺和二对硝基酚葵二酸酯的双官能团酰化反应：

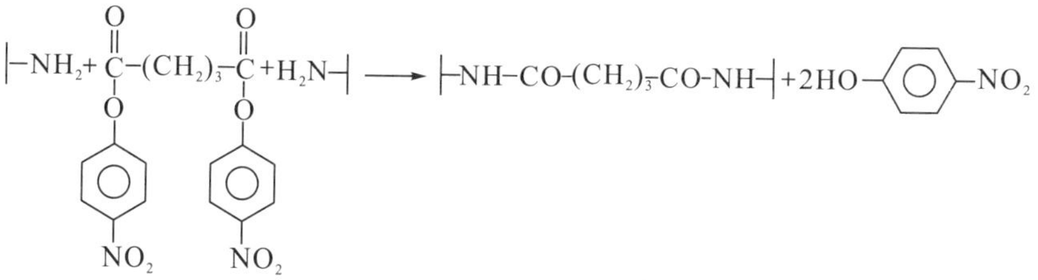

二羧酸的活化也可以通过羟基琥珀酰亚胺（N-hydroxysuccinimide）、咪唑（Imidazole）衍生物实现。

用于毛交联改性反应的活性酯反应，通常是在二甲基亚砜溶剂中进行。

4. 醛类（Aldehyde）

很多关于毛角蛋白的研究都涉及醛类。早在 100 年前，甲醛就被用来改进毛纤维的性质。

研究认为，新生成的巯基可以与甲醛发生反应，产生次甲基二巯基交联。但是也有人认为，甲醛难以在两个氨基、酰氨基之间形成稳定的交联。

甲醛与毛的交联反应能降低毛在碱中的溶解性，改善纤维的拉伸性能。甲醛也被广泛应用于毛的定型。

## 3.2.4.6　其他化学反应

1. 碘代反应

不同于其他卤素，碘并不氧化毛角蛋白的双硫键。而是与酪氨酰残基反应生成邻位的一或二碘代衍生物。碘代反应受到溶剂的影响，在甲醇或乙醇溶剂中，绝大多数毛角蛋白酪氨酰参与反应，但是在丙醇中，只有一半的酪氨酰参与反应。反应过程如下：

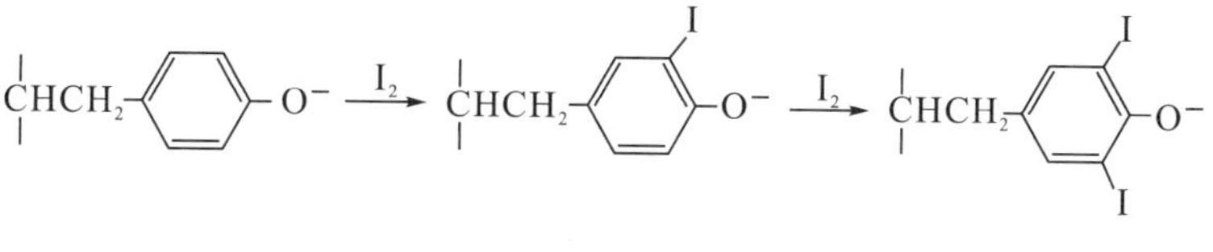

碘的另一个经典效应是将巯基氧化为双硫键。反应可能涉及过渡态的硫化碘基团的生成及其水解产物次硫酸。反应过程如下：

$$CHCH_2-SH \xrightarrow{I_2} CHCH_2-SI \xrightarrow{H_2O} CHCH_2-SOH \xrightarrow{CHCH_2-SH} CHCH_2-S-S-CH_2CH$$

$$\downarrow [O]$$
$$CHCH_2-SO_2H$$

### 2. 硝化反应

角蛋白酪氨酰残基中的酚羟基的硝基化，可以通过与四硝基甲烷（Tetranitromethane，TNM）在温和条件下迅速实现。延长反应时间，可以生成二硝基化产物。主要的副反应是巯基的氧化。TNM 与酪氨酰和半胱氨酰的反应过程如下：

$$R-\text{C}_6\text{H}_4-OH + (NO_2)_4C \longrightarrow R-\text{C}_6\text{H}_3(NO_2)-O^- + (NO_2)_3C^- + 2H^+$$

$$R-SH + (NO_2)_4C \longrightarrow R-SNO_2 + (NO_2)_3C^- + H^+$$

$$R-SNO_2 + R-SH \longrightarrow R-S-S-R + NO_2^- + H^+$$

$$R-SNO_2 + H_2O \longrightarrow R-SOH + NO_2^- + H^+$$

$$R-SOH + \frac{1}{2}O_2 \longrightarrow R-SO_2H$$

在温和反应条件下，硝酸也可以用于蛋白质中芳香族基团的硝化反应。在 70℃ 和 1 mol/L 硝酸作用下，经过 24 h，毛发中的酪氨酰残基可以被完全硝化。但是如果条件强烈，则会产生强烈的氧化反应，导致蛋白质结构部分甚至全部瓦解。

毛角蛋白的硝化反应降低了蛋白质的 pK 值，提高了其对酸碱的结合能力和对过氧化物的抵抗性。

### 3. 重氮偶合（Diazonium coupling）反应

重氮偶合反应可用于毛角蛋白的修饰改性。反应在中性或中偏碱性条件和低温下很容易发生。

氨基、胍基、吲哚基都可以和重氮化合物反应。通过酪氨酰、组胺酰的重氮化反应，可以在蛋白质中引入显色基团。反应过程如下：

$$CHCH_2-\text{C}_6\text{H}_4-O^- + Ar-N_2^+ \longrightarrow CHCH_2-\text{C}_6\text{H}_2(N=N-Ar)_2-O^- \qquad Ar=\text{C}_6\text{H}_4-SO_3^-$$

## 3.2.4.7　与活性染料的反应

活性染料不同于其他各类染料，它们所具有的活性官能团可以在染料和纤维之间形成共价键交联，其染色具有优良的耐湿擦性质。活性染料自 1956 年面世以来，发展极为迅速。染料的固色率、色牢度等主要指标都显著提高。活性染料替代酸性染料用于毛的染色，大大提高了毛类产品的染色质量。

　　按照活性基的不同，活性染料可分为均三嗪型、卤代嘧啶型、乙烯砜型和双活性基型等。表 3-12 汇集了用于毛染色的主要活性染料类型。

表 3-12　主要活性染料类型

| 活性系统 | 结构 | 染料举例 |
|---|---|---|
| 均三嗪型(Triazinyl) | (三嗪环结构，含 Cl、N、R) | Procion H (ICI), Cibacron (CGY), Cibacrolan (CGY) Procion M (ICI) |
| 卤代嘧啶型(Pyrimidinyl) | (嘧啶环结构，含 Cl、N) | Reactone (CGY), Drimarene (S) |
|  | (嘧啶环结构，含 F、Cl、N) | Verofix (FBy), Drimalan F (S) |
| 乙烯砜型(β−sulfatoethylsulfamoyl) | —SO$_2$NRCH$_2$CH$_2$OSO$_3$H | Levafix (FBy) |
| 乙烯磺酸型(Vinyl sulfonyl) | —SO$_2$CH ＝CH$_2$ | Remazol, Remalon, and Remazolan (FH) |

　　活性染料与毛纤维的染色反应，主要为亲核取代和亲核加成两类，纤维角蛋白参与反应的主要基团是其侧链的巯基(—SH)、羟基(—OH)和氨基(—NH$_2$)等。均三嗪和卤代嘧啶型活性染料与蛋白纤维的反应属于亲核取代反应，乙烯砜型活性染料与蛋白纤维的反应属于亲核加成反应。在亲和取代反应中，染料的活性基与纤维的亲核基团反应：

纤维—NuH＋染料色基—X—L ⟶ 染料色基—X—Nu—纤维＋HL

其中，NuH 表示—SH，—NH$_2$ 或—OH；L 是离解基团；X 是染料的活性基。

　　在亲核加成反应中，共价键的形成是通过在极性乙烯键上的 1,2-反式加成：

染料色基—X—CH ＝CH$_2$＋纤维—NuH ⟶ 染料色基—X—CH$_2$CH$_2$—Nu—纤维

　　为了提高活性染料与毛染色的效果，可以在毛角蛋白还原后进行染色。例如，经过过氧化物的预处理，在有氢键破剂脲素、硼酸锂等存在的条件下，活性染料可以与还原产生的基团有效结合。

## 3.2.4.8　酶对角蛋白的作用

　　天然毛角蛋白对酶的水解作用有很强的抵抗作用。这主要是由于毛角蛋白纤维的高度致密的晶体结构特别是在分子内和分子间的双硫键交联。经氧化或还原处理的可溶性角蛋白可以像其他蛋白一样被酶水解。

在自然界存在一种双硫键还原酶可以还原毛角蛋白，该酶存在于皮蠹虫的消化系统中，皮蠹虫破坏毛制品的原因即在于此。通过对毛角蛋白双硫键的化学修饰，可以避免虫害。

可溶性角蛋白的酶处理被用于角蛋白的选择性水解和彻底水解。中性和碱性蛋白酶被使用。

酶脱毛是一种从动物皮上获得天然毛的有效方法。从 1970 年开始，我国对该技术进行了广泛的研究和工业性应用。用于脱毛的蛋白酶多为中性和碱性的微生物蛋白酶。李志强等对酶脱毛的机理进行了较长时间的研究。他们认为，毛与毛囊连接部位的非胶原蛋白酶的水解，导致毛与毛囊组织的分离和脱落，酶法脱毛获得的是完全没有受到损伤的毛。这些非胶原中应当包括位于真皮与表皮和毛鞘界面处、基底细胞中的初级角蛋白。

## 3.3 动物皮纤维的形态—组织学概论

组织学（Histology）是研究机体细微结构及其相关功能的科学。精细结构是指在显微镜下才能清晰观察的结构。组织学是生物医学科学的一个重要分支，随着科学技术的发展，组织学的内容也不断充实、更新和发展。

不同的动物皮，有着不同的组织结构特征，如皮的厚度、脂肪含量及皮中纤维束的编织情况等。本节简要介绍利用组织学方法来观察动物皮纤维的形态和组成，其内容涉及动物皮中胶原纤维、弹性纤维和其他组织成分的存在、分布及精细结构特点等。

### 3.3.1 组织学研究方法和技术介绍

组织学的研究方法是建立在生物和医学组织切片技术的基础上的，其发展与研究方法的进展有关。切片技术的应用至今已有近两百年的历史。最早应用的是冰冻切片，随着冰冻切片的应用和实践，又进一步发展以石蜡包埋组织，制成石蜡切片；后来又利用明胶、火棉胶等物质的韧性来包埋组织，制成了明胶和火棉胶切片。切片技术随着生物学和医学的发展而发展，随着切片机器和光学仪器的日益精密而不断进步。现代切片技术已成为生物形态学微观结构研究的一个重要方面。

通过显微镜对动物皮组织切片进行观察描述是动物皮组织学研究的最基本方法。

#### 3.3.1.1 组织学研究的主要设备

组织学研究涉及的主要设备有显微镜和切片机。显微镜用于试样的观察，而切片机用于切取观察所需的组织薄片。

常用的显微镜类型包括普通光学显微镜、研究用光学显微镜、透射电子显微镜、扫描电子显微镜。光学显微镜（Light Microscopy，LM）又称光镜，用于动物皮中纤维及其他组织的一般形态结构观察，其分辨率为 0.2 μm，最大放大倍数约 1500 倍，用光镜观察到的生皮组织结构也称为光镜结构；透射电子显微镜（Transmission Electron Microscope，TEM）又称透射电镜，分辨率为 0.2 nm，比光镜高 1000 倍，放大倍数可达几万倍至十几万倍，甚至几十万倍，用于观察纤维或细胞的超微结构；扫描电子显微镜(Scanning Electron Microscope，SEM)又称扫描电镜，用于观察皮组织的表面的立体形貌结构，用电镜观察到的皮组织结构也称为电镜形貌结构。

近年来，原子力显微镜(Atomic Force Microscope，AFM)被用于动物皮的超微结构研究，这种技术可在大气压条件下以高倍率观察样品表面，而不需要任何表面处理，得到样品表面的三维形貌。

切片机根据工作原理不同，主要有旋转式切片机和滑走式切片机两种。两者之间的主要区别在于前者切片刀位置固定，依靠样品的上下移动进行切片，而后者则刚好相反。

### 3.3.1.2　普通光镜组织切片的制作方法和程序

组织学切片制作主要包括取样、固定、(包埋)、切片、染色、脱水透明、封固等步骤。现简要介绍如下。

1. 取样和固定

常规取样一般至少在动物皮的颈部、臀部和腹部各取一个样，有特殊要求的组织学研究则按需要决定取样的部位和取样的个数，取样大小为 4 cm×4 cm 或 3 cm×5 cm。取样后，需立即对所取样进行固定，常用固定液为 3.7%～4.0%中性甲醛溶液、2.5%戊二醛溶液等，也可根据需要使用其他固定液。固定的作用是使蛋白质迅速凝固，防止其分解和细菌性腐败，同时使样品具有一定的硬度以免变形。

2. 切片

视样品情况和切片的需要，可进行包埋切片和直接冰冻切片。一般来说，质地紧密、有一定硬度的组织(如猪皮)可不经包埋，直接冰冻后进行切片；而质地松软的组织(如绵羊皮)，需经石蜡或明胶包埋，制成有一定硬度的组织块后进行切片，否则切片时易发生碎裂和变形。切片厚度一般为 5～15 $\mu$m。

3. 染色

由于在自然状态下，皮组织无色或仅有非常浅淡的颜色，直接在显微镜下只能看到其简单轮廓，不能对其形态结构进行准确观察。所以组织切片需经染色后方可在显微镜下观察。组织切片中不同的成分需要采用不同的染料或染色方法，以显示出不同的颜色，便于清楚观察。

4. 脱水透明和封固

染色完成后的标本，还将进行脱水、透明和封固。这是因为水的折光率比组织低得多，若不进行脱水，显微镜视野会模糊不清，且切片不能久存。脱水透明后以中性树胶和盖玻片进行封固，脂肪染色片用甘油明胶和盖玻片进行固封，即可长期保存，镜下观察。

### 3.3.1.3　组织切片常用的染色方法

一般切片所用染料大致可分为天然染料和人工合成染料两大类。天然染料是最先发现的，主要有苏木素、胭脂、地依红等；人工合成染料有很多，如酸性品红、苦味酸、刚果红、水溶性苯胺蓝、结晶紫、中性红伊红 Y 等。不同的染料对不同生物组织或生物物质有不同的染色作用和效果。如对胞核进行染色的染料有苏木素、胭脂红、结晶紫等；对胞浆进行染色的染料有伊红 Y、酸性品红等；对脂肪进行染色的染料有苏丹Ⅳ、油红 O 等。染色时根据染色要求使用不同的染料和染色方法。以下是动物皮肤组织学中常用的染色方法。

1. 胶原纤维、毛囊、表皮的染色

**苏木素**（Hematoxylin，H）**伊红**（Eosin，E）**染色法**（HE 法）　这是皮肤组织切片最经典和常用的染色方法。苏木素为碱性染料，伊红为酸性染料。经 HE 法染色后，胶原纤维呈粉红色，细胞核呈深蓝色，表皮、肌肉、脂肪、汗腺呈蓝色。这种染色方法常用于动物皮的一般组织构造及胶原纤维等的观察。

**铁苏木素染色法**　也称为 Weiger-Van Gieson 苦味酸、酸性品红染色法。此方法将苏木素、三氯化铁、苦味酸、酸性品红等按一定方法和配比配制成染液。染色后胶原纤维呈现鲜艳的红色，而细胞核呈暗褐色，表皮、毛囊、肌肉呈浅褐色至黄色。常在观察胶原纤维、毛囊等时使用这种染色法。

**改良 Masson 三色染色法**　此方法将苏木素、丽春红、酸性品红、磷钼酸、苯胺蓝等按一定方法和配比制成染液。染色后胶原纤维呈蓝色，肌纤维胞质呈红色，细胞核呈蓝褐色。用于观察生皮中胶原纤维、肌肉组织和细胞等。

另外，还有一些结缔组织切片中使用的染色方法，也可用于皮组织学切片的染色，如 Gill 改良苏木精染色法等，得到很好的染色效果。

2. 弹性纤维的染色

弹性纤维是动物皮组织中的另一类主要纤维成分，其比胶原纤维细很多。在主要观察胶原纤维的染色方法中不能清晰观察到弹性纤维，弹性纤维常用专门染色方法有以下三种：

**威氏**（Weigert）**弹性纤维染色法**　以碱性品红与间苯二酚、三氯化铁等按一定方法配制成染液。染色结果为弹性纤维呈深蓝色，胶原纤维呈浅蓝色。

**费氏**（Verhoeff）**弹性纤维染色法**　以苏木素、三氯化铁、碘和碘化钾按一定方法配制成染液。染色结果为弹性纤维呈黑色，胶原纤维无色。

**维多利亚蓝-丽春红染色法**　主要试剂包括维多利亚蓝、糊精、三氯化铁、碱性品红、间苯二酚、三氯化铁、丽春红、苦味酸等，按一定方法和配比配制成染液。染色结果为弹力纤维呈蓝绿色，胶原纤维呈红色，背景呈淡黄色，颜色对比分明，非常利于观察。

3. 脂肪的染色

HE 法和铁苏木染色法对生皮切片染色时，其中的脂肪组织是没有颜色的，显微镜下虽然可以分辨出脂腺和脂细胞轮廓，但不能清晰地观察其结构。观察脂肪组织时，必须对其进行专门的染色。用于染脂肪的标本必须使用冰冻切片，并且较一般组织切片厚一些。

**苏丹Ⅳ染色法**　使用苏丹Ⅳ为染料，染色结果为脂腺呈深红色，脂细胞呈鲜红色。

**油红 O 染色法**　使用油红 O 的异丙醇溶液可快速对脂肪进行染色，染色结果为脂肪呈红色，而且比苏丹Ⅳ染色结果颜色深，对微小的脂肪滴易于显出，而且沉淀较少。

4. 网状纤维染色法

网状纤维常用的染色方法有戈氏（Gordon）网状纤维染色法、斯氏（Sweet）染色法和费特氏（Foot)染色法，染色后网状纤维呈黑色。

若使用透射电镜观察组织结构，制样方法与光镜观察样的制样方法有很大不同。样品必须用戊二醛或锇酸固定，树脂包埋，进行 50~80 nm 的超薄切片，再经铅盐等重金属盐染色后在电镜下观察。电镜下所见结构称为超微结构。

使用扫描电镜技术观察的组织样不需要进行切片。固定后的标本，经脱水后在其表面喷镀金，即可用扫描电镜观察其组织表面的立体结构。

### 3.3.2 动物皮的一般组织结构

动物皮从外观上可分为毛层（毛被）和皮层（皮板）两大部分。把皮层沿垂直于皮面的方向进行切片（称为纵切片），染色后在显微镜下进行观察，可见全皮分为三层：上层叫作表皮层；中层（最厚）叫作真皮层；下层叫作皮下组织，皮下组织与深部组织相连。另外，皮层中还存在毛、皮脂腺、汗腺、血管、神经等，称为皮肤附属器。图 3-32 给出了皮肤组织示意图。

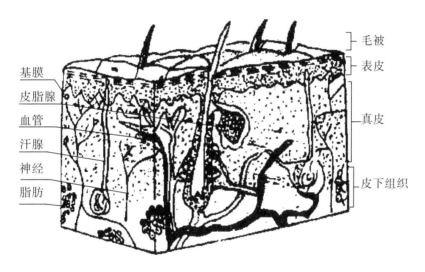

**图 3-32　皮肤组织示意图**

1. 表皮（Epidermis）层

生皮中的表皮属于复层上皮组织（Stratified epithelial tissue），由多层排列密集的细胞及少量的细胞间质组成，是皮肤的最外层结构。表皮紧贴于真皮表面，其厚度随动物种类和部位的不同而不同。毛被不发达的皮，其表皮较厚，如猪的表皮就较厚，占整个皮层的 2%~5%，而牛皮的表皮只占 0.5%~1.5%，山羊皮占 2%~3%，绵羊皮占1.0%~2.5%。

表皮在靠近表面的几层细胞呈扁平状，中间数层由浅至深分别为梭形和多边形细胞；紧靠真皮的一层细胞呈立方体或矮柱状。由上至下依次称为角质层、透明层、颗粒层、棘层和基底层五层结构，如图 3-33 所示。

（1）角质层（Stratum corneum）。为表皮的最上层，由多层扁平的角质细胞组成。角质细胞是一些干硬的死细胞，已无细胞核和细胞器。HE 染色呈粉红色均质状。电镜下可见胞质中的角蛋白丝浸埋在均质状物质中。

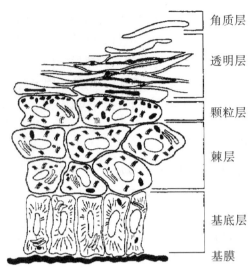

图 3-33　表皮细胞结构示意图

（2）透明层（Stratum lucidum）。位于角质层下方，由 2～3 层扁的梭形细胞组成，HE 染色为透明均质状。细胞界限不清，嗜酸性，折光性强。电镜显示细胞核及细胞器均消失，胞质内充满角蛋白丝。透明层只在无毛的厚表皮中明显可见。

（3）颗粒层（Stratum granulosum）。由 3～5 层梭形细胞组成，位于透明层下方。细胞核和细胞器逐渐退化。细胞的主要特点是胞质内出现许多透明角质颗粒。颗粒的主要成分为富含组氨酸的蛋白质。

（4）棘层（Stratum spinosum）。位于颗粒层下方，一般由 4～10 层多边形、体积较大的棘细胞组成。细胞表面有许多短小的棘状突起，细胞胞质丰富。

（5）基底层（Stratum basale）。由一层矮柱状或立方体的基底细胞（Basal cell）组成，该层附着于基膜，与深层结缔组织相连。此层细胞具有较强的分裂增殖能力，又称生发层。细胞胞质内含丰富的游离核糖体和分散或成束的角蛋白丝。

仅较厚的表皮具有这种完整五层结构，大部分表皮为薄表皮，其棘层、颗粒层及角质层均较薄，无透明层。

由基底层至角质层的结构变化，反映了角质形成细胞增殖、分化、移动和脱落的过程。表皮角质层的细胞不断脱落，而深层细胞不断补充，保持了表皮的正常结构和厚度。

表皮有重要的保护功能。角质层细胞干硬，胞质内充满角蛋白，所以角质层的保护作用尤为明显。对制革来说，表皮是无用的组织，在制革过程中要和毛一起被除去。但是，表皮对真皮有保护作用。当表皮受损时，细菌就容易入侵真皮，引起掉毛甚至造成皮腐烂，从而影响成革的质量。因此，原料皮在初加工、储藏和运输过程中都必须注意保护表皮。

2. 真皮（Dermis）层

真皮层位于表皮层与皮下组织之间，是生皮的主要部分。真皮是一种以纤维成分为主的不规则致密结缔组织。真皮层的重量或厚度约占生皮整个重量或厚度的 90% 以上。

革是由真皮加工制成的，革的许多特征都由这层构造来决定。

真皮层主要由蛋白纤维交织而成，包括胶原纤维、弹性纤维和网状纤维等。除此之外，此层中尚有丰富的血管、淋巴管、汗腺、脂腺、毛囊、肌肉、神经等皮肤附属器及一些非纤维成分。下面我们对其分别进行讨论。

（1）胶原纤维（Collagenous fiber）。

胶原纤维是真皮中的主要成分，占真皮全部纤维重量的 95%～98%。新鲜的胶原纤维呈白色，故又称白纤维。在 HE 染色标本中，胶原纤维被染成浅紫色，较粗大，直径为 1～20 $\mu m$，纵横交错，成束分布，排列紧密，并交织成网；纤维间间隙很小，细胞成分较少（图 3-34）。

胶原纤维交织成网是胶原纤维的编织特征，这一特征使得生皮及其成品革具有良好的透气和透水气性，以及较高的机械强度。

胶原纤维束在动物皮中的粗细和交织状况并不是均匀一致的。根据胶原纤维束的粗细和交织状况，在垂直于皮面的方向，生皮的真皮层分为乳头层和网状层。这两层的分界线一般以毛囊底部所在水平面来划分，水平面以上称为乳头层，以下则称为网状层（图 3-35）。

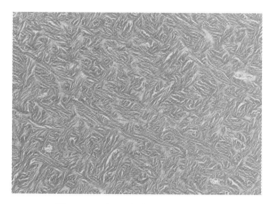

图 3-34　猪皮的胶原纤维束编织

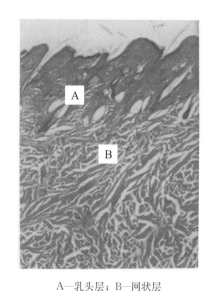

A—乳头层；B—网状层

图 3-35　牛皮的乳头层和网状层

乳头层位于真皮层的上部，其表面呈乳头状伸入表皮，使表皮和真皮之间犬牙交错，牢固地镶嵌在一起，并便于表皮从真皮血管获得营养。表皮除去后，真皮表面便出现乳头状的突起，称为真皮乳头。又因乳头层含有汗腺、脂腺、竖毛肌等，能调节动物的体温，又称为恒温层。毛的发育、生长是在该层的毛囊中完成的，所以该层又称为生长层或生发层。制成革后，乳头层表面又称为成革的粒面，所以在制革工业上又把乳头层称为粒面层。

乳头层胶原纤维细密。越是乳头层上层，纤维越细小，但编织越紧密，直至皮面。由于乳头层中分布有大量的毛囊、血管、脂腺、汗腺等，它们占据了乳头层中大量的空间，因此，这层胶原纤维总的来说是比较稀疏的。

网状层位于乳头层下方，较厚，是真皮的主要组成部分。网状层为致密结缔组织，胶原纤维粗大并交织成网。不同的动物皮，或同一种动物皮的不同部位，有不同的纤维编织特点，如纤维的粗细、编织的紧密和疏松程度等。网状层纤维束越粗壮，编织越紧密的动物皮，成革后物理和机械性能就越好。例如，牛皮的物理和机械性能比羊皮好；猪皮由于纤维束粗壮且编织特别紧密，其耐磨性往往胜过牛皮。

(2)弹性纤维(Elastic fiber)。

生皮中弹性纤维含量较少，仅占皮重的 $0.1\%\sim1.0\%$。新鲜的弹性纤维呈黄色，故又称为黄纤维。HE 染色的标本中，也呈红色，但折光性比胶原纤维强，经染色可清晰地显示弹性纤维，如图 3-36 所示。弹性纤维很细，直径不超过 $8\ \mu m$，由弹性蛋白构成。在形态上，弹性纤维分枝但不形成纤维束，这一点与胶原纤维不同。弹性纤维主要分布于毛囊、脂腺、汗腺、血管和竖毛肌的周围。弹性纤维和胶原纤维交织在一起，使生皮既有弹性又有韧性。

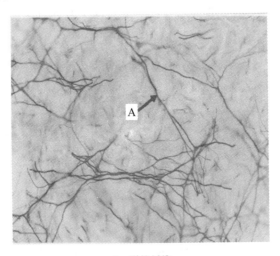

A—弹性纤维

**图 3-36　生皮中的弹性纤维**

(3)网状纤维(Reticular fiber)。

生皮中的网状纤维主要沿小血管分布于表皮和真皮的交界处，HE 染色的标本中不着色。将网状纤维浸入银盐内，可使其着棕黑色，故网状纤维又称嗜银纤维。网状纤维细而短，有分枝，也互相交织成网，在性质上与胶原纤维有许多相似之处，一般认为，网状纤维即Ⅲ型胶原。

另外，在表皮及真皮的交界处还有一层极薄的薄膜，称为基膜（Basement membrane)，也称基底膜。一般染色，光镜下难以辨认，但电镜下可见。基膜分为两层：靠近上皮基底面的一层为透明板，靠近结缔组织的一层为致密板，如图 3-37 所示。基膜的主要化学成分是糖蛋白，如层黏连蛋白(Laminin，LN)、Ⅳ型胶原和硫酸肝素蛋白多糖，此外还含有少量纤维黏连蛋白(Fibronectin，FN)。这些糖蛋白可促进细胞在基膜上的黏连和铺展。基膜对上皮细胞有支持、连接和固着作用，并对细胞的增殖和分化有重要意义。基膜同时又是一种半透膜，有利于上皮与深部结缔组织进行物质交换。

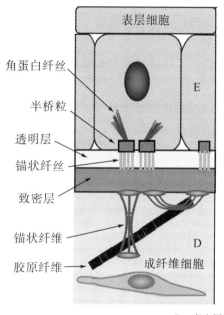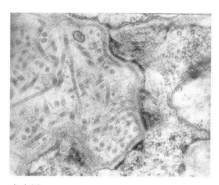

D—真皮层；E—表皮层

**图 3-37　表皮与乳头层之间的基膜**

3. 皮下组织（Hypodermis）

皮下组织位于真皮下方，主要由疏松结缔组织和脂肪组织构成。皮下组织将皮肤与深部组织相连，也使皮肤有一定的活动性。毛囊和汗腺常延伸至此层。皮下组织可缓冲压力、保护内脏器官。皮下脂肪层是储藏能量的仓库，又是热的良好绝缘体，起到保温的作用。

4. 皮肤附属器

真皮层中的皮肤附属器主要是一些管腺，包括血管、淋巴管、脂腺、汗腺、毛囊、肌肉组织等。这些腺体的外壁也由细小的胶原纤维、弹性纤维等构成。

（1）毛（Hair）。

动物皮肤除少数部位（如人的手掌和足底）外都长有毛。不同的动物或同种动物的不同部位，毛的粗细和长短不一，密度也不相同。

沿长度方向，毛分为毛干、毛根和毛球三个部分。露在皮外面的称为毛干，埋在皮内的称为毛根，包在毛根外面的上皮和结缔组织形成的鞘为毛囊。毛根和毛囊下端一起膨大成毛球。毛干和毛根都是由排列规则的角质化上皮细胞组成，细胞内充满角蛋白并含有数量不等的黑素颗粒。随着毛的生长，毛根的上部逐渐伸出皮外形成毛干。

毛的横切面为圆形或椭圆形，在显微镜下观察，分为三层：外层为鳞片层，中层为皮质层，中心为髓质层。

**鳞片层**　鳞片层是毛的最外层，由角质化的扁平角蛋白细胞构成，这些细胞重叠覆盖，如同鳞片，厚度为 $0.5\sim3.0\ \mu m$。鳞片彼此重叠，像鱼鳞一样，包覆在毛干的最外层，鳞片的一端附着于毛干，另一端展开朝向毛的尖端。鳞片层的主要作用是保护毛免受外界环境的影响和破坏。制造毛皮或纺织用毛，均应注意保护毛的鳞片层。

**皮质层**　皮质层在鳞片层的内侧，是毛的主要部分，由重叠紧密的梭形细胞组成，细胞沿毛轴方向排列。毛的强度由皮质层的厚度决定。皮质层越厚，毛的强度越高。在皮质层还有天然色素颗粒，使毛具有颜色。

**髓质层**　髓质层是毛的中心部分，由疏松和充满空气的角蛋白细胞组成，毛的保暖性往往由这层决定，髓质层发达的毛保暖性强。

皮质层的厚度在毛的整个长度中变化不大，而髓质层厚度则变化显著。在成熟的毛中，毛尖和毛根下部都没有髓质层，只有毛的中段才有髓质层。

（2）毛根及毛囊。

毛根下部像葱头一样的部分称为毛球，毛球底面有结缔组织突入而形成的毛乳头，内含丰富的毛细血管和神经末梢。毛球是毛发的生长点，毛乳头对毛的生长起诱导和营养作用，如图 3-38。毛球的细胞为幼稚细胞，称为毛母质细胞。毛母质细胞内散在的黑素细胞可将形成的黑素颗粒转送到毛根的上皮细胞中。毛的生长有一定周期，当毛母质细胞分裂活跃时，毛生长；当毛母质细胞停止分裂并发生角质化时，毛与毛母质细胞连接不牢，故毛易脱落。在下一周期出现时，毛囊底端形成新的毛球和毛乳头，开始生长新毛。

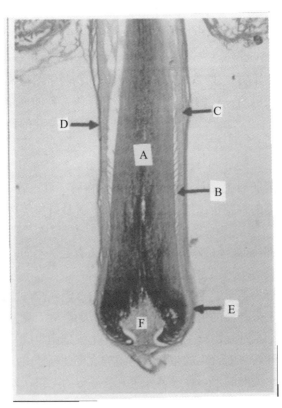

A—毛根；B—内毛根鞘；C—外毛根鞘；D—真皮胶原纤维；E—毛球；F—毛乳头

**图 3-38　毛根的结构**

毛球的底部由具有繁殖能力的表皮细胞组成，这层活细胞在繁殖、衍变过程中逐渐形成毛根和毛干。毛球的表面细胞硬化后变成鳞片层，内层细胞逐渐伸长和硬化，变成毛的皮质层梭形细胞，而附在毛乳头上端的毛球上部细胞则皱缩、干燥而形成毛髓。毛球中包裹着毛乳头，毛乳头中有丰富的微血管和淋巴管，供给毛球底部细胞营养，以维持毛的生长和繁殖。

包在毛根外面的上皮和结缔组织形成的鞘为毛囊（Hair follicle），毛的发生和成长都在毛囊内进行。毛囊分为两层：内层为上皮根鞘，包裹毛根，与表皮相延续，它是表皮凹入真皮内所形成的凹陷部分，其结构也与表皮相似；外层为结缔组织鞘，由致密结缔组织构成，与真皮相延续。毛根和上皮根鞘与毛球的细胞相连。毛囊上有导管与皮脂腺相接。毛与皮通过毛球与毛乳头紧密地连接起来（图 3-39），毛囊把毛根紧紧地包围住，使毛能牢固地长在毛囊内。酶脱毛的原理即通过破坏或削弱毛囊对毛根、毛球与毛乳头的联系而达到脱毛的目的。

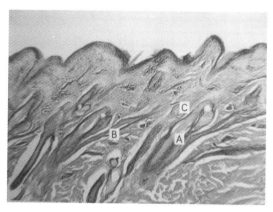

A—毛囊；B—立毛肌；C—皮脂腺

**图 3-39　毛囊和立毛肌**

毛根与皮肤表面呈钝角的一侧有一束斜行平滑肌，其连接毛囊和真皮乳头层的结缔组织，称为立毛肌（Arrector pilimuscle），立毛肌受交感神经支配，收缩时使毛竖立。

（3）皮脂腺（Sebaceous gland）。

皮脂腺多位于毛囊一侧或两侧，为泡状腺，由一个或几个腺泡与一个共同的短导管构成。导管大多开口于毛囊上段，也有的直接开口于皮肤表面。皮脂有滋润皮肤、保护毛发的作用。另外，皮脂在皮肤表面形成脂质膜，有抑菌的作用，皮脂的发育和分泌受性激素调节，青春期分泌活跃。

（4）汗腺（Sweat gland）。

汗腺为单管状腺，由分泌部和导管部组成。分泌部位于真皮深层和皮下组织中，呈盘曲的管状，腺细胞多呈立方体或矮柱状，HE 染色标本上能看到明、暗两种细胞。汗腺的导管较细，导管进入表皮后呈螺旋形上升，直接开口于皮肤表面的汗孔。汗液分泌是身体散热的主要方式，对调节体温起重要作用。

不同的动物皮肤，这些组织的发达程度和分布不尽相同，如绵羊皮和猪皮的皮脂腺比较发达，而牛皮的汗腺发达等（图 3-40）。这些附属器对成革质量影响较大。除此之外，在真皮的纤维之间，还充斥着被称为基质的物质，基质主要由水分和一些糖蛋白、蛋白多糖及各种细胞组成，原料皮干燥后，由于基质失水而将皮纤维牢牢地黏结在一起，皮板将变得非常坚硬。这些成分将在制革的前处理工序中被全部除去。

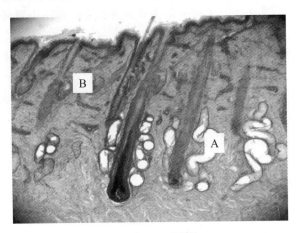

A—汗腺；B—皮脂腺

**图 3-40　牛皮中的皮脂腺和汗腺**

### 3.3.3　动物皮中的非纤维成分

#### 3.3.3.1　基质（Ground substance）与组织液（Tissue fluid）

　　基质与纤维一样，同属于结缔组织中的细胞间质，由细胞产生，基质为无定形的凝胶状，充填在细胞和纤维之间，其化学成分主要为蛋白多糖和结构性糖蛋白。构成细胞生存的微环境，起支持、营养和保护细胞的作用，能调节细胞的增殖、分化、运动和信息沟通。

　　组织液由从毛细血管动脉端渗出的水和一些小分子物质（氨基酸、葡萄糖和电解质等）组成，经过组织内的物质交换后，再通过毛细血管静脉端或毛细淋巴管吸收入血液或淋巴内。组织液是细胞生存的内环境，是细胞摄取营养物质和排出代谢产物的中介。

#### 3.3.3.2　细胞

　　成纤维细胞（Fibroblast）是结缔组织内数量最多的一类细胞，胞体较大，扁平或椭圆，有突起；胞质着色浅，呈弱嗜碱性；核较大，可见核仁。电镜下，可见成纤维细胞的胞质内粗面内质网和核糖体丰富，高尔基复合体发达（图 3-41）。成纤维细胞的功能是形成纤维和基质。成纤维细胞能合成和分泌胶原蛋白、弹性蛋白、蛋白多糖和糖蛋白等物质，胶原蛋白构成胶原纤维和网状纤维，蛋白多糖和糖蛋白则是基质的主要成分。在机体遭受创伤时，成纤维细胞产生纤维和基质的功能增强，能加速伤口的愈合，但也容易形成瘢痕。

　　巨噬细胞（Macrophage）有很强的吞噬功能，能吞噬细菌、异物和衰老的细胞，形成巨噬体，然后与初级溶酶体融合，形成次级溶酶体。

　　浆细胞（Plasma cell）能产生抗体，参与体液免疫反应。

肥大细胞(Mast cell)胞体较大，呈圆形或椭圆形，胞质内充满粗大的水溶性、嗜碱性和异染性颗粒。

脂肪细胞(Adipocyte)体积较大，呈圆形或椭圆形，胞质内含有脂滴，如图 3-42 所示。在 HE 染色标本中，脂滴被溶解，细胞呈空泡状，胞核和少量胞质被挤向细胞的一侧，细胞呈宝石戒指状。脂肪细胞能合成和储存脂肪，参与机体的能量代谢。

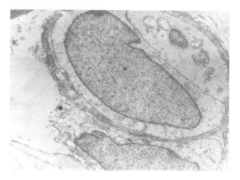
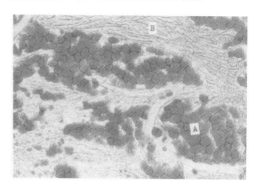

图 3-41　生皮中的成纤维细胞(TEM)　　　　图 3-42　猪皮中的脂肪细胞

# 3.4　丝蛋白纤维

## 3.4.1　丝蛋白的化学组成和分子结构

蚕丝在中国的应用已超过 4000 年。作为纺织纤维的重要原料，蚕丝在光泽、手感和悬垂性等方面具有特别优良的性质。近年来，丝绸纺织品虽然受到合成纤维和人造纤维的冲击，但由于独特的观感性质和天然特性，其依然拥有相当大的消费市场。

除此之外，由于组成比较简单，丝蛋白还被广泛用于蛋白质生物合成、遗传和蛋白质结构的研究，以及生物医学工程领域。

丝是连续的胞外纤丝(Extracellular filament)。很多昆虫和节肢动物都具有产丝的能力，它们产出的丝，按照化学组成主要分为两类：一类是壳聚糖，另一类是蛋白质。桑蚕丝是丝蛋白的最主要来源。此外，柞蚕丝也是重要的丝蛋白。除了蚕，某些蜘蛛产的丝也具有重要的研究价值。织造圆网的蜘蛛能够生产多种具有特定功能的丝，其丝具有超过钢的抗拉强度和高达 35% 的弹性。

丝蛋白由丝素(或丝芯)蛋白(Fibroin)和丝胶蛋白(Sericin)组成，其中丝素蛋白是丝蛋白的纤维组分。丝素蛋白约占蚕丝总重量的 70%，丝素蛋白分子以反平行折叠链($\beta$-sheet)构象为基础，形成直径约为 10 nm 的微纤维，无数微纤维密切结合(但仍留有大量空隙)组成直径约为 1 $\mu$m 的细纤维，约 10 根细纤维沿长轴排列，构成直径为 10～18 $\mu$m 的单纤维，这种单纤维就是丝蛋白纤维。丝胶蛋白在丝芯蛋白纤维的外部，约占蚕丝总重量的 25%，可作为蚕吐丝过程中的保护物及胶黏剂。蚕丝的横截面如图 3-43 所示。丝胶蛋白部分是溶于水的，可以用水沸煮的方法分离，因而在一般意义上，现在所研究的蚕丝纤维指的就是丝素蛋白纤维。

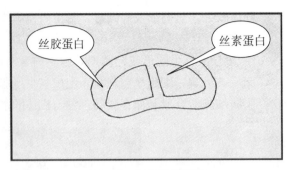

图 3-43　蚕丝的横截面

丝蛋白的近代研究是由 Emil Fischer 开始的，Abderhalden、Lucas 等的早期研究涉及该领域的多方面。20 世纪 50 年代，离子交换层析技术、微生物学方法等被用于丝蛋白的水解、分离和分析。80 年代以后，基因技术的应用使得我们对于丝蛋白的认识迅速扩展。

### 3.4.1.1　丝素蛋白的氨基酸组成

丝素蛋白的氨基酸组成的最重要特征是存在大量的简单氨基酸，如甘氨酸、丙氨酸、丝氨酸和缬氨酸。其中，甘氨酸、丙氨酸、丝氨酸约占总氨基酸组成的 85％。半胱氨酸和酸性氨基酸的含量很低。带亲水基团的丝氨酸、酪氨酸、门冬氨酸等氨基酸占总量的 31％，酸性氨基酸要多于碱性氨基酸。丝素蛋白所含的碱性氨基酸很少，因此丝纤维吸附的酸碱量很小，仅有约 0.5 mol/kg。表 3-13 给出了早期获得的茧丝中两种主要蛋白的氨基酸组成。

表 3-13　丝素蛋白和丝胶蛋白的氨基酸组成（残基数/1000）

| 氨基酸 | 桑蚕丝胶蛋白 | 桑蚕丝素蛋白 |
| --- | --- | --- |
| Gly | 147 | 445 |
| Ala | 43 | 293 |
| Leu | 14 | 5 |
| Ile | 7 | 7 |
| Val | 36 | 22 |
| Phe | 3 | 6 |
| Ser | 373 | 121 |
| Thr | 87 | 9 |
| Tyr | 26 | 52 |
| Asp | 148 | 13 |
| Glu | 34 | 10 |
| Arg | 36 | 5 |
| Cys | 5 | 2 |
| Met |  | 1 |

| 氨基酸 | 桑蚕丝胶蛋白 | 桑蚕丝素蛋白 |
|---|---|---|
| Lys | 24 | 3 |
| Pro | 7 | 3 |
| His | 12 | 2 |
| Trp | | 2 |
| NH3 | 86 | |

由简单氨基酸提供的氢键，在丝素蛋白的构象中发挥关键作用。通过铜乙二胺、硫氰酸锂等氢键破坏剂可以促进丝素蛋白的溶解。

用铜乙二胺和硫氰酸锂等溶剂溶解丝素蛋白，获得两种级分，具有几乎相同的氨基酸组成，但是黏度不同，暗示了分子的非均一性。应用胰凝乳蛋白酶水解丝素蛋白，在短时间处理后，即有降解物形成粒状沉淀，该级分约占丝素蛋白总量的 60%，被命名为 Cp（即胰凝乳蛋白酶获得的沉淀级分）。研究进一步发现，该沉淀具有晶体结构，其晶体与天然纤维非常相似，同时获得的可溶性级分被称为 Cs（即胰凝乳蛋白酶获得的可溶性级分）。

蚕丝丝素蛋白一级结构的研究最早由 Fischer 和 Abderhalden 开始，对丝素蛋白进行了酸法部分降解，并鉴定了若干小肽的氨基酸的顺序，如 Gly-Ala、Ala-Gly、Gly-Tyr 以及 Gly-Ser-Pro-Tyr。

应用直接的化学降解法和二硝基苯衍生方法对 Cp 级分的氨基酸序列进行初步研究，得出如下结论：36% 的 Cp 级分由 Ser-Gly-Ala-Gly-Ala-Gly 这样的六肽结构形成，这可能是整个 Cp 级分的基本结构元素。

1955 年，Schroeder 和 Kay 首次报道了丝蛋白中胱氨酸的存在，两年后，这一发现被确认。一般认为，丝素蛋白含有约 0.2% 的胱氨酸。

基因分析技术的发展为氨基酸序列的分析开辟了一条新的捷径，即通过分离和测定相应蛋白质的 DNA 序列，导出该蛋白质的氨基酸序列。包括丝素蛋白、丝胶蛋白各组分的氨基酸组成和序列已经大都用新的技术确定。

蚕丝丝素蛋白由后丝腺（PSG）分泌。丝素蛋白的主要组分是重链，此外还有轻链和 P25 蛋白。六个重链（H-chain）、六个轻链（L-chain）以及一个 P25 蛋白共同构成丝素蛋白的结构单元。该结构单元的分子量为 2300 kDa，重链和轻链之间通过双硫键交联，P25 蛋白与轻链和重链之间通过非共价键结合到一起。

丝胶蛋白由四个级分组成，按照其溶解性的下降顺序，分别被称为丝胶Ⅰ、Ⅱ、Ⅲ和Ⅳ。四种丝胶蛋白在中部绢丝腺分泌，并且形成层状结构。不同的丝胶蛋白有序地包裹在丝素蛋白的表面。

### 3.4.1.2　重链

重链由 5263 个氨基酸残基构成，对应的分子量为 391 kDa。一个单独的双硫键在轻链 172 位和重链 C—端肽的半胱氨酸之间形成。

重链的氨基酸组成主要包括 Gly 45.9%、Ala 30.3%、Ser 12.1%、Thr 5.3%、Val 1.8%，其余 15 种氨基酸仅占 4.7%。

1. 重链的氨基酸序列

丝素蛋白重链的氨基酸序列如图 3-44 所示。

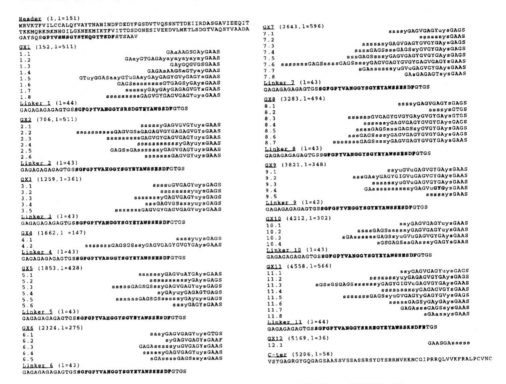

s GAGAGS 433　y GAGAGY 120　a GAGAGA 27　u GAGYGA 39

**图 3-44　丝素蛋白重链的氨基酸序列**

注：5263 个氨基酸残基的多肽链被结构域和次级结构域分隔。每一个结构域的氨基酸序列和长度被给出。在连接段的头尾之间的 25 个特征氨基酸残基用黑体标出。在 GX9.4 次级区段中插入的 1 个或 3 个残基也用黑体标出。小写字母 s、y、a 以及 u 代表频繁出现的六肽。六肽的序列如下：s GAGAGS、y GAGAGY、a GAGAGA、u GAGYG。

2. 重链肽链的结构域

丝素蛋白的重链由三个主要的结构域组成：位于肽链中间的结晶区结构域、位于肽链两端的 N—端肽和 C—端肽结构域。结晶区又分为 12 个次级结构域，次级结构域之间通过 11 个接头相连接。结晶区的氨基酸序列具有下列主要特征：

(1)Gly-X 二肽重复序列。结晶区的氨基酸序列共有 2377 个 Gly-X 二肽重复单位。Gly-X 序列是 $\beta$-片层构成的主要序列，后者因此被称为结晶区。

在 X 中，六种氨基酸的比例分别是 Ala 64%、Ser 22%、Tyr 10%、Val 3%、Thr 1.3%，不涉及其他氨基酸。二肽序列中有 2% 的二肽由 Ala 开始，它们形成的特征 GAAS 四肽是结晶区结构中的标点符号。

(2)六肽重复序列。在结晶区重复的二肽序列中，约有 70% 呈现高度固定的六肽周期。其中，GAGAGS 六肽(以 s 代表)433 个，GAGAGY 六肽(以 y 代表)120 个，

GAGAGA 六肽(以 a 代表)27 个，GAGYGA 六肽(以 u 代表)39 个。丝素蛋白结晶区可能全部由六肽重复序列构成。

（3）结晶区的次级结构域。结晶区内的 12 个次级结构域分别被标注为 GX1~GX12。它们的平均长度为 413 个氨基酸残基，GX12 例外，仅有 37 个残基。在次级结构域内，GX 只被一个偶然出现的 GAAS 四肽打断。在 GX9 区段内，4108 位插入了另外一个氨基酸，它将对 $\beta$-片层的排列产生干扰。相反地，GAAS 保持了序列的相位，只是在结晶区段引进了一个标点。

（4）次级结构域的分段。以 GX2 为例，该次级结构域的 511 个残基被分为 6 个以 s 六肽开始、GAAS 结束的次级片段。这 6 个次级片段明显相似，完整的次级结构域似乎是由这些次级片段复制而成的。次级片段的长度约为 70 个氨基酸残基。同样的次级结构也在 GX11 区段中存在，只是作为标点的 GAAS 被 GAGS 或 GTGS 替代。GX1 也可以被视为以 GAAS 结尾的次级区段构成，只是它们的序列不同，而且 4 个次级区段缺少了 GAGAGS 重复。

统计表明，重链的结晶区结构域由 64 个次级片段构成，每个次级片段包含约 70 个氨基酸残基。每个次级片段均以连续的 s 六肽开始，以 GAAS 四肽标点结束。

（5）肽链单位的四种类型。通过对序列结构的分析，丝素蛋白的重链序列可以被进一步划分为四种肽链单位：单位（Ⅰ）由高度重复的 GAGAGS 序列构成，是丝蛋白的结晶区；单位（Ⅱ）主要由疏水的肽段 GAGAGY 和/或 GAGAGVGY 序列构成，是半结晶区；单位（Ⅲ）与单位（Ⅰ）相似，但是存在一个 AAS 序列变化点；单位（Ⅳ）构成无定型区域，包含负电荷、极性和大量疏水的以及芳香族残基，如下列片段：

TGSSGFGPYVANGGYSGYEYAWSSESDFGT

丝绸的很多优良的天然性质，可能就是源自这些肽链的组合。

3. 无定型结构域——接头和端肽

构成多肽链大部分的 GX 重复二肽被连接肽分为 12 个次级结构域。与这些结构域相反，N—端 151 个残基、C—端 58 个残基以及 42~43 个残基的连接肽均表现为非重复性序列，或者称为非定型区。

N—端的氨基酸组成，具备组成独立球蛋白的特征，其中可能包含 $\alpha$-螺旋结构或 $\beta$-折叠结构。

C—端的 58 个氨基酸中富含 Arg 和 Lys，缺乏疏水性残基，因此不太可能形成球状盘旋。该端包含 3 个 Cys，参与了两对双硫键的形成，其中一对是在链内，另一对是在重链与轻链之间。

连接结晶区段的 11 个连接肽(Linkers)具有几乎相同的序列，包含一段 25 个残基的非重复性肽段，打破了 GX 周期性序列和结晶区。该肽段含有 1 个 Pro、丝素蛋白中仅有的 1 个 Trp 以及带电荷的基团。后者在结晶区完全不存在。

### 3.4.1.3　轻链

丝素蛋白中的轻链首先被 Shimura 等发现，曾经被称为小分子蛋白、L-链蛋白、Bib-L 等，并与 P25 蛋白混淆。直到 1985 年，人们仍然认为 L-链蛋白和 P25 蛋白是同种蛋白。后来的研究发现，这两种蛋白在分子量和氨基酸组成上均明显不同。最新的丝素蛋白 L-链的氨基酸序列已由其 cDNA 表达获得。

1. 轻链的氨基酸组成

轻链氨基酸序列由 262 个氨基酸残基组成。轻链为单条肽链，分子量约为 25.8 kDa。图 3-45 给出了 Mandarina 桑蚕的丝素蛋白轻链的 cDAN 序列和导出的氨基酸序列。

```
TTTTTTTTTTTATCCGGAATCCTGTATAGTATATACCGATTGGTCACATAACAGACCACTA      60
                              *
AAATGAAGCCTATATTTTTGGTATTACTCGTCGCTACAAGCGCCTACGCTGCACCATCGG     120
   M  K  P  I  F  L  V  L  L  V  A  T  S  A  Y  A  A  P  S         19
TGACCATCAATCAATACAGTGATAATGAAATTCCACGTGACATTGATGATGGAAAAGCTA     180
 V  T  I  N  Q  Y  S  D  N  E  I  P  R  D  I  D  D  G  K  A        39
GTTCCGTAATCTCACGTGCATGGGACTACGTCGATGACACTGACAAAAGCATCGCCATCC     240
 S  S  V  I  S  R  A  W  D  Y  V  D  D  T  D  K  S  I  A  I        59
TCAACGTTCAAGAGATCTTGAAGGACATGGCCAGCCAGGGCGATTATGCAAGTCAAGCAT     300
 L  N  V  Q  E  I  L  K  D  M  A  S  Q  G  D  Y  A  S  Q  A       79
CAGCGGTGGCCCAAACCGCCGGAATTATCGCCCATCTATCTGCCGGTATCCCCGGCGATG     360
 S  A  V  A  Q  T  A  G  I  I  A  H  L  S  A  G  I  P  G  D       99
CCTGTGCTGCCGCTAACGTCATTAACTCTTACACAGACGGCGTCAGGTCCGGAAACTTCG     420
 A  C  A  A  A  N  V  I  N  S  Y  T  D  G  V  R  S  G  N  F       119
CCGGCTTCAGACAATCTCTCGGTCCCTTCTTCGGACACGTGGGACAAAACTTGAATCTTA     480
 A  G  F  R  Q  S  L  G  P  F  F  G  H  V  G  Q  N  L  N  L       139
TCAATCAACTCGTCATCAACCCTGGTCAACTCCGATACTCTGTCGGACCAGCCCTGGGTT     540
 I  N  Q  L  V  I  N  P  G  Q  L  R  Y  S  V  G  P  A  L  G       159
GTGCCGGAGGTGGAAGAATCTATGACTTCGAAGCCGCTTGGGATGCAATCTTAGCCAGCA     600
 C  A  G  G  G  R  I  Y  D  F  E  A  A  W  D  A  I  L  A  S       179
GTGACTCTGGTTTCTTAAATGAAGAGTACTGCATCGTCAAGAGATTGTACAACTCTCGCA     660
 S  D  S  G  F  L  N  E  E  Y  C  I  V  K  R  L  Y  N  S  R       199
ACAGTCAAAGCAACAACATCGCTGCCTACATCACCGCTCACTTACTTCCACCAGTTGCTC     720
 N  S  Q  S  N  N  I  A  A  Y  I  T  A  H  L  L  P  P  V  A       219
AAGTGTTCCACCAATCAGCTGGATCAATCACAGACCTCCTGAGCAGCGGCGTTGGCAACGGTA     780
 Q  V  F  H  Q  S  A  G  S  I  T  D  L  L  R  G  V  G  N  G       239
ATGACGCGACCGGTTTAGTTGCTAATGCTCAAAGATATATTGCACAAGCAGCCAGCCAGG     840
 N  D  A  T  G  L  V  A  N  A  Q  R  Y  I  A  Q  A  A  S  Q       259
TTCACGTCTAAATAAGAACTGTAAATAATGTATATATATAATTATATAAAAGATATATAT     900
 V  H  V  *                                                       262
AACCATATACAAACATATATATCATTATAAGACAATCTACCTATATAAAAACAGACTAAA     960
ATTAATAATTATGTATACTTTAATGTGTTTAGGACATTTTATGCAAATTGTGTTTGCGT    1020
TAGGATTTTTTTTTGGAAGTTCTTTAGATTATTTATGAATATATACATAAATATACGTTAA    1080
TATAATATATATTATATAAATCAACGACACGGCTTTTCATTTTGGTGATGATCAATCTTA    1140
TTGTTCTTCTAATTGATTTTTTTGTACAATAAAGATGTATCCAGTTTTCCAGATAAAAAA    1200
AAAAAA                                                          1226
```

图 3-45　Mandarina 桑蚕的丝素蛋白轻链的 cDNA 序列和导出的氨基酸序列

注：聚腺苷酸化信号（下划线）和终止编码（星号）分别被标注。其中，183 位的 G，在家蚕丝素蛋白中为 S。

2. 轻链的肽链结构

轻链约 47% 的氨基酸为疏水侧链氨基酸，不存在二肽重复序列。计算机模拟的结果显示，主要的亲水区域集中于占分子链 15% 的 N—端肽区，分子的其他部分为疏水区域，其中也包含几个小亲水区，如图 3-46 所示。190 位的 Cys 被认为参与了与重链之间的双硫键交联。

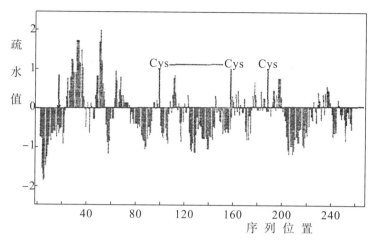

**图 3-46　丝素蛋白轻链的六肽亲水图**

注：向下的箭头指示信号肽的切割点，190 位的 Cys 参加了与重链之间的双硫键交联。

### 3.4.1.4　P25 蛋白

P25 蛋白也称为纤维六聚体蛋白/P25（Fibrohexamerin/P25，Fhx/P25），是一种糖蛋白，由包含 220 个氨基酸残基的单条肽链构成。其 cDNA 序列和导出的氨基酸序列如图 3-47 所示。

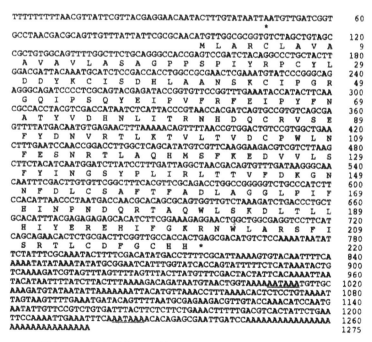

**图 3-47　丝素蛋白 P25 的 cDNA 序列和导出的氨基酸序列**

注：聚腺苷酸化信号（下划线）和终止编码（星号）分别被标注。

P25 蛋白分子量为 30 kDa 和 27 kDa。P25 蛋白含有 3 个 N-连接的寡聚糖（Oligosaccharide）链，分别连接于肽链 69 位、113 位和 133 位天冬酰胺上。寡聚糖可以在糖甙酶作用下失去，分子量会因此下降到 27 kDa。P25 蛋白包含 8 个 Cys 残基。P25 蛋白主要通过疏水相互作用与轻链－重链六聚体$(H\text{-}L)_6$结合。P25 蛋白的这一作用对于维持丝素蛋白基本单位的稳定非常重要。

### 3.4.1.5　丝胶蛋白

丝胶蛋白中所含的氨基酸种类与丝素蛋白完全相同，但其中带亲水侧基团的氨基酸含量远超过在丝素蛋白中的含量，占总组成的 71% 左右。丝胶蛋白的特征是 Ser 含量非常高，可以达到 30%～40%。丝胶蛋白由蚕的中部绢丝腺分泌，不同的丝胶蛋白级分产生于中部绢丝腺的不同部位。

1. 丝胶蛋白的分离与制备

丝胶蛋白是水溶性蛋白。20 世纪 30 年代，Mosher 首先建立了等电点盐析分离热水溶解丝胶蛋白的方法。通过控制对茧丝热水处理时间，可以分离出三种不同溶解性的丝胶蛋白。在最初的 10 min，有 40% 的丝胶蛋白被溶解，这种易溶的丝胶蛋白称为丝胶Ⅰ；煮沸 2～6 h 后，又有 40%～50% 的丝胶蛋白被溶解，这部分丝胶蛋白称为丝胶Ⅱ；最后的 10%～20% 的丝胶蛋白最难被溶解，需再经过 4～6 h 才能溶解，称为丝胶Ⅲ。

X 射线衍射研究表明，丝胶Ⅰ是非结晶物质，丝胶Ⅱ和丝胶Ⅲ是结晶物质。但是丝胶Ⅱ和丝胶Ⅲ具有不同的晶体结构。此外，丝胶Ⅲ中有较多的蜡存在。这三种丝胶蛋白在丝素蛋白的外围呈现层状分布，丝胶Ⅲ最靠近丝素蛋白，丝胶Ⅰ在最外层。

20 世纪 70 年代，Komatsu 进一步将丝胶蛋白分为Ⅰ、Ⅱ、Ⅲ和Ⅳ四类，丝胶Ⅰ最易溶。这四种丝胶蛋白是由绢丝腺的后区依次先后分泌形成的层状结构，最先分泌的是位于内层的丝胶Ⅳ，最后是丝胶Ⅰ。表 3-14 和 3-15 分别给出了丝胶蛋白不同级分的比例和溶解或分解速率常数。

表 3-14　从不同原料获得的丝胶蛋白级分的比例（%）

| 材料 | 溶解方法 | 丝胶蛋白级分 | | | |
|---|---|---|---|---|---|
| | | Ⅰ | Ⅱ | Ⅲ | Ⅳ |
| 柞蚕丝 | 热水 | 41.2 | 38.1 | 17.9 | 2.8 |
| | 0.2 mol/L 硼酸缓冲液(pH=9) | 42.3 | 37.2 | 17.8 | 2.7 |
| 茧丝 | 热水 | 39.9 | 39.7 | 17.1 | 3.3 |
| | 0.2 mol/L 硼酸缓冲液(pH=9) | 40.0 | 40.1 | 16.4 | 3.5 |
| 丝胶蛋白(由空气干燥的丝腺丝剥离) | 热水 | 41.2 | 37.8 | 17.9 | 3.1 |
| | 0.2 mol/L 硼酸缓冲液(pH=9) | 40.7 | 38.1 | 19.6 | 3.6 |
| | 蛋白酶(Pronase P)溶液 | 41.5 | 39.2 | 16.6 | 3.7 |
| | 平均 | 41.0 | 38.6 | 17.6 | 3.1 |

表 3-15　四种丝胶蛋白级分的溶解或分解速率常数[×10⁻⁴ g/(L·min)]

| 材料 | 溶解条件 | 溶解或分解速率常数 | | | |
|---|---|---|---|---|---|
| | | $K_I$ | $K_{II}$ | $K_{III}$ | $K_{IV}$ |
| 柞蚕丝 | 热水(98℃) | 5.33 | 1.76 | 0.70 | 0.22 |
| 茧丝 | 热水 | 4.76 | 1.65 | 0.59 | 0.21 |
| 丝胶蛋白(由空气干燥的丝腺丝剥离) | 热水 | 2.36 | 1.36 | 0.45 | 0.11 |
| 柞蚕丝 | 0.2 mol/L 硼酸缓冲液(pH=9)　98℃ | 17.12 | 7.20 | 1.43 | 0.16 |
| 茧丝 | 0.2 mol/L 硼酸缓冲液(pH=9)　98℃ | 13.19 | 4.67 | 1.06 | 0.40 |
| 丝胶蛋白(由空气干燥的丝腺丝剥离) | 0.2 mol/L 硼酸缓冲液(pH=9)　98℃ | 12.45 | 5.21 | 1.50 | 0.24 |
| 丝胶蛋白(由空气干燥的丝腺丝剥离) | 蛋白酶(Pronase P)溶液　45℃ | 2.34 | 0.14 | 0.08 | 0.03 |

### 2. 丝胶蛋白的分子量

关于丝胶蛋白分子量的研究有很多，由于丝胶蛋白易分解，分离方法比较强烈，获得的结果差异较大。

凝胶过滤层析初步确定，四种丝胶蛋白级分的分子量介于 80～300 kDa 之间，见表 3-16。

表 3-16　四种丝胶蛋白级分的分子量

| 作者 | 材料来源 | 分析方法* | 分子量 |
|---|---|---|---|
| Hayashi | 从柞蚕茧获得的易溶级分 | SA | $3.5×10^4～4.0×10^4$ |
| | 从柞蚕茧获得的难溶级分 | SA | $1.1×10^3～1.5×10^3$ |
| Passent | 碳溶液酸提取的柞蚕茧丝胶蛋白 | GF | $1.61×10^4～1.82×10^4$ |
| | | GF | $1.68×10^4～1.76×10^4$ |
| | | DA | $1.64×10^4～1.78×10^4$ |
| | | SA | $1.846×10^4$ |
| Tokutake 等 | 铜乙二胺溶解的柞蚕茧蛋白 | GE | $2.4×10^4$ |
| Komatsu | 柞蚕茧丝胶蛋白Ⅰ和Ⅱ | GE | $1.0×10^5～1.2×10^5$ |
| | 柞蚕茧丝胶蛋白Ⅰ和Ⅱ(加 2%SDS) | GE | $3.5×10^4～4.0×10^4$ |
| Sprague | 从中部丝腺前区提取的丝胶蛋白 | GE | $2.0×10^4～2.2×10^5$ |
| | 从中部丝腺后区提取的 S-4 级分 | GE | $8.1×10^4$ |
| Gamo 等 | 从中部丝腺后区提取的 S-1 级分 | GE | $3.09×10^5$ |
| | 从中部丝腺后区提取的 S-3 级分 | GE | $1.45×10^5$ |
| | 从中部丝腺前区提取的 S-2 级分 | GE | $1.77×10^5$ |
| | 从中部丝腺前区提取的 S-5 级分 | GE | $1.34×10^5$ |

注：*表示所用的分析方法分别为沉降分析(SA)、密度梯度分析(DA)、丙烯酰胺电泳分析(GE)和凝胶过滤分析(GF)。

电泳测定的三个主要的丝胶蛋白的分子量分别是 400 kDa、250 kDa 和 150 kDa。丝胶Ⅳ

可能对应分子量为 250 kDa 的级分。其他级分对应的分子量为 400 kDa 和 150 kDa。

最新的研究认为，层状分布的丝胶蛋白含有 6 个以上主要组分，其分子量分布于 65~400 kDa 且大都是糖蛋白。

3. 丝胶蛋白的氨基酸组成

丝胶蛋白与丝素蛋白的氨基酸组成存在显著差异。主要表现在丝胶蛋白的 Ser 和 Thr 含量高达 40%，此外其酸性和碱性氨基酸含量也很高。

在丝胶蛋白的不同级分之间，氨基酸组成比较接近。但是，丝胶Ⅳ与其他丝胶蛋白级分的氨基酸组成存在一定差别。表 3-17 给出了从蚕丝中获得的丝胶蛋白级分的氨基酸组成。

表 3-17　从蚕丝中获得的丝胶蛋白级分的氨基酸组成

| 氨基酸 | 丝胶蛋白级分(a，b) | | | | 全部丝胶蛋白 |
| --- | --- | --- | --- | --- | --- |
| | 丝胶Ⅰ | 丝胶Ⅱ | 丝胶Ⅲ | 丝胶Ⅳ | |
| Gly | 13.21 | 12.81 | 15.69 | 11.89 | 13.49 |
| Ala | 4.68 | 6.69 | 6.68 | 9.30 | 5.97 |
| Val | 2.97 | 2.21 | 3.21 | 4.16 | 2.75 |
| Leu | 0.86 | 0.96 | 1.27 | 6.26 | 1.14 |
| Lle | 0.59 | 0.57 | 0.85 | 3.50 | 0.72 |
| Pro | 0.58 | 0.63 | 0.66 | 2.75 | 0.68 |
| Phe | 0.45 | 0.44 | 0.50 | 2.83 | 0.53 |
| Try | 0.19 | 0.20 | 0.25 | 0.23 | 0.21 |
| Cys | 0.17 | 0.15 | 0.12 | 0.00 | 0.15 |
| Met | 0.04 | 0.04 | 0.04 | 0.12 | 0.04 |
| Ser | 34.03 | 36.64 | 28.15 | 12.40 | 33.43 |
| Thr | 10.34 | 8.48 | 11.36 | 7.25 | 9.74 |
| Tyr | 2.53 | 2.43 | 3.15 | 2.45 | 2.16 |
| Asp | 16.94 | 16.95 | 16.13 | 12.64 | 16.71 |
| Glu | 4.73 | 3.64 | 4.09 | 11.32 | 4.42 |
| Arg | 3.20 | 2.65 | 3.68 | 3.93 | 3.10 |
| His | 1.25 | 1.22 | 1.49 | 1.87 | 1.30 |
| Lys | 3.28 | 3.29 | 2.64 | 7.11 | 3.30 |

注：(a)不同丝胶蛋白级分的重量比例为丝胶Ⅰ：丝胶Ⅱ：丝胶Ⅲ：丝胶Ⅳ=41.0：38.6：17.3：3.1。
(b)100 g 样品中的氨基酸含量。

## 3.4.2　丝蛋白的超分子结构

丝蛋白的构象是 X 射线技术研究的重要题材。很多丝蛋白被发现具有 β-折叠结构。像所有的天然聚合物一样，丝蛋白纤维不是 100% 的结晶体，而是存在无序的非结晶区域。Warwicker 首先定义丝蛋白具有反平行 β-折叠结构，确定其晶胞 $a$、$b$ 和 $c$ 的数据分别为 0.944 nm、0.695 nm 和 0.93 nm。

丝素蛋白由多条肽链组成，这些肽链可能通过双硫键或酯键交联。但是，由于酯键在酸碱中极易被水解，因而用一般的化学方法难以确定。其他交联结构，如 N-(γ-谷氨酰)-赖氨酰、N-(β-天冬酰胺)-赖氨酰交联等也被分离出来。有人认为,在柞蚕丝的丝素蛋白中还可能存在双酪氨酸结构。

### 3.4.2.1 丝素蛋白的构象

丝素蛋白的 X 射线衍射图显示,其分子结构高度有序,重复性间距为 0.7 nm,表明其多肽链是充分伸展的 $\beta$-折叠结构。基于 X 衍射模式和已知的氨基酸组成,Pauling 和 Corey 最早提出,蚕丝纤维由反平行排列的 $\beta$-片层构成。$\beta$-折叠链沿着纤维的轴线延伸,产生 0.7 nm 的轴向间距。在衍射模式中还存在一个垂直于纤维轴线的间距 $a$($a \approx$ 0.95 nm)。这是因为 $\beta$-折叠链主要由 Gly-Ala/Ser 构成,所有的非 Gly 侧链位于片层的同一面,而所有的 Gly 在另一面,当两个片层重叠时,Gly 面与 Gly 面相对,非 Gly 面与非 Gly 面相对应,这样就在片层之间形成了两种间距的间隔,前一种间隔较小,为 0.35~0.39 nm;后一种间隔较大,为 0.53~0.57 nm。这种排列模式后来在 (Ala-Gly)$_n$ 聚合物中被观察到。

### 3.4.2.2 丝胶蛋白的构象

丝胶蛋白分子的构象用旋光、圆二色谱和 X 射线衍射等方法研究。旋光和圆二色谱的分析结果显示,各类丝胶蛋白的构象呈现卷曲螺旋与 $\beta$-折叠的混合形式。其中 $\beta$-折叠按照摩尔数占 23.3%~35.6%。从圆二色谱图 3-49 中可以看出,难溶的丝胶蛋白级分中,$\beta$-折叠的比例较高。

丝胶蛋白在丝的分泌过程中具有润滑功能,丝胶蛋白的某些级分能够与丝素蛋白和其他丝胶蛋白混合。脱胶操作后仍有部分丝胶蛋白残留在丝素蛋白中。

在丝胶蛋白的所有类型中,丝胶Ⅳ最难溶解。当待分泌的液态丝被浸入 pH=11 的乙醇二胺溶液中时,绝大部分的丝胶和丝素蛋白被溶解,仅留下白色薄膜状的丝胶蛋白,见图 3-48,氨基酸分析确认其为丝胶Ⅳ级分。

**图 3-48 从成熟的绢丝腺中获得的丝胶薄膜**

对丝胶薄膜进行的 X 射线衍射分析显示，其中含有一定的丝素蛋白。微量的丝胶蛋白可能具有保持丝的结构、防止丝纤维破坏的功能，丝胶蛋白还具有一定的抗氧化作用。

### 3.4.2.3 丝素蛋白纤维的聚集

研究显示，在丝素蛋白结构中，存在着两种结构区域：一种区域中，肽链排列整齐、密集，称为结晶区；另一种区域中，肽链排列不整齐并且疏松，称为非结晶区。结晶区占纤维总量的 60% 以上，肽链主要由高度重复的简单氨基酸构成；非结晶区的肽链中包含其他多种氨基酸。图 3-49 给出了丝素蛋白两种结构区域及其相互关系。从图中可以看到，所有肽链的延伸方向与丝素蛋白纤维的走向大体一致。在丝素蛋白纤维中，结晶区与非结晶区是交替分布的。每一个结晶区都含有若干条肽链的链段，每一条肽链都要经过若干个结晶区和非结晶区。在非结晶区，似乎有无定型丝胶蛋白与丝素蛋白混合。

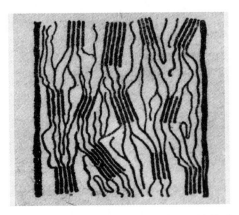

**图 3-49　丝素蛋白结晶区与非结晶区的关系**

## 3.4.3　蚕丝的物理和机械性质

### 3.4.3.1　力学性质

(1)应力—应变曲线。蚕丝的杨氏模量和断裂强度显著高于羊毛，表明蚕丝有较高的刚性。蚕丝的应力—应变曲线也存在屈服点，该点所对应的屈服应变明显低于羊毛，但是屈服应力明显高于羊毛，表明蚕丝纤维有更高的抗拉强度和更低的延伸度。

(2)弹性。弹性是纺织纤维的一项重要的物理和机械性能。弹性高的纤维织物外观挺括、不易起皱。

蚕丝的弹性行为根据应力的不同可以分为三个阶段：在第一阶段（低应力阶段），即应力小于 10 g/tex，蚕丝显示 90% 左右的高回复度；在第二阶段，即应力为 10～25 g/tex 时，回复度由 90% 急剧下降到 50% 左右；在第三阶段，即应力为 25～40 g/tex（断裂应力)时，回复度继续下降，但是降幅趋于平缓。

以上结果表明，在低应力时，蚕丝具有较好的弹性，但是在较高应力情况下，主要表现为永久性形变。从回复功看，蚕丝的弹性是低于羊毛的。

蚕丝的应力—应变和弹性行为与丝蛋白纤维具有较高的链伸展性、聚合度、结晶度和取向度的结构特征是比较吻合的。在丝蛋白的结晶区，肽链排列整齐、紧密，具有很高的机械强度，所以蚕丝具有很高的拉伸强度；在非结晶区，肽链之间存在弯曲和缠绕，排列不够紧密，在较小外力作用下，弯曲和缠绕的肽链被拉直、伸长，当外力撤去后，非晶区的形状可以恢复。

### 3.4.3.2　吸湿性

蚕丝不溶于水，但是能吸收相当含量的水分。吸水的同时，蚕丝的体积膨胀。蚕丝的吸水率可以达到 30%～35%，体积膨胀可以达到 30%～40%。膨胀主要表现为直径变粗，但是长度变化不显著。

丝蛋白的吸水分为两个阶段：在第一阶段，吸入的水分和分子中的亲水基团结合，这一过程的吸水量可达 15%，该过程属于化学过程，因为伴随热的释放；在第二阶段，水的吸收属于物理渗透过程，没有热效应。

在干燥过程中，水的释放也要经历两个阶段，与吸水过程正好相反。首先是物理吸附水的释放，这一阶段水的蒸发比较容易。但是，化学吸附水的蒸发则要困难得多。约有 1.5% 的水分实际上是很难除掉的。

在常温下，水对丝蛋白的作用只引起膨润，不发生溶解。在高温下短时间处理，丝蛋白也不会发生明显的变化。如果延长处理时间，例如长时间煮沸，将有部分溶解。

## 3.4.4　蚕丝的化学性质

大多数关于丝蛋白化学反应的研究是由工业技术研究延伸而来的。其中主要包括酸、碱的作用，酶的作用，盐的作用，氧化剂、还原剂的作用，等等。

### 3.4.4.1　酸、碱对丝蛋白的作用

酸、碱都能引起丝蛋白的水解。水解的程度主要由溶液的 pH、温度和反应时间决定。

稀酸对丝蛋白的水解作用并不显著。如果提高温度，丝蛋白会有轻度破坏，导致丝的光泽和手感、强度、延伸性等有不同程度的下降。强酸即使在常温下都会对丝蛋白造成强烈水解。如果加热，溶解更迅速。

碱对丝蛋白的破坏作用强于酸，丝蛋白在碱性溶液中更容易溶解。强碱的稀溶液即可使丝蛋白溶解。浓度和温度的提高都会加强水解和破坏作用。例如，在 3 mol/L 的 NaOH 溶液中，适度加热即可使丝蛋白溶解。丝蛋白对弱碱的抵抗能力较强。氨水和肥皂液因此被用于茧丝的脱胶。但是，如果碱液的 pH 高于 10，就不能忽略其对丝蛋白的伤害。碱对丝蛋白的破坏作用可能与丝蛋白中交联结构的破坏有关。

### 3.4.4.2　酶对丝蛋白的作用

丝素蛋白具有很强的抗酶水解能力。用胰凝乳蛋白酶、胶原酶 IA 和蛋白酶 XIV，

在 37℃下对脱胶茧丝进行水解，并用 X 射线衍射模式判断其构象的变化。结果显示，经过长时间的处理后，仍有相当高比例的茧丝保持其构象。水解时间延长到 15 天，纤维方被水解，如图 3-50 所示。

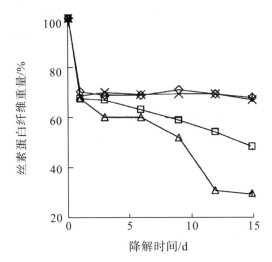

**图 3-50　茧丝丝素蛋白在酶水解过程中的定量变化**

注：样品被浸入磷酸缓冲液（◇）、胰凝乳蛋白酶（×）、胶原酶 IA（□）、蛋白酶 XIV（△），在 37℃孵育。

### 3.4.4.3　盐对丝蛋白的作用

盐对丝蛋白的作用主要取决于盐的种类，盐的浓度也有一定影响。对蛋白质有强烈溶解作用的盐，如锂、锶、钡的氯化物，硫氰酸盐等的浓溶液，可以使丝蛋白纤维溶解为黏稠溶液。某些金属配合物溶液也具有很强的溶解丝蛋白的能力，如铜氨溶液、镍氨溶液、铜乙二胺溶液等。具有盐析作用的中性盐如 NaCl 等，对丝蛋白的溶解没有明显的促进作用。

### 3.4.4.4　氧化剂、还原剂对丝蛋白的作用

相对于角蛋白，丝蛋白对氧化剂的作用只有很低的敏感性，对还原剂的敏感性更低。

丝蛋白的氧化反应机理很复杂，一般认为反应可能在侧链、端基和肽键处发生。过氧化氢对丝蛋白的氧化作用主要是酪氨酸含量的降低，可能涉及某些交联的破坏。用高锰酸钾、亚氯酸钠处理，可以导致丝蛋白强度明显损失和溶解度增加。有些研究认为，氧化可以增加丝蛋白的交联，降低其溶解性。

由于丝蛋白对还原剂不敏感，常用亚硫酸钠、亚硫酸氢钠等还原剂对茧丝进行漂白脱色处理。

## 思考题

1. 氨基酸分类的主要依据是什么？
2. 胶原的氨基酸组成有什么特征？

3. 胶原的一级结构特征何在?

4. 简述天然胶原链间交联的结构及交联机理。

5. 简述胶原原纤维的结构层次。

6. 胶原具有很高的热变性温度,从其分子结构解释这一现象。

7. 简述各种酶对胶原的水解作用。

8. 胶原纤维和角蛋白纤维在酸、碱性条件下的稳定性差异很大,为什么?

9. 描述角蛋白分子肽链的主要结构域及其特征。

10. 角蛋白中间纤丝分子是如何组装的? 试解释其自组装机理。

11. 上皮角蛋白和毛角蛋白在分子结构上有何相似与区别? 与毛和表皮的性能有何关联?

12. 如何从羊毛中获得比较完整的可溶性角蛋白分子?

13. 羊毛防蛀处理有哪些方法? 机理是什么?

14. 毛为什么耐酸而不耐碱?

15. 羊毛的弹性与其分子结构有什么联系?

16. 纵切片上看,生皮分为几层? 哪一层是制革加工的主要对象? 简述各层的组成特点。

17. 简述毛和毛囊的构造,以及毛能牢固地固着在皮上的原因。

18. 皮中有哪些纤维成分,哪些非纤维成分? 这些成分与制革的关系是怎样的?

19. 真皮中各层的组成和结构有什么特点?

20. 羊毛的定型机理是什么?

21. 双硫键交联及其还原的主要方法有哪些?

22. 毛角蛋白有哪些重要的化学反应?

23. 羊毛防蛀的化学处理有哪些? 机理是什么?

24. 丝素蛋白重链的氨基酸组成和序列的主要特征是什么?

25. 丝素蛋白的超分子结构与其氨基酸周期性序列的关系如何?

26. 丝蛋白对氧化剂、还原剂的敏感程度显著低于角蛋白,为什么?

27. 试从丝蛋白的分子结构和超分子聚集模式出发,解释丝蛋白在水溶液中的不溶解性。

# 第4章　纤维素纤维

纤维素是植物纤维原料的主要组成成分，普遍存在于高等植物的细胞壁中，如棉花、木材、亚麻、草类等，是自然界中最丰富的可再生有机资源之一。表 4-1 列出了一些纤维素原料中的纤维素含量。学术上所说的纤维素，可以定义为在常温下不溶于水、稀酸和稀碱的 D-葡萄糖基以 $\beta$-1,4 苷键连接而成的链状高分子化合物。

表 4-1　纤维素原料中的纤维素含量

| 植物种类 | 存在部位 | 含量/% | 植物种类 | 存在部位 | 含量/% |
|---|---|---|---|---|---|
| 木材 | 树干、树枝 | 40~50 | 马尼拉麻 | 叶纤维 | 65 |
| 棉花 | 种毛 | 88~96 | 蔗渣 | 茎 | 35~40 |
| 亚麻 | 韧皮纤维 | 75~90 | 纸草 | 叶 | 10 |
| 大麻 | 韧皮纤维 | 77 | 竹材 | 茎 | 40~50 |
| 黄麻 | 韧皮纤维 | 65~75 | 芦苇 | 茎、叶 | 40~50 |
| 苎麻 | 韧皮 | 85 | 禾秆 | 茎、壳 | 40~50 |

纤维素在造纸工业、纺织工业、木材工业等领域有着多种重要的用途。

除纤维素外，植物纤维原料的主要化学成分还包括半纤维素和木素。木素和半纤维素作为纤维素纤维之间的填充剂和黏合剂，使植物保持直立。

## 4.1　植物纤维素的生物合成

植物细胞壁生物合成的过程包括细胞壁中聚合物母体的形成、聚合物的生物合成、细胞壁中聚合物的聚集。目前已经查明，糖核苷酸是碳水化合物的母体，由它形成细胞壁的聚糖。核苷酸是由嘌呤或吡喃基结合到磷酸酯化了的糖上而形成的。Leloir 发现了一种重要的糖核苷酸-UDP-D-葡萄糖[5′-(α-D-吡喃式葡萄糖焦磷酸酯)]，此糖核苷酸的核苷部分是尿苷(Uridine)，它含有 $\beta$-D-呋喃核糖基，配基部分来自嘧啶基。纤维素就是由 UDP-D-葡萄糖合成的。尿苷的化学结构式如下：

UDP-葡萄糖是在细胞质中靠胞质酶合成的，其形成过程如图 4-1 所示。

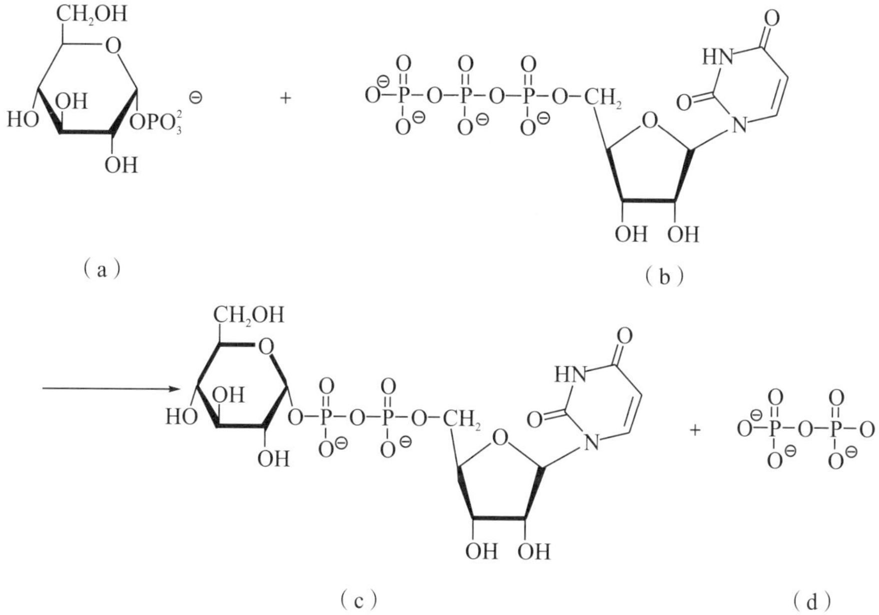

**图 4-1　UDP-葡萄糖的形成**

葡萄糖基：1-磷酸酯(a)和(b)形成尿苷二磷酸酯葡萄糖(c)(UDP-葡萄糖)，并释放出焦磷酸酯(d)、尿吡啶、$\beta$-D-呋喃核糖苷三磷酸酯。

UDP-葡萄糖是一种活化的形式，由它合成纤维素的过程可以表示为

UDP-D-葡萄糖 + [(1-4)-$\beta$-D-葡萄糖基]$_n$ ⟶ [(1-4)-$\beta$-D-葡萄糖]$_{n+1}$ + UDP

有研究者提出，在细胞原生质膜旁或其上，葡萄糖基单元从核苷 D-葡萄糖焦磷酸酯转换成葡萄糖类酯化合物。然后由类酯化合物的那一部分将此 D-葡萄糖单元再迁移到细胞的外面，即葡萄糖类脂化合物起中间体的作用，把 D-葡萄糖从细胞里面带到外面，在细胞外，D-葡萄糖基单元就聚合成纤维素。关于细胞中多糖合成位置的大量研究也表明，纤维素的合成发生在细胞质的外面，在原生质膜和细胞壁的界面上，即在微细纤维沉积的位置上。

细胞壁次生壁中的纤维素有较为精确的度量，纤维素分子和微细纤维都有定向排列，细胞壁中聚糖的聚合必定是通过一个复杂的控制系统来控制微细纤维的大小和排列方向的。有研究者指出：植物细胞含有某种类型的导板(Template)，微细纤维即在里面聚集而成，而这种导板可能是植物细胞壁内的微管(Microtubes)。

总之，涉及细胞壁、纤维素的生源说过程，以及纤维素聚糖的聚合控制体系问题，对纤维素分子链和由它们构成的微细纤维、细纤维的有序排列，得到了一些较好的解释。但目前对于这些过程在分子水平是如何进行和受到控制的问题，有待进一步的研究和认识。

## 4.2 纤维素的分子结构

### 4.2.1 化学结构

纤维素大分子的基本结构单元是 $\beta$-D-吡喃式葡萄糖基（即失水葡萄糖），彼此以 (1-4)-$\beta$-苷键连接，其分子式为$(C_6H_{10}O_5)_n$。分子式中，$n$ 为聚合度，由质量分数分别为 44.44％、6.17％、49.39％的碳、氢、氧三种元素组成。纤维素分子为极长的链分子，属线型高分子化合物。

纤维素大分子的葡萄糖基间的连接都是 $\beta$-苷键连接。其证明是在纤维素水解过程中会先形成一些中间产物，如纤维素四糖、纤维素三糖和纤维素二糖等，这些水解中间产物相邻两个葡萄糖基是以 $\beta$-苷键结合而成的，故其结构式可以如图 4-2 所示。

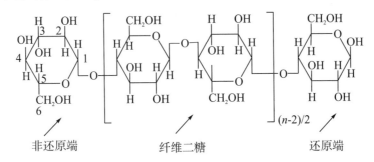

**图 4-2　纤维素的分子链结构式**

注：$n$ 为 D-葡萄糖基的数目，即聚合度。

从图 4-2 可以看出，纤维素的重复单元是纤维二糖。

由于苷键的存在，使纤维素大分子对水解作用的稳定性降低。在酸或高温下与水作用，可使苷键破裂，纤维素大分子降解。$\beta$-苷键在酸中的水解速度比 $\alpha$-苷键小得多，前者约为后者的 1/3。

纤维素大分子的每个基环均具有 3 个醇羟基，把纤维素试样（一般采用精制棉花）甲基化，然后水解为单个基本结构单元。在水解分离出的单元中，甲基化的位置相当于纤维素分子内游离羟基的位置。在此条件下得到的是 2,3,6-三氧甲基 D-葡萄糖，这说明纤维素葡萄糖基环中游离羟基是处于 2、3、6 位，其中在 C2、C3 为仲醇羟基，而在 C6 为伯醇羟基。这些羟基对纤维素的性质有决定性影响，可以发生氧化、酯化、醚化反应，分子间形成氢键，吸水润胀以及接枝共聚等，这些都与纤维素分子中存在大量羟基有关。应当指出，这些羟基的反应能力是不同的。

纤维素大分子的两个末端基的性质是不同的。纤维素的一端的葡萄糖基第 1 个碳原子上存在 1 个苷羟基，当葡萄糖环结构变成开链式时，此羟基即转变为醛基而具有还原性，故苷羟基具有潜在的还原性，又有隐性醛基之称。纤维素的另一端，在末端基的第 4 个碳原子上存在仲醇羟基，它不具有还原性。对整个纤维素大分子来说，一端有还原性的隐性醛基，另一端没有，故整个大分子具有极性，并呈现出方向性（图 4-2）。

### 葡萄糖的立体异构体

葡萄糖的结构可用三种结构式表示：直链结构式（Fischer 结构式或投影结构式）、Haworth 结构式（透视结构式或环形结构式）、构象结构式，如图 4-3 所示。

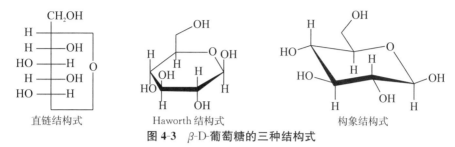

**图 4-3**　$\beta$-D-葡萄糖的三种结构式

葡萄糖分子中有 4 个不对称碳原子，可形成 16 个同分异构体，其中最重要的异构体形式如下：

（1）L-型和 D-型。

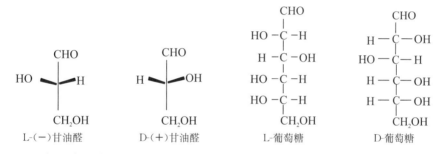

（2）吡喃糖和呋喃糖环结构。

葡萄糖由 1～4 四个碳原子和一个氧原子形成的五元环结构称为呋喃葡萄糖（Glucofuranose）；由 1～5 五个碳原子和一个氧原子形成的六元环结构称为吡喃葡萄糖（Glucopyranose）。

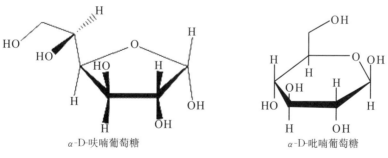

α-D-呋喃葡萄糖　　　　α-D-吡喃葡萄糖

（3）α-异构体和 β-异构体。

α-D-吡喃葡萄糖　　　　β-D-吡喃葡萄糖

葡萄糖在水溶液中保持环形结构，99％以上为吡喃环形式。葡萄糖的环形结构是半缩醛。C1 位上的羟基位于 Haworth 结构式的下面或上面，得到 $\alpha$-异构体和 $\beta$-异构体（Anomer）。纤维素中的葡萄糖属于 $\beta$-D-葡萄糖。

### 4.2.2 纤维素大分子的构象

纤维素的 D-吡喃葡萄糖基的构象为椅式构象，以 C1 或 1C 两种椅式构象之一存在。在椅式构象中，$\beta$-D-吡喃葡萄糖环中各碳原子上的羟基都以平伏键（$e$ 键）存在，为 C1 椅式构象。

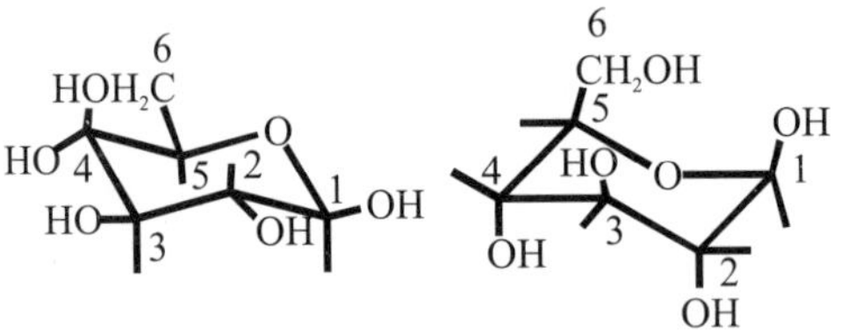

纤维素是由葡萄糖基通过 1,4-$\beta$-苷键连接而成的大分子。纤维素大分子的构象，其 $\beta$-D-吡喃葡萄糖单元成椅式扭转，每个单元上 C2 位—OH 基、C3 位—OH 基和 C6 位上的取代基均处于水平位置。

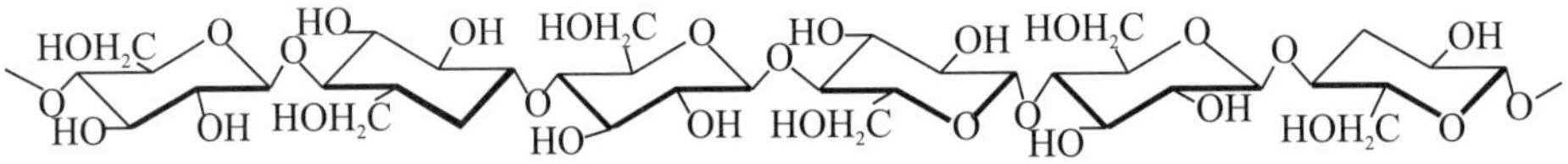

纤维素分子链模型有伸直链模型和弯曲链模型。

### 4.2.3 纤维素的分子量和聚合度

纤维素大分子的分子量可以用聚合度表示，即分子链中所连接的葡萄糖苷的数目。纤维素的基环相对分子质量为 162，由于分子链两末端基环比链中的基环共多出 2 个氢原子和 1 个氧原子，即相对原子质量多 18。纤维素大分子的聚合度 $DP = n + 2$，故纤维素的相对分子质量为

$$M = DP \times 162 + 18$$

当 $DP$ 很大时，18 可以忽略不计。因此，纤维素的相对分子质量 $M$ 和聚合度 $DP$ 之间的关系为

$$M = 162 \times DP$$

或

$$DP = \frac{M}{162}$$

天然纤维素的平均聚合度很高，如天然棉纤维素大约由 15300 个葡萄糖基组成，木材纤维素由 8000~10000 个葡萄糖基组成。不同品种来源的纤维素的相对分子质量可以在 5000~2500000 范围内变化。由植物纤维原料经过化学处理制成的各类化学浆，纤维素的聚合度下降至 1000 左右。

每一种植物纤维原料中的纤维素是由不同聚合度的分子组成的。因此，由植物原料

制成的浆粕，其纤维素的分子量也是不均一的。这种分子量的不均一性，称为多分散性。为此，纤维素的分子量均以平均分子量表示。

### 4.2.3.1 纤维素分子量的多分散性与分级

纤维素纤维是由不同聚合度的纤维素分子组成的，也是同系聚合物，这种性质称为多分散性或不均一性。纤维素的这种多分散性对其反应性能和纤维的力学强度是有影响的。

多分散性 $U$ 与数均、重均分子量和聚合度的关系可以表示如下：

$$U = \frac{M_w}{M_n} - 1$$

### 4.2.3.2 纤维素的分级方法

纤维素的分子量是不均一的，平均分子量相同的试样，其分子量分布却可能有很大差别。均一的分子量纤维素，其化学反应性能比较一致，对强度的贡献也大。因此，在研究纤维素的性能以及用纤维素为原材料进行进一步加工时，往往需要对纤维素物料按分子量的大小进行分级。

比较常用的纤维素分级方法有：利用溶解度与高分子分子量的依赖性进行分级，如溶解分级法、沉淀分级法等；利用高分子在溶液中的分子运动性质与颗粒大小的关系进行分级，如超速离心沉降分离法；利用高分子颗粒大小在不同孔径中的运动速率进行分级，如凝胶渗透色谱法等。

1. 溶解分级法

纤维素的溶解性质随分子量的大小而变化，分子量大的不易溶解，聚合度小的易溶解。此外，纤维素的溶解性还与溶剂的性质及浓度有关。在纤维素物料中加入纤维素溶剂，低分子量的组分首先溶解，而高分子量的组分溶解较迟。通过改变溶剂的浓度、用量或溶解温度等，导致纤维素的逐次溶解，从而把纤维素按分子量不同分成若干级分，这就是溶解分级法。

进行溶解分级所用的溶剂可以为铜氨溶液、铜乙二胺溶液、磷酸、氢氧化钠等，表4-2 是用 9％的氢氧化钠溶液在不同温度处理亚硫酸盐木浆分级的结果。

**表 4-2 用 9％的 NaOH 溶液在不同温度下处理亚硫酸盐木浆分级的结果**

| 级分 | 温度/℃ | 对原纸浆的质量/% | 溶于铜氨溶液其浓度为 0.1％的 $\eta_{sp}$ | 级分 | 温度/℃ | 对原纸浆的质量/% | 溶于铜氨溶液其浓度为 0.1％的 $\eta_{sp}$ |
|---|---|---|---|---|---|---|---|
| 原纸浆 | | | 0.395 | 3 | −5 | 6.9 | 0.110 |
| 1 | 20 | 15.2 | 0.068 | 4 | −12 | 5.7 | 0.124 |
| 2 | 0 | 2.6 | 0.095 | 未溶残余 | | 69.6 | 0.463 |

在纤维素溶解分级的过程中，不可避免地要发生溶解作用，因此，应在惰性气体中操作，并且可用各种液比的溶剂(如铜氨溶液)同时处理同一样品予以比较。

2. 沉淀分级法

在纤维素溶液或纤维素酯的溶液中加沉淀剂(如正丙醇或丙醇)，可降低原来溶剂的溶解能力。分子质量大的首先沉淀出来，将它们分离后，再逐渐增大沉淀剂，使原来溶剂的溶解能力逐渐减小，因而使纤维素按分子量大小依次沉淀出来，达到分级的目的，这就叫作沉淀分级法。为了避免在分级过程中纤维素氧化降解，纤维素可以进行酯化。例如，先制成纤维素硝酸酯后溶于丙醇中，再逐步加水使其分步沉淀而分级。

沉淀分级法虽然应用比较广泛，但操作较烦琐、费时较长，随着新溶剂的发现，比如用酒石酸铁钠和镉乙二胺两种溶剂直接溶解纤维素，以甘油-水（1∶3）或正丙醇为沉淀剂，可以对纤维素进行沉淀分级，其操作较为简便。

3. 凝胶渗透色谱法（GPC）

凝胶渗透色谱法是利用高分子溶液通过由特殊多孔性填料组成的柱子，在柱子上按照分子大小进行分离的方法。这是液相色谱的一个分支，它可以用来快速、自动测定高聚物的平均分子量和分子量分布，并可用作制备窄分布高聚物试样的工具。

凝胶渗透色谱的分离机理可用体积排除理论来解释。可以认为，GPC 的分离作用首先是由于大小不同的分子在多孔性填料中所占据的空间体积不同造成的。在色谱柱（1 根直径约 8 mm、长 1 m 以上的玻璃管或不锈钢管）中，所装填的多孔性填料的表面和内部有着各种各样大小不同的孔洞和通道，类似开孔泡沫塑料那样的结构。

GPC 的分离机理示意图如图 4-4 所示。当被分析的聚合物试样随着溶剂引入柱子后，由于浓度的差别，所有溶质分子都力图向填料内部孔洞渗透。较小的分子除能够进入较大的孔洞外，还能进入较小的孔洞；较大的分子就只能进入较大的孔洞；而比最大孔洞还要大的分子就只能停留在填料颗粒之间的空隙中。实验测试时，先把试样的溶剂充满色谱柱，使之占据颗粒内外所有的空隙，然后把同样溶剂配成的试样溶液自柱顶加入，再以这种溶剂自上而下淋洗。大的纤维素分子由于体积比孔洞大而不能进入洞内，只能从载体粒子间流过，最早被洗脱出来；中等大小的纤维素分子可以进入较大的孔，而不能进入较小的孔；而小的纤维素分子则可以通过各个孔隙，有效途径最长，最迟被洗脱出来。分子量越小，其淋出体积越大。从色谱柱下端接收淋出液，计算淋出液体积，并测定其浓度，所接收淋出液总体积为该试样的淋出体积。淋出体积与分子量有关。因为试样是多分散性的，故可按淋出的先后次序收集到一系列分子量从大到小的级分。

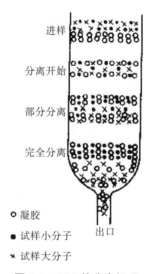

进样

分离开始

部分分离

完全分离

出口

○ 凝胶
● 试样小分子
✗ 试样大分子

图 4-4　GPC 的分离机理

从凝胶色谱仪所收集到的各级分，首先对其测定浓度，可采用红外光谱仪、紫外光谱仪等。然后再求其分子量，求分子量必须用已知分子量的样品与淋出体积的峰值作图制出标准曲线，查标准曲线即可得到样品的分子量。

### 4.2.4　纤维素的聚集态结构

根据 X 射线的研究，纤维素大分子的聚集，一部分分子链排列比较整齐、有规则，呈现清晰的 X 射线图，称为结晶区；另一部分分子链排列不整齐、较松弛，但其取向大致与纤维主轴平行，称为无定形区。

纤维素的聚集态结构为晶态结构，就是形成一种由结晶区和无定形区交错结合的体系，从结晶区到无定形区是逐步过渡的，无明显界限，一个纤维素分子链可以经过若干结晶区和无定形区（图 4-5）。在纤维素的结晶区旁边存在相当的空隙，一般大小为 100～1000 nm，最大的达 10000 nm。

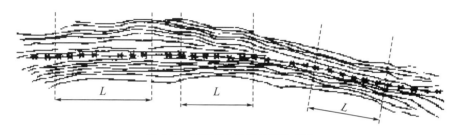

**图 4-5　纤维素大分子的聚集状态**

注：$L$ 为晶区的长度，主链通过一个以上的结晶区。

每一个结晶区称为微晶体。结晶区的特点是纤维素分子链取向良好，密度较大，结晶区纤维素的密度为 1.588 g/cm³，分子间结合力最强，故结晶区对强度的贡献大。无定形区的特点是纤维素分子链取向较差，分子排列无序，分子间距离较大，密度较低，无定形区纤维素的密度为 1.5 g/cm³。

至今发现，固态下纤维素存在五种结晶变体，即天然纤维素（纤维素Ⅰ）、人造纤维素（纤维素Ⅱ）、纤维素Ⅲ、纤维素Ⅳ和纤维素Ⅹ。

#### 4.2.4.1　纤维素Ⅰ

天然纤维素的结晶格子称为纤维素Ⅰ，纤维素Ⅰ结晶格子是一个单斜晶体，即具有 3 条不同长度的轴和 1 个非 90°的夹角，Meyer 和 Misch 早在 1937 年得到的天然纤维素单位晶胞结构模型（图 4-6），直到今天仍为人们认可。这个晶胞有如下特点：晶胞参数为 $a=83.5$ nm，$b=103$ nm（纤维轴向），$c=79$ nm，$\beta=84°$。在这个晶胞中，纤维素分子链只占据结晶单元的 4 个角和中轴，而每个角上的链为 4 个相邻单位晶胞所共有，即每个单位晶胞只含 2 个 ［(4×1/4＋1)个］ 链单位。结晶格子中间链的走向和位于角上链的走向相反，并在轴向高度上彼此相差半个葡萄糖基。$b$ 轴的长度正好是纤维二糖的长度，这些链围绕着纵轴扭转 180°。

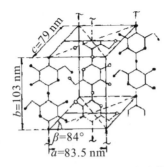

图 4-6 Meyer-Misch 单位晶胞结构模型

然而，Meyer-Misch 单位晶胞结构模型的不足是在于没有考虑到以后才确立的葡萄糖基的椅式构象以及分子内的氢键。Blackwell 用橡椀（Valonia Ventricosa）细胞壁纤维素为试样来研究单位晶胞内分子链排列情况，得到一个晶胞参数为 $a=133.4$ nm，$b=157.2$ nm，$c=103.8$ nm（轴向），$\gamma=97.0°$的晶胞。这里应该指出，Blackwell 所用的符号是近代结晶学中常用的符号，$c$ 轴表示长轴的方向，即分子链的方向，目前较多使用这种表示方法。但在纤维素结构的研究中，习惯了按 Meyer-Misch 用 $b$ 轴表示纤维素分子链的方向，两者表示方法有所不同。由密度测定得知，这种晶胞含有 8 条分子链的横截面，并估计构成这种八链晶胞的 4 个二链晶胞的差异是很小的，故认为 Meyer-Misch 的二链晶胞相当接近纤维素 I 的结构。Blackwell 提出的纤维素 I 模型的投影图如图 4-7 所示，其特点是位于晶胞角上和中心的分子链均是沿同一方向的平行链，链分子的薄片平行于 $ac$ 面，所有—$CH_2OH$ 均为 tg 构象，中心链在高度与角上的分子链相差半个葡萄糖基。

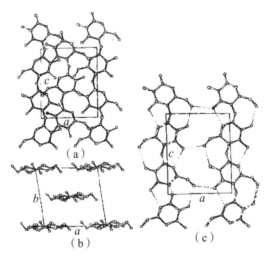

图 4-7 Blackwell 提出的纤维素 I 的平行链模型的投影图

现已发现，天然纤维素的晶胞结构经过不同的处理后会引起变化，因此可以认为，纤维素具有多晶型格子。除纤维素I外，还有纤维素II、纤维素III、纤维素IV、纤维素X。

从纤维素I转变成纤维素II要经过 Na-纤维素I的形式，从纤维素I转化为纤维素III还要经过 $NH_3$-纤维素I的形式。纤维素的晶格在一定条件下可以转变成各种晶格变体，各种晶格变体在一定条件下可以相互转变。纤维素转变成它的各种结晶变体的途径如图 4-8 所示。

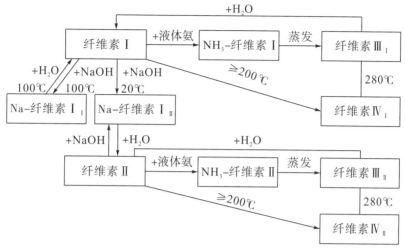

图 4-8　纤维素多晶格变体的转变

## 4.2.4.2　纤维素Ⅱ

纤维素Ⅱ除了在海藻（Halicysis）中存在，主要存在于丝光化纤维素和再生纤维素中，可由如下方法获得：

（1）以浓碱液（11%～15% NaOH）作用于纤维素生成碱纤维素，再用水洗涤、干燥，可以得到纤维素Ⅱ。这个过程称为丝光化，生成的纤维素Ⅱ称为丝光纤维素。

（2）将纤维素溶解后再从溶液中沉淀再生，或将纤维素酯化（生成纤维素黄原酸酯）后再皂化，这样生成的纤维素称为再生纤维素。

（3）将纤维素磨碎后以热水处理。

纤维素Ⅱ的晶胞仍属于单斜晶系，其晶胞结构如图 4-9 所示。由图中可以看出，纤维素Ⅱ除空间单元大小变化外，纤维素分子葡萄糖基的平面与（101）晶面方向基本一致，约离开 $ac$ 平面 $30°$（$c$ 为纵轴），其相邻分子链是反向平行的。从图 4-10(b)中还可看出，纤维素Ⅱ中"向上"分子链中的—$CH_2OH$ 基团具 gt 构象，"向下"分子链中的—$CH_2OH$基团具 tg 构象。

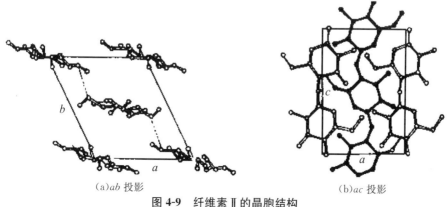

(a)$ab$ 投影　　　　　　　　　　　　(b)$ac$ 投影

图 4-9　纤维素Ⅱ的晶胞结构

### 4.2.4.3 纤维素Ⅲ

纤维素Ⅲ是干态纤维素的第三种结晶变体，也称为氨纤维素。它是将纤维素Ⅰ或纤维素Ⅱ用液氨或胺类(甲胺、乙胺、丙胺、乙二胺等)处理，蒸发除去氨或胺后所得到的低温变体。经测定，纤维素Ⅲ的晶型格子仍属于单斜晶系。

### 4.2.4.4 纤维素Ⅳ

把纤维素Ⅰ、纤维素Ⅱ和纤维素Ⅲ经高温处理(超过 200℃)得到纤维素$Ⅳ_Ⅰ$和纤维素$Ⅳ_Ⅱ$，它们属于正交晶系。

### 4.2.4.5 纤维素Ⅹ

纤维素Ⅹ是用棉花或丝光棉经浓酸(38.0%～40.3% HCl)处理后检出的，其晶胞参数与纤维素Ⅳ大致相近，仅在分子链的空间位移方面与纤维素Ⅳ不同。

各种纤维素的晶胞参数见表 4-3。

表 4-3 各种纤维素的晶胞参数

| 纤维素类型 | 晶胞参数 | 例子 |
|---|---|---|
| 纤维素Ⅰ | $a=83.5$ nm, $b=103$ nm, $c=79$ nm, $\beta=84°$ | 天然纤维素 |
| 纤维素Ⅱ | $a=81.4$ nm, $b=103$ nm, $c=91.4$ nm, $\beta=62°$ | 丝光纤维素、再生纤维素 |
| 纤维素Ⅲ | $a=77.4$ nm, $b=103$ nm, $c=99$ nm, $\beta=58°$ | 氨纤维素 |

## 4.2.5 纤维素的结晶度和可及度

### 4.2.5.1 纤维素的结晶度

纤维素的结晶度是指纤维素构成的结晶区占纤维素整体的百分率，它反映纤维素聚集时形成结晶的程度。

$$结晶度\ \alpha = \frac{结晶区样品含量}{结晶区样品含量+非结晶区样品含量} \times 100\%$$

测定纤维素结晶度常用的方法有 X 射线法、红外光谱法、密度法等。

纤维素物料的结晶度大小随纤维素样品而异。据测定，种毛纤维(棉花)和韧皮纤维(苎麻)纤维素的结晶度为 70%～80%，木浆为 60%～70%，再生纤维(人造丝)约为 45%。

### 4.2.5.2 纤维素的可及度

利用某些能进入纤维素物料的无定形区而不能进入结晶区的化学试剂，测定这些试剂可以达到并起反应的部分占全体的百分率，称为纤维素物料的可及度。

可及度 $A$ 和结晶度 $\alpha$ 的关系如下：

$$A = \sigma\alpha + (100 - \alpha)$$

式中 $\alpha$——纤维素物料的结晶度，%；

$\sigma$——结晶区表面部分的纤维素分数；

$A$——纤维素物料的可及度。

化学法测定纤维素的可及度有水解法、重水置换法、甲酰化法等。其中，重水置换法用重水中的氘与纤维素羟基中的氢发生置换反应：

$$ROH + D_2O \longleftrightarrow ROD + HDO$$

上述反应是在无定形区和结晶区表面进行的，最初反应很快，反应作用完成后，反应趋向终止(图4-10)。由于置换反应会导致水的物理性质如折射率、密度的变化及干纤维素重量增加，故可测定纤维素的可及度。由氘交换法测出可及度，也可换算成结晶度。

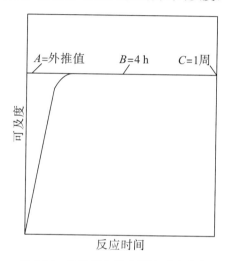

图 4-10　纤维素与重水置换反应曲线

应该指出，不同方法测出的结晶度数值差别较大，故指出某一结晶度时，必须具体说明测定方法。结晶度一般是以测定方法来表征的，例如 X 射线结晶度、密度结晶度、红外结晶度。表 4-4 列出了不同方法测定棉花纤维素的结晶度。

表 4-4　不同方法测定棉花纤维素的结晶度

| 方法 | 棉花纤维素的结晶度/% | 方法 | 棉花纤维素的结晶度/% |
|---|---|---|---|
| 密度法 | 60 | 甲酰化法 | 87 |
| X 射线法 | 80 | 重水置换法 | 56 |
| 水解法 | 93 | | |

## 4.2.6　纤维素的细纤维结构

天然纤维素的细纤维结构综合起来可以简述为：由纤维素分子链组成原细纤维，原细纤维组成微细纤维，微细纤维组成细纤维。图 4-11 为纤维素细纤维的结构。

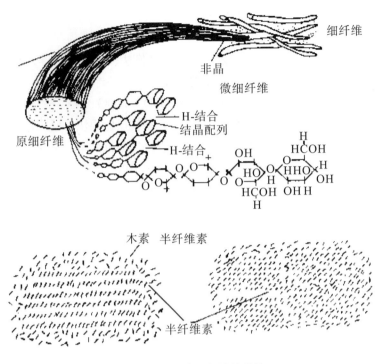

**图 4-11　纤维素细纤维的结构**

天然纤维素分子链长度约为 5000 nm，结晶区(微晶体)长度为 100~200 nm，因此，沿着纤维素链的长度必须通过多个微晶体，这些微晶体存在于原细纤维(Elementary fibril)中。原细纤维的横截面是 3.5 nm×3.5 nm，含 36 条纤维素链，通过氢键结合在一起。原细纤维是高等植物的真正结构单元。原细纤维和原细纤维之间存在半纤维素。

在细胞壁内由原细纤维组织成微细纤维。一般微细纤维直径为 10~20 nm，它们在细胞壁中是定向排列的。由微细纤维连同周围的半纤维素和木素一起，组成了细胞壁的细纤维。用普通光学显微镜观察打浆后的纤维表面或两端，可见到细纤维的结构。

纤维素在结晶体内的排列是平行的，按目前的观点，天然微细纤维呈现出伸展链的结晶，而再生纤维素和一些纤维素衍生物呈现出折叠链的片晶。如图 4-12 所示，按 Chang 的观点，他认为纤维素分子链是在(101)平面内折叠，其折叠长度为聚合度的极限值(极限聚合度)，形成薄片晶结构，这些薄片晶沿(101)方向砌成晶体或形成原细纤维。纤维素分子链的主要部分仍是线型的 $\beta$-连接，但在折叠处则是 $\beta_L$-连接。图 4-13 表示纤维素大分子折叠处的结构，这些分子链在折叠处由 1 个葡萄糖基即可形成，但连接得很紧张，故最可能是由 3 个相连在一起的 $\beta_L$ 键，这样纤维素分子链形成 U 形，扭转 180°。

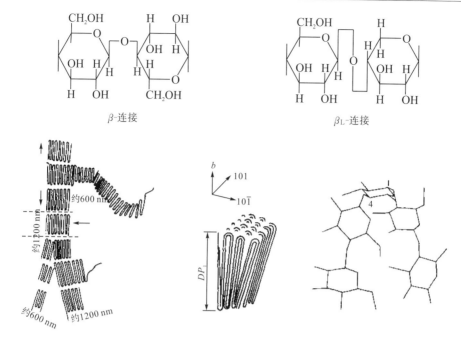

图 4-12　纤维素折叠链片晶示意图　　　　图 4-13　纤维素大分子折叠处的结构

$\beta_L$-连接是很弱的链，它的物理和化学性质接近于 $\alpha$-键，因此分子链易从折叠处发生化学断裂。

## 4.2.7　纤维素大分子间的氢键及其影响

纤维素大分子之间，纤维素和水分子之间或者纤维素大分子内，都可以形成氢键。纤维素的葡萄糖单元上极性很强的羟基中的氢原子与另一键上电负性很大的氧原子上的孤对电子相互吸引而形成氢键（—O—H⋯O）。纤维素大分子内存在氢键，纤维素大分子间也存在氢键，图 4-14 表示这些氢键存在的情况。图 4-14(a) 为纤维素 I 在 (020) 平面的投影，经过测定可知：

$$
\begin{aligned}
&分子内氢键 \quad O_{(3)}-H\cdots O_{(5')} \quad 键长\ 0.275\ nm \\
&\phantom{分子内氢键 \quad} O_{(2')}-H\cdots O_{(6)} \quad 键长\ 0.287\ nm \\
&分子间氢键 \quad O_{(6)}-H\cdots O_{(3')} \quad 键长\ 0.279\ nm
\end{aligned}
$$

所有的氢键都处于 (020) 平面，在单位晶胞对角线方向。

图 4-14(b)(c) 表示纤维素 II 在 (020) 平面的投影，测定所得结果如下：

图 4-14(b)：　　分子内氢键　$O_{(3)}-H\cdots O_{(6)}$　键长 0.273 nm

　　　　　　　　　　　　　　　$O_{(3)}-H\cdots O_{(5')}$　键长 0.269 nm

　　　　　　　分子间氢键　$O_{(6)}-H\cdots O_{(3)}$　键长 0.267 nm

图 4-14(c)：在 (020) 平面 $a$ 轴方向与相邻链形成分子间氢键 $O_{(6)}-H\cdots O_{(2')}$，键长 0.273 nm。

图 4-14(d) 表示纤维素 II 在 (110) 平面对角线上与相邻向下的链形成分子间氢键 $O_{(2)}-H\cdots O_{(2')}$，键长 0.277 nm。

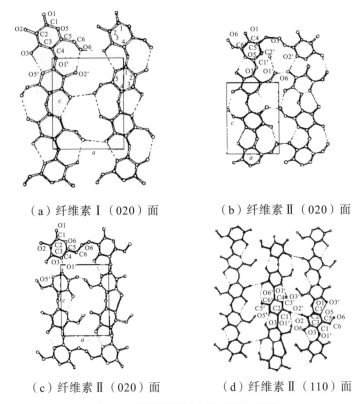

（a）纤维素Ⅰ（020）面　　　　　（b）纤维素Ⅱ（020）面

（c）纤维素Ⅱ（020）面　　　　　（d）纤维素Ⅱ（110）面

**图 4-14　纤维素分子内和分子间氢键**

可以这样认为，纤维素Ⅰ和纤维素Ⅱ的每个纤维素分子链上的葡萄糖基 2、3、6 位的原游离羟基的位置上均已形成了氢键。可以理解为在纤维素所形成的微晶体内所有的羟基都已形成氢键，只有在无定形区才有部分游离羟基存在。

纤维素大分子中存在氢键，特别是当氢键破裂与重新生成时，对纤维素物料的性质如吸湿性、溶解度以及反应能力等都有影响。

干燥的纤维素纤维，如未经预先润胀处理，在乙酰化反应时速度极慢，且反应不完全。如预先经过润胀处理，使氢键破裂，游离出羟基，则乙酰化反应速度快，也易达到高度乙酰化。同样，对于纤维素物料，设法把分子间的氢键破裂断开，则纤维素纤维的吸湿性和溶解度都会增加。

纸是由植物纤维交织而成的，纸的强度取决于纤维素本身的强度和纤维间的结合强度。纤维间的结合力和打浆对纸页强度之间的关系有各种说法，氢键学说认为，打浆过程促使纤维的细纤维化，使表面暴露出更多的羟基，当纤维纸浆在纸机上成纸经过干燥后，纤维之间形成氢键而使结合力增加，导致纸页具有强度。

## 4.2.8　纤维素纤维的形态结构

### 4.2.8.1　棉纤维

棉纤维的形态结构沿长度方向的截面形状和面积都有很大变化。横截面上，正常成熟的棉纤维横截面呈腰圆形，并可见中腔；未成熟的纤维横截面呈扁环状，胞壁薄，中腔长；过成熟的纤维横截面呈近圆形，中腔圆而小。纵向上，具有天然扭曲，可见中腔。成熟度不同，形态和可纺性不同。电子显微镜下观察到的棉纤维形态结构如图 4-15 所示。

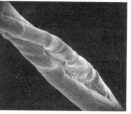

图 4-15　棉纤维形态结构的电镜照片

### 4.2.8.2　苎麻纤维

苎麻纤维单纤维尺寸为：长 20～250 mm（600 mm），宽 30～40 μm。苎麻纤维的横截面形态为椭圆或扁平形，有中腔，腔壁有辐射状条纹。纵向形态无明显扭曲，有不规则的条纹，有横节。苎麻纤维的形态结构如图 4-16 所示。

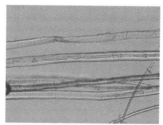

图 4-16　苎麻纤维的形态结构

### 4.2.8.3　木材纤维

木材纤维原料的主要组成物质为纤维素、半纤维素和木质素。在植物细胞壁中，纤维素以微纤维形态存在于细胞壁的次生壁中，有较高的结晶度。纤维素是构成植物细胞壁的骨架；半纤维素由外向内含量逐渐减少，作为填充物质，分布在微纤维之间或结晶不完全的微纤维之中，属于无定形物质；木质素作为黏合物质，遍布于细胞壁中，使细胞获得硬度。去除木质素的木浆纤维为细长状，纤维管胞和木材纤维壁上微孔稀少或没有微孔。如图 4-17 所示的扫描电镜图像显示，阔叶木纤维和针叶木纤维的表面不规则并有裂纹；横截面显示两种木材纤维的细胞腔形状，其中阔叶木细胞壁较厚，壁腔相对较大。

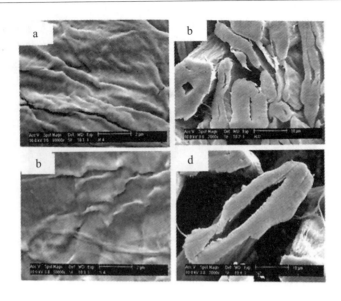

图 4-17　硫酸盐漂白浆纤维表面和横截面的扫描电镜图像

注：a、b 为阔叶木，c、d 为针叶木。

# 4.3　纤维素的物理性能及物理化学性质

## 4.3.1　纤维素的吸湿与解吸

纤维素的游离羟基对能够可及的极性溶剂和溶液具有很强的亲和力。干燥的纤维素置于大气中，能从空气中吸附一定含量的水分。当纤维素从大气中吸附水或蒸汽时，称为吸湿。因大气中降低了蒸汽分压而从纤维素放出水或蒸汽时，称为解吸。纤维素吸附水或蒸汽这一现象会影响纤维素纤维的许多重要性质，例如，随着纤维素吸附水量的变化引起纤维润胀或收缩，纤维的强度性质和电学性质也会发生变化。另外，在纸的干燥过程中，会产生纤维素对水的解吸。

纤维素纤维吸附的水可分为结合水和自由水两部分。

在纤维素的无定形区中，链分子中的羟基只是部分形成氢键，还存在游离羟基。由于羟基是极性基团，易于吸附极性水分子，并与吸附的水分子形成氢键结合，这就是纤维素吸附水的内在原因。图 4-18 为棉纤维素的吸湿等温曲线，表示了纤维素纤维的吸湿与解吸过程。随着相对蒸汽压（相对湿度）的增加，棉纤维素吸附的水量迅速增加，吸湿后纤维素发生润胀，但不改变其结晶结构。该物料经干燥后的 X 射线图没有变化，说明吸附水只在无定形区内，结晶区并没有吸附水分子。一般认为，当相对湿度为 60% 以下时，水分子被吸附在原来游离和由于氢键破坏新游离的羟基上；当相对湿度为 60% 以上时，由于纤维素的进一步润胀，将会出现更多的吸附中心。当达到高相对湿度时，吸水量迅速增加，这是由于产生了多层吸附，这部分水称为游离水。故纤维素的吸湿等温曲线呈现"S"形。如果吸湿达到饱和，然后相对湿度渐渐降低，则吸收水分百分数下降，但在任何相对湿度下，其水分含量都比吸湿的水分含量稍高。

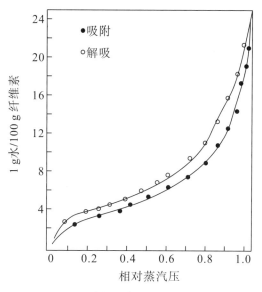

**图 4-18　棉纤维素的吸湿等温曲线**

　　纤维素吸附水或蒸汽后，结晶区并没有吸附水分子，结晶区中的氢键并没有破坏，链分子的有序排列也没有改变。由此可见，吸附水量随纤维素无定形区百分率的增加而增加。实验表明，吸附水量的次序是：天然纤维素小于碱处理过的纤维素，后者又低于再生纤维素。

　　纤维素物料所吸附的水可分为两部分：一部分是进入纤维素无定形区与纤维素的羟基形成氢键结合的水，称为"结合水"；另一部分是当纤维素物料吸湿达到纤维饱和点后，水分子继续进入纤维的细胞腔和各孔隙中，形成多层吸附水或毛细管水，称为"游离水"。结合水的水分子受到纤维素羟基的吸引，排列有一定的方向，密度较高，能降低电解质的溶解能力，使冰点下降，并使纤维素发生润胀。纤维素吸附结合水是放热反应，故有热效应产生，但吸附游离水时无热效应，也不能使纤维素发生润胀。在相对湿度为 100％时，纤维素所吸附的水量称为纤维饱和湿分，但实际上趋近 100％相对湿度时纤维素吸附的水量很难测定，故可用外推法求微分，吸附热为零时吸附水量作为纤维的饱和湿分，棉花纤维为 16％～31％，木浆纤维为 25％～30％，黏胶人造丝纤维可达40％左右。

　　1 g 纤维素完全润湿时所放出的热量称为"积分吸附热"。1 g 水自大量干或湿的纤维素取出所产生的热效应称为"微分吸附热"。各种纤维物料在绝干时的微分吸附热基本相同，其数值为 1.2～1.26 kJ/g 水或 2.1～2.3 kJ/mol 水，恰好与氢键的键能相同，表明结合水是以氢键结合的，达到纤维饱和点再吸附的水则无热效应产生。

　　纤维素的吸湿与解吸对造纸工业及其他工业有重要影响。一般而言，湿纸的强度很小，纸张在干燥过程中，由于蒸发除去水蒸气的张力将纤维拉拢，形成部分氢键，或产生范德华力而增加强度。水分含量不同，纸张的强度也不同，在某一水分含量达到最大值。若水分含量低于此值，则纸张发脆，强度下降；若水分含量高于此值，则由于润胀作用又破坏了纤维之间的氢键结合，强度也会下降。由于强度的性质不同，其最高点所对应的水分含量也不同，例如，抗张强度与耐破强度的最高强度对应的水分含量远低于耐折强度和撕裂度强度的最高点相对应的水分含量。

纸张强度受水分含量的影响，测定纸张的强度必须在恒温条件下进行。纤维素物质在绝干时是良好的绝缘体，吸湿时则电阻迅速下降。图4-19为棉纤维素的绝缘电阻在不同相对湿度条件下的变化情况。因在同一相对湿度条件下，吸湿和解吸的吸湿率不同，故其电阻的大小也不同，显示滞后现象。

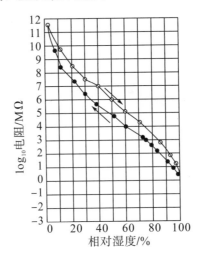

图 4-19　相对湿度与棉纤维素绝缘电阻的关系

### 4.3.2　纤维素纤维的润胀与溶解

#### 4.3.2.1　纤维素纤维的润胀

固体吸收润胀剂后，其体积变大但不失其表观均匀性，分子间的内聚力减少，固体变软，这种现象称为润胀。

纤维素纤维的润胀可分为有限润胀和无限润胀。

（1）有限润胀。

纤维素吸收润胀剂的量有一定限度，其润胀的程度也有限度，称为有限润胀。有限润胀又分为结晶区间的润胀和结晶区内的润胀。结晶区间的润胀是指润胀剂只到达无定形区和结晶区的表面，纤维素的X射线图不发生变化。结晶区内的润胀则是指润胀剂占领了整个无定形区和结晶区，并形成了润胀化合物，产生新的结晶格子，此时纤维素原来的X射线图消失，出现了新的X射线图，多余的润胀剂不能进入新的结晶格子中，只能发生有限润胀。

（2）无限润胀。

润胀剂可以进入纤维素的无定形区和结晶区发生润胀，但并不形成新的润胀化合物，因此，对于进入无定形区和结晶区的润胀剂的量并无限制。在润胀过程中，纤维素原来的X射线图逐渐消失，但并不出现新的X射线图。润胀剂无限进入的结果，必须导致纤维素溶解，所以无限润胀就是溶解，形成溶液。

纤维素的润胀剂多是有极性的，因为纤维素上的羟基本身是有极性的。通常水可以作为纤维素的润胀剂，LiOH、NaOH、KOH、RbOH、CsOH 以及磷酸等也可以导致纤维润胀。在显微镜下观察纤维的外观结构和反应性能，常滴入磷酸把纤维润胀后进行观察比较。其他的极性液体，如甲醇、乙醇、苯胺、苯甲醛等也有类似的现象出现。一般来说，液体的极性越大，润胀的程度越大，但上述几种液体引起的润胀都比水小。

纤维素纤维润胀时直径增大的百分率称为润胀度。影响润胀度的因素有很多，主要有润胀剂的种类、浓度、温度和纤维素纤维的种类等。下面以碱液对纤维素纤维的润胀作用为例进行说明。

碱液的种类不同，其润胀能力不同，碱液中的金属离子通常以"水合离子"的形式存在，半径越小的离子对外围水分子的吸引力越强，故可以形成直径较大的水合离子，这对于劈裂纤维素的无定形区和打开结晶区的进入渠道更有利。几种碱的润胀能力次序为：LiOH＞NaOH＞KOH＞PbOH＞CsOH。

对同一种碱液，在同一温度下，纤维素的润胀度随浓度增加而增加，至某一浓度时润胀度达最高。纤维素在碱液中的润胀，有一最优的碱浓度。例如，棉纤维素在 NaOH 中的润胀，以 18％的浓度最佳。随着纤维素润胀度的逐步提高，浓度为 15％～20％的 NaOH 溶液可导致纤维素结晶区内的润胀，如果碱液的浓度继续增大，溶液中的金属离子增多，到达一定程度后，由于离子的密度太大，所形成的水合离子的半径反而减小，故润胀度会下降。对纤维素润胀度 $S_{LH}$ 的测定选择浓度为 18％的 NaOH 溶液，这是由于在此浓度下，棉浆、木浆等浆粕纤维素物质能达到最大的润胀范围，其他半纤维素等可溶部分能得以充分溶解。

### 4.3.2.2　纤维素纤维的溶解

纤维素属于高分子化合物，其特点是分子量大，具有分散性，在溶解扩散时，既要移动大分子链的重心，又要克服大分子链之间的相互作用，扩散速度慢，不能及时在溶剂中分散。而溶剂分子小，扩散速度快。所以溶解分两步进行：首先是润胀阶段，快速运动的溶剂分子扩散进入溶质中；其次，在纤维素无限润胀时即出现溶解，此时原来纤维素的 X 射线图消失，不再出现新的 X 射线图。

纤维素溶液是大分子分散的真溶液，而不是胶体溶液，它和小分子溶液一样，是热力学稳定体系。但是由于纤维素的分子量很大，分子链又有一定柔顺性，这些分子结构上的特点使其性质又有一些特殊性，例如，溶解过程缓慢，随浓度不同其性质有很大变化，热力学性质和理想溶液有很大偏差，光学性质等与小分子溶液有很大不同。

纤维素溶剂可分为含水溶剂和非水溶剂两大类。

（1）纤维素的含水溶剂。

纤维素可以溶解于某些无机酸、碱、盐中，例如，它可以用 72％ $H_2SO_4$、40％～42％ HCl、77％～83％ $H_3PO_4$ 来溶解，这些酸可以导致纤维素的均相水解。浓 $HNO_3$（66％）不能溶解纤维素，但像在 NaOH 中形成一种加成化合物，作为纤维素硝化的一个中间体。纤维素也能溶解在某些盐中，如 $ZnCl_2$ 等能溶解纤维素，但一般需要较高的浓度和温度。

一般纤维素的溶解多使用氢氧化铜与氨或胺的配位化合物，如铜氨溶液或铜乙二胺溶液。纤维素在铜氨溶液和铜乙二胺溶液中分别形成纤维素的铜氨配位离子和铜乙二胺配位离子，过程如下：

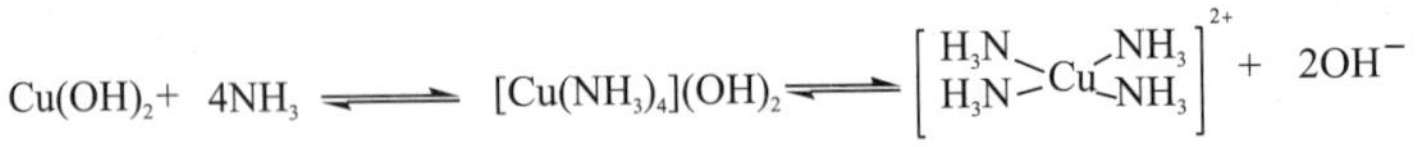

铜氨配位离子

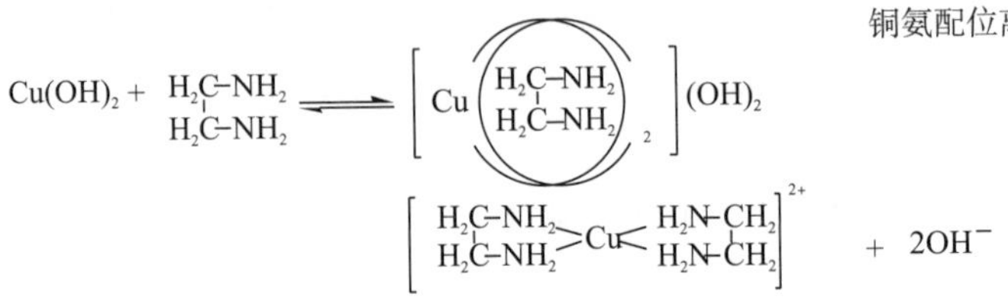

铜乙二胺配位离子

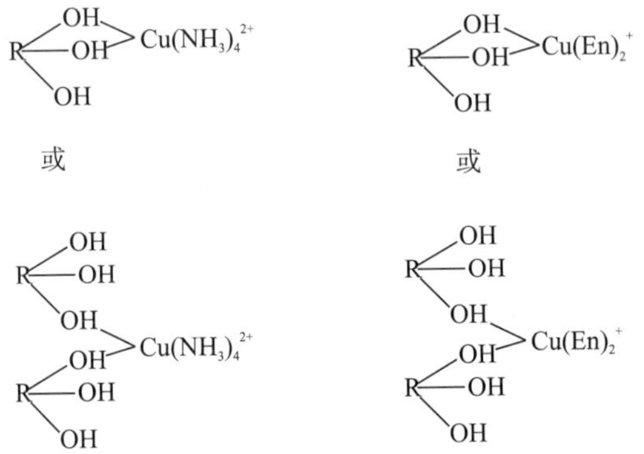

R—纤维素分子

纤维素铜氨配位离子　　　纤维素铜乙二胺配位离子

铜氨溶液的优点是具有较高的溶解能力，缺点是对氧与空气具有非常高的敏感性（发生纤维素的氧化降解）。纤维素的铜乙二胺溶液对空气的敏感性不及铜氨溶液，因此，纤素素受到的氧化降解较少，故用铜乙二胺溶液测纤维素的聚合度较铜氨溶液高。

研究者对此类溶剂已进行了一系列研究，发现了镉、镍、钴、锌等金属的乙二胺配位化合物。另外，还发现了酒石酸铁钠溶液，其特点是纤维素溶解时不因受空气作用而降解，是纤维素的理想溶剂。表 4-5 中列出了纤维素的含水溶剂，包括溶剂组成、最优金属和盐基浓度、最高可达到的纤维素浓度及溶剂的特点。

表 4-5　纤维素含水溶剂

| 溶剂名称 | 溶剂组成 | 最优金属浓度 | 最优盐基浓度 | 最高可达到的纤维素浓度/% | 备注 |
|---|---|---|---|---|---|
| 铜氨溶液 | $[Cu(NH_3)_4](OH)_2$ | 1.50%~3.00%（体积分数） | 12.50%~17.50%（体积分数） | >10.00% | 当空气进入时，纤维素降解，加入约1%（体积分数）糖可使其稳定 |
| 铜乙二胺 | $[Cu(En)_2](OH)_2$ 乙烯二胺 | 3.18%（体积分数）（0.5 mol/L） | 6.00%（体积分数）（1 mol/L） | 0.60%~7.20%（体积分数） | 与铜氨比较，纤维素降解较少 |

| 溶剂名称 | 溶剂组成 | 最优金属浓度 | 最优盐基浓度 | 最高可达到的纤维素浓度/% | 备注 |
|---|---|---|---|---|---|
| 钴乙二胺 | $[Co(En)_3](OH)_2$ | 6.85%（质量分数） | 26.60%（质量分数） | 7.00%（体积分数） | |
| 镍氨溶液 | $[Ni(NH_3)_6](OH)_3$ | 2.72%（至少2.00%）（体积分数） | 至少16.00%（体积分数） | 3.50%~5.00%（体积分数） | 与相当的 Cu 溶液比较，对氧的敏感性较低 |
| 镍乙二胺 | $[Ni(En)_3](OH)_2$ | 6.76%（至少6.50%） | 至少25.00%（体积分数） | 1.70%（体积分数） | 同上 |
| 锌乙二胺 | $[Zn(En)_3](OH)_2$ | 8.00%（质量分数） | 约30.00%（质量分数） | 2.86%（体积分数） | 无色清晰的溶液，可有效用于分析目的，对氧的敏感性低 |
| 镉乙二胺 | $[Cd(En)_3](OH)_2$ | 6.50%（质量分数） | 27.90%（质量分数） | <5.00%（质量分数） | 同上 |
| 铁(3)-酒石酸-NaOH 铁(3)-酒石酸-KOH | $[(C_2H_3O_6)_3Fe]Na_5$ $[(C_2H_3O_6)_3Fe]K_6$ | 此复合溶剂体质占 30.00%~32.00%（质量分数） | 游离 NaOH 9.00%~12.00%（体积分数）游离 KOH 13.00%~17.00%（体积分数） | 0.80%~1.00%（体积分数） | 或许纤维素未进入复合体，而润胀无线扩大。对氧不敏感 |

（2）纤维素的非水溶剂。

以有机溶剂为基础的不含水的溶剂称为非水溶剂。已知的纤维素非水溶剂有以下几类。

①一元体系。

三氟醋酸，$CF_3COOH$；乙基吡啶化氯，$C_2H_5C_5H_5NCl$。

②二元体系。

$N_2O_4$-极性有机液；$SO_2$-胺；$CH_3NH_2$-DMSO；NOCl-极性有机液（$SO_3$-DMF 或 $SO_3$-DMSO）；三氯乙醛-极性有机液；$NOHSO_4$-极性有机液；多聚甲醛-DMSO；$NH_3$-无机盐，如 NaSCN。

③三元体系。

$SO_2$-胺-极性有机液；$NH_3$-Na-盐-极性有机液，如 $DMSO_3$ 乙醇胺；$SOCl_2$-胺-极性有机液；$SO_2Cl_2$-胺-极性有机液。

非水溶剂共分为三个体系，其中一元体系含单一的组分，二元体系和三元体系的溶剂均由所谓的"活性剂"与有机液组成。在二元体系和三元体系中，按三个类型形成了三个系列：第一类是属于亚硝酰基（Nitrocylic）（NO）化合物（$N_2O_4$、NOCl、$NOHSO_4$ 等）与极性有机液组成的溶剂；第二类是由硫的氯氧化物与胺和极性有机液组成的溶剂；第三类是无机酸酐或氧化物的含氨或氯的体系。

关于非水溶剂体系溶解纤维素的机理，NaKao 首先提出在溶剂体系中形成电子给予体-接受体（EDA）配位化合物，认为纤维素和溶剂之间相互作用的模式为：在 EDA 相互作用中，纤维素羟基的氧原子和氢原子参与了作用，氧原子作为一种 $\pi$-电子对给予体，氢原子作为一种 $\delta$-电子对接受体。在溶剂体系的"活性剂"中存在给予体和接受体中心，两个中心均在适合与羟基的氧原子和氢原子相互作用的空间位置上。

在一定最优距离范围内存在 EDA 相互作用力，该作用力与电子给予体和接受体中心的空间位置和极性有机液的作用有关，它引起羟基电荷分离达到最佳量，从而使纤维素链复合体溶解。图 4-20 给出了纤维素用含水和非水溶剂体系的 EDA 作用的比较。

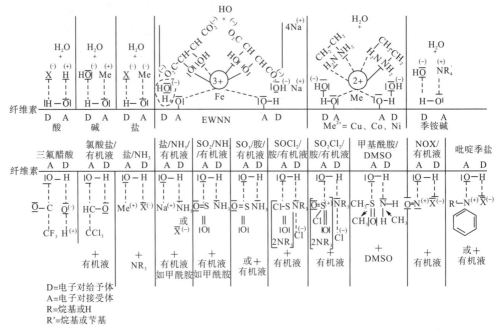

**图 4-20　纤维素用含水和非水溶剂体系的 EDA 作用的比较**

## 4.3.3　纤维素的电化学性质

纤维素纤维具有很大的比表面，其表面电化学性质对造纸施胶、加填、漂白、染色等都有很大影响。了解纤维素纤维表面电化学性质，有助于厘清这些过程的机理。

扩散双电层理论：纤维素本身含有极性羟基、糖醛酸基等基团，使纤维素纤维在水中表面带负电。因此，纤维素纤维在水中往往引起一些正电荷由于热运动在离纤维表面由近而远有一定浓度分布，如图 4-21 所示。近纤维表面正电荷浓度逐渐减小，直至为零。纤维表面带负电荷的厚度 $a$ 及其外围吸附着的一、二层正电荷的厚度 $b$ 合称为吸附层，此层随纤维而运动。而从吸附层界面向外到达电荷浓度为零时距离为 $d$ 的一层称为扩散层，这一层当纤维运动时不随纤维而动，当液体流动时它是一个可流动层。吸附层和扩散层组成的双电层为扩散双电层，扩散双电层的正电荷等于纤维表面的负电荷。

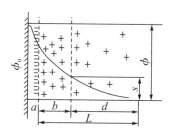

图 4-21 纤维素表面的双电层

在双电层中过剩正电子浓度为零处，设其电位为零，纤维表面处的电位相对于该处的电位之差称为电极电位；纤维吸附层 $b$ 界面相对于该处的电位之差称为动电电位或 $\zeta$-电位。

实验表明，改变电解质的浓度，对电极电位无影响，但对动电电位影响很大。如果电解质的浓度增大，则有更多的正电荷被纤维素表面的负电荷吸附到表面上，即吸附层内正电荷增加，扩散层的正电荷减少，扩散层变薄，$\zeta$-电位下降。当加入足够的电解质时，$\zeta$-电位为零，扩散层的电位也为零，纤维处于等电状态。

各种纤维素物料的 $\zeta$-电位是各不相同的，就绝对值而言，纸浆越纯，$\zeta$-电位越大。此外，$\zeta$-电位与溶液的 pH 有关，pH 升高时，$\zeta$-电位增大，当 pH 下降到 2 时，$\zeta$-电位接近于零。表 4-6 列出了各种纤维素物料在净水（pH＝6.0～6.2）中以及在 0.1 mmol/L KCl 溶液中的 $\zeta$-电位。

表 4-6　纤维素物料的 $\zeta$-电位

| 纸浆种类 | $\zeta$-电位/mV | | 纸浆种类 | $\zeta$-电位/mV | |
|---|---|---|---|---|---|
| | 对净水<br>（pH＝6.0～6.2） | 对 0.1mmol/L<br>KCl 溶液 | | 对净水<br>（pH＝6.0～6.2） | 对 0.1 mmol/L<br>KCl 溶液 |
| 工业未漂亚硫酸盐纸浆 | −4.1 | −6.2 | $\alpha$-纤维素 | −10.2 | −11.1 |
| 工业未漂硫酸盐纸浆 | −4.2 | −6.1 | 无灰黏液法亚硫酸盐纸浆 | −12.0 | −13.3 |
| 无灰未漂亚硫酸盐纸浆 | −6.8 | −7.6 | 无灰定量滤纸 | −14.7 | −10.2 |
| 无灰未漂硫酸盐纸浆 | −7.3 | −7.8 | 标准棉花 | −21.4 | −16.8 |
| 工业用黏液法亚硫酸盐纸浆 | −7.6 | −9.9 | | | |

纤维素纤维表面的电化学性质直接影响到制浆造纸中一些过程的条件，如在施胶时，由于纤维素表面带负电，而与加入的胶料负离子（松香的皂化物 $C_{19}H_{29}COO^{-}$）相排斥，达不到施胶的效果，因此在施胶时加入电解质矾土 $Al_2(SO_4)_3$，其水解出来的 $Al^{3+}$ 会降低松香粒子的 $\zeta$-电位直至为零，这样松香就会沉积在纤维上了。

在纸浆纤维染色时，可用碱性染料直接染色，因纤维表面带负电，碱性染料带正电，染料粒子可以被吸附在纤维上。如果用酸性染料染色，其粒子在水中带负电，则不能被纤维吸附，所以必须加入媒染剂明矾改变纤维表面的电性，使染料被纤维吸附，达到染色的目的。

### 4.3.4 纤维素的物理指标

纤维素的物理常数见表 4-7。

**表 4-7 纤维素的物理常数**

| 物理常数 | 数值 | 物理常数 | 数值 |
| --- | --- | --- | --- |
| 密度(在氮中)/(g·cm⁻³) | 1.54~1.58 | 燃烧热值/(kJ·mol⁻¹) | 17.58 |
| 折射率(轴向) | 1.599 | 介电常数 | 5.7 |
| 折射率(横向) | 1.532 | 电击穿/(kV·cm⁻¹) | 500 |
| 比热容 | 0.37 | | |

# 4.4 纤维素的化学性质

## 4.4.1 纤维素的降解反应

在各种各样的环境下,纤维素都有发生降解反应的可能。对于生产纤维素的制品而言,纤维素的降解反应有利有弊。在化学工业方面,一定量的降解(如碱纤维素老化),降解作用控制最终产品的性能。然而对于制浆造纸工业,为了获得高的得率和保持较好的物理机械性质,必须将纤维素的降解反应控制在最低限度。

几种不同类型的降解作用包括酸水解降解、碱性降解、氧化降解、酶水解降解、热降解。

### 4.4.1.1 酸水解降解

纤维素大分子的苷键对酸的稳定性很低,在适当的氢离子浓度、温度和时间条件下发生水解降解,使相邻两葡萄糖单体间碳原子¹C 和氧原子所形成的苷键断裂。如果酸水解进行完全,最终产物是单糖-葡萄糖。纤维素的酸水解分为均相酸水解和多相酸水解两种过程。

均相酸水解反应较简单,水解以均匀的速度进行,用浓 $H_2SO_4$ 或浓 HCl 进行水解,反应产物是 D-葡萄糖,再通过水解和发酵可得到很多其他工业产品。

多相酸水解过程使用弱酸。纤维素仍保持它所存在的纤维状结构,反应在二相中进行,纤维中的易可及区首先被水解,水解速度快;可及度较低的区域再被水解,水解速度较慢,多数情况下维持恒定值直到反应终了。反应如下:

在水解的最初阶段,脱除掉作用物的 10%~12%,并很快将聚合度降到平衡值,此平衡值视试样不同而有所差异，通常为每个纤维素链分子中 200~300 个 D-葡萄糖单元。多相酸水解过程一般用来生产水解纤维素和胶体微晶纤维素。

酸水解的另一个例子是纸的强度随纸的老化而降低，特别是当纸的 pH 较低时，这种情况更为明显。

纤维素部分水解所生成的不溶于水的产物称为水解纤维素。按大分子基环的化学组成，水解纤维素制品与纤维素并没有区别，但在性质上发生很多改变，主要表现为以下几点：

(1)纤维素酸水解后聚合度下降，下降的速度取决于酸水解的条件，一般降至 200 以下则成粉末。

(2)纤维素酸水解后吸湿能力改变，水解开始阶段纤维素的吸湿性有明显降低，到达一定值后再逐渐增加，这可能是因为微晶体此时纵向分裂为两个或两个以上的较小微晶体，所以聚合度不改变而表面积增加，导致吸湿率也随之增加。

(3)纤维素酸水解后由于聚合度下降，因而在碱液中的溶解度增加。

(4)纤维素酸水解后还原能力增加，这是因为苷键在水解中断开，增加了还原性末端基，故纤维素的碘值或铜价增加。

(5)纤维素酸水解纤维后机械强度下降，这是因为聚合度下降，造成铜价增加和断裂强度下降。纤维素纤维酸水解变为粉末时完全丧失机械强度。

## 4.4.1.2　碱性降解

纤维素的糖苷键在一般情况下对碱是比较稳定的，制浆蒸煮过程中，随着温度的升高以及木质素的脱除，纤维素也会发生碱性降解，纤维素碱性降解主要为碱性水解和剥皮反应。

### 1. 碱性水解

纤维素的糖苷键在高温条件下，如制浆过程中，当木质素已大部分脱除而尚需进一步脱除木质素时，纤维素也会受到碱性水解。

与酸性水解一样，碱性水解使纤维素的糖苷键部分断裂，产生新的还原性末端基，聚合度下降，纸浆的强度下降。纤维素碱性水解的程度与用碱量、蒸煮温度、蒸煮时间等有关，特别是与蒸煮温度有关：当温度较低时，碱性水解反应甚微，温度越高，水解越强烈。

### 2. 剥皮反应

在碱性溶液中，即使在很温和的条件下，纤维素也能发生剥皮反应。所谓剥皮反应，就是在碱的影响下，纤维素具有还原性末端基的葡萄糖基会逐个掉下来，直到产生纤维素末端基转化为偏变糖酸基的稳定反应为止，掉下来的葡萄糖基在溶液中最后转化为异变糖酸，并以其钠盐的形式存在于蒸煮液中。

(1) 反应 I：剥皮反应。

①醛酮糖互变及 $\beta$-烷氧基消除反应。

纤维素葡萄糖末端基在碱作用下转变为果糖末端基：

$$
\begin{array}{c}
\text{CHO} \\
\text{H—C—OH} \\
\text{HO—C—H} \\
\text{H—C—O—(G)}_n \\
\text{H—C—OH} \\
\text{CH}_2\text{OH}
\end{array}
\quad\xrightleftharpoons{\text{NaOH}}\quad
\begin{array}{c}
\text{CH}_2\text{OH} \\
\overset{\alpha}{\text{C}}=\text{O} \\
\text{HO—C—H} \\
\overset{\beta}{\text{H—C}}\text{—O—(G)}_n \\
\text{H—C—OH} \\
\text{CH}_2\text{OH}
\end{array}
$$

在碱性溶液中,果糖末端基糖苷键对 C＝O 基而言处于 $\beta$ 位,由于 C＝O 基是强吸电子基团,可进行 $\beta$-烷氧基消除反应。其机理可以用下式表示:

$$
\text{R—O—}\overset{\beta}{\underset{|}{\text{C}}}\text{—}\overset{\alpha}{\underset{\underset{\text{H}}{|}}{\text{C}}}\text{—L} + \text{B} \;\rightleftharpoons\; \left[\text{R—O---}\underset{|}{\overset{|}{\text{C}}}\text{—}\underset{|}{\overset{|}{\ddot{\text{C}}}}\text{—L}\right]^- + \text{BH}^+
$$

$$
\left[\text{R—O-}\text{-}\underset{|}{\overset{|}{\text{C}}}\text{-}\underset{|}{\overset{|}{\ddot{\text{C}}}}\text{—L}\right] \xrightarrow{\text{电子迁移}} \left[\text{R—O:}\right] + \left[\text{—}\underset{|}{\overset{|}{\text{C}}}=\underset{|}{\overset{|}{\text{C}}}\text{—L}\right]
$$

$$
\left[\text{R—O:}\right] + \text{BH}^+ \longrightarrow \text{ROH} + \text{B}
$$

式中,B 是一种碱;L 是负电性基团,醚键位于负电性基团的 $\beta$ 位。

$\beta$-烷氧基消除反应的机理是:由于负电性基团的诱导效应,$\alpha$-碳原子上的 H 原子酸性增强,而被强碱 B 移去,接着发生电子对的转移,在两个碳原子间形成双键,同时使 $\beta$-碳原子上醚键发生 $\beta$-消除反应(又称 $\beta$-分裂)。因此,当纤维素具有 $\beta$-烷氧基羰基结构时,在碱性条件下,迅速消去烷氧基。HO—$(G)_{n-1}$ 具有新的还原性末端基,可继续进行上述反应,不断地逐个脱除末端基,故称为剥皮反应。其反应如下:

$$
\underset{\substack{\text{烷氧基}}}{\boxed{\begin{array}{c}
\text{CH}_2\text{OH} \\
\text{C}=\text{O} \quad\text{← }\beta\text{-烷氧基羰基结构}\\
\overset{\alpha}{\text{HO—C—H}} \\
\overset{\beta}{\text{H—C}}\text{—O+(G)}_n \\
\text{CH}_2\text{OH}
\end{array}}}
\xrightarrow{\text{NaOH}}
\text{H—O—(G)}_{n-1} \; + \;
\begin{array}{c}
\text{CH}_2\text{OH} \\
\text{C}=\text{O} \\
\text{HO—C} \\
\text{H—C} \\
\text{H—C—OH} \\
\text{CH}_2\text{OH}
\end{array}
$$

②互变异构体形成二羰基衍生物。

脱除的单糖具有烯醇式结构,由于烯醇甚为活泼,排斥 $\pi$ 键,烯醇羟基氢原子加成到 $\pi$ 键上,烯醇式转化为酮式,形成 $C_{(3)}=O$,即

$$
\begin{array}{c}
\text{CH}_2\text{OH} \\
\text{C}=\text{O} \\
\text{HO—C} \\
\text{H—C} \\
\text{H—C—OH} \\
\text{CH}_2\text{OH}
\end{array}
\quad\longleftrightarrow\quad
\begin{array}{c}
\text{CH}_2\text{OH} \\
\text{C}=\text{O} \\
\text{C}=\text{O} \\
\text{H—C—H} \\
\text{H—C—OH} \\
\text{CH}_2\text{OH}
\end{array}
$$

③加成反应。

碳氧 $\pi$ 键 $C_{(3)}=O$ 或 $C_{(2)}=O$ 被水加成形成同碳二元醇:

$$
\begin{array}{c}
CH_2OH \\
C=O \\
C=O \\
H-C-H \\
H-C-OH \\
CH_2OH
\end{array}
\quad \xrightleftharpoons{\;+H_2O\;} \quad
\begin{array}{c}
CH_2OH \\
C=O \\
C-OH \\ \;\;\;OH \\
H-C-H \\
H-C-OH \\
CH_2OH
\end{array}
$$

④异构化反应形成异变糖酸。

同碳二元醇不稳定，进行分子重排，生成羧基（$p—\pi$ 共轭稳定），即剥皮反应脱除的单糖，在碱性溶液中最后转变为异变糖酸。

$$
\begin{array}{c}
CH_2OH \\
O=C \\
C-OH \\ \;\;\;OH \\
H-C-H \\
H-C-OH \\
CH_2OH
\end{array}
\longrightarrow
\begin{array}{c}
COOH \\
HO-C-CH_2OH \\
H-C-H \\
H-C-OH \\
CH_2OH
\end{array}
\quad 或 \quad
\begin{array}{c}
COOH \\
HOH_2C-C-OH \\
H-C-H \\
H-C-OH \\
CH_2OH
\end{array}
$$

$$\qquad\qquad \beta\text{-异变糖酸} \qquad\qquad\qquad \alpha\text{-异变糖酸}$$

（2）反应 Ⅱ：终止反应。

①醛式变烯醇式。

纤维素在碱性溶液中也可能进行另一种反应，末端基脱除 C—H，C—OH，即脱水形成新的 $\pi$ 键（烯醇结构）。

$$
\begin{array}{c}
CHO \\
H-C-OH \\
HO-C-H \\
H-C-O-(G)_n \\
H-C-OH \\
CH_2OH
\end{array}
\xrightarrow{\;-H_2O\;}
\begin{array}{c}
CHO \\
C-OH \\
C-H \\
H-C-O-(G)_n \\
H-C-OH \\
CH_2OH
\end{array}
$$

②烯醇式与酮式互变。

烯醇活泼，排斥 $\pi$ 键，烯醇羟基的氢原子加成到 $\pi$ 键上，形成 C＝O 基：

$$
\begin{array}{c}
CHO \\
C-OH \\
C-H \\
H-C-O-(G)_n \\
H-C-OH \\
CH_2OH
\end{array}
\rightleftharpoons
\begin{array}{c}
CHO \\
C=O \\
H-C-H \\
H-C-O-(G)_n \\
H-C-OH \\
CH_2OH
\end{array}
$$

③加成反应。

由于诱导效应，碳氧 $\pi$ 键 $C_{(2)}$＝O 被水加成得同碳二元醇：

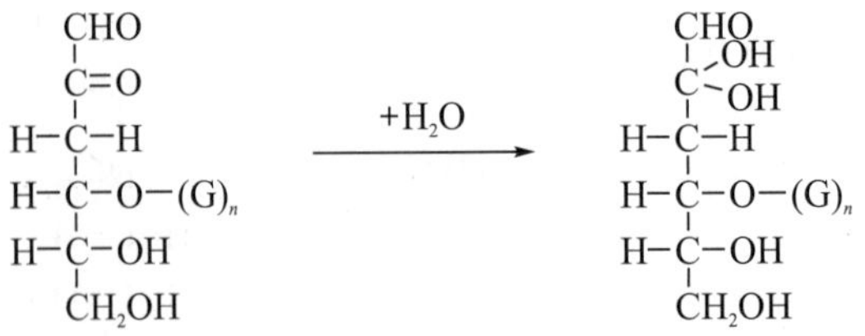

④分子重排。

同碳二元醇不稳定，进行分子重排，生成羧基，形成 $p—\pi$ 共轭体系：具有偏变糖酸末端基的纤维素因无 $\beta$-烷氧基羰基结构，故不再进行剥皮反应，所以这个反应称为稳定反应。剥皮反应的速度与稳定反应的速度是不同的，前者较后者大，一般在单根纤维素分子链上大约要损失 50 个葡萄糖单元，直至纤维素末端基转化成偏变糖酸基的稳定反应Ⅱ而停止反应。在碱法蒸煮时总是存在剥皮反应，特别是在高温情况下，纤维素水解后产生了新的还原性末端基，它们都能进行剥皮反应。剥皮反应的结果是纤维素聚合度降低，纸浆得率下降。因此，在蒸煮的后期，不要过分延长时间，否则就会使纸浆得率和强度下降。

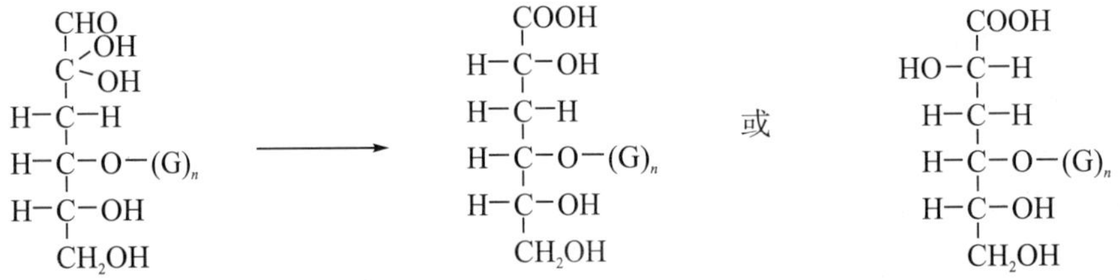

$\alpha$-偏变糖酸末端纤维素　　　　　　$\beta$-偏变糖酸末端纤维素

### 4.4.1.3　氧化降解

纤维素受到空气、氧气、漂白剂等的氧化作用，在纤维素葡萄糖基环的 C2、C3、C6 位的游离羟基，以及还原性末端基 C1 位置上，根据不同条件相应生成醛基、酮基或羧基，形成氧化纤维素。氧化纤维素的结构与性质和原来的纤维素不同，随使用的氧化剂的种类和条件而定。在大多数情况下，随着羟基被氧化，纤维素的聚合度同时下降，这种现象称为氧化降解。

纤维素在氯和次氯酸盐、氧碱或氧气漂白处理后受到氧化，在 C2、C3、C6 位或 C2、C3 位同时形成羰基，具有羰基的纤维素称为还原性氧化纤维素。由于分子链中葡萄糖基环形成羰基后，就产生了 $\beta$-烷氧基羰基结构，故促使糖苷键在碱性溶液中断裂，从而降低了聚合度。下列各氧化纤维素结构式中的虚线部分表示由于形成羰基引起 $\beta$-烷氧基消除反应，导致苷键断裂的情形：

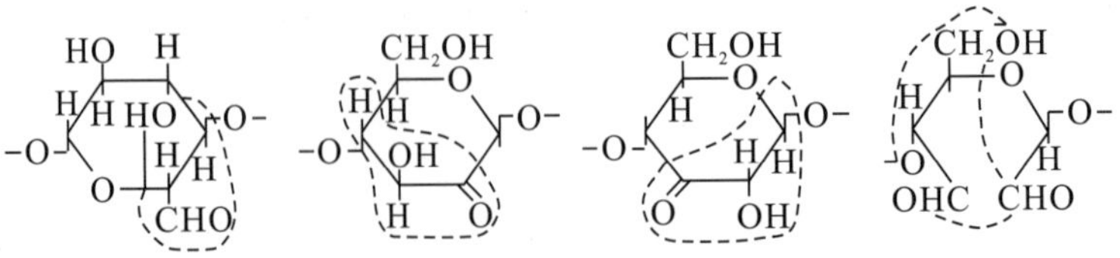

$\beta$-烷氧基消除反应（或称 $\beta$-分裂）的结果是产生了各种分解产物，形成一系列有机酸，形成末端羧酸或非末端羧酸，如以下几种产物：

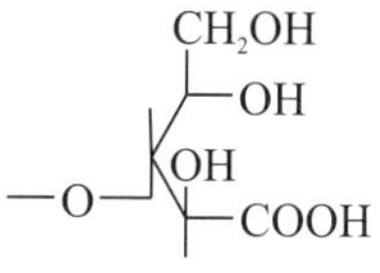

阿拉伯糖酸 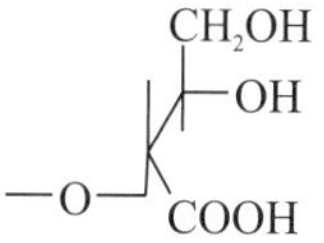　　　　赤酮酸 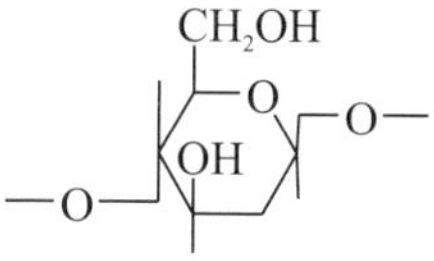　　　　葡萄糖醛酸 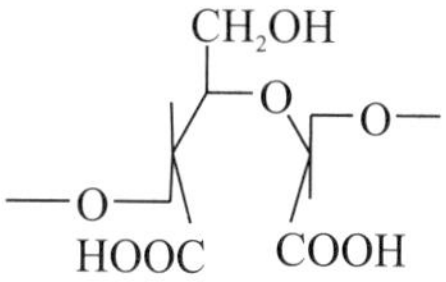　　　　二羧酸

再进一步氧化分解还可产生乙醛酸（OCH—COOH）、甘油酸（$CH_2OH$—CHOH—COOH）、草酸（COOH—COOH）及 $CO_2$ 等分解产物。

具有羧基的氧化纤维素称为酸性氧化纤维素。无论是还原性还是氧化性纤维素，这两种形式的氧化纤维素在碱液中的溶解度均升高，但前者对碱液特别不稳定，因为纤维素氧化形成羰基后，就产生了 $\beta$-烷氧基羰基结构，故促使糖苷键在碱液中断裂，从而降低了聚合度，并易于老化返黄；后者对碱液的不稳定性较好。但 C6 上的羰基比 C2、C3 上的羰基对碱液的作用不稳定。

近年来，采用氧气漂白来代替多段漂中的氯化段，主要目的在于减少漂白废液的污染。但是采用氧气漂白也会使纤维素受到氧化，把纤维素末端基氧化为羧基，而且还会失去 1 或 2 个碳原子，形成以下几种相应的糖首酸末端：

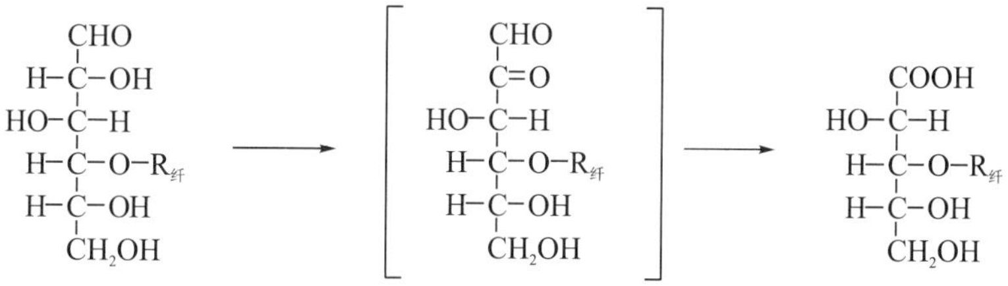

阿拉伯糖首酸末端

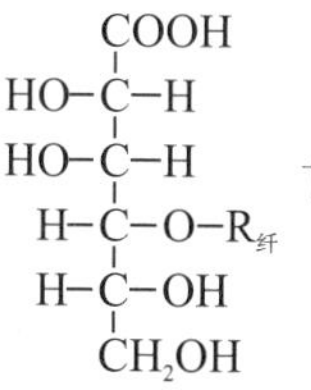

甘露糖首酸末端 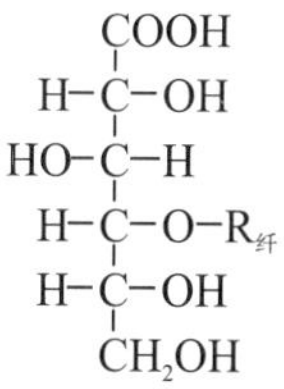　　　　葡萄糖首酸末端 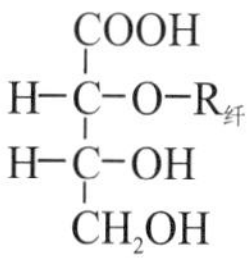　　　　三羟基丁酸末端

纤维素糖首酸末端基的形成，促使纤维素对碱稳定。

纤维素 C6 上的伯醇羰基在氧气漂白时也能氧化为羧基。它可以用这种氧化纤维素进行完全水解，以获得葡萄糖尾酸而得以证明。

### 4.4.1.4　酶水解降解

在霉菌、细菌、植物及动物中，有很多酶能使纤维素水解，使纤维素的聚合度下降发生降解作用。使纤维素水解的酶称为纤维素酶。从原理上说，纤维素的酶解作用主要是导致纤维素大分子上的 1-4-$\beta$-苷键断裂。对于纤维素水解工业，用酶水解纤维素为葡萄糖是一种成本低、效率高的方法。在制浆造纸研究中，为了从植物原料中更好地去掉多糖以获得较纯的木质素，则需要对纤维素物料进行酶解处理。制备磨木木质素后的余渣，再经酶解，可以获得高收率的分离木质素。

纤维素酶是一种多组分酶，包括 $C_1$ 酶、$\beta$-1-4-聚葡萄糖酶和 $\beta$-葡萄糖苷酶三种主要成分。这三种主要成分对纤维素的降解作用各不相同：$C_1$ 酶用来降解高度定向的纤维素，使纤维素的链变短。$\beta$-1-4 聚葡萄糖酶已知有两种形式：一种是外 $\beta$-1-4 聚葡萄糖酶，另一种是内 $\beta$-1-4 聚葡萄糖酶。它们对纤维素作用时，外 $\beta$-1-4 聚葡萄糖酶从纤维素链的非还原性末端基脱去单个葡萄糖单元；而内 $\beta$-1-4 聚葡萄糖酶的作用无规，纤维素链中间受该酶水解的敏感性要比链末端强。$\beta$-葡萄糖苷酶主要作用在葡萄糖的 $\beta$-二聚体上，包括纤维素二糖，因此它更正确的名字应为"$\beta$-葡萄糖二聚体酶"。此外，它还能作用在芳基-$\beta$-葡萄糖苷。综上所述，天然纤维素在 $C_1$ 酶作用下，产生水化了的聚合脱水葡萄糖链；经 $\beta$-1-4 聚葡萄糖酶降解成纤维二糖；由 $\beta$-葡萄糖苷酶水解成单糖-葡萄糖。

纤维素对酶水解的敏感度主要取决于纤维素的可及度。酶水解时，纤维素和酶必须直接接触，因为纤维素是一种不溶于水、结构复杂的基质，这种接触只能依靠酶扩散到复杂的纤维素网结构中才能实现。任何限制酶接近纤维素的结构特征，都会降低它对水解的敏感度。两个最重要的限制酶降解纤维素物料可及度的因素是木质素的存在和纤维素的结晶度。其他一些重要因素是水分含量、纤维素的聚合度以及纤维素物料中的抽出物成分。

### 4.4.1.5 纤维素的热降解

纤维素受热时聚合度下降。在大多数情况下，纤维素热降解时发生纤维素的水解和氧化降解，严重时还发生纤维素的分解，甚至发生碳化反应或石墨化反应。

纤维素降解、分解和石墨化的过程是分步进行的。

1. 低温条件下纤维素的热降解

第一阶段：纤维素物理吸附的水进行解吸，温度范围是 $25℃\sim150℃$。

第二阶段：纤维素结构中某些葡萄糖基开始脱水，温度范围是 $150℃\sim240℃$。

在低温条件下，纤维素热降解会导致强度下降，例如，以破布为原料抄造的纸在 $38℃$ 下加热 6 个月，其耐折度损失 19％；棉短绒在 $170℃$ 下加热，随着加热时间的延长，聚合度明显下降，有氧气存在时聚合度降至 200，此值和纤维素结晶区的大小有关，结晶度越小的样品受热降解越迅速。

加热温度在 $240℃$ 以下对纤维素质量的损失较少。在热降解的过程中，除蒸发出水、二氧化碳和一氧化碳外，还形成羰基和羧基，氧的存在对两个官能基的形成及 $CO_2$、$CO$ 和水的挥发影响较大。

2. 高温条件下纤维素的热降解

第三阶段：纤维素结构中的糖苷键开始断裂，一些 C—O 键和 C—C 键也开始断裂，并产生一些新的产物和低分子量的挥发性化合物，温度范围是 $240℃\sim400℃$。

第四阶段：纤维素结构的残余部分芳环化，逐步形成石墨结构，温度范围在 $400℃$ 以上。

纤维素在高温条件下热降解得到 $CN_4$、$CO$、$CO_2$ 气体并产生大量的挥发性产物，超过 300℃ 时产生大量的 1,6-$\beta$-D 脱水吡喃式葡萄糖，继而变成焦油，其收率达 40% 左右，它是高温热降解最重要的产物。此外，还有其他少量的分解产物，如酮、有机酸等。

高温条件下纤维素的热降解过程，质量损失较大，当加热到 370℃ 时，质量损失达 40%～60%，结晶区受到破坏，聚合度下降。

应该指出，纤维素的热降解是很复杂的，反应产物的种类与反应条件有关，如升温速度、是否在氧气或惰性气体中反应、反应产物（挥发物）移去的速度等。表 4-8 给出了热降解产物的质量分数。

**表 4-8　热降解产物的质量分数**

| 热解产物名称 | 热降解产物的质量分数/%（以纤维素为 100%） | 热解产物名称 | 热降解产物的质量分数/%（以纤维素为 100%） |
|---|---|---|---|
| 水 | 34.5 | 二氧化碳 | 10.35 |
| 醋酸 | 1.39 | 一氧化碳 | 4.5 |
| 丙酮 | 0.07 | 甲烷 | 0.27 |
| 焦油 | 4.18 | 乙烯 | 0.7 |
| 其他液态有机物 | 5.14 | 碳 | 38.8 |

## 4.4.2　纤维素的酯化和醚化

组成纤维素大分子的每个葡萄糖基中含有三个醇羟基，从而使纤维素有可能发生各种酯化、醚化反应，通过这些反应能够生成许多有价值的纤维素衍生物。

严格来说，纤维素的酯化和醚化反应都是纤维素的化学改性，但鉴于纤维素酯化、醚化工业所处的独特地位，所以习惯上把它们与一般意义上的纤维素化学改性割裂开来。

大多数的纤维素酯化、醚化反应都是在多相介质中开始和完成的。因此，要提高纤维素酯化、醚化的反应能力、反应速度和反应均一性，改善纤维素酯、醚的质量，就必须提高反应混合物中酯化剂和醚化剂的浓度或使纤维素预先经过润胀。由于润胀使大分子间相互作用变弱，于是提高了试剂向纤维素各部分的扩散速度。

根据酯化、醚化反应的条件不同，可用下述方法进行润胀处理：

(1)纤维素在浓碱液（常用 NaOH）中预润胀，如制取纤维素磺酸酯和纤维素醚时常采用这种方法。

(2)纤维素在冰醋酸中预润胀。

(3)纤维素的乙胺消晶润胀。

(4)在酯化、醚化过程中发生润胀，例如，当硫酸或磷酸存在时纤维素的硝化。

纤维素酯大体上可分为无机酸酯和有机酸酯，纤维素醚可以分为脂肪族醇醚和芳香族醇醚。典型的纤维素酯化、醚化反应如图 4-22 所示。

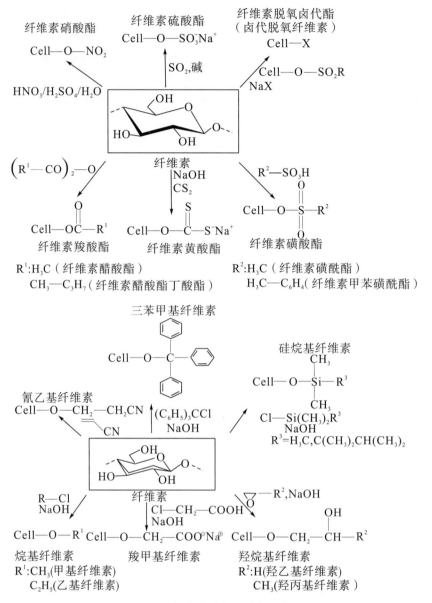

**图 4-22　纤维素酯化、醚化反应**

## 4.4.2.1　酯化反应

　　按照有机化学的概念，醇和酸作用生成酯和水，叫作酯化反应，所得到的产物称为酯类。纤维素是一种含多元醇的化合物，它与无机酸和有机酸起反应能生成酯衍生物，若干种强酸如硝酸、硫酸和磷酸能直接与纤维素起反应，生成无机酯，但是其他强酸如高氯酸和其他氢卤酸都不能直接酯化纤维素。有机酸、酸酐和酰基氯作用于纤维素能生成有机酸酯，有机酸中只有甲酸能直接酯化纤维素并得到相当高取代度的酯，其他有机酸的取代程度低，甚至在其沸点温度下起反应也是如此，但是这些有机酸转变成酸酐却能酯化纤维素，而且取代程度高。另外，在有机酸与纤维素的酯化反应中，一般用无机酸或盐作为催化剂，如高氯酸镁等。迄今为止约有 100 种以上的不同酸的纤维素酯被制备过，但最重要的是纤维素硝酸酯、醋酸酯、磺酸酯和醋酸-丁酸混合酯，它们是生产人造丝、薄膜、塑料、涂料的重要原料。

1. 纤维素硝酸酯

最早开始生产的纤维素无机酸酯为纤维素硝酸酯。纤维素硝酸酯俗称硝化纤维素或硝酸纤维素，所以生产纤维素硝酸酯的化学反应一般称为硝化反应。通常用硝酸、硫酸和水的混合液进行配化，可用下列化学方程式表示：

$$[C_6H_7O_2(OH)_3]_n + 3n\,NHO_3 \rightleftharpoons [C_6H_7O_2(ONO_2)_3]_n + 3n\,H_2O$$

在上述反应中，根据不同的反应条件，纤维素分子中的羟基被酯化的数目并不是固定的，有可能得到三种不同的纤维素硝酸酯，即一硝酸纤维素 $[C_6H_7O_2(OH)_2(ONO_2)]_n$、二硝酸纤维素 $[C_6H_7O_2(OH)(ONO_2)_2]_n$ 和三硝酸纤维素 $[C_6H_7O_2(ONO_2)_3]_n$。因此，把在纤维素酯化反应每个葡萄糖基中被酯化的羟基数叫作取代度($D$)，而把每 100 个葡萄糖基中起反应的羟基数目称为 $\gamma$ 值，也就是酯化度。取代度($D$)与酯化度($\gamma$)的关系为

$$\gamma = 100D$$

理论上，一硝酸纤维素($D=1$)的含氮量为 $6.77\%$，二硝酸纤维素($D=2$)的含氮量为 $11.13\%$，三硝酸纤维素($D=3$)的含氮量为 $14.14\%$。根据含氮量（$N$）可以求出取代度，又可依取代度推算出酯化度，含氮量与取代度之间的关系为

$$N = \frac{14D}{162 + 45D} \times 100\%$$

或

$$N = \frac{31D}{3.60 + D}$$

用 $HNO_3$—$H_2SO_4$ 混合酸制备纤维素硝酸酯的主要影响因素有以下几点：

①原料：生产硝化纤维素一般采用棉绒浆和木浆，要求纸浆 $\alpha$-纤维素含量高($94\%\sim96\%$)，戊聚糖含量低($1.0\%\sim1.5\%$)，因为戊糖不能在硝化过程中除去，仍被保留在硝化产品中，而硝化木糖不溶于丙酮，这会给硝化纤维素溶液的色泽和透明度以及制品的强度带来不良影响。另外，纸浆的灰分低，而黏度高。

②混合酸的组成：不同的混合酸配比将直接影响硝化纤维素的含氮量，如制备含氮量为 $13.0\%\sim13.5\%$ 及 $11.0\%\sim11.5\%$ 的硝化纤维素，常采用 $20\%\sim30\%$ 及 $20\%\sim25\%$ 的 $HNO_3$、$60\%\sim70\%$ 及 $55\%\sim60\%$ 的 $H_2SO_4$、$5\%\sim10\%$ 及 $16\%\sim20\%$ 的水组成的硝化剂。使用 $H_2SO_4$ 的原因是硝化反应是可逆反应，反应中有水生成，若不及时将水移去，则生成的纤维素硝酸酯会部分水解，影响产品酯化度的提高。另外，硫酸有助于纤维润胀，增加硝酸的扩散速度，但是硫酸用量提高，硝化反应会变慢，生成的硫酸酯数量也会增多，产物的降解程度也大。

③水的影响：水在硝化过程中影响混合酸的组成，混合酸的组成变动则直接影响酯化度，混合酸中水分高或作用后酸液水分高都会使酯化度降低。同时，水分高会引起水解作用加快，降低硝化纤维素的聚合度。所以，一般用控制水分的办法来决定酯化度。

为了减少硝化反应放出的水对混合酸组成的影响，混合酸的用量常超过被硝化纤维素量的 50 倍。

④温度的影响：提高硝化温度，一般使酯化速度增加，同时也使副反应如氧化、水解等反应的速度增加，因此，提高硝化反应的温度，硝化纤维素的黏度下降，溶解度增加。一般硝化温度为 25℃～30℃，制备低氮硝化纤维素可用 35℃～40℃。

由硝化反应得到的硝化纤维素是不稳定的，它具有易燃性。硝化纤维素不稳定的主要原因是其中含有杂质，包括游离混合酸，吸附于纤维内的混合酸，硫酸酯，低级硝化纤维素，氧化、水解纤维素或非纤维素的硝化产物。其中影响最大的是纤维素的硫酸酯，因为它在空气中水分的影响下易分解并放出硫酸，硫酸又可以破坏硝酸酯，放出氮氧化物，它使硝化纤维素氧化、放热，并使温度升高，又加速了氧化作用，最后导致硝化纤维素自燃或爆炸。

生产中稳定硝化纤维素的方法有：冷水洗，除去游离混合酸；水煮，或磨碎后与水煮，除去硫酸酯及吸附混酸；用很稀的(0.01%～0.03%)苏打液煮沸，以中和难除尽的酸；用清水洗。

2. 纤维素醋酸酯

纤维素醋酸酯俗称醋酸纤维素或乙酰纤维素，是 1869 年由舒策伯格(Schutzenbergerr)发现，后经许多研究者改进而制成的。就是使纤维素与冰醋酸、醋酸酐以及催化剂(硫酸、过氯酸或氯化锌)作用，在不同稀释剂中得到的不同酯化度的产物，此反应也被称为纤维素醋酸化反应。反应式如下：

$$[C_6H_7O_2(OH)_3]_n + 3n(CH_3CO)_2O \xrightarrow{H_2SO_4} [C_6H_7O_2(OCOCH_3)_3]_n + 3nCH_3COOH$$

纤维素醋酸化反应的特点是：①纤维素醋酸化时，其润胀作用小，反应能力低，反应速度慢；②醋酸化时，必须使用接触剂，以利于发生化学反应；③醋酸化过程可能是均相或非均相的。鉴于此，为确保醋酸化反应的顺利进行，必须有醋酸化剂、催化剂和稀释剂参加。

所谓醋酸化剂，就是用以取代葡萄糖基中羟基的醋酸基(或乙酰基)。通常采用醋酸酐$(CH_3CO)_2O$，它是通过石油裂解时生成的乙烯酮与醋酸作用而得到的。在纤维素进行醋酸化反应时，醋酸酐必须过量才能保证醋酸纤维素的质量，理论上，1 kg 纤维素需用醋酸酐 1.88 kg，实际上其比例是 1：(2.5～4.0)。实际上，醋酸化剂不仅指醋酸酐，还包括冰醋酸等在内。

催化剂是用来促进纤维素与醋酸酐之间的反应的。常用的有硫酸、过氯酸等。硫酸的用量为纤维素质量的 5%～10%，其作用机理是它与醋酸酐结合生成强烈的醋酸化剂——乙酰硫酸：

醋酸酐　　　硫酸　　　乙酰硫酸

而乙酰硫酸又按如下反应与纤维素作用：

$$R_纤—OH+ \underset{\underset{OH}{\overset{|}{SO_2}}}{\overset{|}{O}}—CO—CH_3 \longrightarrow R_纤—O—CO—CH_3 +H_2SO_4$$

释放出来的硫酸可再与醋酸酐作用生成乙酰硫酸，因而促进醋酸化的进行。硫酸作为催化剂加快了醋酸化过程是有利的一面，但它还有有害的一面：①由于硫酸引起的酸水解作用，使纤维素的聚合度过度降低，对醋酸纤维素的强度产生不利的后果；②在反应过程中有硫酸酯生成，使产品的质量劣化。

过氯酸作为催化剂的主要优点是能够制得稳定性较好的醋酸纤维素，这是因为过氯酸与硫酸不同，它不与纤维素形成酯类，而且过氯酸的用量很少，为纤维素质量的 0.5%～1.0%。

稀释剂的使用是为了增加产物的溶解性。常用的稀释剂是冰醋酸、三氯甲烷、三氯乙烷、二氯甲烷等，其醋酸化反应开始时是多相的，后期变为单相，故称为均相醋酸化；还有一些稀释剂如苯、甲苯、乙酸乙酯、四氯化碳等，其醋酸化反应从开始到后期都是多相的，故称为非均相醋酸化。

3. 纤维素黄酸酯

黄酸化（简称黄化反应）是二硫化碳在某种条件下进行的反应。如二硫化碳与含有乙醇的氢氧化钠作用，生成黄酸钠：

$$C_2H_5OH+CS_2+NaOH \rightleftharpoons \underset{\underset{S}{\overset{||}{}}}{\overset{\overset{SNa}{|}}{C}}—OC_2H_5 +H_2O$$

乙基黄酸钠

当纤维素原料在碱性介质中与二硫化碳进行反应后，即可制成纤维素黄酸盐，或称为纤维素黄酸酯。其反应原理如下：

$$R_纤—OH+NaOH \longrightarrow R_纤—OH^+ NaOH$$
纤维素　　　　　　碱纤维素

$$R_纤 OH·NaOH+CS_2 \longrightarrow R_纤—O—\overset{\overset{S}{||}}{C}—SNa +H_2O$$
纤维素黄酸钠（纤维素黄酸酯）

纤维素黄酸酯易溶于稀碱溶液中变成黏胶液，通过纺丝形成黏胶人造丝，如果喷成薄膜即成玻璃纸。

制备纤维素黄酸酯的主要原料是漂白化学浆或棉短绒浆，一般要求含 $\alpha$-纤维素不得少于 90.0%，灰分应限制在 0.3% 以下，树脂和油脂应低于 0.6%。制备过程中碱处理的作用是使纤维素发生碱润胀，以便于黄化反应，同时除去部分半纤维素，使以后抽丝不发生困难。生产富纤黏胶要求酯化度较高，溶解后黏胶的酯化度为 85 左右，二硫化碳用量是 $\alpha$-纤维素质量的 50%～60%。生产普纤黏胶要求酯化度为 50 左右，二硫化碳用量是 $\alpha$-纤维素质量的 35%～36%。二硫化碳的用量一般要比理论用量高，例如，上述制备 $\gamma=85$ 的黄酸酯，理论上只要 40% 的二硫化碳，而实际上要用 50%～60%。

这是因为黄酸化时有副反应产生，要消耗一部分二硫化碳。本来碱纤维素和纯净的纤维素黄酸盐是白色的，但是在黄化过程中，碱纤维素从白色渐渐变成淡黄色、黄色，一直到橘黄色，这是因为吸附了副反应产物三硫代碳酸钠(橘黄色)。反应如下：

$$6NaOH + 3CS_2 \longrightarrow 2Na_2CS_3 + Na_2CO_3 + 3H_2O$$

三硫代碳酸钠

发生副反应要多消耗二硫化碳，这是件坏事，但是橘黄色的三硫代碳酸钠的生成，意味着黄化反应已到达终点，这是因为黄化反应速度与副反应速度大致相同。

由于 $CS_2$ 有毒，纤维素黄酸酯在纺丝时释放出的 $CS_2$ 会影响人体健康，所以微毒纺丝已成为一种趋势，即将碱纤维素先进行部分羧甲基化，再进行低 $CS_2$(用量 15%～20%)黄化，制成低酯化度的黏胶，这样，在纺丝时释放出的有毒气体较少。

原来的纺丝反应：

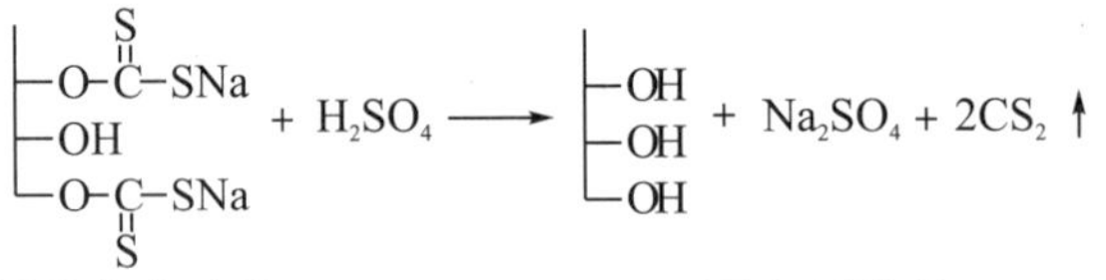

纤维素黄酸钠        再生纤维素

微毒纺丝反应：

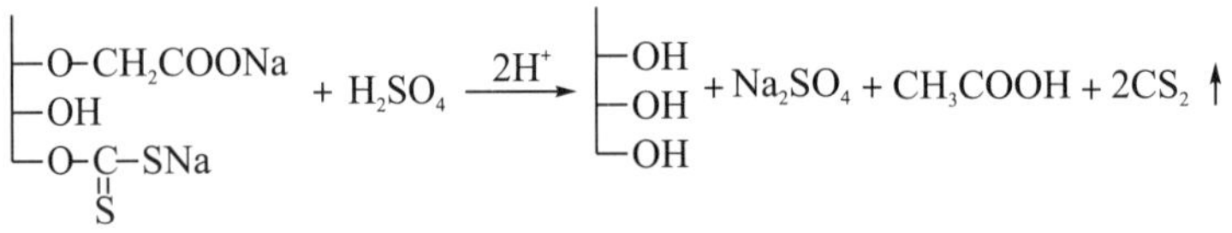

纤维素黄酸钠易吸水，而吸水后会发生分解反应，故纤维素黄酸钠必须在干燥无水的条件下保存，以利于维持较大的稳定度。在黏胶成型时，经常利用纤维素黄酸钠被强酸($H_2SO_4$)水解而生成再生纤维素。但是，如果纤维素黄酸钠遇到某些盐类(如硫酸钠、硫酸铵等)、酒精和弱有机酸，则会被凝固，而不能得到再生纤维素。

### 4.4.2.2　醚化反应

纤维素的醇羟基能与烷基卤化物或其他醚化剂在碱性条件下起醚化反应生成相应的纤维素醚。例如，在碱性条件下，纤维素与硫酸二甲酯发生如下反应：

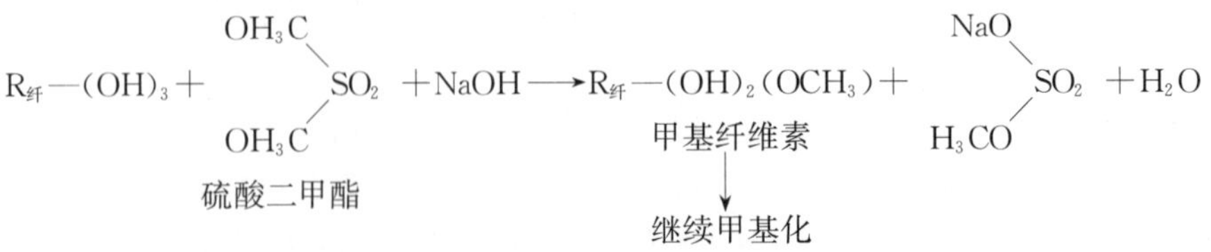

生成纤维素甲基醚，简称为甲基纤维素。在这个反应中，纤维素先与碱作用形成碱纤维素，然后与硫酸二甲酯作用生成一甲基纤维素、二甲基纤维素和三甲基纤维素，它们的甲氧基含量相应为 17.61%、32.60% 和 45.58%。实际上，经过多次甲基化也很难达到完全甲基化(甲氧基含量为 45.58%)的程度。

纤维素醚的生成反应是不可逆的。把纤维素醚化反应中每 100 个葡萄糖基中被醚化的羟基数目叫作醚化度，也称为 γ。纤维素酯的酯化度（γ）可以由改变酯化剂的组成（如制造纤维素醋酸酯或磺酸钠）加以调整，而纤维素醚的醚化度（也称 γ，注意两者含义上的区别）却不能用这些方法来改变。

乙基纤维素是用氯乙烷与碱纤维素作用制得的，反应如下：

$$R_纤—(OH)_2(OH)·NaOH+C_2H_5Cl \longrightarrow R_纤—(OH)_2(OC_2H_5)+NaCl+H_2O$$

乙基纤维素

↓

继续乙基化

工业上常用的另一种纤维素醚是羧甲基纤维素（CMC），它是由一氯乙酸与碱纤维素作用而得到的，反应如下：

$$[C_6H_7O(OH)_3]_n+nClCH_2COOH+2nNaOH \longrightarrow [C_6H_7O_2(OH)_2(OCH_2COONa)]_n+nNaCl+nH_2O$$

制备 CMC 的原料多采用棉浆或漂白木浆，可以有两种制法：①将棉浆浸渍于 NaOH 溶液中，经压榨制成碱纤维素，再与一氯乙酸进行醚化作用（加入部分乙醇，常占一氯乙酸的 50%），反应温度控制在 35℃ 左右，时间为 5 h，然后以稀盐酸或碳酸氢钠中和，用乙醇洗涤、干燥，即得白色粉状的 CMC 钠盐；②把纤维原料撕成片状，放入 NaOH 和一氯乙酸的混合溶液中，长时间搅拌，大约 3 h 后即有 CMC 生成，再进行后处理。

改变醚化条件，如温度、醚化剂用量和醚化时间，可以得到不同醚化度的产品。醚化度越低，黏度越高，1.00～2.00 Pa·s 为高黏度，0.50～1.00 Pa·s 为中黏度，0.05～0.10 Pa·s 为低黏度。黏度测定是将成品配成 2% 的水溶液，在 25℃ 下用黏度计测定。醚化度不同，溶解度也不同，当 γ=10～20 时，溶于 3%～10% NaOH 溶液中；当 γ=30～60 时，溶于水，在 pH=3 时，能被沉淀出来；当 γ=70～120 时，也溶于水，在 pH=1～3 时开始沉淀。

### 4.4.3　纤维素的化学改性

纤维素作为一种天然高分子化合物，在性能上存在某些缺点，如不耐化学腐蚀、强度有限等，纤维素可以通过化学改性而获得具有特殊性能的纤维素新产物。化学改性的范围很广，包括防火耐热、耐微生物、耐磨损、耐酸，以及提高纤维素的湿强度、黏附力和对染料的吸收性等。

在纤维素化学改性的方法中应用较多的有接枝共聚和交联反应，这两种方法虽然都可属于酯化与醚化的作用范围，但是不能把它们与生成纤维素酯、醚的化学反应混淆，应从高分子合成的角度去理解。

#### 4.4.3.1　纤维素的接枝共聚

接枝共聚是合成高分子的重要方法，在纤维素上接枝（接上高分子单体）共聚是 1943 年由 Ushaprov 开始研究的，他合成了纤维素乙烯基醚和烯丙基醚，并把它们与顺丁烯二酸的酯进行共聚，这是第一次纤维素的接枝共聚。以后，许多学者在这方面做了很多工作，但由于经济问题，纤维素的接枝共聚在制浆造纸生产方面尚未得到实际应用。尽管如此，它仍是一个发展方向，因为一旦经济上过关，就可以解决许多纸或纸板的性质问题。

纤维素接枝共聚的方法根据原理可分为三类：游离基引发接枝共聚、离子型接枝共聚、缩合或加成接枝共聚。因为缩合作用和环状聚合作用在纤维素接枝上不起重要作用，而且在这方面的研究很少，故仅就前两类进行介绍。

1. 游离基引发接枝共聚

这一类方法应用最广，有三种引发形式被应用到纸浆与纸的接枝上。这三类形式是铈离子的氧化作用、Fenton 试剂法和辐射法。

（1）铈离子氧化作用：四价的铈离子能使纤维素产生游离基(特别有效的引发剂是硝酸铈离子)，铈离子能使乙二醇氧化，断开、产生一分子醛和一个游离基。因此，一般认为接枝到纤维素上的聚合作用的引发反应是发生在葡萄糖基环的 C2、C3 位上，形成如下结构：

$$—O—\underset{3CHO}{\overset{4}{C}H}—\underset{H}{\overset{5}{C}}—O—\underset{2CH_2OH}{\overset{H}{C}}—O—$$

（注：结构式中含有 $6\ CH_2OH$ 顶端基团）

接枝的单体可以是氯乙烯、丙烯腈、丙烯酰胺、甲基丙烯酸甲酯等。

（2）Fenton 试剂法：Fenton 试剂是一种含有过氧化氢和亚铁离子的溶液，是一个氧化还原系统，亚铁离子首先与过氧化氢发生反应放出一个氢氧游离基，这个游离基从纤维素链上夺取一个氢原子形成水和一个纤维素游离基，此游离基与接枝单体进行接枝共聚。反应如下：

$$Fe^{2+}+H_2O_2 \longrightarrow Fe^{3+}+OH^-+HO\cdot$$
$$R_纤 OH+HO\cdot \longrightarrow R_纤 O\cdot +H_2O$$
$$R_纤 O\cdot +M \longrightarrow 接枝共聚产物$$

式中，$R_纤 OH$ 代表纤维素分子；M 代表单体，它可以是甲基丙烯酸甲酯（MMA）或丙烯腈（AN）、乙烯乙酸酯等。

（3）辐射法：通过使用各种形式的能（如机械能、热能、光能）可以使纤维素产生游离基，但对纤维素接枝共聚最重要的形式是紫外线或 $\gamma$ 射线辐射。用紫外线或 $\gamma$ 射线辐射纤维素，使之产生游离基，然后再与单体接枝共聚。

$$R_纤 OH \xrightarrow{hy} R_纤 O\cdot +H^+$$
$$R_纤 O\cdot +M \longrightarrow 接枝共聚体$$

用辐射法时，纤维素也可能先形成纤维素的过氧化物，再分解成游离基进行接枝共聚：

$$R_纤 OH \xrightarrow[\text{在空气或 } H_2O_2 \text{ 中}]{\text{辐射}} ROOH$$
$$R_纤 OOH \longrightarrow R_纤 O\cdot +HO\cdot$$

$$R_纤 O \cdot + M \longrightarrow 接枝共聚体$$

$$HO \cdot + M \longrightarrow 均聚物$$

如果加入还原剂（如 $Fe^{2+}$），则均聚物会大量减少：

$$R_纤 OOH + Fe^{2+} \longrightarrow R_纤 O \cdot + Fe^{3+} OH$$

2. 离子型接枝共聚

纤维素先用碱处理产生离子，然后接枝共聚，所用单体有丙烯腈、甲基丙烯酸甲酯、甲基丙烯腈等。接枝共聚时的溶剂为液态四氢呋喃或二甲亚砜。反应如下：

$$R_纤 —ONa^+ + CH_2 {=} CHCN \longrightarrow R_纤 —O—\underset{}{\overset{H_2}{C}}—C^- HCN + Na^+$$

$$R_纤 —O—\overset{H_2}{C}—C^- HCN + nCH_2 {=} CHCN \longrightarrow R_纤 —O—(CH_2CH)_n—CH_2 \cdot C^- HCN \atop \qquad\qquad\qquad\qquad\qquad CN$$

$$R_纤 —O—(CH_2CH)_n—CH_2 \cdot C^- HCN + H^+ \longrightarrow R_纤 —O—(CH_2CH)_n—CH_2CH_2CN \atop \quad\quad CN \qquad\qquad\qquad\qquad\qquad\qquad\qquad\qquad CN$$

在不良情况下会产生副反应：

$$R_纤 —O—\overset{H_2}{C}—C^- HCN + CH_2{=}CHCN \longrightarrow R_纤 —O—(CH_2CH)_n—CH_2CH_2CN \ + \ CH_2{=}C^-—CN \atop \qquad\qquad\qquad\qquad\qquad\qquad\qquad\qquad CN$$

$$CH_2{=}C^-—CN + nCH_2{=}CHCN \longrightarrow CH_2{=}C—(CH_2CH)_{n-1}—CH_2C^- HCN（均聚物）\atop \qquad\qquad\qquad\qquad\qquad\qquad\qquad\quad CN \quad\quad CN$$

$$CH_2{=}C—(CH_2CH)_{n-1}—CH_2C^- HCN \ + \ CH_2{=}CHCH \longrightarrow \atop \quad CN \quad\quad CN$$

$$CH_2{=}C—(CH_2CH)_{n-1}—CH_2CH_2CN \ + \ CH_2{=}C^- （均聚物）\atop \quad CN \quad\quad CN$$

副反应的结果是产生了许多均聚物。从这一点看，本法就不如游离基引发接枝共聚的广法成熟。

## 4.4.3.2　纤维素的交联

聚合物在光、热、辐射线或交联剂的作用下，分子链间形成共价键，产生凝胶或不溶物，这类反应过程称为交联。对于纤维素，应用最多的是加入交联剂。交联反应往往能改善聚合物的性能，如提高强度、弹性、硬度、形变稳定性等。

纤维素的交联反应基本上是形成二醚或二酯的缩合反应。

1. 形成醚的交联反应

与醛类的交联反应中，甲醛是最早使用的交联剂之一。在酸性条件下，纤维素与甲醛反应，即发生缩合作用而放出水，在大分子之间形成分子间交联：

$$2R_纤 OH + HCHO \longrightarrow R—O—\overset{H_2}{C}—O—R_纤 + H_2O$$

纤维素葡萄糖基上的两个仲羟基可与甲醛缩合，形成分子内的交联反应。

可用于与纤维素交联的 N-羟甲基化合物很多，常用的有三聚氰胺甲醛树脂（MF）、脲甲醛树脂(二羟甲基脲，UF)等。

三聚氰胺甲醛树脂是一种湿强剂，它的湿强作用是基于与纤维素的交联反应：

三聚氰胺　　　甲醛　　　三聚氰胺甲醛树脂(三羟甲基三聚氰胺)

### 2. 形成酯的交联反应

纤维素可与酸酐（如苯二甲酸酐、顺丁烯二酸酐）、酰氯［从琥珀酰氯 $ClCOCH_2 \cdot CH_2COCl$ 到癸二酰氯 $ClCO(CH_2)_3COCl$］、二羧酸（除草酸、丁二酸和戊二酸反应性能很小外，其他 C3～C22 的二酸都可以使用）和二异氰酸酯（如 2,4-二异氰酸甲苯酯）等发生形成酯的交联反应。纤维素与酰氯的交联反应如下：

上述反应是在二甲基酰胺［$HCON(CH_3)_2$］溶液中于室温下进行的。

因为形成酯的交联产物易于碱性水解，因此，纤维素形成酯的交联反应未获得工业应用。

# 思考题

1. 纤维素的化学组成特点如何？

2. 试述纤维素大分子链的构象。

3. 纤维素的类型有哪些？

4. 纤维素的溶剂可分为哪两类？

5. 纤维素纤维的溶胀有何特点？

6. 纤维素在碱性降解机理与酸水解降解机理有何不同？

7. 什么叫作纤维素的剥皮反应？其反应原理是什么？

8. 纤维素酯化反应的基本原理是怎样的？

9. 有哪些重要的纤维素酯？

10. 如何制备羧甲基纤维素？

11. 纤维素的可及度和反应性分别指什么？哪些因素可影响纤维素的反应性？

12. 什么叫作纤维素的均相反应和多相反应？它们的特点是什么？

13. 如何生产黏胶纤维？

# 第5章 合成纤维

## 5.1 聚酯纤维

聚酯纤维(Polyester fiber)是由大分子链中各链节通过酯基相连的成纤高聚物纺制而成的纤维。我国将聚对苯二甲酸乙二醇酯(Polyethylene Terephthalate，PET)含量大于85%的纤维简称为涤纶，俗称"的确良"。目前所谓的"聚酯纤维"通常是指涤纶——聚对苯二甲酸乙二醇酯纤维。

涤纶的研究始于20世纪30年代，1941年，英国的Whinfield和Dickson用对苯二甲酸二甲酯(DMT)和乙二醇(EG)合成了聚对苯二甲酸乙二醇酯(PET)，这种聚合物可通过熔体纺丝制得性能优良的纤维。1953年，美国首先建厂生产PET纤维。

涤纶纤维具有一系列优良性能，如断裂强度和弹性模量高、回弹性适中、热定型效果优异、耐热和耐光性好，有着广泛的服用和产业用途。聚酯纤维已成为发展速度最快、产量最高的合成纤维品种，占世界合成纤维产量的60%以上。

### 5.1.1 涤纶的基本组成物质及其生产概述

聚对苯二甲酸乙二醇酯的生产主要有酯交换法和直接酯化法。

#### 5.1.1.1 酯交换法

对苯二甲酸二甲酯与乙二醇在催化剂的存在下反应，可生成对苯二甲酸乙二醇酯(BHET)，释放出甲醇。酯交换反应的催化剂通常为Mn、Zn、Co、Mg等醋酸盐。在加热至150℃～220℃时发生均相反应，其反应式如下：

$$CH_3OOC-\!\!\!\bigcirc\!\!\!-COOCH_3 + 2HOCH_2CH_2OH \rightleftharpoons$$

$$HOCH_2CH_2OOC-\!\!\!\bigcirc\!\!\!-COOCH_2CH_2OH + 2CH_3OH$$

上述反应是一个可逆平衡反应。为使正反应进行得尽量完全，生产上通常采用增加反应物浓度和减少生成物浓度两种方法。因此，在酯交换反应的配比中加入过量的乙二醇，或者把生成的甲醇从体系中排除，从而抑制逆反应。

工业上，待酯交换反应结束后，再将反应生成物对苯二甲酸乙二醇酯转入缩聚釜中进行缩聚反应。通过酯交换反应制备BHET之后，加入0.030 mol%～0.040 mol%的缩聚反应催化剂(如$Sb_2O_3$)以及0.015 mol%～0.030 mol%的稳定剂，温度逐渐升至270℃～280℃，压力降低至133.3 Pa以下进行缩聚反应。在此过程中，对苯二甲酸乙二醇酯分子间彼此多次缩合，不断释放出乙二醇。缩聚物的聚合度随时间延长而逐渐增加。

缩聚反应式如下：

$$n\,HOCH_2CH_2OOC \text{—} \text{⬡} \text{—} COOCH_2CH_2OH \rightleftharpoons$$

$$HOCH_2CH_3OOC \text{—} \text{⬡} \text{—} CO\text{—}[OCH_2CH_2OOC \text{—} \text{⬡} \text{—} CO]_{n-1}OCH_2CH_2OH +(n-1)HOCH_2CH_2OH$$

为防止热裂解反应，必须在无氧或惰性气体保护下进行缩聚反应。若加入少量稳定剂，如磷酸盐或亚磷酸酯(亚磷酸三苯酯或磷酸三苯酯)，可提高 PET 熔体的热稳定性。

### 5.1.1.2 直接酯化法

对苯二甲酸(TPA)与 EG 直接进行酯化反应制得对苯二甲酸乙二醇酯(BHET)。直接酯化体系为固相 TPA 与液相 EG 共存的多相体系，酯化反应只发生在已溶解于 EG 中的 TPA 和 EG 之间，反应式如下：

$$HOOC \text{—} \text{⬡} \text{—} COOH +2HOCH_2CH_2OH \underset{K^{-1}}{\overset{K^1}{\rightleftharpoons}}$$

$$HOCH_2CH_2OOC \text{—} \text{⬡} \text{—} COOCH_2CH_2OH +2H_2O+4.18\ kJ/mol$$

溶液中反应消耗的 TPA，由随后溶解的 TPA 补充。由于 TPA 在 EG 中的溶解度不大，所以在 TPA 全部溶解前，体系中的液相为 TPA 的饱和溶液，故酯化反应速度与 TPA 浓度无关，平衡向生成 BHET 的方向进行，此时酯化反应为零级反应。

直接酯化反应是吸热反应，但热效应较小，为 4.18 kJ/mol。因此，在一定温度范围内升高温度，反应速率略有增加。

## 5.1.2 聚酯纤维的纺丝

涤纶在工业上采用熔融法进行纺丝。因为聚对苯二甲酸乙二醇酯属于结晶性高聚物，其熔点 $T_m$ 低于分解温度 $T_d$。

涤纶熔体纺丝的基本过程包括纺丝熔体的制备、纺丝以及后加工。

### 5.1.2.1 纺丝熔体的制备

#### 1. 干燥

聚酯(PET)切片在熔融纺丝之前必须进行干燥。干燥的目的是除去切片中的水分，并提高切片的结晶度和软化点。聚酯可能发生的降解有热降解、热氧化降解和水解三种。PET 分子结构中存在酯基，在熔融时极易水解，使相对分子质量下降，影响纺丝质量。即使 PET 切片中含有微量水分，在纺丝时也会汽化而形成气泡丝，造成纺丝断头或毛丝，甚至使纺丝无法进行。因此，在纺丝前必须先将湿切片进行干燥，使其含水率从 0.40% 下降到 0.01% 以下。

提高 PET 切片干燥质量，使其含水量尽可能低并力求均匀，以减少纺丝过程中相对分子质量的下降，从而可使纺丝、拉伸等过程顺利进行。

**2. 纺丝熔体**

由连续缩聚制得的聚酯熔体可直接用于纺丝，也可以经铸带、切粒后干燥再熔融以制备纺丝熔体。采用熔体直接纺丝可省去铸带、切粒、包装、运输等工序，大大降低了生产成本，但对生产系统的稳定性要求十分严格，生产灵活性也较差；而切片纺丝的生产流程较长，但灵活性大，更换品种方便，生产过程较直接，纺丝易于控制，在质量要求较高的场合多用切片纺丝法，如长丝生产目前均采用切片纺丝法。

### 5.1.2.2 纺丝

聚酯纤维熔体纺丝广泛采用螺杆挤出机进行纺丝。用于熔体纺丝合成纤维生产的主要是单螺杆挤出机，其结构如图 5-1 所示。

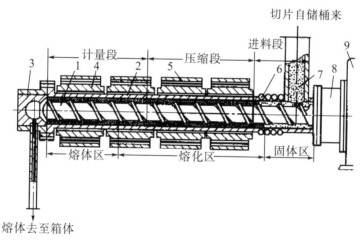

1—螺杆；2—套筒；3—弯头；4—铸铝加热圈；5—电热棒；6—冷却水管；
7—进料管；8—密封部分；9—传动及变速机构

**图 5-1　单螺杆挤出机结构**

（1）常规纺丝：常规纺丝又称低速纺丝。纺丝速度为 1000～1500 m/min。可纺制 33～167 dtex 的长丝。

（2）中速纺丝：纺丝速度为 1500～3000 m/min。卷绕丝为半预取向丝（MOY）。

①MOY-DY 工艺：此工艺采用中速纺丝和低速拉伸。拉伸加捻速度为 800～1200 m/min。可纺制 33～167 dtex 的拉伸丝。

②MOY-DTY 工艺：此工艺采用中速纺丝和高速拉伸变形。MOY 的剩余拉伸比为 2.1～2.4 倍，拉伸变形的速度为 400～500 m/min。可纺制 55～88 dtex 的变形丝。

（3）高速纺丝：纺丝速度为 3000～6000 m/min。卷绕丝为预取向丝（POY）。在高速纺丝下，纤维产生一定的取向度，结构比较稳定。

（4）全拉伸丝：全拉伸丝（FDY）生产工艺采用低速纺丝、高速拉伸，且两道工序在一台纺丝拉伸联合机上完成。纺丝速度为 900 m/min，拉伸速度为 3200 m/min，拉伸比为 3.5 倍。可纺制 55～167 dtex 的拉伸丝。全拉伸丝质量较稳定，毛丝断头较少。

（5）高取向丝：高取向丝（HOY）也称全取向丝（FOY）。纺丝速度为 6000～

8000 m/min。由于大幅提高了喷丝头拉伸比，卷绕丝的取向度大大提高，但微晶尺寸较大，非晶区取向度较低。

### 5.1.2.3 后加工

1. 纤维后加工

纤维后加工是指对纺丝成型的初生纤维（卷绕丝）进行加工，以改善纤维的结构，使其具有优良的使用性能。后加工包括拉伸、热定型、加捻、变形加工和成品包装等工序。

纤维后加工有如下作用：

（1）将纤维进行拉伸（或补充拉伸），使纤维中大分子取向，并规整排列，提高纤维强度，降低伸长率。

（2）将纤维进行热处理，使大分子在热作用下消除拉伸时产生的内应力，降低纤维的收缩率，并提高纤维的结晶度。

（3）对纤维进行特殊加工，如将纤维卷曲或变形、加捻等，以提高纤维的摩擦系数、弹性、柔软性、蓬松性，或使纤维具有特殊的用途及纺织加工性能。

2. 聚酯短纤维后加工

聚酯短纤维的生产大多采用常规熔融纺丝，纺丝速度较低，所得卷绕丝由于取向度低，强度很低，仅为 1 dN/tex 左右，而伸长度高达百分之几百，无实用价值。所以必须进行后加工，提高纤维的强度和可纺性，以符合各种使用要求。

目前，国内生产的聚酯短纤维可分为普通型和高强低伸型两类，后加工相应也有两种流程。聚酯短纤维后加工主要由集束、拉伸、热定型、卷曲、上油、切断和打包等工序组成。

（1）初生纤维的存放及集束：刚成型的初生纤维的预取向度不均匀，需经存放平衡，使内应力减小或消除，预取向度降低，卷曲时的油剂扩散均匀，从而改善纤维的拉伸性能。存放平衡后的丝条进行集束。集束是把若干个盛丝筒的丝条合并，集中成工艺规定线密度的大股丝束，以便进行后加工。

（2）拉伸：在短纤维生产中，拉伸工艺采用集束拉伸，拉伸是靠各拉伸机之间的速度差异来完成的。目前，聚酯短纤维生产通常采用间歇集束两级拉伸工艺，其工艺条件包括拉伸温度、拉伸介质、拉伸速度、拉伸倍数及其分配、拉伸点的控制等。

（3）热定型：热定型的目的是消除纤维内应力，提高纤维的尺寸稳定性，并且进一步改善其物理机械性能。热定型可使拉伸、卷曲效果固定，并使成品纤维符合使用要求。热定型可以在张力下进行，也可以在无张力下进行，前者称为紧张热定型（包括定张力热定型和定长热定型），后者称为松弛热定型。生产不同品种和不同规格的纤维，往往采用不同的热定型方式。影响热定型的主要工艺参数是定型温度、时间及张力。

（4）卷曲：聚酯短纤维通常用于与棉、毛或黏胶纤维混纺，以织造各种织物。羊毛的表面有鳞片；棉纤维有天然扭曲；而聚酯纤维截面近似圆形，表面光滑。因此，纤维间的抱合力较小，不易与其他纤维抱合在一起，即可纺性差，对纺织加工不利，故必须进行卷曲，使其具有与天然纤维相似的卷曲性。

聚酯短纤维分子链比较刚直，不易膨化，工业上都用填塞箱型机械卷曲。卷曲效果的衡量标准是卷曲数、卷曲度、卷曲的均匀性和稳定性。目前，一般聚酯短纤维的卷曲数要求为：棉型 5~7 个/cm，毛型 3~5 个/cm。

（5）切断和打包：聚酯短纤维的长度由纤维的品种决定。通常，棉型聚酯短纤维名义长度为 38 mm，毛型为 90~120 mm；中长纤维长度介于棉型与毛型之间，一般为 51~76 mm。也有根据用户要求切成不等长（如分布在 51~114 mm)的短纤维，或直接生产长丝束再经牵切成条的。

打包是聚酯短纤维生产的最后一道工序，将聚酯短纤维打包成一定规格和质量，以便运送出厂。成包后应标明批号、等级、质量、时间和生产厂家等。

3. 聚酯长丝后加工

聚酯长丝后加工流程比聚酯短纤维简单，但其规格、品种多，故其后加工流程也不尽相同。聚酯长丝后加工过程取决于原丝的生产方法和产品的最终用途。不同规格聚酯长丝后加工流程如图 5-2 所示。

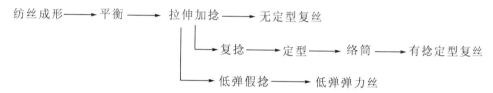

**图 5-2 不同规格聚酯长丝后加工流程**

## 5.1.3 涤纶的结构

### 5.1.3.1 涤纶的分子结构

PET 的化学结构式如下：

$$HOCH_2CH_2OOC—\text{〇}—CO{[}OCH_2CH_2OOC—\text{〇}—CO]_{n-1}OCH_2CH_2OH$$

PET 是具有对称性芳环结构的线型大分子，没有大的支链，所以分子线型好，易于沿着纤维拉伸方向取向而平行排列。PET 分子链中的 —〇—C—O— 基团刚性较大，因此，纯净的 PET 熔点较高(约 267℃)。由于分子内 C—C 键的内旋转，故分子存在两种空间构象。

无定形 PET 为顺式构象：

当 PET 结晶时，即转变为反式构象：

PET 分子链的结构具有高度的立体规整性，所有的芳香环几乎处在一个平面上，这样使得相邻大分子上的凹凸部分便于彼此镶嵌，从而具有紧密敛集能力与结晶倾向；PET 分子间没有特别强大的定向作用力，相邻分子的原子间距均是正常的范德华距离，其单元晶格属三斜晶系，大分子几乎呈平面构型；PET 的分子链节是通过酯基

$$\left[ \begin{matrix} O \\ \parallel \\ -C-O- \end{matrix} \right]$$

相互连接起来的，故其许多重要性质均与酯键的存在有关。如在高温和水分存在下，聚酯(PET)大分子内的酯键易于发生水解，使聚合度降低，因此，纺丝时必须对切片含水量严加控制。

由于缩聚反应过程中的副反应，如热氧化裂解、热裂解和水解作用等都可以产生羧基，并可能存在醚键 $-O-(CH_2)_2-O-$，以致破坏 PET 结构的规整性，减弱分子间力，使熔点降低。

### 5.1.3.2 涤纶的相对分子质量及其分布

(1)涤纶的相对分子质量。

高聚物相对分子质量的大小直接影响其加工性能和纤维质量。随着 PET 相对分子质量降低，熔体黏度下降，纺丝时易断头，纤维也经不起较高倍数的拉伸，所得纤维强度下降，耐热、耐光、耐化学稳定性差。当 PET 相对分子质量小于 8000～10000 时，几乎不具有可纺性。工业控制通常采用特性黏数（$\eta$）来表征 PET 的相对分子质量，普通纤维级 PET 的特性黏数通常为 0.62～0.68 dL/g。

(2)涤纶的相对分子质量分布。

缩聚反应制得的 PET 是从低相对分子质量到高相对分子质量的分子集合体，因此，各种方法测定的相对分子质量仅具有平均统计意义，对于每一种 PET 切片，均存在相对分子质量分布问题。

PET 的相对分子质量分布对纤维结构的均匀性有很大影响。在相同的纺丝和后加工条件下制得的纤维，用电子显微镜观察纤维表面可见：相对分子质量分布宽的纤维表面有大的裂痕，在初生纤维和拉伸丝内，裂痕的排列是紊乱的；而相对分子质量分布窄的纤维（未拉伸丝或拉伸丝）表面基本是均一的，裂痕极微。因此，PET 的相对分子质量分布宽，会使纤维加工性能变差，拉伸断头率急剧增加，并影响成品纤维的性能。

PET 的相对分子质量分布常采用凝胶渗透色谱法(GPC)测定，可用相对分子质量分布指数($d$)(见 2.1 节)表征。$d$ 值越小，表示相对分子质量分布越窄。资料表明，对于高速纺丝，当 PET 的 $d \leqslant 2.02$ 时，可纺性较好。

### 5.1.3.3 涤纶的聚集态结构

涤纶的聚集态结构与纺丝过程的拉伸及热处理有密切关系。采用一般纺丝速度纺制的涤纶初生纤维几乎完全是无定形的，密度为 1.335～1.337 g/cm³，经拉伸及热处理后，纤维才具有一定的结晶度和取向度。结晶度和取向度受生产条件和测试方法的影响较大，处理后的涤纶的结晶度一般可达 40%～60%，表征取向度的双折射率可达

0.188，密度为 1.38~1.40 g/cm³。

涤纶的基层组织是原纤，原纤之间具有较大的微空隙，由一些排列不规则的无定形分子联结；而原纤则由高侧序度的分子所组成的微原纤堆砌而成，微原纤之间可能存在较小的微空隙，由一些侧序度较低的分子联结。涤纶分子的基本结构单元中含有刚性较大的苯环，使其难以绕单键内旋转，该部分较硬挺、易伸直，在热拉伸情况下，涤纶大分子能形成伸直链结晶（原纤化结晶）。此外，涤纶分子的在基本结构单元中含有一定数量的亚甲基，能比较容易地绕单键内旋转，显得比较柔顺，涤纶分子能在该处发生折叠，形成折叠链结晶。因此，涤纶属于折叠链、伸直链的晶体共存体系，其聚集结构可采用折叠链－缨状微原纤模型加以描述。

### 5.1.3.4 涤纶的形态结构

采用熔体纺丝法制得的涤纶纤维横截面为实心圆形，纵向均匀无条痕（图 5-3）。纤维直径通常为 12~25 μm，或 1.67~11.11 dtex。

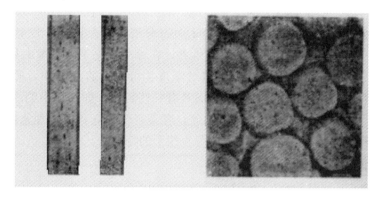

**图 5-3 涤纶纤维的形态结构**

## 5.1.4 涤纶的物理性质

### 5.1.4.1 熔点

纯 PET 的熔点为 267℃；工业 PET 的熔点略低，一般为 255℃~264℃。

熔点是 PET 切片的一项重要指标。如果切片熔点波动较大，则需对熔融纺丝温度做适当调整，但熔点对成型过程的影响不如特性黏数（相对分子质量）的影响大。

### 5.1.4.2 熔体黏度

熔体纺丝时，聚合物熔体在一定压力下被挤出喷丝孔，成为熔体细流并冷却成型。熔体黏度是熔体流变性能的表征，与纺丝成型密切相关。

影响熔体黏度的因素是温度、压力、聚合度和切变速率等。随着温度的升高，熔体黏度以指数函数关系降低。

### 5.1.4.3　玻璃化温度

PET 的玻璃化温度 $T_g$ 随其聚集态结构而变化，完全无定形的 $T_g$ 为 67℃，部分结晶的 $T_g$ 为 81℃，取向态结晶的 $T_g$ 为 125℃。涤纶的 $T_g$ 对纤维、纱线和织物的力学性能（特别是弹性回复）有很大影响。$T_g$ 的大小标志着无定形区大分子链段运动的难易。有科研人员研究涤纶的结晶与 $T_g$ 的关系，发现结晶度从 0% 上升到 30% 时，$T_g$ 向较高的温度移动；而当结晶度进一步升高时，$T_g$ 反而向低温移动。这一现象可能与结晶区的大小对无定形区的影响有关。当结晶度低时，可能产生的是众多的小结晶（晶区），晶区起着物理交联点的作用，阻碍无定形区链段的运动，所以 $T_g$ 升高；而当结晶度升高时，可能形成少而大的晶区，能允许无定形区的链段更加自由地运动。

## 5.1.5　涤纶纤维的性能

### 5.1.5.1　吸湿性

涤纶除大分子两端各有一个羟基（—OH）外，分子中不含其他亲水性基团，而且其结晶度高，分子链排列很紧密，因此吸湿性差，在标准状态下，吸湿率只有 0.4%（锦纶 4.0%，腈纶 1%～2.0%），即使在相对湿度为 100% 的条件下，吸湿率也仅为 0.6%～0.8%。由于涤纶的吸湿性低，因而具有一些特性，如在水中的溶胀度小，干、湿强度和干、湿伸长率基本相同，导电性差，容易产生静电和沾污现象以及染色困难等。涤纶织物穿着时感觉气闷，但又具有易洗快干的特性。

### 5.1.5.2　热性能

涤纶有良好的热塑性能，在不同的温度下产生不同的变形，是结晶型和非晶型两者混合的高分子化合物。涤纶有比较清楚的三种受热变形形态，它在玻璃化温度以下、软化点以下时，只有非晶区内某些分子链间作用力小的链段才能活动，分子链间相互作用力大的链段仍难以运动，结晶区内的分子链不能运动，纤维只表现为比较柔韧，但不一定像高弹态那样有很好的弹性。当继续加热到 230℃～240℃时，到达涤纶的软化点，非晶区的分子链运动加剧，分子之间的相互作用力都被拆开，此时类似黏流态，而结晶区内的链段却仍未被拆开，纤维只发生软化而不熔融，但此时已丧失了纤维的使用价值，所以在印染加工中不允许超越这一温度。涤纶织物的转移印花，就是利用非晶区受热分子链运动来达到的，但是必须严格控制温度，如果超过允许范围，织物的手感会变得粗硬。当涤纶处于 258℃～263℃高温时，结晶区内的分子链开始运动，纤维也就熔融了，这就是涤纶的熔融范围。

涤纶在无张力的情况下，纱线在沸水中的收缩率达 7%；在 100℃的热空气中，纤维收缩率为 4%～7%，200℃时可达 16%～18%。这种现象是由涤纶纺丝时拉伸条件和纤维结晶状况而造成的。若将未拉伸、未定型的纤维预先在高于其结晶温度、有张力的条件下处理，然后在无张力的条件下热处理，纤维就不会有显著的收缩。经过高温定型处理后，涤纶的尺寸稳定性提高也是这个道理。

涤纶是几种主要合成纤维中耐热性最好的。涤纶在 170℃下短时间受热所引起的强度损失，在温度降低后可以恢复(腈纶在 150℃、锦纶在 120℃下短时间受热，其强度损失可以恢复)。大部分碳链纤维在高于 80℃下受热要发生变形，其强度损失很难恢复。在温度低于 150℃下处理，涤纶的色泽不变；在 150℃下受热 168 h 后，涤纶的强度损失不超过 3％；在 150℃下加热 1000 h，仍能保持原来强度的 50％。而在相同条件下，如锦纶受热 5 h 即变黄，纤维强度大幅下降；所有的天然纤维和再生纤维素纤维在 70～336 h 内将完全被破坏。

### 5.1.5.3　力学性能

涤纶大分子属线型分子链，分子侧面没有连接大的基团和支链，因此，涤纶大分子是分子间紧密结合在一起而形成的结晶，使纤维具有较高的机械强度和形状稳定性。

1. 强度和伸长率

涤纶的强度和拉伸性能与其生产工艺条件有关，取决于纺丝过程中的拉伸程度。按实际需要可制成高模量型(强度高，伸长率低)、低模量型(强度低，伸长率高)和小模量型(介于两者之间)的纤维。棉型涤纶短纤维的断裂强度为 530～790 N/tex，断裂伸长率为 20％～50％。一般涤纶在生产过程中的拉伸比为 4～5 倍，其干强度为 3.5～4.4 cN/dtex，是合成纤维中干强度较高的一种纤维，它的伸长率为 18％～36％，稍低于锦纶。由于其吸湿性低，所以干、湿强度基本相等，干、湿伸长率也接近。涤纶的耐冲击强度比锦纶高 4 倍左右，比黏胶纤维高 20 倍。

2. 弹性和耐磨性

涤纶的弹性比其他合成纤维都高，与羊毛接近。这是由于在涤纶的线型分子链中分散着苯环。苯环是平面结构，不易旋转，当受到外力后虽然产生变形，但一旦外力消失，纤维变形便立即恢复。快速地增加负荷，然后去掉负荷，1 min 后涤纶的弹性回复率为：当伸长 2％时，弹性回复率为 97％；当伸长 4％时，弹性回复率为 90％；当伸长 8％时，弹性回复率为 80％。

涤纶的耐磨性能仅次于锦纶，比其他合成纤维高出几倍。耐磨性是强度、伸长率和弹性之间的一个综合效果。由于涤纶的强度和伸长率好，所以其耐磨性能也好，而且在干态和湿态下的耐磨性大致相同。将涤纶和天然纤维或黏胶纤维混纺，可显著提高织物的耐磨性。

3. “洗可穿”性

涤纶织物的最大特点是优异的抗皱性和保形性，制成的衣服挺括不皱、外形美观、经久耐用。这是因为涤纶的强度高、弹性模量高、刚性大、受力不易变形，又由于涤纶的弹性回复率高，变形后容易回复，再加上吸湿性差，所以涤纶服饰穿着挺括，十分平整，形状稳定性好。此外，因为涤纶吸水性差，湿强度几乎不降低，纤维膨化程度很小，所以织物形状保持不变。

纯涤纶织物以及涤纶与其他纤维混纺的织物，其成衣经熨烫后的褶皱，经 10 次、20 次洗涤，仍能保持原样，平整、挺括如新。

### 5.1.5.4 起毛起球现象

涤纶的最大缺点之一是织物表面容易起球,这是因为其纤维截面呈圆形,表面光滑,纤维之间抱合力差,因此,纤维末端容易浮出织物表面形成绒毛,经摩擦,纤维纠缠在一起结成小球,由于纤维强度高、弹性好,小球难以脱落,因而发生起球现象。而强度低的纤维,如黏胶纤维、棉纤维等以及脆性大的麻纤维,即使形成小球,但易脱落,所以不发生起球现象。

### 5.1.5.5 静电现象

涤纶由于吸湿性低,表面具有较高的比电阻,因此当它与别的物体相互摩擦并立即分开时,涤纶表面易积聚大量电荷而不易逸散,产生静电,这不仅给纺织染整加工带来困难,也使人们穿着时有不舒服的感觉。为此,在染整加工时往往在设备上加装静电消除器,以及对织物进行抗静电处理。

### 5.1.5.6 其他理化性能

(1)燃烧性:涤纶与火焰接触时能燃烧,伴随着纤维发生卷缩并熔融成珠而淌落。燃烧时会产生黑烟且具有芳香味,当火焰移开后燃烧很快终止。紧密的涤纶织物较易燃烧,尤其是涤纶与其他易燃纤维混纺的织物更是如此,若进行防火、防熔融整理,可以减轻或克服这一缺点。

(2)对微生物作用的稳定性:和其他合成纤维一样,涤纶不受虫蛀和霉菌的作用,这些微生物只能侵蚀纤维表面的油剂和浆料,对涤纶本身无影响。

(3)耐光性:涤纶的耐光性较好,仅次于腈纶和醋酸纤维,而优于其他纤维。涤纶对波长为 300~330 nm 的紫外光较为敏感,在纤维中加入二氧化钛等消光剂,可导致纤维的耐光性降低。而在纺丝或缩聚过程中添加少量水杨酸苯甲酯或 2,5-二羟基对苯二甲酸乙二醇酯等耐光剂,可使其耐光性显著提高。

### 5.1.5.7 化学稳定性

在涤纶分子链中,苯环和亚甲基均较稳定,结构中存在的酯基是唯一能起化学反应的基团。另外,纤维的物理结构紧密,所以化学稳定性较高。

1. 对酸和碱的稳定性

涤纶大分子中存在酯键,可被水解,引起相对分子质量的降低。酸、碱对酯键的水解具有催化作用,以碱更为剧烈,涤纶对碱的稳定性比对酸的差。反应如下:

$$
\begin{array}{ccc}
\overset{\text{O}}{\underset{\|}{}} & & \overset{\text{O}}{\underset{\|}{}} \\
-\text{C}-\text{O}- & +\text{H}_2\text{O} \xrightarrow{\text{H}^+ \text{或} \text{OH}^-} & -\text{C}-\text{OH} +-\text{OH}
\end{array}
$$

涤纶的耐酸性较好,无论是对无机酸还是有机酸都有良好的稳定性。在染整加工中最常接触到的是硫酸,有科研人员曾进行过比较系统的试验,将涤纶用 5%~70% 的硫酸在不同温度下处理 72 h,其强度变化如图 5-4 所示。

由图 5-4 可知，将涤纶在 60℃以下用 70％硫酸处理 72 h，其强度基本没有变化；处理温度提高后，纤维强度迅速降低。利用这一特点，用酸侵蚀涤棉包芯纱织物可制成烂花产品。

涤纶在碱的作用下发生水解，水解程度随碱的种类、浓度、处理温度及时间不同而异。由于涤纶结构紧密，热稀碱液能使其表面的大分子发生水解。水解作用由表面逐渐深入，当表面的分子水解到一定程度后，便溶解在碱液中，使纤维表面一层层地剥落下来，造成纤维的失重和强度降低，而对纤维的芯层则无太大影响，其相对分子质量也没有什么变化，这种现象称为剥皮现象。剥皮现象使纤维变细，增加了纤维在纱中的活动性，这就是涤纶织物用碱处理后可获得仿真丝绸效果的原因。

图 5-5 表明了碱液的温度、浓度以及时间对涤纶的损伤均有影响。处理条件在浓度线的左侧时，对纤维的损失不大；相反，处理条件在浓度线的右侧时，纤维受到明显的损伤。如果用 0.5％的 NaOH 在 93℃下处理 1 h，纤维不会遭受损伤；如果处理时间延长到 2 h，则会产生一定的损伤。

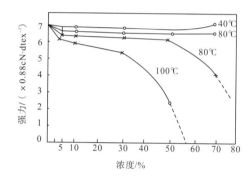 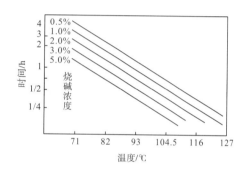

图 5-4　涤纶强度与硫酸浓度的关系　　图 5-5　碱液浓度、处理时间和温度对涤纶的影响

酯键不仅能发生水解反应，还能发生氨解反应，而且酯的氨解不需任何催化剂，可在常温下进行。反应如下：

$$\cdots \text{—} \hspace{-2pt}\bigcirc\hspace{-2pt}\text{—}\overset{\displaystyle O}{\overset{\|}{C}}\text{—O—CH}_2\text{—CH}_2\cdots \text{ } + \text{HNH}_2 \longrightarrow$$

$$\cdots \text{—}\hspace{-2pt}\bigcirc\hspace{-2pt}\text{—}\overset{\displaystyle O}{\overset{\|}{C}}\text{—NH}_2 \text{ } + \text{ HO—CH}_2\text{CH}_2\text{—}\cdots$$

所以，在仿丝绸整理中有采用有机胺作为剥皮反应的催化剂。

2. 对氧化剂和还原剂的稳定性

涤纶对氧化剂和还原剂的稳定性很高，即使在浓度、温度、时间等条件均较高时，纤维强度的损伤也不太明显。因此在染整加工中，常用的漂白剂（如次氯酸钠、亚氯酸钠、过氧化氢）和还原剂（如保险粉、二氧化硫脲等）都可使用。

3. 耐溶剂性

常用的有机溶剂（如丙酮、苯、氯仿、苯酚-氯仿、苯酚-氯苯、苯酚-甲苯）在室温下能使涤纶溶胀，在 70℃～110℃下能使涤纶很快溶解。涤纶还能在 2％的苯酚、苯甲酸或水杨酸的水溶液、0.5％氯苯的水分散液、四氢萘及苯甲酸甲酯等溶剂中溶胀。所以酚类化合物常用作涤纶染色的载体。

### 5.1.5.8 染色性能

对于服用纺织纤维，染色性能颇为重要。纤维易染性是指它可用不同类型的染料染色，且在采用同类染料染色时，染色条件温和、色谱齐全、色泽均匀、色牢度好。

涤纶染色比较困难，其原因除涤纶缺乏亲水性、在水中膨化程度低外，还可以从其他方面加以说明。首先，涤纶分子结构中缺少像纤维素或蛋白质那样能和染料发生结合的活性基团，故原来能用于纤维素或蛋白质纤维染色的染料不能用来染涤纶，但可以采用醋酯纤维染色的分散染料。其次，即使采用分散染料染色，除某些相对分子质量较小的染料外，还存在另外的一些困难。这种困难主要是由涤纶分子排列得比较紧密，纤维中只存在较小的空隙引起的。当温度低时，分子热运动改变其位置的幅度较小，在潮湿的条件下，涤纶不会像棉纤维那样能通过剧烈溶胀而使空隙增大，所以染料分子很难渗透到纤维内部去。因此，必须采取一些有效的方法，如载体染色法、高温高压染色法和热溶染色法等。

## 5.1.6 新型聚酯纤维

近年来，随着高分子材料的不断发展，一系列具有不同特性的实用型聚酯纤维被开发，并被成功地产业化。其中，聚对苯二甲酸丙二酯（Polytrimethylene Terephthalate，PTT）纤维和聚对苯二甲酸丁二酯（Polybutylene Terephthalate，PBT）纤维最具代表性，它们与传统的 PET 纤维既相似又不同，拓展了聚酯纤维的应用领域。PTT 是由对苯二甲酸和 1,3-丙二醇（PDO）经酯化缩聚而成的聚合物，合成工艺类似 PET。有人把 PTT 纤维称为 21 世纪的大型纤维。目前，全球 PTT 纤维生产工艺技术主要掌握在壳牌化学和陶氏杜邦，其商品名分别为"Corterra"和"Sorona"。这两家公司生产方式的最大区别在于生产 PTT 的原料 PDO 的方式不同。壳牌化学利用化学合成的方法生产 PDO，成本较高。基于此，陶氏杜邦采用从玉米中提取 PDO，成本有所下降。PTT 纤维兼有涤纶、锦纶和腈纶的特点，像涤纶一样易洗快干，有较好的弹性回复性和耐折皱性，并有较好的耐污性、抗日光性和手感。它比涤纶的染色性能好，可采用无载体常压沸水下染色，染色成本低。在相同条件下，染料对 PTT 纤维的渗透力高于 PET 纤维，上染率高，且染色均匀、染色牢度好。此外，由于 PTT 中 1,3-丙二醇的引入，相比 PET，PTT 的结构多了 1 个亚甲基，从而使大分子链呈螺旋状，导致 PTT 纤维有弹性大、蓬松性好的特点。同时，与锦纶相比，PTT 纤维同样有较好的耐磨性和拉伸回复性，因而更适合制作地毯等。

PBT 是由涤纶的主要原料对苯二甲酸二甲酯（DMT）或对苯二甲酸（TPA）与 1,4-丁二醇缩聚而成，再经熔融纺丝制成 PBT 纤维。PBT 纤维的聚合、纺丝、后加工工艺及设备与涤纶基本相同。PPT、PET 和 PBT 同属聚酯家族，性能近似。与涤纶一样，PBT 纤维制品也具有强度高、易洗快干、尺寸稳定、保形性好等特点，主要原因是相较于涤纶，它的大分子链上多了 2 个亚甲基，柔性部分较长，因而断裂伸长率大、弹性好。由于 PBT 纤维的晶体结构存在 $\alpha$ 和 $\beta$ 两种晶型，这两种晶型在外力作用下可以相互转换,因此,PBT 纤维的伸缩回复性很强,受热后弹性变化不大,手感柔软。PBT 纤维的另一个优点是染色性比涤纶好。PBT 纤维在常压沸染条件下用分散染料染色便可得到满意的染色效果,染色牢度好。此外,PBT 纤维还有较好的抗老化性、耐化学品性和耐热性。PBT 纤维在工程塑料、机器零件、家用电器外壳上都有广泛的用途。PET、PTT 和 PBT 纤维基本性能的比较见表 5-1。

**表 5-1　PET、PTT 和 PBT 纤维基本性能的比较**

| 物理性能 | PET | PTT | PBT |
|---|---|---|---|
| 密度/(g·cm$^{-3}$) | 1.40 | 1.33 | 1.32 |
| 玻璃化温度/℃ | 80 | 45~65 | 24 |
| 熔点/℃ | 265 | 228 | 226 |
| 强度/(cN·dtex$^{-1}$) | 3.8 | 3.0 | 3.3 |
| 断裂伸长率/% | 30 | 50 | 40 |
| 回弹性 | 较差 | 较好 | 好 |
| 染色温度/℃ | 130 | 100 | 100 |

# 5.2　聚酰胺纤维

聚酰胺(PA)纤维是世界上最早实现工业化生产的合成纤维,也是化学纤维的主要品种之一。1935 年,Carothers 等在实验室用己二酸和己二胺制成了聚己二酰己二胺(聚酰胺 66,PA66);1936—1937 年,发明了用熔体纺丝法制造聚酰胺 66 纤维的技术;1939 年,实现了工业化生产。另外,Schlack 在 1938 年发明了用己内酰胺合成聚己内酰胺(聚酰胺 6)和生产纤维的技术,并于 1941 年实现工业化生产。随后,其他类型的聚酰胺纤维也相继问世。由于聚酰胺纤维具有优良的物理性能和纺织性能,发展速度很快,其产量曾长期居合成纤维首位,自 1972 年以来被聚酯纤维替代而退居第二位。

聚酰胺纤维有许多品种,目前工业化生产及应用最广泛的仍以聚酰胺 66 和聚酰胺 6 为主,两者产量约占聚酰胺纤维的 98%。在聚酰胺纤维的生产中,长丝占绝大部分,但短纤维的生产比例逐步上升。

聚酰胺纤维是指其分子主链由酰胺键 $\left[\begin{smallmatrix} O & H \\ \| & | \\ -C & -N- \end{smallmatrix}\right]$ 连接起来的一类合成纤维。各国的商品名称不同,我国称聚酰胺纤维为锦纶,美国称 Nylon,苏联称 Kapron,德国称 Perlon,日本称 Amilan 等。

聚酰胺纤维一般可分为两大类。

一类是由二元胺和二元酸缩聚而得的,通式为 $\text{+NH(CH}_2\text{)}_x\text{NHCO(CH}_2\text{)}_y\text{CO+}_n$。根据二元胺和二元酸的碳原子数目,可以得到不同品种的命名,其前一个数字是二元胺的碳原子数,后一个数字是二元酸的碳原子数。如聚酰胺 66(锦纶 66)纤维是由己二胺 $[\text{H}_2\text{N(CH}_2\text{)}_6\text{NH}_2]$ 和己二酸 $[\text{HOOC(CH}_2\text{)}_4\text{COOH}]$ 缩聚制得的,而聚酰胺 610(锦纶 610)是由己二胺和癸二酸缩聚制得的。

另一类是由 $\omega$-氨基酸缩聚或内酰胺开环聚合制得的聚酰胺，通式为 $\\left[NH(CH_2)_xCO\\right]_n$。根据结构单元所含碳原子数目，也可得到不同品种的命名。如聚酰胺 6(锦纶 6)就是由含 6 个碳原子的己内酰胺开环聚合而得。其他聚酰胺纤维的命名，依此类推。

聚酰胺纤维除脂肪族聚酰胺纤维外，还有含脂肪环的脂环族聚酰胺纤维、含芳香环的脂肪族(芳香族)聚酰胺纤维等类别。根据 ISO 的定义，聚酰胺纤维仅包括上面几种类型的纤维，而不包括全芳香族聚酰胺纤维。通常，将聚酰胺分子链中两个酰胺键之间平均碳原子数不超过 10 的聚酰胺纤维叫作短碳链聚酰胺纤维，如锦纶 6 和锦纶 66；而两个酰胺键之间平均碳原子数大于或等于 10 的聚酰胺纤维叫作长碳链聚酰胺纤维，如锦纶 11 和锦纶 12。总体而言，世界各国对短碳链聚酰胺纤维的使用量远高于长碳链聚酰胺纤维，但是在对聚酰胺纤维要求较高的汽车工业等领域，长碳链聚酰胺具有不可替代的作用，其综合性能更优越。

表 5-2 列出了目前主要聚酰胺纤维的品种。本教材主要介绍聚酰胺 6 和聚酰胺 66。

**表 5-2　主要聚酰胺纤维的品种**

| 纤维名称 | 单体或原料 | 分子结构 | 国内通用名称 |
|---|---|---|---|
| 聚酰胺 4 | 丁内酰胺 | $\\left[NH(CH_2)_3CO\\right]_n$ | 锦纶 4 |
| 聚酰胺 6 | 己内酰胺 | $\\left[NH(CH_2)_5CO\\right]_n$ | 锦纶 6 |
| 聚酰胺 7 | 7-氨基庚酸 | $\\left[NH(CH_2)_6CO\\right]_n$ | 锦纶 7 |
| 聚酰胺 8 | 辛内酰胺 | $\\left[NH(CH_2)_7CO\\right]_n$ | 锦纶 8 |
| 聚酰胺 9 | 9-氨基壬酸 | $\\left[NH(CH_2)_8CO\\right]_n$ | 锦纶 9 |
| 聚酰胺 11 | 11-氨基十一酸 | $\\left[NH(CH_2)_{10}CO\\right]_n$ | 锦纶 11 |
| 聚酰胺 12 | 十二内酰胺 | $\\left[NH(CH_2)_{11}CO\\right]_n$ | 锦纶 12 |
| 聚酰胺 66 | 己二胺和己二酸 | $\\left[NH(CH_2)_6NHCO(CH_2)_4CO\\right]_n$ | 锦纶 66 |
| 聚酰胺 610 | 己二胺和癸二酸 | $\\left[NH(CH_2)_6NHCO(CH_2)_8CO\\right]_n$ | 锦纶 610 |
| 聚酰胺 1010 | 癸二胺和癸二酸 | $\\left[NH(CH_2)_{10}NHCO(CH_2)_8CO\\right]_n$ | 锦纶 1010 |
| 聚酰胺 6T | 己二胺和对苯二甲酸 | $\\left[NH(CH_2)_6NHCO-\\bigcirc-CO\\right]_n$ | 锦纶 6T |
| MXD6 | 间苯二甲胺和己二酸 | $\\left[NHCH_2-\\bigcirc-CH_2NHCO(CH_2)_4CO\\right]_n$ | 锦纶 MXD6 |
| 凯纳 1(Qiana)(PACM-12) | 二(4-氨基环己烷)甲烷和十二二酸 | $\\left[NH-\\bigcirc-\\overset{H_2}{C}-\\bigcirc-NHCO(CH_2)_{10}CO\\right]_n$ | 奎阿纳 |
| 聚酰胺 46 | 丁二胺和己二酸 | $\\left[NH(CH_2)_6NHCO(CH_2)_4CO\\right]_n$ | 锦纶 46 |
| 聚酰胺 612 | 己二胺和十二二酸 | $\\left[NH(CH_2)_6NHCO(CH_2)_{10}CO\\right]_n$ | 锦纶 612 |

## 5.2.1　聚酰胺的生产

聚酰胺树脂的制造方法有很多，但工业上主要采用熔融缩聚法、开环聚合法和低温聚合法。

### 5.2.1.1　聚己二酰己二胺的制备

聚己二酰己二胺由己二酸和己二胺缩聚制得。为了保证获得相对分子质量足够高的聚合体，要求在缩聚反应时，己二胺和己二酸要有相等的摩尔比，因为任何一种组分过量都会使由酸或氨端基构成的链增长终止。

为此，在工业生产聚己二酰己二胺时，先使己二酸和己二胺生成聚酰胺 66 盐（PA66 盐），然后用这种盐作为中间体进行缩聚制取聚己二酰己二胺。

1. 聚酰胺 66 盐的制备

聚酰胺 66 盐通常用己二酸的 20% 甲醇溶液和己二胺的 50% 甲醇溶液中和制得，因为此反应是放热反应，所以温度要严格控制，采用甲醇回流除去中和热。一般温度控制在 60℃~70℃，不断搅拌，使之中和成盐。控制 pH＝6.7~7.0，进行冷却、结晶、离心分离。析出的聚酰胺 66 盐用甲醇洗净，滤去洗涤液，干燥后即得精制聚酰胺 66 盐。其反应式如下：

$$HOOC(CH_2)_4COOH+NH_2(CH_2)_6NH_2 \longrightarrow {}^+H_3N(CH_2)_6NH_2 \cdot HOOC(CH_2)_4COO^-$$

另一种生产聚酰胺 66 盐的方法是以水为溶剂，即水溶液法。这种方法是使己二酸和己二胺在水介质中发生反应，制成 60% 的聚酰胺 66 盐水溶液，然后用泵送到储槽，直接供缩聚工序使用。此法省去了固体聚酰胺 66 盐的再溶解过程和溶剂的回收蒸馏过程，成本低，生产安全，但产品稳定性稍差，并要求己二酸和己二胺的纯度高。

固体聚酰胺 66 盐为白色结晶粉末，熔点为 192.5℃，含水量小于 0.5%。

2. 聚酰胺 66 盐缩聚反应

(1)聚酰胺 66 盐缩聚反应的特点。

聚酰胺 66 盐在适当条件下发生脱水缩聚逐步形成大量酰胺键，生成聚己二酰己二胺，其缩聚反应方程式为

$$n[{}^+H_3N(CH_2)_6NH_2 \cdot HOOC(CH_2)_4COO^-] \longrightarrow H[HN(CH_2)_6NHOC(CH_2)_4CO]_nOH+(2n-1)H_2O$$

聚酰胺 66 盐的缩聚反应是逐步进行的吸热可逆平衡反应，反应过程中有水生成。

(2)影响聚酰胺 66 盐缩聚反应的因素。

①单体摩尔比：己二胺和己二酸的用量是关系缩聚反应进展和控制聚合物相对分子质量的重要因素。为此，生产上采用等摩尔比的中性聚酰胺 66 盐进行缩聚。

②反应压力：单纯对缩聚反应本身而言，减压对反应有利，但为防止聚酰胺 66 盐的分解及己二胺的挥发，保证生成的聚合体的相对分子质量足够高，需要提高反应压力。但压力越大，越不利于水分的排除，而使聚合速度减慢，聚合体的平均相对分子质量降低。所以无论是间歇缩聚还是连续缩聚，都采用先在高压下预缩聚的方法，即先使聚酰胺 66 盐在一定压力下初步缩聚成具有一定黏度的预聚体(聚合度在 20 左右)。待聚酰胺 66 盐中的己二胺和己二酸在预缩聚中形成酰胺键后，再在真空条件下进行后缩聚，以排除水分，提高产物的相对分子质量。

③反应温度：缩聚初期的反应温度为 210℃~215℃，中期为 250℃~260℃，后期为 285℃。升高温度可以提高反应速度，缩短聚合时间。但反应初期为防止己二胺的挥发，其平衡时相应的单体含量增加，并且容易产生热裂解作用，使得聚合物的相对分子

质量降低，所以聚合物温度不宜过高。

④聚合时间：随着聚合时间的增加，反应单体的转化率和聚合物的相对分子质量都有所提高，直至达到平衡。反应初期的反应速度随时间而变化。反应后期，随着聚合时间的延长，分子量分布趋于平均。

⑤体系中的水分：体系中的水分含量和聚合度的关系可由下式表示：

$$\overline{DP} = \sqrt{\frac{K}{n_w}}$$

式中　$\overline{DP}$——聚酰胺 66 的数均聚合度；

　　　$K$——缩聚反应的平衡常数；

　　　$n_w$——平衡时系统中水的摩尔数。

缩聚反应后期排除水分有利于提高聚合度。聚酰胺 66 的反应平衡常数 $x=501$，由于其数值较大，对体系中水分含量的要求不是十分严格。在聚酰胺 66 民用丝的生产中，连续缩聚过程只需采用常压薄膜脱水即可；在帘子线的生产中，也只要采用低真空后缩聚(真空度 40.0~53.3 kPa)便可获得具有较高聚合度的产物。

⑥添加剂：为了控制聚酰胺的相对分子质量在需要的范围内，缩聚过程中还要加入少量醋酸或己二酸作为相对分子质量稳定剂。

为了提高聚酰胺 66 的光、热稳定性，有时还要加入锰盐、铜盐、卤化物等光、热稳定剂。

⑦熔融聚合体的热稳定性：在缩聚过程中，聚己二酰己二胺比聚己内酰胺等更易热分解和产生凝胶。高温时聚己二酰己二胺可以生成环戊酮。环戊酮是聚己二酰己二胺的一种交联剂，能促使大分子链间交联，产生网状结构而形成凝胶，并释放出二氧化碳、一氧化碳、二胺等气体。同时大分子链上的己二酰结构容易与末端的氨基缩合生成吡咯结构，使聚合体泛黄。因此，在聚己二酰己二胺的缩聚和纺丝过程中，应特别注意防止凝胶的生成和聚合体泛黄。

### 5.2.1.2　聚己内酰胺的制备

聚己内酰胺(PA6)可由 $\omega$-氨基己酸缩聚制得，也可由己内酰胺开环聚合制得。但是，由于己内酰胺的制造方法和精制提纯均比 $\omega$-氨基己酸简单，所以在大规模工业生产上，主要采用己内酰胺作为原料。己内酰胺开环聚合制备聚己内酰胺的生产工艺可以采用水解聚合、阴离子聚合和固相聚合三种不同的聚合方法。目前生产纤维用的聚己内酰胺主要采用水解聚合工艺。

主要化学反应如下：

(1)己内酰胺水解开环，生成氨基己酸：

$$(H_2C)_5 \begin{matrix} NH \\ | \\ CO \end{matrix} + H_2O \Longrightarrow H_2N(CH_2)_5COOH$$

(2)氨基己酸与己内酰胺进行加成聚合，形成聚合体：

$$H_2N(CH_2)_5COOH + n(H_2C)_5 \begin{matrix} NH \\ | \\ CO \end{matrix} \Longrightarrow H[NH(CH_2)_5CO]_{n+1}OH$$

链的增长：由于在第一阶段中绝大部分己内酰胺单体都参加了反应，因此在这一阶段主要是进行上一阶段形成的短链之间的连接，聚合物的相对分子质量得到进一步提高。这一阶段以缩聚反应为主，也伴随发生少量加成反应。

缩聚：$H[NH(CH_2)_5CO]_nOH + H[NH(CH_2)_5CO]_mOH \rightleftharpoons H[NH(CH_2)_5CO]_{n+m}OH + H_2O$

（3）大分子官能团之间缩聚：此阶段同时进行链交换、缩聚和水解等反应，使相对分子质量重新分布，最后根据反应条件（如温度、水分及相对分子质量稳定剂的用量等）达到一定的动态平衡，聚合物的平均相对分子质量也达到一定值。

链交换：$H[NH(CH_2)_5CO]_{k_1}[NH(CH_2)_5CO]_{k_2} + H[NH(CH_2)_5CO]_{k_3}OH \rightleftharpoons$

$$H[NH(CH_2)_5CO]_{k_1}[NH(CH_2)_5CO]_{k_3} + H[NH(CH_2)_5CO]_{k_2}OH$$

反应式中的 $n$、$m$、$k_1$、$k_2$、$k_3$ 均为任意正整数。

## 5.2.2　聚酰胺的纺丝

### 5.2.2.1　聚己内酰胺的纺前处理及切片干燥

**1. 纺前处理**

己内酰胺的聚合反应是一个可逆的平衡反应，当反应达到平衡后，聚合体中还含有约 10% 的单体和低聚物，这些低分子物质会妨碍纤维成型过程的正常进行。低分子物质容易汽化而恶化工作环境。另外，低分子物质的存在会影响成品纤维的染色均匀性，而且存放时间稍长，低分子物质会在纤维表面析出，像发霉的霉点，使纤维发黄变脆，对纤维的外观和内在质量都有一定影响。

（1）纺前脱单体：为了实施连续聚合直接纺丝，纺前可以设置单体抽吸装置，去除熔体中大部分单体以后，再送去纺丝，以保证纺丝过程的正常进行和纤维质量。

纺前脱单体是利用聚己内酰胺和单体的挥发性不同，使聚己内酰胺中的单体蒸发出来。

（2）切片萃取：萃取过程是水分子不断渗透到切片内部，低分子物质不断从切片中扩散出来并溶解在热水中的过程。萃取后切片中的低分子物质含量可降到 1.5%～2.0%，达到纺丝要求。

**2. 切片干燥**

萃取后的聚己内酰胺切片经机械脱水或自然干燥，仍含有约 10% 的水分，聚己二酰己二胺切片虽不经过萃取过程，但也含有 0.2%～0.4% 的水分。纺丝前必须将湿切片进行干燥，使含水率降至 0.06% 以下，否则聚己内酰胺熔融时会发生水解，使黏度降低。

### 5.2.2.2　聚酰胺的纺丝工艺及特点

除特殊类型的耐高温和改性聚酰胺纤维外，聚酰胺纤维均采用熔体纺丝法成型。

聚酰胺的纺丝也采用螺杆挤出机，纺丝过程与聚酯纺丝基本相同，只是由于聚合物的特性不同而使得工艺过程及其控制有些差别。20 世纪 70 年代后期，聚酰胺的熔体纺丝技术有了新的突破，即由原来的常规纺丝（1000～1500 m/min）发展为高速纺丝[预取向丝（POY）]和高速纺丝—拉伸一步法[全拉伸丝（FDY）]工艺。熔体纺丝机的卷绕速度向高速（3000～4000 m/min）发展，使所得的卷绕丝由原来结构和性能都不太稳定的未拉伸丝(UDY)转变为结构和性能都比较稳定的POY。但聚酰胺纤维的结构与聚酯纤维不同，为了避免卷绕丝在卷装时发生过多的松弛而导致变软、崩塌，要求相应的高速纺丝速度必须达到4200~4500 m/min。

### 5.2.2.3 聚酰胺纤维的后加工

刚成形的聚酰胺纤维强度低、伸度大、结构极不稳定，只有经过后加工，才能使其具有稳定的结构和一定的性能，符合后续工序的使用需求。根据聚酰胺纤维的品种和用途，其后加工工艺和设备不同。

1. 聚酰胺短纤维的后加工

通常采用熔体直接纺丝法制备聚酰胺短纤维。短纤维的纺丝生产设备在向多孔方向发展，如喷丝板的孔数可多达1000~2000孔，卷桶一般都采用棉条桶大卷装。聚酰胺短纤维纺丝后与聚酯短纤维一样也要进行后加工，其后加工过程与聚酯纤维类似，除加工工艺条件有一定差别外，聚己内酰胺纤维的后加工还需要通过水洗去除纤维中残存的单体及低聚物。聚酰胺短纤维含有较多的单体（约9.0%），通过水洗可使单体含量降低到1.5%以下。水洗采用热水洗，同时起到一定的热定型作用。水洗的方法一般有长丝束洗涤或切断成短纤维后淋洗两种，可分别在水洗槽和淋洗机上进行。总体上，聚己内酰胺短纤维的后加工过程为：集束—拉伸—洗涤—上油—卷曲—切断—开毛—干燥定型—打包。相应地还需要上油、压干、开松、干燥等辅助过程。开松过程需进行两次，一次是水洗上油后进行湿开松，以利于干燥过程的进行；另一次是在干燥后进行干开松，以增加纤维的开松程度。干燥设备有帘带式干燥机和网式圆筒干燥机等类型。

2. 聚酰胺长丝的后加工

聚酰胺长丝的生产过程在原料熔融和聚合等方面与聚酰胺短纤维的生产工艺基本相同，但后加工流程和设备不尽相同。普通长丝又称为拉伸加捻丝(DT丝)，它是由常规纺丝的卷绕丝或高速纺丝的预取向丝在拉伸加捻机上经拉伸和加捻(或无捻)制成的具有取向度、高强力、低伸长的长丝。由高速纺丝—拉伸一步法制得的FDY丝也属于普通长丝。

目前，聚酰胺长丝的生产多采用高速纺丝—拉伸加捻(POY—DT)工艺，即以高速纺的预取向丝(POY)为原料，在同一台机器上(拉伸加捻机，DT机)一步完成拉伸加捻作用。

(1)聚酰胺长丝后加工工艺流程。

POY—DT工艺流程如下：

POY丝筒 → 导丝器 → 喂入罗拉 → 热盘 → 热板 → 拉伸盘 → 钢丝圈 → 环锭加捻 → 卷绕筒管 → DT丝

(2)聚酰胺长丝后加工工艺特点。

①拉伸：在聚酰胺长丝加工过程中，拉伸是一道关键工序。根据不同的使用要求，确定相应的后加工过程，使纤维根据不同用途而具有适当的物理和机械性能及纺织性能，如强度、延伸度、弹性、沸水收缩率、染色性等。此外，在拉伸过程中要尽量减少纤维的断头率，以免妨碍后加工过程的正常进行。

聚酰胺6纤维与其他合成纤维不同的是聚合物中含有低分子化合物，低分子化合物的存在降低了大分子间的相互作用力，起到增塑剂的作用，使纤维易于拉伸，但强度却不能得到同时改善。而且低分子化合物含量过高，易于游离在丝条的表面，沾污拉伸机械，给拉伸带来困难。

②环锭加捻：丝条经拉伸后，通过拉伸加捻机上的加捻机构获得一定的捻度。

③后加捻：经过拉伸加捻后的纤维，尽管已经获得一定的捻度(5~20 捻/米)，但因捻度太少，所以仍称为无捻丝。

后加捻的目的是增大长丝的捻度，一般要求 100~400 捻/米，使纱线中的纤维抱合得更好，以增加纱线的强力，提高纺织加工性能。对聚酰胺 6 纤维来说，后加捻的另一个作用是把丝条绕到多孔的铝合金筒管上，以便压洗定型，除去纤维中的低分子化合物。

在加捻过程中，随着捻度的增加，丝条强力也逐渐增加，但是当捻度增加到一定极限值后，强力反而下降，这种强力达到极限值的捻度称为临界捻度。

## 5.2.3　聚酰胺的结构

### 5.2.3.1　分子结构

聚酰胺的分子是由许多重复结构单元(即链节)，通过酰胺键 $-\overset{\text{O}}{\overset{\|}{\text{C}}}-\overset{\text{H}}{\overset{|}{\text{N}}}-$ 连接起来的线型长链分子，在晶体中为完全伸展的平面锯齿形构象。聚己内酰胺的链节结构为 $-NH(CH_2)_5CO-$，聚己二酰己二胺的链节结构为 $-OC(CH_2)_4CONH(CH_2)_6NH-$，大分子中含有的链节数目(聚合度)决定了大分子链的长度和相对分子质量。

高聚物的相对分子质量及其分布是链结构的基本参数，适合用于纺织纤维的聚酰胺的平均相对分子质量要控制在一定范围内，过高和过低都会给聚合物的加工性能和产品性质带来不利影响。通常，成纤聚己内酰胺的数均相对分子质量为 14000~20000，成纤聚己二酰己二胺的相对分子质量为 20000~30000。聚合物的相对分子质量分布对纺丝和拉伸也有一定影响。相对分子质量分布常用多分散指数 $\overline{M_w}/\overline{M_n}$(重均相对分子质量与数均相对分子质量之比)来表示，聚己二酰己二胺的 $\overline{M_w}/\overline{M_n}=1.85$，聚己内酰胺的 $\overline{M_w}/\overline{M_n}=2$。

### 5.2.3.2　聚集态结构

不同锦纶的大分子主链都由碳原子和氮原子相连而成。在碳原子、氮原子上附着的原子数很少，并且没有侧基存在，故分子成伸展的平面锯齿形，相邻分子间可借助主链上的羰基氧和亚氨基氢原子生成氢键而相互吸引。因为相邻分子链上的羰基和氨基间也能生成氢键，因此，锦纶也有形成片晶的倾向(图 5-6)。

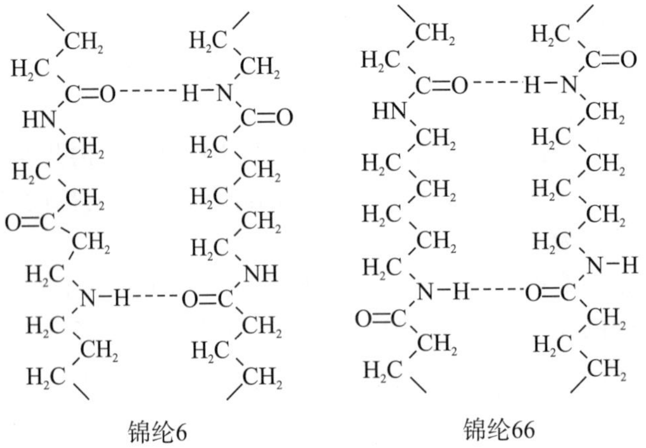

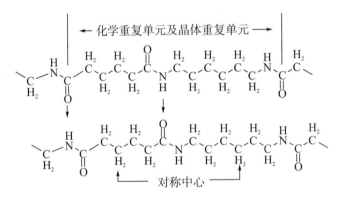

图 5-6　锦纶分子间氢键

（左侧）锦纶6　　　　（右侧）锦纶66

聚己二酰己二胺的晶态结构有两种形式：$\alpha$ 型和 $\beta$ 型。其分子链在晶体中具有完全伸展的平面锯齿形构象，如图 5-7 所示。氢键将这些分子固定形成片，这些片简单堆砌就形成了 $\alpha$ 型结构的三斜晶胞。在聚己二酰己二胺的结构单元中有偶数的碳原子，因此，大分子中羰基上的氧和氨基上的氢都能形成氢键，比较容易形成结晶，其动力学结晶能力 $G=133$。

← 化学重复单元及晶体重复单元 →

对称中心

图 5-7　晶体中聚己二酰己二胺分子链排列示意图

聚己内酰胺大分子在晶体中的排列方式有平行排列和反平行排列两种可能。当反平行排列时，羰基上的氧和氨基上的氢才能全部形成氢键；而当平行排列时，只能部分地形成氢键，如图 5-8 所示。由于氢键作用不同，聚己内酰胺的晶态结构比较复杂，有 $\gamma$ 型（假六方晶系）、$\beta$ 型（六方晶系）、$\alpha$ 型（单斜晶系）。$\alpha$ 型晶体是最稳定的形式，大分子呈完全伸展的平面锯齿形构象，相邻分子链以反平行方式排列，形成无应变的氢键。

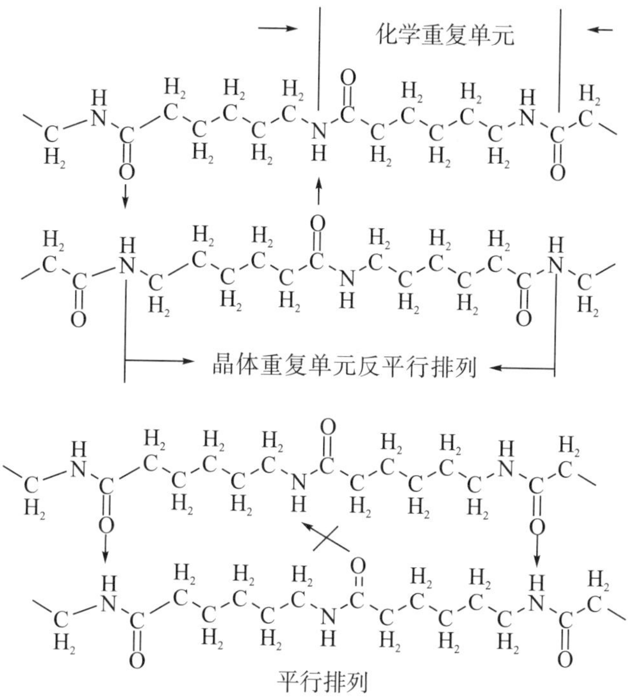

图 5-8　晶体中聚己内酰胺分子链排列示意图

3. 形态结构

采用熔体纺丝法制得的锦纶，在显微镜中观察到的形态结构与涤纶和丙纶相似，具有圆形的截面和无特殊的纵向结构。在电子显微镜下可观察到丝状的原纤组织，锦纶66 的原纤宽为 10~15 nm。

## 5.2.4　聚酰胺的性质

1. 密度

聚己内酰胺的密度随着内部结构和制造条件不同而有差异。不同晶型的晶态密度数值不同，测试方法不同，结果也不一致。据 Roldan 报道，根据射线的数据计算得到下列数值：$\alpha$ 型晶体密度计算值为 1.230 g/cm$^3$，$\beta$ 型晶体为 1.150 g/cm$^3$，$\gamma$ 型晶体为 1.159 g/cm$^3$，无定形区的密度为 1.084 g/cm$^3$。通常，聚己内酰胺是部分结晶的，因此测得的密度为 1.12~1.14 g/cm$^3$；而聚己二酰己二胺也是部分结晶的，其密度为 1.13~1.16 g/cm$^3$。

2. 熔点

聚酰胺是一种部分结晶高聚物，具有较窄的熔融范围，通常测得聚己内酰胺的熔点为 220℃，聚己二酰己二胺的熔点为 260℃。同其他高聚物一样，聚酰胺也容易受过冷作用的影响，实际上其凝固点常常比熔点低约 30℃，如聚己二酰己二胺的凝固温度为215℃~240℃。

3. 玻璃化温度

聚己内酰胺的玻璃化温度为 50℃~75℃，聚己二酰己二胺的玻璃化温度为 40℃~60℃。

### 5.2.5 聚酰胺纤维的性能

聚酰胺 66 纤维和聚酰胺 6 纤维的主要性能如下。

1. 断裂强度

聚酰胺纤维因为结晶度、取向度高以及分子间作用力大，所以强度也比较高。一般纺织用的聚酰胺长丝的断裂强度为 4.457 cN/dtex，作为特殊用途的聚酰胺强力丝断裂强度高达 6.2~8.4 cN/dtex，甚至更高。聚酰胺纤维的吸湿率较低，其湿态时的断裂强度为干态的 85%~90%。

2. 断裂伸长

聚酰胺纤维的断裂伸长因品种而异，强力丝断裂伸长要低一些，为 20%~30%，普通长丝为 25%~40%。通常湿态时的断裂伸长较干态高 3%~5%。

3. 初始模量

聚酰胺纤维的初始模量比其他大多数纤维都低，因此，聚酰胺纤维在使用过程中容易变形。在同样的条件下，聚酰胺 66 纤维的初始模量较聚酰胺 6 纤维稍高一些，接近于羊毛和聚丙烯腈纤维。

4. 弹性

聚酰胺纤维的回弹性极好，例如聚酰胺 6 长丝在伸长 10% 的情况下，回弹率为 99%，在同样伸长的情况下，聚酯长丝的回弹率为 67%，而黏胶长丝的回弹率仅为 32%。

5. 耐多次变形性或耐疲劳性

由于聚酰胺纤维的弹性好，所以它的打结强度和耐多次变形性很好。普通聚酰胺长丝的打结强度为断裂强度的 80%~90%，较其他纤维高。聚酰胺纤维耐多次变形性接近于聚酯纤维，而高于其他所有化学纤维和天然纤维。因此，聚酰胺纤维是制造轮胎帘子线较好的纤维材料之一。

6. 耐磨性

聚酰胺纤维是所有纺织纤维中耐磨性最好的，其耐磨性是棉花的 10 倍，羊毛的 20 倍，黏胶纤维的 50 倍。

7. 吸湿性

聚酰胺纤维的吸湿性比天然纤维和再生纤维都低，但在合成纤维中，除聚乙烯醇纤维外，它的吸湿性是较高的。聚酰胺 6 纤维中由于有单体和低分子化合物的存在，吸湿性略高于聚酰胺 66 纤维。

8. 密度

聚酰胺纤维密度小，在所有纤维中，其密度仅高于聚丙烯纤维和聚乙烯纤维。

9. 染色性

聚酰胺纤维的染色性能虽然不及天然纤维和再生纤维，但在合成纤维中是较容易染色的。

10. 光学性质

聚酰胺纤维具有光学各向异性，有双折射现象。双折射数值随拉伸比变化很大，充分拉伸后，聚酰胺 66 纤维的横纵向折射率为 1.582，横向折射率为 1.591；聚酰胺 6 纤维的横纵向折射率为 1.580，横向折射率为 1.530。

11. 耐光性

聚酰胺纤维的耐光性较差，在长时间的日光和紫外光照射下，强度下降，颜色发黄。通常在纤维中加入耐光剂，可以改善耐光性能。

12. 耐热性

聚酰胺纤维的耐热性不够好，在 150℃下经历 5 h 即变黄，强度和延伸度显著下降，收缩率增加。但在熔纺合成纤维中，其耐热性较聚烯烃好很多，仅次于聚酯纤维。通常聚酰胺 66 纤维的耐热性较聚酰胺 6 纤维好，它们的安全使用温度分别为 130℃和 93℃。在聚酰胺 66 和聚酰胺 6 聚合时加入热稳定剂，可改善其耐热性能。

聚酰胺纤维具有良好的耐低温性能，即使在 -70℃下，其回弹性变化也不大。

13. 电性能

聚酰胺纤维直流电导率很低，在加工时容易摩擦产生静电，但其电导率随吸湿率的增加而增加。例如，当大气中相对湿度从 0% 变化到 100% 时，聚酰胺 66 纤维的电导率增加 $10^6$ 倍，因此在纤维加工中，进行给湿处理可减少静电效应。

14. 耐微生物作用

聚酰胺纤维耐微生物作用的能力较好，在淤泥水或碱中，耐微生物作用的能力仅次于聚氯乙烯。但含油剂或上浆剂的聚酰胺纤维的耐微生物作用的能力降低。

15. 化学性能

聚酰胺纤维耐碱性、耐还原剂作用的能力很好，但耐酸性和耐氧化剂作用的能力较差。

## 5.2.6　聚酰胺纤维的主要用途

聚酰胺纤维具有一系列优良性能，其主要用途可分为服装用、产业用和地毯用三个方面。

1. 服装用聚酰胺纤维

聚酰胺长丝可以织成纯织物，也可以和其他纤维交织成混纺织物，或经加弹、蓬松等加工过程后作机织物、针织物和纬编织物等的原料。总线密度在 200 tex 以下的低密度长丝多用于妇女内衣、紧身衣、长筒袜和连裤袜。在聚酰胺纤维衣料中，除锦丝绸、锦丝被面等多采用纯聚酰胺长丝，市场销售的锦纶华达呢、锦纶凡立丁等大部分是聚酰胺短纤维与黏胶、羊毛、棉的混纺织物。作为衣料，聚酰胺纤维在运动衣、游泳衣、健美服、袜类等方面占有稳定的市场，并日益发展。

2. 产业用聚酰胺纤维

产业用聚酰胺纤维涉及工农业、交通运输业、渔业等领域。

由于聚酰胺纤维具有高干湿强度和耐腐蚀性，因此是制造工业滤布和造纸毛毡的理想材料，并已在食品、制糖、造纸、染料等轻化工行业中得到广泛应用。

聚酰胺帘子布轮胎在汽车制造行业中占有重要地位，由于具有强度高、延伸度较大、断裂功大等特点，故与其他各类帘子布相比，更能经受汽车在高速行驶中速率、重量和粗糙路面三要素的考验而不易产生车胎破裂。

聚酰胺纤维由于耐磨、柔软、质轻，可用来制作渔网、绳索和安全网等。此外，聚酰胺纤维还广泛用于传动运输带、消防软管、缝纫线、安全带和降落伞等多种产业用品。

    3. 地毯用聚酰胺纤维

地毯用聚酰胺纤维的用量正逐年增长，特别是由于新技术的开发赋予聚酰胺纤维以抗静电、阻燃等特殊功能，加之旅游、住宅业的兴旺也促进了地毯用聚酰胺纤维量的增长。近年来，随着聚酰胺膨体长丝（BCF）生产的迅速发展，大面积全覆盖式地毯均以聚酰胺簇绒地毯为主，其风格多变，用于家庭、宾馆、公共场所和车内装饰等，很有发展前途。

## 5.2.7 新型聚酰胺纤维

随着锦纶 6 纤维和锦纶 66 纤维在多个领域的广泛应用，近年来有研究者通过改变原料单体的含碳原子数目，开发了一系列新型聚酰胺纤维，典型代表为锦纶 46 纤维、锦纶 1010 纤维和锦纶 11 纤维（化学结构式见表 5-2）。与传统的聚酰胺纤维类似，新型聚酰胺纤维也采用熔体纺丝法成型。

### 5.2.7.1 聚酰胺 46 纤维

聚酰胺 46（锦纶 46）是荷兰国家矿业公司开发成功的一种新型聚酰胺，它是由丁二胺与等摩尔比的己二酸在甲醇存在的条件下发生反应，再与过量的丁二胺制成锦纶 46 盐，随后将其溶于 N-甲基吡咯烷酮内，于 200℃下缩聚 4 h 左右，再将预聚体粉碎成粒，于 250℃下反应 10 h 得到。

锦纶 46 纤维采用熔体纺丝法制备而成，可制成长丝束、短纤维和单丝。由于锦纶 46 纤维的大分子链结构规整，具有很好的对称性，又不易交联和支化，所以其有很好的结晶性能，在相同条件下，结晶度和结晶速率均高于锦纶 6 纤维和锦纶 66 纤维，这也给锦纶 46 纤维的加工与成型带来挑战。锦纶 46 纤维具有突出的耐磨性能，是锦纶 6 纤维的 3 倍。此外，高结晶度的锦纶 46 纤维具有较好的熔点（278℃～308℃），高于锦纶 6 纤维和锦纶 66 纤维。锦纶 46 纤维质轻柔软、手感好、耐磨不破，大量用于缝纫线、轮胎帘子线、面料、造纸干毯及过滤材料等。

### 5.2.7.2 聚酰胺 1010 纤维

1959 年，上海长虹塑料厂独创以蓖麻油为基础原料开发聚酰胺新品种，聚酰胺 1010（锦纶 1010）是我国的特有品种。1961 年，该厂实现了工业化。锦纶 1010 由癸二胺和癸二酸缩聚而成。将等摩尔比的癸二胺和癸二酸溶于乙醇中，在催化剂的作用下，生成预聚体，随后在反应釜中高温反应，预聚体进一步缩聚制得锦纶 1010。

锦纶 1010 纤维的密度和吸水性比锦纶 6 纤维和锦纶 66 纤维低，机械强度高，耐磨性和自润滑性好，耐寒性比锦纶 6 纤维好。锦纶 1010 纤维还具有较好的电气绝缘性和化学稳定性，无毒。但锦纶 1010 纤维的熔体温度范围较窄，在高温下与氧气长期接触极易引起热氧化降解，纤维会变成黄褐色，力学性能会显著下降。锦纶 1010 纤维可用于编织渔网、绳索等。此外，由于锦纶 1010 纤维无毒性，对人体无副作用，也可以加工成医疗用滤血网。

### 5.2.7.3　聚酰胺 11 纤维

聚酰胺 11（锦纶 11）是聚酰胺家族中的一个重要成员，由 $\omega$-氨基十一酸缩聚而成。在一定温度和压力下，把 $\omega$-氨基十一酸均匀分散在水中形成乳液，随后在氮气保护下，升温进行缩聚反应，获得高分子量的锦纶 11。

锦纶 11 纤维具有较长的亚甲基链，柔性较好，挠曲性能优异，抗弯曲模量在主要聚酰胺纤维品种中最低，耐磨性和锦纶 6 纤维、锦纶 66 纤维相当，因此，锦纶 11 纤维具有质感柔软、耐磨不破的特点。锦纶 11 纤维的吸湿性较差，这主要是因为分子链上亚甲基数量多，导致酰胺基密度降低。20℃时，锦纶 6 纤维和锦纶 66 纤维的吸水率分别高达 9.0%～11.0% 和 7.5%～9.0%，而锦纶 11 纤维仅为 1.6%～1.8%。由于锦纶 11 纤维具有以上特性，问世以来，应用领域日益扩大，在纺织、汽车、医疗器械和体育用品等领域得到了广泛应用。其中，约 20% 的锦纶 11 纤维用于生产纺织品。

## 5.2.8　芳香族聚酰胺纤维

芳香族聚酰胺纤维在我国简称为芳纶。芳纶是以芳香族化合物为原料经缩聚纺丝制得的合成纤维。最具代表性的是美国杜邦公司于 1962 年开发的聚间苯二甲酰间苯二胺纤维（商名品为 Nomex）和 1966 年开发的聚对苯二甲酰对苯二胺纤维（商品名为凯芙拉，Kevlar）。在我国，聚间苯二甲酰间苯二胺纤维称为芳纶 1313，聚对苯二甲酰对苯二胺纤维称为芳纶 1414。芳纶纤维具有超高强、超高模量、耐高温和密度小等特性，主要用于工业技术上有特殊要求的产品。

### 5.2.8.1　聚间苯二甲酰间苯二胺纤维

1. 聚间苯二甲酰间苯二胺的合成

聚间苯二甲酰间苯二胺［Poly（m-phenylene isophthalamide），PMIA］的合成采用界面缩聚法或低温溶液缩聚法，由间苯二胺和间苯甲酰氯缩聚而成，反应式如下：

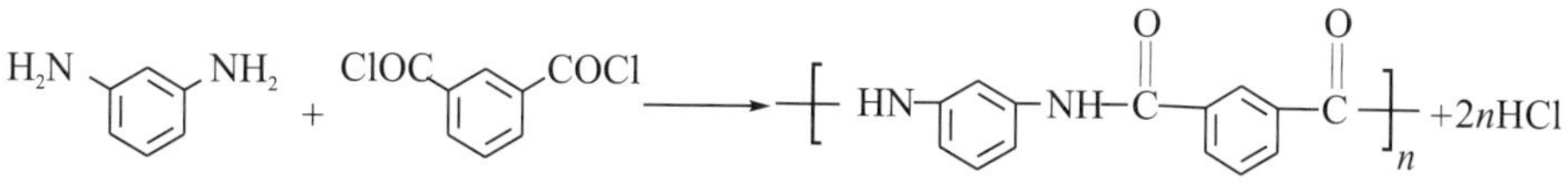

界面缩聚法和低温溶液缩聚法各有优缺点。界面缩聚的反应速度快，相对分子质量较高，聚合物经过洗涤再溶解后可以配制高质量的纺丝原液，采用干法纺丝技术。低温溶液缩聚的反应比较缓和，生成的聚合物直接溶解在缩聚溶剂中，反应得到的浆液直接纺丝，工艺简便，适宜用湿法纺丝。

2. 聚间苯二甲酰间苯二胺纤维的纺丝

由于 PMIA 未熔融就已分解，因此 PMIA 纤维（芳纶 1313）通常采用干法纺丝和湿法纺丝两种方法制备，这两种纺丝方法与常规的化学纤维干法纺丝和湿法纺丝基本相同。近年来，也有研究人员采用干湿法纺丝进行 PMIA 纤维的制备，使纤维的结构比较紧密，得到高质量的 PMIA 纤维。总体而言，以上三种纺丝方法各有利弊，干法纺丝和干湿法纺丝一般适合纺制 PMIA 长丝，由于喷丝板孔数少，纺丝速度高，得到的纤维质量好，然而纺丝设备较复杂，生产成本比较高。湿法纺丝由于喷丝孔多达 30000 孔以上，设备相对简单，产量高，适宜 PMIA 短纤维的生产，但纤维质量没有干法纺丝和干湿法纺丝好。

3. 聚间苯二甲酰间苯二胺纤维的结构

PMIA 纤维是由酰胺基团和苯基以间位相连的线性大分子，间位连接的苯环共价键没有共轭效应，内旋转的位能比较低，可旋转角度大，所以大分子呈柔性结构。此外，分子间存在较强的氢键，化学结构稳定，因而其弹性模量和柔性大分子大致处于同水平。PMIA 纤维的结晶结构属于三斜晶系，晶体结构中，氢键在晶体中的两个平面上存在，像格子般排布，亚苯基环的二面角从酰胺平面测量为 $30°$，这是分子内相互作用力下最稳定的结构。PMIA 纤维单元的结晶尺寸为：$a=0.527$ nm，$b=0.525$ nm，$c=1.13$ nm，$\alpha=111.5°$，$\beta=111.4°$，$\gamma=88.0°$，$Z=1$。

4. 聚间苯二甲酰间苯二胺纤维的性能

(1) 力学性能：PMIA 纤维的强度比棉花稍大，与聚酯、尼龙相当。由于 PMIA 纤维大分子链呈现柔性结构，因此纤维伸长也大，手感柔软，耐磨性好，它与几种常用纤维的物理－力学性能对比见表 5-3。

表 5-3 几种常用纤维的物理－力学性能对比

|  |  | 芳纶 1313 | Nomex | 尼龙 | 涤纶 | 棉花 |
|---|---|---|---|---|---|---|
| 强度 | cN/dtex | 2.6~4.8 | 3.5~5.5 | 3.9~6.6 | 4.1~5.7 | 2.5~4.3 |
|  | GPa | 0.5~0.7 | 0.5~0.8 | 0.4~0.7 | 0.6~0.8 | 0.4~0.7 |
| 伸长率/% |  | 20~50 | 35~50 | 25~60 | 20~50 | 6~10 |
| 模量 | cN/dtex | 52~80 | 48~71 | 9~27 | 22~62 | 60~80 |
|  | GPa | 7.5~10.9 | 6.7~9.8 | 1.0~3.0 | 3.1~8.5 | 9.5~12.0 |
| 密度/(g/cm³) |  | 1.37 | 1.38 | 1.14 | 1.38 | 1.54 |
| 极限氧指数/% |  | 28~32 | 29~32 | 20~22 | 20~22 | 19~21 |
| 炭化温度/℃ |  | 400~420 | 400~430 | 250 熔化 | 255 熔化 | 140~150 |

(2) 化学性能：PMIA 纤维具有优异的耐热化学性，能耐大多数酸的作用，只有长时间与盐酸、硝酸或硫酸接触，强度才有所降低。对碱的稳定性也好，只是不能与氢氧化钠等强碱长期接触。此外，PMIA 纤维对漂白剂、还原剂、有机溶剂等的稳定性也很好。

(3) 耐热性：PMIA 纤维具有优越的耐热性能，玻璃化转变温度为 270℃（涤纶为 80℃~90℃），热分解温度为 400℃~430℃。在 200℃下使用 20000 h，PMIA 纤维的强度保持率高达 90%；在 350℃以下不会发生明显的分解和炭化；在 300℃下使用 1 周，仍能保持纤维原强度的 50%。

(4) 耐辐射性：PMIA 纤维具有优异的耐辐射性。50 kV 的 X 射线辐射 100 h，PMIA 纤维的强度保持率为 73%，相同条件下涤纶和尼龙已变成粉末。

（5）耐光性：PMIA 纤维对日光的稳定性较差。由于大分子链上有酰胺基团，其在紫外光的照射下会发生分子链的断裂，从而导致纤维的物理机械性能变差。如果是原色纤维，会导致纤维颜色变深。

（6）染色性：PMIA 纤维分子排列紧密，染料分子不易进入，因此其染色性能较差，特别是深色的染色牢度差。对于高结晶度的湿法纺丝纤维，此问题尤为突出。

（7）阻燃性：PMIA 纤维具有较好的阻燃性，极限氧指数为 29％～32％，在火焰中不会延燃，不产生熔滴，离开火焰后具有自熄性。

5. 聚间苯二甲酰间苯二胺纤维的用途

（1）高性能工作服：如易燃易爆环境下工作人员使用的飞行服、防化作战服、消防战斗服、炉前工作服、电焊工作服、均压服、防辐射工作服、化学防护服、高压屏蔽服等各种特殊防护服装，也用于赛车服、宇航服、工作手套等。

（2）公共建筑或交通运输工具中的室内用品：如 PMIA 纤维地毯已用于波音飞机。在发达国家，芳纶织物还普遍用作宾馆纺织品，救生通道、家用防火装饰品，熨衣板覆面，厨房手套以及保护老人儿童的难燃睡衣等。

（3）制作工业滤材、填料：我国黑色冶金行业、铝行业、电力和燃煤锅炉行业、建材行业、化工行业等年需滤材约 1000 万平方米。制作耐高温绝缘材料（如耐高温、耐燃输送带），以及宇航、航空和船舶工业上有着广泛应用的蜂窝结构护墙材料。这种材料的强度/质量比与刚度/质量比约为钢材的 9 倍，且抗燃、耐腐蚀、耐溶剂和耐多种化学药品，并在湿态下仍保留强度，抗冲击性及高负荷下的回弹性优良，易于加工和制备，因此得到广泛的应用。

## 5.2.8.2 聚对苯二甲酰对苯二胺纤维

1. 聚对苯二甲酰对苯二胺的合成

聚对苯二甲酰对苯二胺［Poly（p-phenylene terephthalamide），PPTA］由对苯二胺和对苯二甲酰氯缩聚而成，由于其熔融温度高于分解温度，因此不能用熔融缩聚的方法，只能采用界面缩聚、溶液缩聚和乳液聚合的方法。目前，工业上主要采用低温溶液缩聚和界面缩聚的方法，反应式如下：

$$X-\overset{O}{\underset{}{C}}-\langle\bigcirc\rangle-\overset{O}{\underset{}{C}}-X+H_2N-\langle\bigcirc\rangle-NH_2 \longrightarrow \left[\overset{O}{\underset{}{C}}-\langle\bigcirc\rangle-\overset{O}{\underset{}{C}}-NH-\langle\bigcirc\rangle-NH\right]_n+2nHX$$

值得指出的是，不同的溶剂体系对 PPTA 的合成反应有重要的影响。因为溶剂化作用不同，吸收或排除缩聚过程中放出的副产物（如盐酸）的程度不同，副反应的控制也不一样，所以选择溶剂体系对合成 PPTA 至关重要。

2. 聚对苯二甲酰对苯二胺纤维的纺丝

PPTA 是典型的刚性链聚合物，在大多数有机溶剂中不溶解，只在浓硫酸、氯磺酸和氟代醋酸等少数强酸溶剂中溶解，制备成适宜纺丝的溶液。和其他强酸比较，硫酸酸性强，溶解性能适中，挥发性低，回收工艺成熟，比较经济，所以工业化生产采用浓硫酸作 PPTA 的纺丝溶剂。PPTA 经洗涤和干燥后溶于 99％的浓硫酸中，得到浓度为

20%的纺丝原液送往纺丝工序。纺丝采用干喷湿纺法,纺丝速度为 200～300 m/min,不需进一步拉伸即得高强度纤维。原纤经洗涤后,于 500℃下进行热处理,则得高模量纤维。若在缩聚过程中加入 3,4′-二氨基二苯醚,所得聚合物可溶于 N-甲基吡咯烷酮中,则可进行湿法纺丝,所得纤维耐疲劳性好。

3. 聚对苯二甲酰对苯二胺纤维的结构

常规纤维大分子链多为折叠、弯曲和相互纠缠的形态,经过拉取向后,纤维的取向和结晶度仍然比较低。但是 PPTA 纤维不同,其大分子的刚性规整结构、伸直链构象和液晶状态下纺丝的流动取向效果,使大分子沿着纤维轴的取向度和结晶度相当,所以其强度和模量相当高。这种结构上的差异,使 PPTA 纤维和 PMIA 纤维在力学性能上有特别大的差别。PPTA 纤维中与纤维轴垂直方向存在分子间酰胺基团的氢键和范德华力,但这个凝聚力比较弱,因此大分子容易沿着纤维纵向开裂而产生微纤化。PPTA 纤维微细构造模型如图 5-9 所示,基本上反映了 PPTA 纤维的主要结构特征。

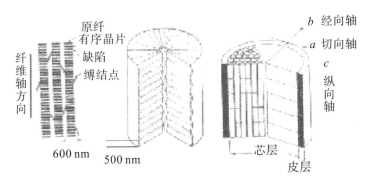

**图 5-9　PPTA 纤维微细构造模型**

PPTA 纤维的主要特点有:纤维的结构为皮芯层有序微区结构,纤维中存在伸直链聚集而成的原纤结构;纤维的横截面上有皮芯结构;沿着纤维轴向存在 200～250 nm 的长周期,与结晶 $c$ 轴呈夹角 0°～10°相互倾斜的褶皱结构;氢键结合方向是结晶 $b$ 轴;大分子末端部位往往产生纤维结构的缺陷区域。

4. 聚对苯二甲酰对苯二胺纤维的性能

(1) 力学性能:PPTA 纤维具有高强度和高模量的特点,一般单丝的强度为 15.9～23.8 cN/dtex,是优质钢材的 5～6 倍,是涤纶工业丝的 4 倍,断裂伸长为 1.5%～4.0%,初始模量为 440～970 cN/dtex。但 PPTA 纤维弯曲压缩性能较差,PPTA 纤维的结晶构造存在氢键,横向作用力弱,片晶之间容易滑移,对纤维弯曲加压后,纤维上能观察到倾斜的扭折褶带,纤维强度降低,因此 PPTA 纤维的耐疲劳性能较差。

(2) 密度:PPTA 纤维密度为 1.43%～1.44 g/cm³,比锦纶、聚酯纤维大,比碳纤维小。

(3) 热稳定性:PPTA 纤维具有全对位的刚性芳环结构,热稳定性很好,连续使用温度范围极宽,在 -196℃～204℃可长期正常运行。PPTA 纤维的玻璃化温度约为 345℃,在高温下不熔融,热收缩很小,有自熄性,在 200℃下强力几乎保持不变,随着温度上升，纤维逐步发生热分解或炭化，其分解温度约为 560℃，显示出优异的耐高温特性，极限氧指数为 28%~30%。

（4）化学稳定性：一般来讲，在氧化环境下，长时间使用温度为 150℃，大部分盐水溶剂对 PPTA 纤维无影响。但在高温或高浓度的强酸、强碱溶液中，PPTA 纤维的强度会降低。

5. 聚对苯二甲酰对苯二胺纤维的应用

（1）国防军工等尖端领域：防弹衣、防弹头盔、防刺防割服、排爆服、高强度降落伞、防弹车体、装甲板等均大量采用 PPTA 纤维。在防弹衣中，由于 PPTA 纤维强度高，韧性和编织性好，能将子弹冲击的能量吸收并分散转移到编织物的其他纤维中去，避免造成"钝伤"，因而防护效果显著。芳纶防弹衣、头盔的轻量化，有效地提高了使用者的快速反应能力和防护能力。

（2）航空航天领域：PPTA 纤维树脂基增强复合材料用作火箭和飞机的结构材料，可减轻质量，增加有效负荷，节省大量动力燃料。如波音飞机的壳体、内部装饰件和座椅等成功地运用了 PPTA 纤维，质量减轻 30%。

（3）高强轮胎帘子线：PPTA 纤维密度小、强度高、耐热性好，并且对橡胶有良好的黏附性，所以是最理想的帘子线纤维。目前，米其林、固特异、倍耐力等公司已采用 PPTA 纤维制作轮胎帘子线，大量用于高级轿车领域。

（4）建筑结构加固材料：由于 PPTA 纤维具有轻质高强、高弹模、耐腐蚀、不导电和抗冲击等性能，可用于对桥梁、柱体、地铁、烟囱、水塔、隧道及电气化铁路、海港码头进行维修、补强，特别适合对混凝土结构的加固与修复。

## 5.3　聚丙烯腈纤维

聚丙烯腈（Polyacrylonitrile，PAN）纤维是由链结构单元中丙烯腈（AN）含量占 85%以上的线性聚合物纺制而成。由 AN 含量占 35%~85%、其他共聚单体含量占 15%~65%的共聚物制成的纤维称为改性聚丙烯腈纤维。在国内，聚丙烯腈纤维的商品名为腈纶。

早在 1894 年，法国化学家 Moureu 首次提出了聚丙烯腈的合成。1929 年德国的巴斯夫（BASF）公司成功地合成聚丙烯腈，并在德国申请了专利。1942 年德国的 Herbed Rein 和美国杜邦公司同时发明了溶解聚丙烯腈的溶剂二甲基甲酰胺（DMF）。由于当时正处于第二次世界大战，直到 1950 年才在德国和美国实现聚丙烯腈纤维的工业化生产。德国的商品名为贝纶（Perlon），美国的商品名为奥纶（Orlon），它们是世界上最早实现工业化生产的聚丙烯腈纤维品种。

聚丙烯腈纤维具有许多优良性能，如柔软、轻盈、保暖等优点，有"合成羊毛"之称。另外，聚丙烯腈纤维具有优异的耐光性和耐辐射性，但其强度并不高，耐磨性和抗疲劳性也较差。随着合成纤维生产技术的不断发展，各种改性聚丙烯腈纤维相继出现，使之应用领域不断扩大。

### 5.3.1 聚丙烯腈的制备

#### 5.3.1.1 单体及其他基本原料

**1. 单体**

合成聚丙烯腈的主要单体为丙烯腈,它可以用石油、天然气、煤及电石等制取,有多种工艺路线。由于丙烯氨氧化法对丙烯纯度要求不高(含量70%~90%),目前其已成为国内外生产丙烯腈最主要的方法。丙烯在氨、空气与水的存在下,用钼酸铋与锑酸双氧铀作催化剂,在沸腾床上于温度为450℃、压力为150 kPa下反应,反应按下式进行:

$$H_2C\!=\!CH\!-\!CH_3+NH_3+\frac{3}{2}O_2 \xrightarrow[\text{催化剂}]{400℃\sim500℃} H_2C\!=\!CH\!-\!CN+3H_2O$$

丙烯腈在常温常压下是一种具有特殊臭味的无色液体,丙烯腈稍溶于水,能与大部分有机溶剂互溶形成恒沸物系。

由于用丙烯腈均聚物制成的纤维弹性差,通常采用的成纤聚丙烯腈大多为三元共聚物。第二单体的作用是降低大分子间作用力,降低PAN的结晶度,改善纤维弹性。通常选用含酯基的乙烯基单体,如丙烯酸甲酯、甲基丙烯酸甲酯、丙烯酰胺和醋酸乙烯等,加入量为5%~10%。

加入第三单体的目的是改进纤维的染色性及亲水性,可制得色谱齐全、颜色鲜艳、染色牢度好的纤维。一般选用可离子化的乙烯基单体,可分为两大类:一类是对阳离子染料有亲和力,含有羧基或磺酸基团的单体,如丙烯磺酸钠、甲基丙烯磺酸钠、衣康酸等;另一类是对酸性染料有亲和力,含有氨基、酰胺基、吡啶基等的单体,如乙烯吡啶、2-甲基-5-乙基吡啶、甲基丙烯酸二甲替氨基乙酯等,加入量为0.5%~3.0%。

**2. 引发剂**

丙烯腈聚合过程中使用的引发剂主要有以下几种类型:

(1)偶氮类引发剂。如偶氮二异丁腈、偶氮二异庚腈等。

(2)有机过氧化物类。如辛酰过氧化物、过氧化二碳酸二异丙酯等。

(3)氧化还原体系类。氧化剂如过硫酸盐、过氧化氢、氯酸盐,还原剂如亚硫酸盐、亚硫酸氢钠、氧化铜等。

丙烯酸的聚合工艺路线不同,所采用的引发剂也不同。如硫氰酸钠(NaSCN)溶剂路线和二甲基亚砜(DMSO)溶剂路线多以偶氮二异丁腈为引发剂,水相聚合法则主要采用氧化还原体系类引发剂。

**3. 溶剂**

丙烯腈的聚合常采用溶液聚合法。常用的溶剂有硫氰酸钠水溶液、氯化锌水溶液、硝酸、二甲基亚砜、二甲基甲酰胺、二甲基乙酰胺(DMAC)等。

**4. 其他添加剂**

为了控制相对分子质量,在丙烯腈的聚合过程中常加入异丙醇(IPA)。另外,为了防止聚合体着色,在聚合过程中还需加入少量还原剂或其他添加剂,如二氧化硫脲

（TUD）、氧化亚锡等，以提高纤维的白度。

### 5.3.1.2　丙烯腈的聚合

#### 1. 均相溶液聚合

均相溶液聚合是指所用溶剂既能溶解单体又可溶解聚合产物。反应结束后，聚合物溶液可直接用于纺丝，所以该法也称为一步法。如以硫氰酸钠浓水溶液、氯化锌浓水溶液、硝酸、二甲基甲酰胺、二甲基亚砜等为溶剂的丙烯腈聚合均采用此法。

以硫氰酸钠一步法均相溶液聚合为例，其工艺流程如图 5-10 所示。

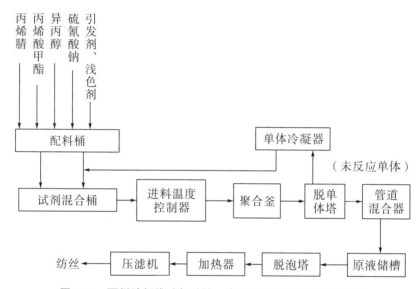

**图 5-10　丙烯腈纤维硫氰酸钠一步法均相溶液聚合工艺流程**

原料丙烯腈、第二单体丙烯酸甲酯（MA）、异丙醇及 48.8％硫氰酸钠水溶液等分别经由计量桶计量后放入配料桶。引发剂偶氮二异丁腈（AIBN）和浅色剂二氧化硫脲（TUD）经称量后，经由旋流液封加料斗加入配料桶。衣康酸（ITA）则被调成一定浓度水溶液经计量桶加入配料桶。调好后，连续地以稳定的流量注入试剂混合桶。然后，与从聚合浆液中脱除的未反应单体等充分混合并调温后，用计量泵连续送入聚合釜进行聚合反应。

聚合反应结束后，料液进入脱单体塔，将未反应的单体分离并抽提到单体冷凝器，由反应物混合液冷凝后带回试剂混合桶。对于低转化率聚合反应，出料混合物中非反应单体含 40％～45％，中转化率反应则含 30％左右。料液中单体含量不应超过 0.3％。

脱单体后聚合物溶液经脱泡、调湿、过滤即可送去纺丝。

#### 2. 非均相聚合

丙烯腈的非均相聚合一般多采用以水为介质的水相沉淀聚合法。水相沉淀聚合是指以水为介质，丙烯腈等单体可溶于水，但聚合产物聚丙烯腈不溶于水而沉淀。水相沉淀聚合具有下列优点：

（1）水相沉淀聚合通常采用水溶性氧化还原体系类引发剂，引发剂分解活化能较低，聚合可在30℃～50℃甚至更低的温度下进行，所得产物色泽较白。

（2）水相沉淀聚合反应的反应热容易控制，聚合产物的相对分子质量分布较窄。

（3）聚合速度较快，产物粒子大小较均匀且含水率较低，聚合转化率较高，浆状物料易于处理，回收工序较简单。

图5-11为连续式水相沉淀聚合工艺流程。从图中可知，单体、引发剂和水等通过计量泵打入聚合釜，控制一定的pH，反应物料在釜内停留一定时间进行反应，达到规定转化率后，含单体的聚合物淤浆流到碱终止釜，用NaOH水溶液调整系统pH，使反应终止。再将含单体的淤浆送到脱单体塔，脱除单体后的聚合物淤浆经离心脱水机脱水、洗涤后即得干净的丙烯腈共聚体。

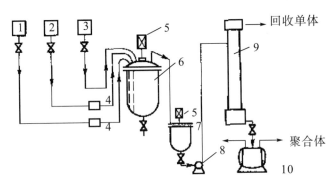

1—AN+MA计量稳压罐；2—NaClO₃—Na₂SO₃水溶液计量稳压罐；
3—HNO₃+第三单体计量稳压罐；4—计量泵；5—搅拌及电动机；
6—聚合釜；7—碱终止釜；8—输送泵；9—脱单体塔；10—离心脱水机

**图5-11 连续式水相沉淀聚合工艺流程**

## 5.3.2 聚丙烯腈纤维的纺丝

### 5.3.2.1 纺丝原液的制备

聚丙烯腈纤维一般采用湿法或干法纺丝成型。为此，纺丝前首先需要制备纺丝原液。聚丙烯腈的溶剂包括有机溶剂和无机溶剂两大类。有机溶剂主要有二甲基甲酰胺、二甲基乙酰胺、二甲基亚砜及碳酸乙烯酯等，无机溶剂主要有硫氰酸钠、氯化锌水溶液及硝酸等。

将粉状或颗粒状聚丙烯腈固体溶解在适当的有机或无机溶剂中，经过混合、脱泡、过滤等，制成满足纺丝工艺要求的纺丝原液。

选择溶剂时，除考虑纺丝工艺、设备和纤维品质的要求外，还要考虑溶剂本身的物理、化学性质和经济因素。若单纯从纺丝工艺的角度考虑，对同一聚合物，当聚合物浓度一定时，用溶解能力较强的溶剂所得纺丝原液的黏度较低，即纺丝原浓黏度相同时，聚合物浓度较高。无论采用何种溶剂，都要求制成的纺丝原液有较好的稳定性。

## 5.3.2.2　湿法纺丝

### 1. 湿法成型的凝固过程

湿法纺丝是聚丙烯腈纤维采用的重要纺丝方法之一。在湿法纺丝过程中，纺丝原液由喷丝孔挤出进入凝固浴后，纺丝细流的表层首先与凝固介质接触并很快凝固成一薄层，凝固浴中的凝固剂(水)不断通过这一表层扩散至细流内部，而细流中的溶剂也不断通过表层扩散至凝固浴中，这一过程即湿法成型中的双扩散过程。由于双扩散的不断进行，使纺丝细流的表皮层不断增厚。当细流中间部分溶剂浓度降低到某一临界值以下时，纺丝细流发生相分离，即初生纤维从浴液中沉淀出来，并伴随一定程度的体积收缩。

### 2. 影响纤维成型的因素

纤维成型过程对最终纤维品质起着十分重要的作用，也关系到整个操作过程能否顺利进行。影响纤维成型的主要因素可归纳如下：

(1)原液中聚合物浓度。

原液中聚合物浓度越高，需脱除的溶剂越少，成型速度越快。若其他条件不变，仅增加纺丝原液中聚合物的浓度，则所得初生纤维的密度较大，纤维中微孔数目减少，纤维结构比较均匀，有利于改善纤维的力学性能。但当浓度增大到某一极限值后，变化则不显著。

原液中聚合物浓度对纤维的模量、耐磨性及断裂伸长率等也有类似的影响。

(2)凝固浴组成。

湿法纺丝中一般采用制备纺丝原液时所用溶剂的水溶液作为凝固浴。凝固浴中溶剂的含量对成品纤维的强度、延伸度、钩接强度、耐磨性以及手感和染色性等都有明显的影响。凝固浴中溶剂的浓度高，纺丝细流的凝固速度即成型速度慢，对获得结构较为致密的初生纤维有利。但浓度过高，使双扩散过程太慢，容易引起凝固成型困难和不易操作等问题。

(3) 溶剂的凝固能力。

凝固浴中溶剂的凝固能力对纤维成型速度有着重要影响，溶剂的凝固能力直接决定了其在凝固浴中的含量。以有机溶剂（如 DMF）的水溶液为凝固浴时，因凝固能力较强，故浴中溶剂含量应较高（浓度差减小，丝条 DMF 约 78%，凝固浴 DMF 约 55%），借以抑制高聚物的凝固速度，以获得结构较为致密的初生纤维；以无机物（如 NaSCN）的水溶液为凝固浴时，因凝固能力较差，故浴中的溶剂含量较低（浓度差增大，丝条 NaSCN 约 44%，凝固浴 NaSCN 约 12%）。

(4)凝固浴温度。

凝固浴温度直接影响凝固浴中的凝固剂和溶剂的扩散速度，从而影响成型过程。因此，凝固浴温度与凝固浴浓度一样，也是影响成型过程的主要因素。降低凝固浴温度，可使凝固速度下降，凝固过程比较均匀，初生纤维结构紧密，成品纤维的强度和钩接强度提高。

随着凝固浴温度上升，分子运动加剧，双扩散过程加快，成型速度加快，但若凝固浴温度过高，则会导致凝固速度过快，造成与凝固浴溶剂浓度过低类似的问题，如初生纤维结构疏松、皮芯层差异较大及纤维强度明显下降等。

(5)凝固浴循环量。

在纺丝成型过程中，纺丝原液中的溶剂不断进入凝固浴，使凝固浴中溶剂浓度不断变化，同时凝固浴的温度也有所改变。而凝固浴的浓度和温度又直接影响纤维的品质，因此必须不断地使凝固浴循环，以保证凝固浴浓度和温度在工艺要求的范围内波动，确保纤维品质稳定。

凝固浴循环量大，浴液的浓度落差小，有利于保持浴液温度恒定，从而使成型速度均匀。然而，循环量过大，又会引起浴液出现不稳定流动，容易产生毛丝，不利于纺丝过程的顺利进行。

为了保证纺丝过程的顺利进行，除应控制好凝固浴循环量外，还应选择结构合理的凝固浴槽及喷丝头。

(6)凝固浴中浸长。

当凝固浴的浓度和温度等条件不变时，丝条在凝固浴中的凝固情况与它在凝固浴中的停留时间有关，而停留时间则取决于浸长及卷取速度。浸长大，卷取速度低，丝条在凝固浴中的停留时间就长，凝固就较充分，有助于改善纤维的质量。但浸长加大，卷取速度不变，则纤维在凝固浴中所受流体阻力也随之增大，这在经济和工艺上都不合理。

### 5.3.2.3 干法纺丝

干法纺丝也是聚丙烯腈纤维采用的纺丝方法之一，但其凝固介质不是溶剂的水溶液，而是热空气。聚丙烯腈及其共聚物可溶于多种溶剂，但目前适用于工业规模生产的干法纺丝溶剂主要为二甲基甲酰胺。

1. 干法纺丝的工艺流程

聚丙烯腈和二甲基甲酰胺分别由储槽和溶剂计量槽加入溶解釜中，先在室温下溶胀，然后在氮气保护下升温至 80℃～100℃溶解。原液浓度为 25％～30％。原液经过滤、脱泡后预热至 110℃～120℃，经计量泵送至喷丝头。纺丝细流由喷丝孔挤出进入温度为 165℃～180℃的纺丝甬道中。细流中的溶剂在甬道中受热而蒸发，并被流动的热空气带走，在溶剂回收车间进行冷凝回收，丝条经 2～4 倍的拉伸后以 200 m/min 左右的速度进行卷取。洗涤后再进行 2～6 倍的热拉伸，继而进行干燥热定型，即得聚丙烯腈长丝。生产短纤维时，成型后的纤维经集束导入丝桶中，经热拉伸、卷曲和干燥热定型后以丝束的形式或切断成短纤维，作为最终产品出厂。

2. 影响纤维成型的因素

干法纺丝过程中，纤维成型受许多因素的影响，从而影响最终纤维质量。影响纤维成型的主要因素可归纳如下：

(1)聚合物分子量。

为了加速纺丝原液的凝固，避免初生纤维相互黏结，故相较于湿法纺丝，干法纺丝原液采用较高浓度（干法纺丝 25％～33％，湿法纺丝 20％～25％），为此应适当降低聚合物的分子量。否则，由于原液的黏度太高，不仅会增加过滤和脱泡的困难，而且会降低原液的可纺性。湿法纺丝采用聚合物分子量一般为 50000~80000，干法纺丝采用聚合物分子量则为 35000~40000，一般不超过 50000。聚合物分子量过低，也不适用于纺丝，会导致纤维的某些物理和机械性能指标变差。

（2）原液浓度。

在一定范围内，随着纺丝原液浓度的提高，可以减少纺丝时的溶剂蒸发量及单耗，降低甬道中热空气循环量，避免纤维相互黏结，可提高纺丝速度；还对物理和机械性能有良好的影响，如截面变圆、光泽较好、断裂强度增加，但延伸度有所下降。

（3）喷丝头孔数和孔径。

随着喷丝头孔数或孔径的增大，未拉伸纤维的总线密度增加，丝束中溶剂的残存量增大，导致纤维间互相黏结，纤维品质下降，所以喷丝头的孔数和孔径不能随意增加。相反，减小孔径而增加孔数，总纤度不变而降低单丝线密度，有利于溶剂蒸发，使纤维截面结构均匀，纤维机械性能较好。但孔径过小，喷丝孔易堵塞或产生毛丝，对纺丝工艺要求较高。

（4）甬道中溶剂蒸汽浓度。

在其他条件不变的情况下，甬道中溶剂浓度越低，丝条中溶剂的蒸发速度越快，成型的均匀性就越差，纤维截面形状就越偏离圆形，所得纤维的机械性能也较差。尤其在纺丝速度和纤维线密度一定时，甬道中的溶剂蒸汽可用送入的循环介质量来控制。此外，甬道中二甲基甲酰胺与空气混合达到某种比例时，有引起爆炸的危险。

（5）溶剂蒸发与扩散速度。

溶剂在纤维细流中的扩散速度及在其表面的蒸发速度是决定丝条固化和纤维截面形状的重要因素。刚从喷丝头喷出时，初生纤维的截面为圆形，但最终纤维截面形状会随着溶剂蒸发与扩散速度发生较大改变。纤维成型过程中，丝条表面溶剂蒸发形成皮层，之后芯层溶剂经扩散穿过皮层在表面蒸发，使芯层物质减少，造成皮层塌陷，与溶剂扩散速度相比，蒸发速度越快，纤维截面就越容易从圆形变为豆形，甚至为犬骨形。

3. 干法纺丝、湿法纺丝工艺比较

聚丙烯腈干法纺丝和湿法纺丝的主要优缺点见表 5-4。

表 5-4　干法纺丝、湿法纺丝的主要优缺点

| 序号 | 干法纺丝 | 湿法纺丝 |
|---|---|---|
| 1 | 纺丝速度较高，一般为 100~300 m/min，最高可达 600 m/min | 第一导辊线速度一般为 5~10 m/min，最高不超过 50 m/min |
| 2 | 喷丝头孔数较少，一般为 200~300 孔 | 可达 10 万孔以上 |
| 3 | 适合纺长丝，也可纺短纤维 | 适合纺短纤维，纺长丝效率太低 |
| 4 | 成型过程缓慢，纤维内部结构均匀 | 成型过程较剧烈，易造成孔洞或产生失透现象 |
| 5 | 纤维物理机械性能及染色性能较好 | 纤维物理机械性能及染色性能一般不如干法纺丝 |
| 6 | 长丝外观手感似蚕丝，适宜做轻薄仿真丝绸织物 | 长丝外观似羊毛，适宜做仿毛织物 |
| 7 | 溶剂回收简单 | 溶剂回收较复杂 |
| 8 | 纺丝设备较复杂 | 纺丝设备较简单 |

| 序号 | 干法纺丝 | 湿法纺丝 |
|---|---|---|
| 9 | 设备密闭性要求高，溶剂挥发少，劳动条件好 | 溶剂挥发较多，劳动条件较差 |
| 10 | 流程紧凑，占地面积小 | 占地面积大 |
| 11 | 只适用 DMF 为溶剂 | 有多种溶剂可供选择 |

#### 5.3.2.4 后加工

初生纤维由于其内部含有溶剂，并且凝固还不够充分，没有实用价值，因此必须经过一系列的后加工。后加工主要包括拉伸、水洗、上油、干燥致密化、热定型、卷曲、切断、特殊加工和打包等，从工艺上又可分为先水洗后拉伸和先拉伸后水洗两种类型。

1. 拉伸

拉伸的主要目的是提高纤维大分子的取向度，改善纤维的物理机械性能。

不同的拉伸介质对纤维的增塑作用不同，对纤维物理机械性能的影响也不同。当以水为拉伸介质时，无论采用何种热定型条件，纤维性能都较好。如果有增塑剂存在，纤维大分子间的作用力被削弱，拉伸时大分子的取向效应有所减弱，所以通常先拉伸后水洗比先水洗后拉伸所得纤维的质量差。

拉伸使纤维的形态结构及超分子结构发生变化，纤维结构的变化又影响到纤维的性能。

在形态结构上，经过拉伸后的纤维发生显著的变化。首先初生纤维中的微孔被拉长、拉细，初生纤维中由初级沉积体构成的网络骨架在拉伸力作用下发展成为微纤，微纤由大分子链节组成。微纤与微纤之间有结点连接，微纤间结点的密集度与初生纤维中网络骨架间结点的密集度有关。纤维的强度和钩接强度随微纤间结点的密集度增加而增加。

纤维的染色二色性取向因素（$F_d$）随总拉伸倍数的增加而增大，但当总拉伸倍数达到 10 倍以上时，变化渐趋于缓和。实验还表明，纤维准晶区的取向因素（$F_x$）随总拉伸倍数的变化情况与 $F_d$ 有所不同。当总拉伸倍数还很小（约 3 倍）时，准晶区的取向程度已较高，但此时非晶区取向因素（$F_a$）还较小。非晶区的取向发展落后于准晶区的取向发展。随着总拉伸倍数的继续增加，$F_x$ 基本不再增加，但 $F_d$ 仍增加。

拉伸倍数与纤维性能密切相关，纤维强度随拉伸倍数的增加而增加，伸度则下降。

2. 水洗

经凝固成型和拉伸后的纤维内部还含有一定量的溶剂，若不除去这部分溶剂，不仅使纤维的手感和色泽变差，而且会对最终纤维制品的染色加工性能及使用性能产生不良影响。因此，丝束成型后必须进行水洗除去多余的溶剂，残留的溶剂含量应控制在 0.1% 以下，并要求其含量稳定，以使纤维具有相应稳定的品质。

水洗过程中，水洗温度的提高，有利于丝束中溶剂向水中扩散和水分子向丝束内部渗透，以达到洗净的目的。但温度过高，热量消耗大，特别是采用有机溶剂时，溶剂挥发量大，恶化操作环境。通常水洗温度控制在 50℃ 左右。

洗涤水要求采用无离子水，因为洗涤后的水要送给回收系统回用。例如，NaSCN 法中洗涤回收的 NaSCN 水溶液又要用于聚合，如果水中离子过多，则会影响聚合。某些离子还会降低溶剂的溶解能力。此外，硬水中的钙、镁和其他金属盐带入纤维后，也会影响其染色性能。

3. 上油

上油的目的主要是使纤维能顺利进行纺织加工。对短纤维，就是能顺利地进行梳棉、并条、纺纱等；对牵切丝束，则要求能顺利地进行牵切等，也就是使纤维具有良好的可纺性。可纺性大体包括纤维在纺纱过程中不塞喇叭口、不绕辊、不黏针布以及具有抱合力等。若发生塞喇叭口、绕辊、黏针布等现象，则纤维不能顺利通过纺纱工序；若抱合力差，则成纱的均匀性和强力变差。

影响可纺性的因素除纺织加工的工艺和设备外，主要是纤维本身以及油剂的性能。就腈纶油剂而言，主要通过润滑和抗静电作用来影响可纺性。

上油之所以在水洗和干燥致密化两道工序之间进行，主要是为了避免在干燥过程中因纤维与机械装置的摩擦带电而使纤维过度蓬松和紊乱引起绕辊。

不同品种的纤维，其性能及用途不同，工艺条件不同，对油剂或抗静电剂的组分和要求也不同。毛型腈纶的上油率一般为 0.2%～0.3%；棉型腈纶因长度较短，抱合力差，上油率要求高些，为 0.4%～0.5%。油浴浴比为单位时间通过的纤维干燥质量与循环油量之比，一般为 1:40～1:15，浴比大则有利于均匀上油，但设备也较庞大。上油的方式一般有浸渍法和辊子定量给油法两种，其中浸渍法上油比较均匀。

4. 干燥致密化

初生纤维经拉伸、水洗和上油后，其超分子结构虽已基本形成，但仍存在一定程度的内应力和缺陷，所以需通过干燥致密化及热定型消除纤维的内应力和结构缺陷，改进纤维的物理机械性能和纺织加工性能。

(1) 干燥致密化后纤维结构的变化。

干燥致密化的结果是使纤维的形态结构和超分子结构发生变化。干燥前，纤维内含有大量微孔，微孔中充满水或其他液体，皮层与芯层的差异大，纤维的致密化程度差，表现为纤维外观泛白、无光泽，染色后不鲜艳，强度、伸度和钩接强度低，纤维的使用性能差。干燥后，纤维中微孔基本消除，致密化程度提高，强度、伸度和钩接强度等都有所提高，光泽增加，具有良好的使用性能。

在干燥过程中，纤维大分子的运动能力增强，大分子间相互堆砌的规整程度得到提高，纤维中有序区的比例扩大，有利于改善纤维的物理机械性能。

(2) 干燥致密化后纤维性质的变化。

湿法成型、拉伸和水洗后还没有经过干燥的纤维处于初级溶胀状态(简称初级溶胀纤维)。初级溶胀纤维经适当的干燥致密化后，其物理机械性能和染色性能都有很大的变化。

纤维经干燥致密化后，其性能发生了质变。而这一系列性质的变化不能通过再湿润而回复到初级溶胀纤维的状态。最明显的是经干燥致密化的纤维即使再以水充分浸润，其含水量只能达到 5%左右，恢复不到初级溶胀纤维时的含水量。其他如强度、手感、染色性、纤维的尺寸稳定性等的质变也都是不可逆的，因此可以推测，初级溶胀纤维的干燥不是一个简单的蒸发水分的过程，而是相应地在纤维结构上发生了质变。如果干燥致密化时工艺条件不正常，纤维的性能将大大下降。

（3）纤维致密化的机理。

纤维致密化的机理为拉伸水洗后的纤维，其微孔已被拉长、拉细，微孔内充满水，在适当温度下进行干燥，由于水分逐渐蒸发并从微孔移出，在微孔中产生一定的负压，在适当温度下，大分子链段能比较自由地运动而引起热收缩，使微孔半径相应地发生收缩，微纤之间的距离越来越小，导致分子间作用力急剧增大，最后达到微孔的融合。

由此可见，要使初级溶胀纤维正常进行致密化，需有如下条件：①要有适当的温度，使大分子链段能比较自由地运动；②要有在适当温度下脱除水分时所产生的毛细管压力，以使微孔被压缩并融合。

（4）干燥致密化的工艺条件。

聚丙烯腈纤维的干燥一般采用空气作干燥介质。干燥工艺要求一定的温度和时间，通常干燥温度应高于初级溶胀纤维的玻璃化温度，若温度过高和时间过长，将会造成纤维着色。

不仅要控制干燥介质的温度，也要控制其相对湿度。当相对湿度较低而温度较高时，外层纤维干燥过快，内层纤维中的水分子将来不及扩散到外层，因此造成内外层纤维的染色不均匀性；当温度和湿度都较高时，干燥过程中湿纤维温度过高，容易引起并丝，手感发硬；当温度和湿度都较低时，湿纤维温度过低，易使纤维泛白失透。

干燥致密化过程中纤维轴向和径向都要发生收缩。若干燥在张力下进行，则不利于纤维的自由收缩。干燥致密化过程中纤维所受张力大致可分为三种情况：定长状态——不发生轴向收缩；略施加张力——发生一定程度的收缩；松弛状态——自由收缩。

5. 热定型

热定型的主要目的是提高纤维的尺寸稳定性，进一步改善纤维的机械性能、染色性能以及纺织加工性能。纤维热定型使用的介质主要有热板、空气浴、水浴、饱和蒸汽浴和过热蒸汽浴等。

热定型温度越高，纤维超分子结构的疏解、重建和加强的程度就越显著，大分子的解取向也随之加剧，纤维的钩接强度、干伸提高，沸水收缩率降低，同时初始模量和干强下降，线密度增大。若温度过高，还容易使纤维发黄和发生并丝，对纤维物理机械性能产生不良影响。实际生产中，若采用热板进行热定型，温度一般控制在200℃左右，时间数秒。另外，适当控制纤维张力，使其在热定型过程中再收缩2%~3%，可得综合性能较好的纤维。

值得指出的是，干燥致密化时，纤维的张力状态与热定型效果有内在联系。如果干燥和热定型都在紧张状态下进行，则所得纤维的干强和初始模量较高，而钩接强度、干伸和沸水收缩率等指标较差；若两者都在松弛状态下进行，则钩接强度和干伸明显增加，但干强和初始模量降低较多。

6. 卷曲

纤维的卷曲有机械卷曲法和化学卷曲法两种。机械卷曲法又分为干卷曲法和湿卷曲法。干卷曲法是将干燥的纤维在高温或蒸汽加热下，用机械挤压卷曲；湿卷曲法是将湿纤维经热水浴调温后给予机械挤压卷曲。机械卷曲法得到的卷曲仅是纤维外观上的卷曲，纤维内部结构变化不大，而且都是折叠式而不是螺旋式的，卷曲稳定性也很差，但卷曲度容易控制，卷曲均匀性好，因此，目前大多采用此法。

化学卷曲法是利用特殊的纤维凝固条件，造成纤维截面的不对称性，从而形成卷曲。化学卷曲法得到的卷曲稳定性较机械卷曲法高，但实施上比较麻烦，故实际应用不多。

### 7. 切断

为了使产品能很好地与棉或羊毛等混纺，需将其切断成相应的长度。棉型纤维要求长度在 40 mm 以下，并有良好的整齐度，故应严格控制超长纤维。毛型纤维则要求纤维较长，一般用于粗梳毛纺的纤维长度为 64～76 mm，用于精梳毛纺的纤维长度以 89～114 mm 较适宜。毛型聚丙烯腈纤维对长度的整齐度无严格要求，反而希望纤维的长度能参差不一，具有一定的分布曲线，使其尽可能与羊毛的长度分布相似，以利于纺织加工。

### 8. 特殊加工

（1）直接成条：在聚丙烯腈纤维生产中，为了便于纺织加工和提高生产效率，可将未切断的长丝束经适当的加工方法制成既切断而又不杂乱的条子，即直接成条或称牵切纺。这种方法可有效地简化通常短纤维的纺纱工艺。目前，切断法和拉断法是生产中最常用的两种直接成条方法。

①切断法：将片状丝束经专用切丝辊切断成一定长度的纤维片。其切断点排成对角线，然后通过拉伸使切断点由平面排布变为相互交错的状态，从而制成条子。

②拉断法：聚丙烯腈纤维具有热塑性，在高温下可以进行高倍拉伸。

（2）膨体纱：利用聚丙烯腈纤维的热可塑性，可制成膨体纱，例如，将经湿热处理而回缩过的纤维条子与未经湿热处理的条子按一定比例混纺成细纱，并进行一次湿热处理，这时纫纱中未回缩过的纤维就发生回缩，成为细纱的中心；而已回缩过的纤维就不再回缩，被推向细纱外部，并形成小圆团状的卷曲，浮在细纱表面，这样就成为膨体纱。

## 5.3.3　聚丙烯腈纤维的结构

### 1. 聚丙烯腈纤维的分子结构

由于用丙烯腈均聚物制成的纤维弹性差，通常采用的成纤聚丙烯腈大多为加入第二及第三单体的聚物。通过对聚丙烯腈分子结构的改性提高最终纤维的弹性和可染性。

### 2. 聚丙烯腈纤维的聚集态结构

聚丙烯腈大分子主链由于侧基氰基的存在，呈螺旋链构象，在引入第二、第三单体后，侧基变化很大，增加了结构和构象的不规则性。由于有第二、第三单体的存在，使其聚集态结构不确定，不能形成真正的晶体，而无定形部分的规则程度又高于其他纤维的无定形区。经过进一步研究认为，用侧序分布的方法来描述聚丙烯腈纤维的结构较合适，其中准晶区是侧序度较高的部分，其余则可粗略地分为中等侧序度部分和低侧序度部分。

### 3. 聚丙烯腈纤维的形态结构

聚丙烯腈纤维的截面随溶剂及纺丝方法的不同而不同。用通常的圆形纺丝孔，以硫氰酸钠为溶剂的混纺聚丙烯腈纤维的截面是圆形的，而以二甲基甲酰胺为溶剂的干法纺丝聚丙烯腈纤维的截面是花生果形或腰果形的。纵向一般都较粗糙，似树皮状，存在微孔。

### 5.3.4　聚丙烯腈的性能

聚丙烯腈外观为白色粉末状，密度为 1.14~1.15 g/cm³，加热至 220℃~230℃时软化并发生分解。

一般认为，丙烯腈均聚物有两个玻璃化转变温度，分别为低序区的 80℃~100℃ 和高序区的 140℃~150℃。而丙烯腈三元共聚物的两个玻璃化温度比较接近，在 75℃~100℃ 范围内。

聚丙烯腈具有非常优良的耐光性能，这是因为聚丙烯腈大分子上含有氰基，氰基中的碳和氮原子间的三价键（一个 $\sigma$ 键和两个 $\pi$ 键）能吸收能量较强的光子（如紫外光的光子），并转化为热能，使聚合物主链不发生降解。聚丙烯腈有较好的热稳定性，一般成纤用聚丙烯腈加热到 170℃~180℃ 时不发生变化。若聚丙烯腈中存在杂质，则可加速聚丙烯腈的热分解及使其颜色变化。在 100℃ 下长时间加热聚丙烯腈溶液，会出现分子链的成环现象。聚丙烯腈在空气或氧的存在下长时间受热，会使聚合物的颜色变暗，先是转变为黄色，最后变成褐色，聚合物此时会失去溶解性能。如将聚丙烯腈加热到 250℃~300℃，则会发生热裂解，分解出氰化氢、氨、腈、胺及不饱和化合物。

热弹性是聚丙烯腈纤维具有的特性，其本质是高弹变形。涤纶、聚酰胺等结晶性纤维都不具有这种热弹性，这是因为纤维结构中的微晶像网结一样，阻碍了链段的大幅度热运动。而聚丙烯纤维结构中的准晶区并非真正的结晶，仅仅是侧向高度有序，这种准晶区的存在并不能阻止链段的大幅度热运动，而使纤维发生热弹性回缩。

聚丙烯腈对各种醇类、有机酸(甲酸除外)、碳氢化合物、酮、酯及其他物质都较稳定，但可溶解于浓硫酸、酰胺和亚砜类溶剂中。

## 5.4　聚乙烯醇纤维

聚乙烯醇(Polyvinyl Alcohol，PVA)纤维是合成纤维的重要品种之一，其常规产品是聚乙烯醇缩甲醛纤维，我国简称维纶。产品以短纤维为主。

聚乙烯醇纤维染色性差、弹性低等缺点不易克服，近年来在服用领域不断萎缩，但在工农业、渔业等方面的应用却有所增加。另外，装饰用、产业用纤维和功能性纤维的比例也在逐步增大。

### 5.4.1　聚乙烯醇的制备

#### 5.4.1.1　醋酸乙烯的聚合

由于游离态的乙烯醇极不稳定，不能单独存在，它会自行发生分子间的重排而转变为乙醛，所以要获得具有实用价值的聚乙烯醇，通常以醋酸乙烯为单体进行聚合，进而醇解或水解制成聚乙烯醇。

在紫外线、$\gamma$ 射线、X 射线等作用下，醋酸乙烯容易发生游离基型聚合。在热的作用下，含有少量杂质的醋酸乙烯也容易发生聚合。但是十分纯净的醋酸乙烯在无氧情况下仅靠加热不会发生聚合。此外，在引发剂作用下，醋酸乙烯能在较缓和的条件下发生聚合。根据聚醋酸乙烯的不同用途，工业上醋酸乙烯聚合的实施方法有很多种。用于制造聚乙烯醇纤维使用的聚醋酸乙烯，通常是以甲醇为溶剂，采用溶剂聚合法制得。其主反应为

$$n H_2C=\!\!=\!\!CH \text{(OCOCH}_3) \longrightarrow \text{—}[H_2C\text{—}CH]_n\text{—(OCOCH}_3) +89 \text{ kJ/mol}$$

主要副反应为

$$H_2C=\!\!=\!\!CH \text{(OCOCH}_3) + CH_3OH \longrightarrow CH_3COOCH_3 + CH_3CHO$$

$$H_2C=\!\!=\!\!CH \text{(OCOCH}_3) + H_2O \longrightarrow CH_3COOH + CH_3CHO$$

### 5.4.1.2 聚乙烯醇的制备

目前，生产成纤用聚乙烯醇都是将聚醋酸乙烯在甲醇或氢氧化钠作用下进行醇解反应而制得，反应如下：

$$\text{—}[H_2C\text{—}CH]_n\text{—(OCOCH}_3) + nCH_3OH \xrightarrow{NaOH} \text{—}[H_2C\text{—}CH]_n\text{—(OH)} + nCH_3COOCH_3$$

$$\text{—}[H_2C\text{—}CH]_n\text{—(OCOCH}_3) + nNaOH \longrightarrow \text{—}[H_2C\text{—}CH]_n\text{—(OH)} + nCH_3COONa$$

### 5.4.1.3 聚乙烯醇的性质

1. 物理性质

聚乙烯醇(PVA)充填密度为 $0.20\sim0.48$ g/cm$^3$，折射率为 $1.51\sim1.53$。聚乙烯醇的熔点难以直接测定，因为它在空气中的分解温度低于熔融温度。用间接法测得其熔点在 230℃左右。不同立规程度的聚乙烯醇具有不同的熔点，其中，S-PVA(间规)熔点最高，A-PVA(无规)次之，I-PVA(等规)最低。聚乙烯醇的玻璃化温度约为 80℃。玻璃化温度除与测定条件有关外，也与其结构有关。例如，随着聚乙烯醇间规度的提高，玻璃化温度略有提高。当聚乙烯醇中残存醋酸根量和含水量增加时，玻璃化温度都将随之降低。

2. 化学性质

聚乙烯醇主链大分子上有大量仲羟基，在化学性质方面有许多与纤维素的相似之处。聚乙烯醇可与多种酸、酸酐、酰氯等作用，生成相应的聚乙烯醇的酯。但其反应能力低于一般低分子醇类。

聚乙烯醇的醚化反应较酯化反应容易进行。醚化反应后，聚乙烯醇分子间作用力减

弱，制品的强度、软化点和亲水性等都降低。

在酸性催化剂作用下，聚乙烯醇可与醛发生缩醛化反应。缩醛化反应既可在均相中进行，也可在非均相中进行。不过均相反应所得产物的缩醛化基团分布均匀，其缩醛化物的强度、弹性模量以及耐热性等都有所降低。当进行非均相反应时，在控制适当的条件下，由于缩醛化基团分布不均匀，并主要发生在非晶区，故对生成物的力学性能影响不大，而耐热性还有所提高。

聚乙烯醇能够和氢氧化钠反应，但是反应后溶液的黏度急速上升。因此，在聚乙烯醇纤维生产中，可以利用氢氧化钠水溶液作为纺丝的凝固浴。

### 5.4.2 聚乙烯醇纤维的生产

#### 5.4.2.1 纺丝液的制备

目前大规模生产中，都以水为溶剂配制聚乙烯醇纺丝液，水洗后的聚乙烯醇经95℃~98℃的热水溶解，制成浓度为15%~16%的纺丝液。

#### 5.4.2.2 纺丝成型

聚乙烯醇纤维既可以采用湿法纺丝，又可以采用干法纺丝。目前，聚乙烯醇纤维多采用湿法纺丝成型，生产短纤维。干法纺丝用于生产某些专门用途的长丝。与其他湿法纺丝的化学纤维相似，聚乙烯醇纺丝原液自喷丝孔挤出后成为纺丝细流，在凝固浴中凝固为初生纤维，经进一步后加工而得成品纤维。聚乙烯醇湿法纺丝采用的凝固浴有无机盐的水溶液、氢氧化钠的水溶液以及某些有机液体组成的凝固浴等，其中以脱水能力强的硫酸钠等电解质溶液为凝固浴最为普遍。但使用水溶性聚乙烯醇进行湿法纺丝时，就需采用有机液体为凝固浴。以硫酸钠为凝固浴所得聚乙烯醇纤维的截面如图5-12所示。

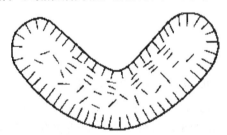

**图5-12 以硫酸钠为凝固浴所得聚乙烯醇纤维的截面**

#### 5.4.2.3 后加工

聚乙烯醇纤维后加工一般包括拉伸、热处理、缩醛化、水洗、上油、干燥等工序。与其他化学纤维生产过程相比，通常聚乙烯醇纤维生产中还需要进行缩醛化处理，以进一步提高其耐热水性。但对于某些专用纤维，则可省去缩醛化工序，如帘子线、水溶性纤维等。

1. 拉伸

拉伸过程中，纤维大分子在外力作用下沿纤维轴向择优排列，取向度和结晶度都有明显提高，但二者变化规律不同。随着拉伸倍数的增加，纤维的取向度迅速提升，进而趋于平缓；纤维结晶度的提高则是连续并不断变化的过程（图 5-13）。在实际生产中，聚乙烯醇纤维的拉伸一般是在不同介质中分段进行的，其所能承受的最大拉伸倍数为 10～12 倍。

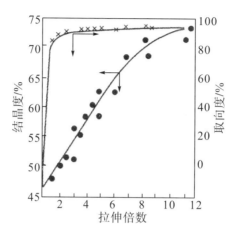

图 5-13　拉伸过程中纤维取向度与结晶度的变化情况

2. 热处理

聚乙烯醇纤维的热处理与一般化学纤维相比，除具有提高纤维尺寸稳定性、进一步改善物理机械性能的作用外，还有一个重要作用——提高纤维的耐热水性，使纤维能够承受后续缩醛化处理。

聚乙烯醇纤维热处理过程中，除去剩余水分，大分子间形成氢键，纤维的结晶度可达 60% 左右。随着结晶度的提高，纤维中大分子的自由羟基减少，耐热水性即水中软化点得到提高，见表 5-5。

表 5-5　聚乙烯醇半成品纤维水中软化点与结晶度的关系

| 水中软化点/℃ | 30 | 40 | 55 | 75 | 83 | 90 |
|---|---|---|---|---|---|---|
| 纤维结晶度/% | 19.1 | 29.6 | 33.8 | 53.2 | 57.6 | 60.6 |

聚乙烯醇纤维的热处理有湿热处理和干热处理两种形式。实际生产中以用热空气作为介质的干热处理为多。长丝束状聚乙烯醇纤维的干热处理温度以 225℃～240℃ 为宜，相应的热处理时间为 1 min 左右；短纤维的干热处理时间较长，为 6～7 min，温度以 215℃～225℃ 为宜。热处理中给予适当的热收缩，也有利于提高纤维的结晶度和水中软化点，一般控制收缩 5%～10%。

3. 缩醛化

纺丝、拉伸和热处理后的聚乙烯醇纤维已具有良好的力学性能。但纤维的耐热水性仍较差，在接近沸点的水中，其收缩率过大。为了改进纤维的耐热水性，需要进行缩醛化处理。

缩醛化反应中，甲醛与聚乙烯醇大分子上的羟基主要发生分子内缩合：

$$\begin{array}{c}\cdots CH_2-CH-CH_2-CH \cdots \\ |\quad\quad\quad | \\ OH\quad\quad OH \end{array}_n + HCHO \xrightarrow{H^+} \begin{array}{c} CH_2-CH-CH_2-CH \\ |\quad\quad\quad| \\ O-CH_2-O \end{array}_x \begin{array}{c} CH_2-CH-CH_2-CH \\ |\quad\quad\quad| \\ OH\quad\quad OH \end{array}_{n-x} + xH_2O$$

缩醛化反应主要发生在纤维大分子中未参加结晶的自由羟基上。聚乙烯醇缩甲醛纤维有较好的耐热水性，水中软化点达到 110℃～115℃。除弹性、染色性能较差外，其他性能指标与未经缩醛化处理的纤维接近。

### 5.4.3 聚乙烯醇纤维的结构

聚乙烯醇纤维大分子链中大部分都是头—尾结构，但也有少量头—头结构或尾—尾结构。羟基分布影响聚乙烯醇的结晶性能，而羟基分布与乙酸乙酯聚合温度有关。

一般经热处理后，纤维的结晶度为 $60\%\sim70\%$，经缩醛化后，纤维的 X 射线衍射图像基本不变，说明缩醛化主要发生在无定形区及结晶区的表面。

聚乙烯醇晶胞为单斜晶系，$a=7.81$ Å，$b=2.52$ Å，$c=5.51$ Å，$\beta=91°42'$。完全结晶的密度为 1.345 g/cm³，无定形的密度为 1.269 g/cm³。一般缩醛化后密度为 1.26 g/cm³。

### 5.4.4 聚乙烯醇纤维的性能

聚乙烯醇缩甲醛纤维即维纶，其短纤维外观形状接近棉，但强度和耐磨性都优于棉。用 50/50 的棉维混纺织物，其强度比纯棉织物高 60%，耐磨性可以提高 $50\%\sim100\%$。聚乙烯醇纤维的密度比棉花约小 20%，用同样重量的纤维可以纺织成较多相同厚度的织物。

聚乙烯醇纤维在标准条件下的吸湿率为 $4.5\%\sim5.0\%$，在几大合成纤维品种中名列前茅。

由于导热性差，聚乙烯醇纤维具有良好的保暖性。另外，聚乙烯醇纤维还具有很好的耐腐蚀和耐日光性。

聚乙烯醇纤维的主要缺点是染色性差、染着量较低、色泽不鲜艳，这是由于纤维具有皮芯结构和经过缩醛化使部分羟基被封闭。另外，聚乙烯醇纤维的耐热水性较差，在湿态下温度超过 110℃～115℃就会发生明显的收缩和变形。聚乙烯醇纤维织物在沸水中放置 3～4 h 后会发生部分溶解。另外，聚乙烯醇纤维的弹性不如聚酯等其他合成纤维，其织物不够挺括，在服用过程中易发生折皱。表 5-6 列出了聚乙烯醇纤维的主要性能指标。

表 5-6 聚乙烯醇纤维的主要性能指标

| 性能指标 | | 短纤维 | | 长丝 | |
|---|---|---|---|---|---|
| | | 普通 | 强力 | 普通 | 强力 |
| 强度 | 干态 | 4.0～4.4 | 6.0～8.8 | 2.6～3.5 | 5.3～8.4 |
| | 湿态 | 2.8～4.6 | 4.7～7.5 | 1.8～2.8 | 4.4～7.5 |
| 钩接强度/(dN·tex⁻¹) | | 2.6～4.6 | 4.4～5.1 | 4.0～5.3 | 6.1～11.5 |

| 性能指标 | | 短纤维 | | 长丝 | |
|---|---|---|---|---|---|
| | | 普通 | 强力 | 普通 | 强力 |
| 打结强度/(dN·tex$^{-1}$) | | 2.1～3.5 | 4.0～4.6 | 1.9～2.6 | 2.2～4.4 |
| 延伸度/% | 干态 | 12～26 | 9～17 | 17～22 | 8～22 |
| | 湿态 | 13～27 | 10～18 | 17～25 | 8～26 |
| 伸长3%的弹性回复率/% | | 70～85 | 72～85 | 70～90 | 70～90 |
| 弹性模量/(dN·tex$^{-1}$) | | 22～62 | 62～114 | 53～79 | 62～220 |
| 回潮率/% | | 4.5～5.0 | 4.5～5.0 | 3.5～4.5 | 3.0～5.0 |
| 密度/(g·cm$^{-3}$) | | 1.28～1.30 | | | |
| 热性能 | | 干热软化点为215℃～220℃，熔点不明显，能燃烧，燃烧后变成褐色或黑色不规则硬块 | | | |
| 耐日光性 | | 良好 | | | |
| 耐酸性 | | 受10%盐酸或30%硫酸作用而无影响，在浓的盐酸、硝酸和硫酸中发生溶胀和分解 | | | |
| 耐碱性 | | 在50%氢氧化钠溶液中和浓氨水中强度几乎没有降低 | | | |
| 耐其他化学药品性 | | 良好 | | | |
| 耐溶剂性 | | 不溶解于一般的有机溶剂(如乙醇、乙醚、苯、丙酮、汽油、四氟乙烯等)，能在热的吡啶、酚和甲酸中溶胀或溶解 | | | |
| 耐磨性 | | 良好 | | | |
| 耐虫蛀霉菌性 | | 良好 | | | |
| 染色性 | | 可直接用硫化、还原、酸性、不溶性偶氮等染料进行染色，但染着量较一般天然纤维和再生纤维低，色泽也欠鲜艳 | | | |

聚乙烯醇缩甲醛纤维主要为短纤维，由于其形状很像棉，所以主要用于与棉的混纺，织成各种棉纺织物。另外，也可与其他纤维混纺或纯纺，织造各类机织或针织物。聚乙烯醇纤维长丝的性能和外观与天然蚕丝非常相似，可以织造绸缎衣料。但是，因聚乙烯醇纤维的弹性差、不易染色，故不能做高级衣料。

近年来，随着聚乙烯醇纤维生产技术的发展，维纶已很少直接作为服装用纤维，但聚乙烯醇纤维在工业、农业、渔业、运输和医用等方面的应用不断扩大。其主要用途如下：

(1)纤维增强材料。

利用聚乙烯醇纤维强度高、抗冲击性好、成型加工中分散性好等特点，可以作为塑料以及水泥、陶瓷等的增强材料。特别是作为致癌物质——石棉的代用品，制成的石棉板受到建筑业的极大重视。

(2)渔网。

利用聚乙烯醇纤维断裂强度、耐冲击强度和耐海水腐蚀等都比较好的优点，用其制造各种类型的渔网、渔具、渔线。

(3)绳缆。

聚乙烯醇纤维绳缆质轻、耐磨、不易扭结，具有良好的抗冲击强度、耐气候性，并耐海水腐蚀，在水产车辆、船舶运输等方面有较多应用。

(4)帆布。

聚乙烯醇纤维帆布强度好、质轻、耐摩擦和耐气候性好，它在运输、仓储、船舶、建筑、农林等方面有较多应用。

另外，聚乙烯醇纤维还可制作包装材料、非织造布滤材、土工布等。

# 5.5  聚氯乙烯纤维

聚氯乙烯(Polyvinyl Chloride，PVC)纤维是由聚氯乙烯树脂纺制的纤维，我国简称氯纶。早在1913年，P. Klatte用热塑挤压法制得第一批PVC纤维，但此工艺以后并未应用。1930年，德国LG公司的E. Hubert、Pabst和Necht把PVC溶于环己酮中，进而在含30％醋酸的水溶液中用湿法纺丝制得了服用聚氯乙烯纤维，随后正式以商品名Pece Fasern开始生产。在当时的技术条件下，这种生产方法的难度较大，故发展很慢。到20世纪50年代初，PVC纤维才作为一种工业产品出现。

聚氯乙烯纤维具有原料来源广泛、价格便宜、纤维热塑性好、弹性好、抗化学药品性好、电绝缘性能好、耐磨、成本低、强度较高等优点，特别是纤维阻燃性好，难燃自熄，限氧指数高达37.1％，在明火中发生收缩并碳化，离开火源便自行熄灭，其产品特别适用于易燃场所。然而，聚氯乙烯纤维也有缺点：首先，主要缺点是耐热性差，只适宜于50℃及以下使用，65℃～70℃软化，并产生明显的收缩；其次，耐有机溶剂性差、染色性差，虽不能被多数有机溶剂溶解，但能使其溶胀，一般常用的染料很难使聚氯乙烯纤维上色，所以生产中多数采用原液着色。因此，这些问题影响其生产发展，与其他合成纤维相比一直处于落后状态。近年来，出现了所谓的第二代聚氯乙烯纤维，其耐热性比传统聚氯乙烯纤维有很大提高。

聚氯乙烯纤维的产品有长丝、短纤维以及鬃丝等，以短纤维和鬃丝为主。在民用方面，主要用于制作各种针织内衣、毛线、毡子和家用装饰织物等。由聚氯乙烯纤维制作的针织内衣、毛衣、毛裤等，不仅保暖性好，而且具有阻燃性，另外由于静电作用，对关节炎有一定的辅助疗效。在工业应用方面，聚氯乙烯纤维可用于制作各种在常温下使用的滤布、工作罩、绝缘布、覆盖材料等。用聚氯乙烯纤维制作的防尘口罩，因其静电效应，吸尘性特别好。聚氯乙烯鬃丝主要用于编织窗纱、筛网、绳索等。

## 5.5.1  聚氯乙烯的制备

聚氯乙烯的聚合工艺有悬浮聚合法、乳液聚合法、本体聚合法、微悬浮聚合法。在无引发剂作用时，氯乙烯化学稳定性好，难以自身引发聚合，储存时不必加阻聚剂。但在光、热、γ射线和各种引发剂的作用下容易发生聚合。目前，工业生产主要采用悬浮聚合法来制备聚氯乙烯。常用的引发剂为偶氮二异丁腈（AIBN）或过氧化二碳酸二异丙酯（IPP），加入量一般为单体量的0.02％～0.10％；分散剂为明胶或聚乙烯醇，加入量为单体量的0.5％～2.0％，分散介质采用水，聚合温度为45℃～60℃。

一般成纤用聚乙烯的聚合度要求为1000～1500。

### 5.5.2　聚氯乙烯纤维的生产

聚氯乙烯纤维的生产工艺有湿法纺丝和干法纺丝两种，产品均为短纤维。所用溶剂（或捏和剂）是丙酮。

(1)湿法纺丝工艺流程：聚氯乙烯→捏和(溶胀)→溶解→过滤→调温→纺丝→集束→水洗→拉伸→上油→干燥(热定型)→卷曲→切断→短纤维。

(2)干法纺丝工艺流程：聚氯乙烯→捏和(溶胀)→溶解→过滤→调温→纺丝→集束→拉伸→热定型→上油→切断→干燥→短纤维。

纤维级的聚氯乙烯不能溶解于丙酮，为了获得纺丝原液，首先使聚氯乙烯树脂在丙酮中充分溶胀，这一操作在生产上叫作捏和。捏和温度由室温逐渐升至 $40℃\sim50℃$，它取决于丙酮的含水率(应不大于 $0.5\%$)。捏和时间一般为 $4.5\sim6.0$ h，这取决于配制浆液的浓度。浓度越大，捏和时间越长。为了改善所得纤维的热稳定性，在捏和操作中于投料的同时可添加少量热稳定剂。若制取有色纤维，也可在捏和投料的同时加入适量着色剂。

捏和终了所得到的浆液是一种高黏度的冻胶体，其流动性小，不能直接用于纺丝成型，因此需加热，降低黏度，增加流动性，以获得必要的可纺性。这一过程在生产上常称为溶解。溶解是将捏和后的浆液通过套管加热器迅速加热至 $90℃\sim95℃$。由于丙酮在常压下于 $56℃$ 即发生沸腾，所以升温溶解过程必须在加压下进行。随着温度的升高，浆液黏度显著降低，进一步经过过滤即可用于纺丝。

聚氯乙烯湿法纺丝所用凝固浴为丙酮水溶液，浴液中丙酮含量控制在 $20\%\sim22\%$，浴温约为 $35℃$，纺丝速度一般取 $18$ m/min 左右，丝条在凝固浴中的停留时间约为 $11$ s。得到的初生纤维经水洗后再进行拉伸。

聚氯乙烯干法纺丝时的纺丝甬道温度为 $80℃\sim120℃$，卷取速度为 $100\sim200$ m/min。甬道长度为 $3.5\sim6$ m，其长度随着卷取速度的加快而增长。借助热空气流使丙酮挥发，而使原液细流凝固成纤维。纺丝套筒中的热空气被引出后进行冷凝或用活性炭吸附以回收丙酮。

由湿法纺丝或干法纺丝所得初生纤维，为了进一步提高其物理机械性能，均需将其拉伸 $4\sim5$ 倍。拉伸一般分两段进行，拉伸介质常采用 $95℃\sim98℃$ 的热水，头道拉伸完成总拉伸倍数的 $40\%\sim45\%$。热定型在湿法纺丝中是与干燥结合在一起进行的，干法纺丝中则单独进行。为了保证定型效果，已经定型纤维的干燥宜在较低温度（$50℃\sim60℃$）下进行。

### 5.5.3　聚氯乙烯纤维的结构

采用游离基型聚合制取聚氯乙烯，由于分子的极性效应，一般都以头—尾连接，因而氯原子在长链分子上的分布主要在 1、3 位置。在聚氯乙烯分子链中也存在少量支链，通常认为 1000 个碳原子数的聚氯乙烯中有 $5\sim16$ 个支链。同时，与聚乙烯相比，聚氯乙烯的分子链更僵硬，分子间作用力更强，内聚能密度更大。

$$-CH_2-CH-CH_2-CH-CH_2-CH-CH_2-CH-$$
$$| \qquad | \qquad | \qquad |$$
$$Cl \qquad Cl \qquad Cl \qquad Cl$$

当然也可能夹杂有少量头—头(尾—尾)连接的,氯原子处于1、2位置。

$$-CH_2-CH-CH_2-CH-CH_2-CH-CH_2-CH-$$
$$| \quad | \qquad\qquad | \quad |$$
$$Cl \quad Cl \qquad\qquad Cl \quad Cl$$

随着聚合条件的改变,可以改变所得聚合物的立体规整性。随着聚合温度的降低,可使所得聚氯乙烯的立体规整性提高,使其纤维结晶度也随之提高,纤维耐热性和其他物理机械性能也可获得不同程度的改善。

### 5.5.4 聚氯乙烯纤维的性能

(1)密度。

聚氯乙烯是无定形高聚物,有少量微晶存在,结晶区的密度为 $1.44\ g/cm^3$,非晶区的密度为 $1.389\sim1.390\ g/cm^3$,聚氯乙烯的密度为 $1.39\sim1.41\ g/cm^3$。

(2)耐热性。

聚氯乙烯耐热性极低,当温度达到 $65℃\sim70℃$ 时即发生明显的热收缩。没有明显的熔点,其流动温度为 $170℃\sim220℃$,而分解温度为 $150℃\sim155℃$。

(3)保暖性。

聚氯乙烯大分子结构中具有不对称因素,所以具有很强的偶极矩,这就使聚氯乙烯纤维具有保暖性和静电性。其保暖性比棉、羊毛还要好。

(4)化学稳定性。

聚氯乙烯对各种无机试剂的稳定性很好,对酸、碱、还原剂或氧化剂,都有相当好的稳定性。

(5)耐溶剂性。

聚氯乙烯耐溶剂性差,虽然它和有机溶剂之间不发生化学反应,但有很多有机溶剂能使它发生有限溶胀。

(6)染色性和耐光性。

一般染料很难使聚氯乙烯纤维上色,所以生产中多采用原液着色。聚氯乙烯易发生光老化,当其长时间受到光照时,大分子会发生氧化裂解。

(7)物理机械性能。

聚氯乙烯纤维的主要性能指标见表5-7。

表5-7 聚氯乙烯纤维的主要性能指标

| 性能指标 | | 短纤维 | | 长丝 |
|---|---|---|---|---|
| | | 普通 | 强力 | |
| 断裂强度/(cN·dtex$^{-1}$) | 标准状态 | 2.3~3.2 | 3.8~4.5 | 3.1~4.2 |
| | 润湿状态 | 2.3~3.2 | 3.8~4.5 | 3.1~4.2 |
| 干湿强度比/% | | 100 | 100 | 100 |

| 性能指标 | | 短纤维 | | 长丝 |
|---|---|---|---|---|
| | | 普通 | 强力 | |
| 钩接强度/(cN·dtex$^{-1}$) | | 3.4~4.5 | 2.3~4.5 | 4.3~5.7 |
| 打结强度/(cN·dtex$^{-1}$) | | 2.0~2.8 | 2.3~2.8 | 2.0~3.1 |
| 伸长率/% | 标准状态 | 70~90 | 15~23 | 20~25 |
| | 润湿状态 | 70~90 | 15~23 | 20~25 |
| 回弹率/%(伸长3%时) | | 70~85 | 80~85 | 80~90 |
| 杨氏模量/(cN·dtex$^{-1}$) | | 17~28 | 34~57 | 34~51 |
| 杨氏模量/(kg·mm$^{-2}$) | | 200~300 | 400~600 | 450~550 |
| 密度/(g·cm$^{-3}$) | | | 1.39 | |

# 5.6　聚氨酯弹性纤维

聚氨酯弹性纤维(Polyurethane elastic fiber)是指以聚氨基甲酸酯为主要成分的一种嵌段共聚物制成的纤维,简称氨纶。国外商品名有美国的 Lycra(莱卡)、日本的 Neolon、德国的 Dorlastan 等。

聚氨酯弹性纤维最早由德国拜耳(Bayer)公司于1937年试制成功,但当时未能实现工业化生产。1958年,美国杜邦公司也研制出这种纤维,并实现了工业化生产。最初的商品名为 Spandex(斯潘德克斯),后来更名为 Lycra,意为像橡胶一样的纤维。由于它不仅具有像橡胶丝那样的弹性,而且还具有一般纤维的特征,因此作为一种新型的纺织纤维受到人们的青睐。20世纪60年代初,聚氨酯弹性纤维的生产出现高潮,发展速度较快。60年代末及70年代,由于生产技术、成本核算、推广应用以及聚酰胺弹力丝的高速发展对聚氨酯弹性纤维市场的冲击等,其发展速度较为缓慢。进入80年代,随着加工技术的进步,包芯纱、包覆纱、细旦丝等新产品不断涌现,使聚氨酯弹性纤维的用途逐步扩大,进入了第二个高速发展时期。

聚氨酯弹性纤维在针织或机织的弹力织物中得到广泛应用。可制作各种内衣、游泳衣、松紧带、腰带等,也可制作袜口及绷带等。聚氨酯弹性纤维的使用形式归纳起来主要有四种:裸丝、包芯纱、包覆纱、合捻纱。

## 5.6.1　聚氨酯的合成

### 5.6.1.1　主要单体

1. 二异氰酸酯

生产聚氨酯弹性纤维一般选用芳香族二异氰酸酯,以满足硬链段的硬度。常用的芳香族二异氰酸酯有 4,4'-二苯基甲烷二异氰酸酯(MDI)或 2,4-甲苯二异氰酸酯(TDI)。

2. 聚醚二醇

聚醚二醇是组成聚氨酯中的软链段之一,其相对分子质量越大,聚合物的极性越小，分子链越柔软，一般相对分子质量控制在 1500~3500。常用的合成聚氨酯的聚醚二醇有聚四氢呋喃醚二醇(又称聚四亚甲基醚二醇和多缩正丁醇)、聚氧乙烯醚二醇、聚氧丙烯醚二醇等。

3. 聚酯二醇

聚酯二醇也是组成聚氨酯的软链段之一。常用的合成聚氨酯的聚酯二醇有聚己二酸乙二醇酯、聚己二酸乙二醇丙二醇酯、聚己二酸丁二醇酯等。合成聚酯二醇常用的二元羧酸有己二酸、苯二甲酸等，常用的二元醇有 1,4-丁二醇、1,6-己二醇、乙二醇、1,2-丙二醇等；也可以采用混合二元醇，如乙二醇和 1,2-丙二醇的混合物。

4. 扩链剂

扩链剂是含有活泼氢原子的双官能团低相对分子质量的化合物，大多数扩链剂选用二胺、二醇、肼等。常用的二胺有间苯二胺、乙二胺、1,2-二氨基丙烷等，用芳香族二胺所制的纤维耐热性高，脂肪族二胺所制的纤维强力和弹性好。二元醇有 1,4-丁二醇、乙二醇、丙二醇、二乙二醇等，制成的纤维物理机械性能略差。肼制成的纤维耐光性较好，但耐热性有所下降。

### 5.6.1.2 聚氨酯嵌段共聚物的制备

用于干法纺丝、湿法纺丝和熔体纺丝的聚氨酯嵌段共聚物都为线型结构，其合成过程一般分两步完成。

第一步为预聚合，即用 1 mol 的聚醚或聚酯与 2 mol 的芳香二异氰酸酯反应，生成分于两端含有异氰酸酯基(—NCO)的预聚体。

第二步采用扩链剂与预聚物继续反应，生成相对分子质量为 20000~50000 的线型聚氨酯嵌段共聚物。其聚合反应式一般可表示如下：

1. 预聚体的制备

$$NCO—R_2—NCO+HO—R_1—OH \longrightarrow NCO—R_2—\overset{H}{\underset{}{N}}—\overset{O}{\underset{}{C}}—O—R_1—O—\overset{O}{\underset{}{C}}—\overset{H}{\underset{}{N}}—R_2—NCO$$

二异氰酸酯 聚醚或聚酯 预聚体($NCO—R_3—NCO$)

2. 扩链反应

(1)用二元醇作扩链剂：

$$n\,NCO—R_3—NCO+n\,HO—R_4—OH \longrightarrow \left[ O—\overset{O}{\underset{}{C}}—\overset{H}{\underset{}{N}}—R_3—\overset{H}{\underset{}{N}}—\overset{O}{\underset{}{C}}—O—R_4 \right]_n$$

预聚体 小分子二元醇 聚酯型聚氨酯

(2)用二元胺作扩链剂：

$$n\,NCO—R_3—NCO+n\,H_2N—R_5—NH_2 \longrightarrow \left[ \overset{H}{\underset{}{N}}—\overset{O}{\underset{}{C}}—\overset{H}{\underset{}{N}}—R_3—\overset{H}{\underset{}{N}}—\overset{O}{\underset{}{C}}—\overset{H}{\underset{}{N}}—R_5 \right]_n$$

预聚体 小分子二元胺 聚脲型聚氨酯

## 5.6.2 聚氨酯弹性纤维的生产

聚氨酯弹性纤维的工业化纺丝方法有干法纺丝、湿法纺丝、熔体纺丝和反应纺丝，如图 5-14 所示。

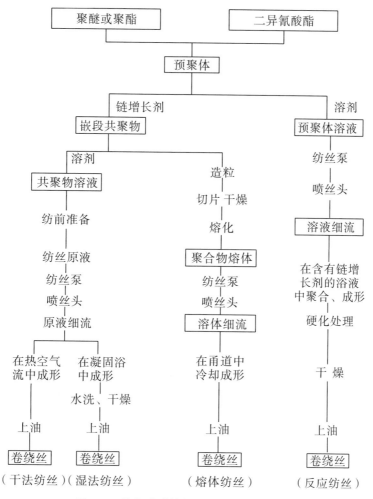

**图 5-14　聚氨酯弹性纤维生产方法及流程**

### 5.6.2.1　干法纺丝

干法纺丝是目前世界上应用最广泛的聚氨酯弹性纤维的纺丝方法。干法纺丝产量约为世界聚氨酯弹性纤维总产量的 80%。

采用干法纺丝时，其聚合物中的硬链段多采用二苯基甲烷 4,4′-二异氰酸酯，软链段选用聚四氢呋喃为多。若以聚酯型的二元醇为原料，虽可以降低产品成本，但纺丝时脱溶剂将有一定困难。常用的溶剂有二甲基甲酰胺、二甲基乙酰胺、二甲基亚砜和四氢呋喃等，以前两者为多。二甲基甲酰胺的沸点较低，便于干法纺丝时的溶剂挥发，但在纺丝及溶剂回收的常压蒸馏中，易氧化裂解为二甲基胺和甲酸，这两种物质均为聚氨酯大分子链的封端剂，所以要采用离子交换法将其去除，或采用减压蒸馏法使氧化裂解作用降到最低限度。二甲基乙酰胺在常压下蒸馏时比较稳定，可以省去裂解产物的纯化工序。

制备纺丝原液时，先称取一定量的聚氨酯嵌段共聚物和溶剂置入溶解装置中，适当加温和搅拌后使聚合物溶解，制成浓度为 25%～35% 的溶液，再经混合、过滤、脱泡等工序，制成性能均一的纺丝原液。然后由纺丝泵在恒温下定量将纺丝原液压入喷丝头，从喷丝孔挤出的原液细流进入直径为 30～50 cm、长 3～6 m 的纺丝甬道。在甬道内热空气流的作用下，丝条细流内的溶剂迅速挥发，并被热空气流带走，丝条中聚氨酯浓度不断提高直至凝固。与此同时，丝条被拉伸变细，单丝线密度一般为 6～17 dtex。干法纺制聚氨酯弹性纤维一般采用多根单丝或组合多根单丝生产工艺。在纺丝甬道的出口处，单丝经组合导丝装置按设计要求的线密度组成丝束。根据线密度的不同，每个纺丝甬道可同时生产 1～8 束弹性纤维丝束。卷绕前还要给纤维上油，以避免纤维发生黏结和在后加工中产生静电。

### 5.6.2.2 湿法纺丝

经溶解、混合、过滤、脱泡后的纺丝原液由纺丝泵打入喷丝头，从喷丝孔挤出的原液细流进入由水和 15%～30% 溶剂组成的凝固浴中，原液细流中的溶剂向凝固浴扩散，细流中聚氨酯浓度不断提高，逐步从凝固浴中析出形成初生纤维。纤维在凝固浴出口按所需线密度集束，并加捻成圆形截面的多股丝，然后经若干个萃取浴洗去纤维中残存的溶剂，并在加热辊上进行干燥、控制收缩热定型、上油等工序，最后卷绕在单独的筒管上。一条湿法纺丝生产线往往可以同时生产 100～300 根多股丝。

采用湿法纺丝时，必须配备凝固浴的调制、循环、回收设备，不仅工艺流程复杂，厂房建筑和设备投资费用较大，而且纺丝速度低，因此生产成本较高。目前，湿法纺丝的产量约占氨纶总产量的 10%，其中以聚酯型聚氨酯弹性纤维为主。

### 5.6.2.3 熔体纺丝

熔体纺丝方法的设备费用、原料费用和生产费用都是最经济的。但它只能适用于热稳定性良好的聚氨酯嵌段共聚物，如采用二苯基甲烷 4,4′-二异氰酸酯、聚酯和 1,4-丁二醇聚合而成的聚氨酯嵌段共聚物。

纺丝前先将聚氨酯切片进行干燥，使其含水率达到 0.04% 以下，以避免高温下的水解和热裂解反应。其纺丝过程与一般熔体纺丝相似。聚氨酯切片经螺杆挤出机熔融后，分配至各纺丝位，经纺丝泵计量后进入喷丝头，从喷丝孔喷出的熔体细流在纺丝甬道中冷却成型，同时被拉长变细，经上油后被卷绕在筒管上。

采取熔体纺丝时，对聚氨酯的热敏性、单丝的低模量及容易发黏等问题，都需要着重考虑并加以解决。

### 5.6.2.4 反应纺丝

反应纺丝也称为化学纺丝。美国橡胶公司是最早应用反应纺丝方法的公司，其氨纶的商品名为韦纶（Vyrene）。采用反应纺丝方法生产氨纶的公司还有环球制造（Globe Mannfacturing）公司、耐火橡胶（Firesone Rubber）公司、考陶尔（Courtaule）公司等。目前，世界上采用反应纺丝方法生产的氨纶所占比例已逐年下降至 2% 左右。

反应纺丝与湿法纺丝相似。先将两端含有二异氰酸酯的预聚体与有机溶剂配成纺丝原液，由纺丝泵定量挤入喷丝头，从喷丝孔喷出的原液细流在凝固浴中凝固的同时，与凝固浴中的链扩展二元胺发生化学反应，形成嵌段共聚物的长链。另外，在纤维内的大分子间也会产生一定程度的横向交联，使之成为具有网状结构的大分子。

初生纤维经卷绕后，还应在加压的水中进行硬化处理，使初生纤维内部尚未充分反应的部分继续发生交联，在大分子之间建立起具有尿素结合形式的横向连接，从而转变为具有三维结构的聚氨酯嵌段共聚物。

#### 5.6.2.5　几种纺丝方法的比较

表 5-7 是各种纺丝方法的工艺、产品规格、质量及所占比例的比较。由表可知，由于干法纺丝产品质量好，是当前聚氨酯弹性纤维的主要生产方法。反应纺丝和湿法纺丝由于纺丝速度低、成本高、污染环境，正在逐步退出聚氨酯弹性纤维生产领域。熔体纺丝工艺的最大特点是可以纺制细旦丝，其强度比干法纺丝产品高。在同样线密度下，熔体纺丝产品的断裂伸长率低于干法纺丝产品。较好的熔体纺丝纤维的断裂伸长率为 $450\%\sim550\%$，较好的干法纺丝纤维的断裂伸长率可达 $600\%$ 以上。但一般认为纤维断裂伸长率大于 $450\%$ 时就可以满足后加工过程中对纤维伸长率的要求。

**表 5-7　各种纺丝方法的比较**

| 项目 | 干法纺丝 | 湿法纺丝 | 熔体纺丝 | 反应纺丝 |
|---|---|---|---|---|
| 纺丝速度/(m·min$^{-1}$) | 200~600 | 50~150 | 400~1000 | 50~150 |
| 纺丝温度/℃ | 200~230 | ≤90 | 160~220 | — |
| 线密度范围/dtex | 22.2~1244.0 | 44.0~440.0 | 22.0~1100.0 | 44.0~380.0 |
| 占氨纶总产量比例/% | 80 | 10 | 8 | 2 |
| 产品质量 | 品质最好 | 品质尚可 | — | 品质尚可 |
| 代表厂家 | 美国杜邦<br>德国拜耳<br>日本东洋纺 | 日本富士纺 | 日本日清纺<br>日本钟纺<br>日本帝人 | 美国环球 |
| 环境影响 | 污染较大 | 污染严重 | 基本无污染 | 污染严重 |
| 生产成本 | 成本高 | 成本高 | 成本低 | 成本高 |

由于结构上的原因，熔体纺丝聚氨酯弹性纤维的回弹性比干法纺丝产品低。为了提高熔体纺丝聚氨酯弹性纤维的回弹性，可向纺丝聚合物熔体中添加预聚体，即将熔体纺丝工艺设计的端基为异氰酸酯基的预聚体加入熔体中，以增大氨基甲酸酯大分子的交联度，修补高温下断裂的大分子链段，改善纤维的回弹性和耐热性。总之，熔体纺丝生产工艺简单、投资少、成本低、基本无污染，而且随着熔体纺丝技术的进步，熔体纺丝聚氨酯弹性纤维的品质将得到进一步提高，预计短期内会获得较快的发展。

### 5.6.3　聚氨酯弹性纤维的结构

一般的聚氨基甲酸酯均聚物并不具有弹性。目前生产的聚氨酯弹性纤维实际上是一种以聚氨基甲酸酯为主要成分的嵌段共聚物纤维。

在嵌段共聚物中有两种链段，即软链段和硬链段。软链段由非结晶性的聚酯或聚醚组成，玻璃化温度很低($T_g=-70℃\sim-50℃$)，常温下处于高弹态，它的相对分子质量为 1500～3500，链段长度为 15～30 nm，是硬链段的 10 倍左右。因此在室温下被拉伸时，纤维可以产生很大的伸长变形，并具有优异的回弹性。硬链段采用具有结晶性且能发生横向交联的二异氰酸酯，虽然它的相对分子质量较小($M=500\sim700$)、链段短，但由于含有多种极性基团(如脲基、氨基甲酸酯基等)，分子间的氢键和结晶性起着大分子链间的交联作用，一方面可为软链段的大幅伸长和回弹提供必要的结点条件，另一方面可赋予纤维一定的强度。正是这种软、硬链段镶嵌共存的结构才赋予聚氨酯纤维的高弹性和强度的统一，所以聚氨酯纤维是一种性质优良的弹性纤维。

### 5.6.4 聚氨酯弹性纤维的性能

由于聚氨酯弹性纤维具有特殊的软、硬镶嵌的链段结构，其纤维特点如下。

(1)线密度低：聚氨酯弹性纤维的线密度范围为 22～4778 dtex，最细的可达 11 dtex。最细的橡胶丝约 180 号(约 156 dtex)，比前者粗十余倍。

(2)强度高：聚氨酯弹性纤维的断裂强度，湿态为 0.35～0.88 cN/dtex，干态为 0.5～0.9 cN/dtex，是橡胶丝的 2～4 倍。

(3)弹性好：聚氨酯弹性纤维的伸长率达 500%～800%，瞬时弹性回复率为 90%以上，与橡胶丝相差无几。

(4)耐热性较好：聚氨酯弹性纤维的软化温度约为 200℃，熔点或分解温度约为 270℃，优于橡胶丝，在化学纤维中属耐热性较好的品种。

(5)吸湿性较强：橡胶丝几乎不吸湿，而在 20℃、相对湿度 65%的条件下，聚氨酯弹性纤维的回潮率为 1.1%，虽较棉、羊毛及锦纶等小，但优于涤纶和丙纶。

(6)密度较低：聚氨酯弹性纤维的密度为 1.1～1.2 g/cm³，虽略高于橡胶丝，但在化学纤维中仍属较轻的纤维。

(7)染色性优良：由于聚氨酯弹性纤维具有类似海绵的性质，因此可以使用所有类型的染料染色。在使用裸丝的场合，其优越性更加明显。

另外，聚氨酯弹性纤维还具有良好的耐气候性、耐挠曲、耐磨、耐一般化学药品性等。但对次氯酸钠型漂白剂的稳定性较差，推荐使用过硼酸钠、过硫酸钠等含氧型漂白剂。聚醚型的聚氨酯弹性纤维耐水解性好，而聚酯型的聚氨酯弹性纤维的耐碱、耐水解性稍差。

## 5.7 聚丙烯纤维

聚丙烯(PP)纤维是以丙烯聚合得到的等规聚丙烯为原料纺制而成的合成纤维，在我国的商品名为丙纶。

早期，丙烯聚合只能得到低聚合度的无规产物，属于非结晶性化合物，无实用价值。1954 年，Ziegler 和 Natta 发明了 Ziegler-Natta 催化剂，并制成结晶性聚丙烯，具有较高的立构规整性，称为全同立构聚丙烯或等规聚丙烯。这一研究成果在聚合领域中开拓了新的方向，给聚丙烯的大规模工业化生产和在塑料制品以及纤维生产等方面的广泛应用奠定了基础。1957 年，由意大利的 Montecatini 公司首先实现了等规聚丙烯的工业化生产。1958—1960 年，该公司又将聚丙烯用于纤维生产，开发商品名为 Meraklon 的聚丙烯纤维，之后美国和加拿大也相继开始生产。1964 年后，又开发了捆扎用的聚丙烯膜裂纤维，并由薄膜原纤化制成纺织用纤维及地毯用纱等产品。20 世纪 70 年代，采用短程纺工艺与设备改进了聚丙烯纤维的生产工艺。一步法膨体长丝（BCF）纺丝机、空气变形机与复合纺丝机的发展，特别是非织造布的出现和迅速发展，使聚丙烯纤维的发展与应用有了更广阔的前景。

随着丙烯聚合和聚丙烯纤维生产新技术的开发，聚丙烯纤维的产品品种变得越来越新、越来越多。1980 年，Kaminsky 和 Sinn 发明的茂金属催化剂对聚丙烯树脂品质的改善最为明显。由于提高了其立构规整性（等规度可达 99.5%），从而大大提高了聚丙烯纤维的内在质量。差别化纤维生产技术的普及和完善扩大了聚丙烯纤维的应用领域。

## 5.7.1　等规聚丙烯的制备

### 5.7.1.1　等规聚丙烯的合成

聚丙烯是以丙烯为单体经配位聚合反应制得的。其结构式为 $\{CH_2\!-\!CH\}_n$，
$$\overset{|}{CH_3}$$

从聚丙烯的化学结构可以看出，它可以以几种不同的空间排列方式聚合，而各种聚丙烯构型的形成取决于所用聚合催化剂及聚合条件。

1. 单体

生产聚丙烯的初始原料为丙烯（$CH_2\!=\!CH\!-\!CH_3$），其无色，有刺激性气味。常温时为气态，沸点为 47℃，极易液化。由于存在双键，易与卤素、卤化氢、次卤酸、氧等进行加成反应，在一定催化剂作用下可聚合成聚丙烯。由于丙烯来源充足，生产成本低，故已广泛用作合成材料的重要原料。

2. 催化剂

催化剂是配位聚合的核心问题。等规聚丙烯（IPP）的聚合采用多相 Ziegler-Natta 催化剂完成，经过几十年的发展，已由最初的第一代常规 TiCl₃ 催化剂发展到现在的高活性、高性能的第三代和第四代催化剂，不仅催化活性呈几百倍乃至几千倍的提高，而且等规度达到 98% 以上的高水平。近年来出现的茂金属催化剂，以其高效性得到了迅速发展，其结构如下：

　　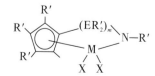

　　普通结构　　　　　桥链结构　　　　限定几何构型配位体结构

茂金属中的五元环部分可以是环戊二烯基(Cp)、茚基(Ind)或芴基，其中五元环上的氢可被烷基所取代。金属 M 为锆(Zr)、钛(Ti)和铪(Hf)，分别有锆茂、钛茂、铪茂之称；X 为氯、甲基等；R 为烷基；R′为氨基；$(ER'_2)_m$ 为亚硅烷基。双(环戊二烯基)二氯化锆和亚乙基双(环戊二烯基)—氯化锆是普通结构和桥链结构茂金属催化剂的代表。

3. 丙烯聚合

淤浆聚合是指丙烯单体在惰性烷烃介质中和催化剂作用下进行的聚合，由于聚合产物不溶于这种惰性烷烃介质，而是悬浮在反应介质中，形成所谓淤浆，故称淤浆聚合。聚合过程是先将高纯度正庚烷调成浆状的催化剂和精制丙烯一起送入聚合釜中，加热至聚合温度(50℃~80℃)，在压力(1~2 MPa)下，加入氢气以控制相对分子质量，反应结束后淤浆的浓度为 35% 左右。将聚合物淤浆再注入闪蒸室，脱除未反应的单体、催化剂残渣和无规物，然后经干燥造粒得到成品。

4. 聚丙烯的提纯和精处理

通常淤浆聚合的丙烯转化率为 50%~75%，等规物含量可达 95% 以上。未反应的丙烯可再循环使用。回收的反应介质经离心分离和精馏除去其中的催化剂分解物、醇、稀释剂及无规聚合物等，也可循环使用。进入闪蒸室的聚丙烯淤浆在相对低压下，大部分单体随大量稀释剂闪蒸分离，在剩余的淤浆中含有固体聚合物、无规聚合物、稀释剂、剩余单体及活性催化剂等。将这种浆料用醇处理，使催化剂失活，再经过滤或离心分离除去催化剂和稀释剂及可溶性聚合物，然后用碱性醇洗涤，干燥后可得到粉末状聚合物。

粉末状聚丙烯需混入添加剂，经造粒螺杆熔融挤出，然后经切粒机切成颗粒，以利储存与装运。添加剂包括抗氧剂、金属钝化剂、耐紫外线稳定剂、抗静电剂、表面改性剂、填料、阻燃剂、颜料、增塑剂及染料助剂等。

对于使用高活性、高性能的第三代、第四代 Ziegler-Natta 催化剂和茂金属催化剂的聚合工艺，省去了脱灰和脱无规物工序，第四代 Ziegler-Natta 催化剂还使聚丙烯的生产实现了无造粒，极大地提高了经济效益。

### 5.7.1.2 等规聚丙烯的结构和性能

1. 分子结构与结晶

聚丙烯分子的主链是由在同一平面上的碳原子曲折链所组成的，侧甲基可在平面上、下有不同的空间排列形式(图 5-15、图 5-16)。

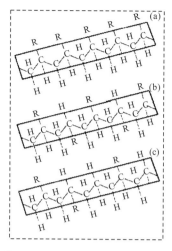

图 5-15　聚丙烯分子结构模型图

注：(a)等规聚丙烯，R 基团均在平面某一侧；
(b)间规聚丙烯，R 基因交替地在平面的上、下两侧；
(c)无规聚丙烯，R 基团无序地在平面的上方或下方。
$[\eta]=0.90\times10^4 M^{0.8}$(溶剂：四氢萘。温度：135℃)。

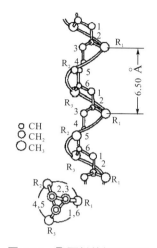

图 5-16　聚丙烯的螺旋结构

成纤聚合物通常是等规高聚物，具有高度结晶性。等规聚丙烯的结晶是一种有规则的螺旋状链，这种三维的结晶，不仅是单个链的规则结构，而且在链轴的直角方向也具有规则的链堆砌。

等规聚丙烯的结晶形态为球晶结构，最佳结晶温度为 125~135℃。温度过高，不易形成晶核，结晶缓慢；温度过低，由于分子链扩散困难，结晶难以进行。聚丙烯初生纤维的结晶度为 33%~40%，经后拉伸，结晶度上升至 37%~48%，再经热处理，结晶度可达 65%~75%。

2．相对分子质量及其分布

相对分子质量及其分布对于聚丙烯的熔融流动性质和纺丝、拉伸后纤维的力学性能有很大影响。

纤维级聚丙烯的平均相对分子质量为 180000~300000，比聚酯和聚酰胺的相对分子质量(20000 左右)高得多。

工业上常采用熔融指数($M_t$)表示聚丙烯的流动特性，可粗略地衡量其相对分子质量。相对分子质量越大，熔融黏度越高，流动性越差，熔融指数越小。

等规聚丙烯相对分子质量的多分散性较大，一般相对分子质量的多分散性系数为 4.0~7.0，而聚酯和聚酰胺只有 1.5~2.0。

3．热性质

聚丙烯的玻璃化温度很低，大致为 −35℃~10℃，熔点为 165℃~176℃，低于聚酯和聚酰胺，较聚乙烯高；聚丙烯的热分解温度为 350℃~380℃。

4．耐化学药品性与抗生物性

由于等规聚丙烯是碳氢化合物，因此有突出的耐化学药品性。室温下聚丙烯在无机酸、碱和盐的水溶液以及油类中有很好的稳定性，但是抗氧化试剂(如过氧化氢、浓硫酸等)会侵蚀聚丙烯。在大多数烷烃、芳烃、卤代烃中,升高温度会使等规聚丙烯溶胀和溶解。聚丙烯还具有很好的耐霉性和抑菌性,不被虫蛀。

5. 耐老化性

聚丙烯的特点之一是易老化,使纤维失去光泽、褪色、强伸度下降,这是热、光及大气综合影响的结果。因为聚丙烯的叔碳原子对氧十分敏感,在热和紫外线的作用下易发生热氧化降解和光氧化降解。由于聚丙烯的使用离不开大气、光和热,所以提高聚丙烯光、热稳定性十分重要,为此需在聚丙烯中添加抗氧剂、抗紫外线稳定剂等。

### 5.7.1.3　成纤聚丙烯的性能特点和质量要求

纤维级聚丙烯的黏均相对分子质量($M_\eta$)为 180000～200000,熔融指数为 6～15。一般纺单丝时聚丙烯的[$\eta$]为 2 dL/g 左右,纺复丝时[$\eta$]为 1.5 dL/g 左右,表征相对分子质量分布的多分散性系数 $\overline{M}_w/\overline{M}_n \leqslant 6$。用相对分子质量分布较窄的聚丙烯所得纤维的模量较高。成纤聚丙烯要求等规度为 95% 以上,若低于 90%,则纺丝困难;熔点为 164℃～172℃;灰分应小于 0.05%,因灰分会影响喷丝头组件使用周期,且对纺丝正常操作影响很大;铁、钛含量应小于 $2.0\times10^{-6}$;含水率小于 0.01%。

## 5.7.2　聚丙烯纤维的生产

等规聚丙烯是典型热塑性高聚物,可熔融加工成各种用途的制品。工业生产聚丙烯纤维一般采用普通的熔体纺丝法和膜裂纺丝法。随着生产技术的发展,近年来又有许多新的生产工艺出现,如复合纺丝、短程纺、膨体长丝、纺牵一步法(FDY)、纺黏和熔体喷射法非织造布工艺等。

聚丙烯与聚酯纤维、聚酰胺纤维一样,可以用熔体纺丝法生产长丝和短纤维,而且熔体纺丝法的纺丝原理及生产设备与聚酯纤维、聚酰胺纤维基本相同,只是工艺控制有些差别。

## 5.7.3　聚丙烯纤维的性能和用途

### 5.7.3.1　聚丙烯纤维的性能

(1)质轻:聚丙烯纤维的密度为 0.90～0.92 g/cm³,在所有化学纤维中是最轻的,它比聚酰胺纤维轻 20%,比聚酯纤维轻 30%,比黏胶纤维轻 40%,因而聚丙烯纤维质轻、覆盖性好。

(2)强度高、耐磨、耐腐蚀:聚丙烯纤维强度高(干、湿态下相同),耐磨性和回弹性好;抗微生物,不霉不蛀;耐化学性优于一般纤维。

(3)具有电绝缘性和保暖性:聚丙烯纤维电阻率很高($7\times10^{19}$ Ω·cm),导热系数小,因此与其他化学纤维相比,聚丙烯纤维的电绝缘性和保暖性最好。

(4)耐热性及耐老化性能差:聚丙烯纤维的熔点低(165℃～173℃),对光、热稳定性差,所以聚丙烯纤维的耐热性、耐老化性差。

(5)吸湿性及染色性差:聚丙烯纤维的吸湿性和染色性在化学纤维中最差,回潮率小于 0.03%，普通的染料均不能使其着色，有色聚丙烯纤维多数是采用纺前着色生产的。

聚丙烯纤维的主要性能见表 5-8。

**表 5-8　聚丙烯纤维的主要性能**

| 性能指标 | 复丝 | 短纤维 |
|---|---|---|
| 断裂强度/(cN·dtex⁻¹) | 3.1~6.4 | 2.5~5.3 |
| 断裂伸长/% | 15~35 | 20~35 |
| 弹性回复率/%(在 5%伸长时) | 88~98 | 88~95 |
| 初始模量/(cN·dtex⁻¹) | 46~136 | 23~63 |
| 沸水收缩率/% | 0~5 | 0~5 |
| 回潮率/% | <0.03 | <0.03 |

### 5.7.3.2　聚丙烯纤维的用途

（1）产业用途：聚丙烯纤维具有高强度、高韧性、良好的耐化学性和抗微生物性以及低价格等优点，故广泛用于绳索、渔网、安全带、箱包带、缝纫线、过滤布、电缆包皮、造纸用毡和纸的增强材料等产业领域。聚丙烯纤维可制成土工布，用于土建和水利工程。

（2）室内装饰用途：用聚丙烯纤维制成的地毯、沙发布和贴墙布等装饰织物及絮棉等，不仅价格低廉，而且具有抗沾污、抗虫蛀、易洗涤、回弹性好等优点。

（3）服装用途：聚丙烯纤维可制成针织品，如内衣、袜类等；可制成长毛绒产品，如鞋衬、大衣衬、儿童大衣等；可与其他纤维混纺用于制作儿童服装、工作衣、内衣、起绒织物及绒线等。随着聚丙烯生产和纺丝技术的进步及改性产品的开发，其在服装领域应用日渐广泛。

（4）其他用途：聚丙烯烟用丝束可作为香烟过滤烟嘴填料；聚丙烯纤维的非织造布可用于一次性卫生用品，如卫生巾、手术衣、帽子、口罩、床上用品、尿片面料等；聚丙烯纤维替代黄麻编织成的麻袋，成为粮食、工业原料、化肥、食品、矿砂、煤炭等最主要的基本包装材料。

## 思考题

1. 合成纤维的纺丝方法有哪几种？纺丝时分别需要注意哪些方面？
2. PET 有哪些合成方法？
3. 涤纶纤维的分子结构和聚集态结构有何特点？
4. 涤纶纤维的性能有何优缺点？
5. 涤纶纤维起毛起球现象如何解释？
6. 涤纶为什么染色性能差？如何改进涤纶纤维的染色性能？
7. 锦纶 66 和锦纶 6 分别由什么单体如何合成？
8. 从分子结构来分析锦纶纤维的性能特点。

9. 锦纶耐酸、碱的作用如何？

10. 合成腈纶三元共聚物时，添加的第二、第三单体分别有哪些？其作用分别是什么？

11. 腈纶为什么具有热弹性？

11. 维纶纤维原料是如何合成的？

12. 维纶的分子结构及其性能有何特点？

13. 简述聚氯乙烯纤维的结构与性能。

14. 聚丙烯纤维的形态结构和聚集态结构如何？

15. 怎样获得高规整度的聚丙烯？

16. 氨纶的弹性与其分子结构有何关系？

17. 制备聚氨酯需要哪些原料？

18. 湿法纺丝与干法纺丝有何异同点？

17. 纤维的热定型有何作用？

18. 纤维生产过程中为何需要进行拉伸处理？

# 参 考 文 献

[1] Bhuvanesh G, Nilesh R, Jons H. Poly (lactic acid) fiber: an overview [J]. Progress in Polymer Science, 2007, 32 (4): 455—482.

[2] Borrelli M, Joepen N, Reichl S, et al. Keratin films for ocular surface reconstruction: evaluation of biocompatibility in an in-vivo model [J]. Biomaterials, 2015 (42): 112—120.

[3] Breitkreutz D, Mirancea N, Nischt R. Basement membranes in skin: unique matrix structures with diverse functions? [J]. Histochemistry Cell Biology, 2009 (132): 1—10.

[4] Brodsky B, Persikov A V. Molecular structure of the collagen triple helix [J]. Advances in Protein Chemistry, 2005 (70): 301—339.

[5] Bullough W S, Laurence E B. The biology of hair growth [M]. New York: Academic Press, 1958.

[6] Chen M, Zhang T, Sun D, et al. Study on extraction technology of flavonoids from natural green cotton fiber [J]. The Journal of The Textile Institute, 2020, 111 (6): 869—873.

[7] Dowling L M, Crewther W G, Inglis A S. The primary structure of component 8c-1 a subunit protein of intermediate filaments in wool keratin: relationship with protein from other intermediate filaments [J]. Biochemical Journal, 1986 (236): 695—703.

[8] Fitz-Binder C, Pham T, Bechtold T. A second life for low grade wool through formation of all-keratin composites in cystine reducing calcium chloride-water-ethanol solution [J]. Journal of Chemical Technology & Biotechnology, 2019, 94 (10): 3384—3392.

[9] Fraser R D B, Steinert P M, Parry D A D. Structural changes in trichocyte keratin intermediate filaments during keratinization [J]. Journal of Structural Biology, 2003 (142): 266.

[10] Fuchs E, Green H. The expression of keratin genes in epidermis and cultured epidermal cells [J]. Cell, 1978 (15): 887—897.

[11] Fuchs E. Keratins and the skins [J]. Annual Reviews: Cell Development Biology, 1995 (11): 123—153.

[12] Geisler N, Kaufmann E, Weber K. Antiparallel orientation of the two double-stranded coiled-coils in the tetrameric protofilament unit of intermediate filaments

[J]. Journal of Molecular Biology, 1985 (182): 173—177.

[13] Ghaffari R, Eslahi N, Tamjid E, et al. Dual-sensitive hydrogel nanoparticles based on conjugated thermoresponsive copolymers and protein filaments for triggerable drug delivery [J]. ACS Applied Materials & Interfaces, 2018, 10 (23): 19336—19346.

[14] Hatzfeld M, Burba M. Function of type Ⅰ and type Ⅱ keratin head domains: their role in dimer, tetramer and filament formation [J]. Journal of Cell Science, 1994 (107): 1959—1972.

[15] Hearle J W S. A critical review of the structural mechanics of wool and hair fibres [J]. International Journal of Biological Macromolecules, 2000 (27): 123—138.

[16] Heidemann E. Fundamentals of Leather Manufacturing [M]. Darmstadt: Eduard Roether KB, 1993.

[17] Herrmann H, Haner M, Brettel M, et al. Characterization of distinct early assembly units of different intermediate filament proteins [J]. Journal of Molecular Biology, 1999 (286): 1403—1420.

[18] Kielty C M, Grant M E. The collagen family: structure assembly and organization in the extracellular matrix [M] // Royce P M, Steinmann B. Connective tissue and its hereditable disorders: molecular, genetic and medical aspects. New York: Wiley-Liss, 2002: 159—222.

[19] Larsson E, Sanchez C C, Porsch C, et al. Thermo-responsive nanofibrillated cellulose by polyelectrolyte adsorption [J]. European Polymer Journal, 2013 (49): 2689—2696.

[20] Li Y, Liu H, Wang X, et al. Fabrication and performance of wool keratin-functionalized graphene oxide composite fibers [J]. Materials Today Sustainability, 2019 (3—4): 100006.

[21] Peter F. Collagen structure and mechanics [M]. New York: Springer Press, 2008.

[22] Peyton C C, Keys T, Tomblyn S, et al. Halofuginone infused keratin hydrogel attenuates adhesions in a rodent cecal abrasion model [J]. Journal of Surgical Research, 2012, 178 (2): 545—552.

[23] Ramachandran G N, Kartha G. Structure of collagen [J]. Nature, 1954 (174): 269—270.

[24] Ren J, Li Y, Lei J, et al. Effect of ion-dipole interaction on the formation of polar extended-chain crystals in high pressure-crystallized poly (vinylidene fluoride) [J]. Polymer, 2018 (158): 204—212.

[25] Roland M, Markus D, Lutz L. The human keratins: biology and pathology [J]. Histochemistry Cell Biology, 2008 (129): 705—733.

[26] Shoulders M D, Raines R T. Collagen structure and stability [J]. Annual

Reviews Biochemistry, 2009 (78): 929−958.

[27] Tachibana A, Nishikawa Y, Nishino M, et al. Modified keratin sponge: binding of bone morphogenetic protein-2 and osteoblast differentiation [J]. Journal of Bioscience & Bioengineering, 2006, 102 (5): 425−429.

[28] Tang L, Weder C. Cellulose whisker/epoxy resin nanocomposites [J]. ACS Applied Materials & Interfaces, 2010, 2 (4): 1073−1080.

[29] Tanka K, Kaijiyama N, Ishikura K, et al. Determination of the site of disulfide linkage between heavy and light chains of silk fibroin produced by Bombyx mori [J]. Biochimica et Biophysica Acta, 1999 (1432): 92−103.

[30] Tu H, Xie K, Ying D, et al. Green and economical strategy for spinning robust cellulose filaments [J]. ACS Sustainable Chemistry & Engineering, 2020 (8): 14927−14937.

[31] Xu M, Lewis R V. Structure of a protein superfiber: spider dragline silk [M]. Proceedings of the National Academy of Sciences, 1990, 87 (18): 7120−7124.

[32] Yamaguchi K, Kikuchi Y, Takagi T, et al. Primary structure of the silk fibroin light chain determined by cDNA sequenceing and peptide analysis [J]. Journal of Molecular Biology, 1989, 210 (1): 127−139.

[33] Zhang J, Chen P, Yuan B, et al. Real-space identification of intermolecular bonding with atomic force microscopy [J]. Science, 2013, 342 (6158): 611−614.

[34] Zhu K, Tu H, Yang P, et al. Mechanically strong chitin fibers with nanofibril structure, biocompatibility, and biodegradability [J]. Chemistry of Materials, 2019 (31): 2078−2087.

[35] Zurovec M, Yang C, Kodrik D, et al. Identification of a novel type of silk protein and regulating its expression [J]. Journal of Biological Chemistry, 1998 (273): 15423−15428.

[36] 保天然, 廖得阳. 实用组织学彩色图谱 [M]. 成都: 四川大学出版社, 2002.

[37] 蔡再生. 纤维化学与物理 [M]. 北京: 中国纺织出版社, 2009.

[38] 陈广建, 唐开亮, 马士洲, 等. 新型长碳链聚酰胺 1211 的非等温结晶动力学 [J]. 纺织学报, 2018, 39 (12): 1−6.

[39] 陈莹, 王宇新. 角蛋白及其提取 [J]. 材料导报, 2002, 16 (12): 65−68.

[40] 成令忠, 钟翠平, 蔡文琴. 现代组织学 [M]. 上海: 上海科学技术文献出版社, 2003.

[41] 董纪震. 合成纤维生产工艺学 [M]. 2 版. 北京: 中国纺织出版社, 1994.

[42] 董炎明, 胡晓兰. 高分子物理学习指导 [M]. 北京: 科学出版社, 2005.

[43] 付少举, 张佩华. 智能绿色纺织新型原料的开发现状及趋势 [J]. 针织工业, 2020 (7): 10−15.

[44] 龚志锦, 詹镕洲. 病理组织切片和染色技术 [M]. 上海: 上海科学出版社, 1994.

[45] 何建新，喻红芹，陈金静. 新型纤维材料学 ［M］. 上海：东华大学出版社，2014.

[46] 何曼君，张红东，陈维孝，等. 高分子物理 ［M］. 3 版. 上海：复旦大学出版社，2008.

[47] 何平笙. 新编高聚物的结构与性能 ［M］. 北京：科学出版社，2009.

[48] 何先祺，黄育珍，郭梦能. 中国猪皮组织学彩色图谱 ［M］. 北京：中国大地出版社，1992.

[49] 花书贵，季姣，单靖舒，等. 大学基础化学教学中分子间作用力与范德华力的概念辨析 ［J］. 大学化学，2019，34 (1)：104－107.

[50] 黄莉茜，王善元. 几种高性能纤维热收缩性能的对比研究 ［J］. 东华大学学报（自然科学版），2002，28 (1)：116－118.

[51] 贾如琰，何玉凤，王荣民，等. 角蛋白的分子构成、提取及应用 ［J］. 化学通报，2008 (4)：265－272.

[52] 金日光，华幼卿. 高分子物理 ［M］. 3 版. 北京：化学工业出版社，2007.

[53] 李志强. 生皮蛋白质化学与组织学 ［M］. 北京：中国轻工业出版社，2010.

[54] 刘凤岐，汤心颐. 高分子物理 ［M］. 2 版. 北京：高等教育出版社，2004.

[55] 刘吉平，田军. 纺织科学中的纳米技术 ［M］. 北京：中国纺织出版社，2003.

[56] 刘永成，邵正中，孙玉宇，等. 蚕丝蛋白的结构和功能 ［J］. 高分子通报，1998 (3)：17－23.

[57] 罗益锋，罗晰旻. 世界高性能纤维及复合材料的最新发展与创新 ［J］. 纺织导报，2015：22－31.

[58] 裴继诚. 植物纤维化学 ［M］. 5 版. 北京：中国轻工业出版社，2020.

[59] 苏州丝绸工学院，浙江丝绸工学院. 制丝化学 ［M］. 北京：纺织工业出版社，1983.

[60] 孙丹红，黄育珍，郭梦能. 中国牛皮组织学彩色图谱 ［M］. 成都：四川省科学技术出版社，2005.

[61] 陶慰孙. 蛋白质分子基础 ［M］. 北京：人民教育出版社，1982.

[62] 王继业，刘姝瑞，张明宇，等. 聚乳酸纤维的研究进展及应用 ［J］. 纺织科学与工程学报，2020，37 (2)：85－90.

[63] 王菊生，孙铠. 染整工艺原理：第 2 册 ［M］. 北京：中国纺织出版社，2003.

[64] 王克夷. 蛋白质导论 ［M］. 北京：科学出版社，2007.

[65] 王愧三，宛晓康. 高分子物理教程 ［M］. 北京：科学出版社，2008.

[66] 王鸣义，朱刚，林雪梅，等. 高性能聚酯纤维的产业化进程和新产品开发 ［J］. 合成纤维，2016，45 (9)：1－8.

[67] 邬义明. 植物纤维化学 ［M］. 北京：轻工业出版社，1991.

[68] 肖长发，尹翠玉. 化学纤维概论 ［M］. 2 版. 北京：中国纺织出版社，2005.

[69] 杨淑惠. 植物纤维化学 ［M］. 3 版. 北京：中国轻工业出版社，2001.

[70] 姚穆，周锦芳，黄淑珍. 等. 纺织材料学 ［M］. 北京：中国纺织出版社，2003.

[71] 姚穆. 高性能纤维产业发展的关键问题 ［J］. 西安工程大学学报. 2016，30 (5)：

553－554.

[72] 于同隐，梅娜，陈光，等. 丝素蛋白在组织工程中的应用 [J]. 复旦学报（自然科学版），2003，42（6）：828－832.

[73] 于同隐，邵正中. 桑蚕丝素蛋白的结构形态及其化学改性 [J]. 高分子通报，1990（3）：154－161.

[74] 詹怀宇. 纤维化学与物理 [M]. 北京：科学出版社，2005.

[75] 张海亮. 我国高性能纤维产业发展研究 [J]. 新材料产业，2016（3）：2－4.

[76] 张洪渊，万海清. 生物化学 [M]. 北京：化工工业出版社，2001.

[77] 张素梅. 天然植物纤维 [J]. 中国纤检，2004（11）：45－47.

[78] 张素铭，李青松，尹菲，等. 结构色在纺织领域中的应用研究进展 [J]. 纺织导报，2020（8）：47－52.

[79] 周慧敏，鲁杰，程意，等. 醋酸纤维素的改性及应用研究进展 [J]. 林产化学与工业，2020，40（4）：1－8.